Schrader & Gallouédec

✳✳✳✳✳ GÉOGRAPHIE GÉNÉRALE ✳✳✳✳✳

QUATRIÈME ANNÉE

HACHETTE & Cⁱᵉ

3ᶠ50

GÉOGRAPHIE

GÉNÉRALE

GÉOGRAPHIE
GÉNÉRALE

A LA MÊME LIBRAIRIE

Cours abrégé de Géographie à l'usage de l'Enseignement secondaire des jeunes filles. Nouvelle édition refondue conformément aux programmes officiels du 30 juillet 1908, par MM. SCHRADER et GALLOUÉDEC, avec la collaboration de Mme BRUN, agrégée des lettres. Cinq volumes, in-16, cartonnés :

Afrique, Océanie et Amérique (1re année). Un volume. . . . . . . 2 fr. 5o
Europe et Asie (2e année). Un volume . . . . 2 fr. 5o
France et colonies (3e année). Un volume. . . . . 3 fr. »
Géographie Générale (4e année). Un volume. . . . . 3 fr. 5o
Les Principales Puissances du Monde (5e année). Un volume. . 3 fr. 5o

Cours complet de Géographie. Nouvelle édition entièrement refondue et illustrée de 364 gravures et de 134 cartes en couleurs et en noir par MM. SCHRADER et GALLOUÉDEC. Un fort volume in-16, cartonné. . . . . 6 fr. »

Atlas classique de Géographie ancienne et moderne à l'usage de l'Enseignement secondaire, comprenant, en 96 pages, 351 cartes et cartons en couleurs, 75 notices et de nombreuses figures, avec une Statistique graphique en couleurs de géographie physique, politique et économique, et un Index alphabétique de tous les noms contenus dans l'Atlas, par MM. SCHRADER et GALLOUÉDEC. Un vol. in-4°, cartonnage toile . . . . 8 fr. »

On vend séparément :

Atlas historique, contenant, en 20 pages, 76 cartes et cartons en couleurs, 17 notices et de nombreuses figures. Un volume in-4°, cartonné. . . . . 3 fr. »
Atlas géographique, comprenant, en 76 pages, 275 cartes et cartons, 58 notices et de nombreuses figures. Un volume in-4°, cartonné. . . . . 6 fr. 5o

Cours d'Histoire à l'usage de l'Enseignement secondaire des jeunes filles, rédigé conformément aux programmes officiels par M. Albert MALET, professeur d'histoire au lycée Louis-le-Grand. Trois volumes in-16, avec cartes et gravures, cartonnés :

Histoire de France et notions sommaires d'histoire générale jusqu'en 1610 (1re année). Un volume. . . . . 3 fr. 5o
Histoire de France et notions sommaires d'histoire générale de 1610 à 1789 (2e année). Un volume. . . . . 3 fr. 5o
Histoire de France et notions sommaires d'histoire générale de 1789 à 1875 (3e année). Un volume. . . . . 4 fr. »

78872. — Imprimerie LAHURE, rue de Fleurus, 9, à Paris. — 11-1916.

F. SCHRADER et L. GALLOUÉDEC

GÉOGRAPHIE GÉNÉRALE

QUATRIÈME ANNÉE

OUVRAGE CONTENANT 8 CARTES EN COULEURS
ET 190 CARTES ET GRAVURES EN NOIR

QUATRIÈME ÉDITION

PARIS
LIBRAIRIE HACHETTE ET Cⁱᵉ
79, BOULEVARD SAINT-GERMAIN, 79

1914

GÉOGRAPHIE GÉNÉRALE

Classe de 4ᵉ année (Jeunes filles)

INTRODUCTION

ÉTAT ACTUEL DES CONNAISSANCES GÉOGRAPHIQUES

SOMMAIRE

I. La reconnaissance géographique et scientifique du globe s'est faite progressivement. Les anciens connaissaient bien le bassin de la Méditerranée, mais c'était presque tout, et le moyen âge n'a pas été beaucoup plus avancé. Les grands progrès datent des découvertes du XVIᵉ siècle. On découvre d'abord la route maritime des Indes et le continent américain. Aux XVIIᵉ et XVIIᵉ siècles, on a reconnu l'Australie et toute la région du Pacifique. Le XIXᵉ siècle a révélé les secrets de l'Afrique, le continent inconnu. Aujourd'hui, seules les régions polaires nous échappent encore en partie.

II. En somme, on peut dire que deux cinquièmes environ de la surface des terres émergées sont actuellement bien connus, non seulement dans leur forme, mais dans leur nature, dans leurs phénomènes, dans toutes les conditions qui y règlent la vie. Deux autres cinquièmes ont été explorés. Il reste un cinquième seulement encore peu connu, les régions polaires, et pourtant elles ne sont pas entièrement inconnues : on sait qu'une mer s'étend au pôle nord, un continent au pôle sud ; chaque année quelque parcelle de vérité, obtenue au prix des efforts d'explorateurs hardis, vient enrichir notre connaissance.

Développement.

Étapes de la découverte de la Terre. — On peut résumer ainsi les quatre grands moments de l'histoire de la découverte de la Terre :

1º Les *Anciens* n'ont connu que le bassin de la Méditerranée, avec des notions plus ou moins précises sur une partie de l'an-

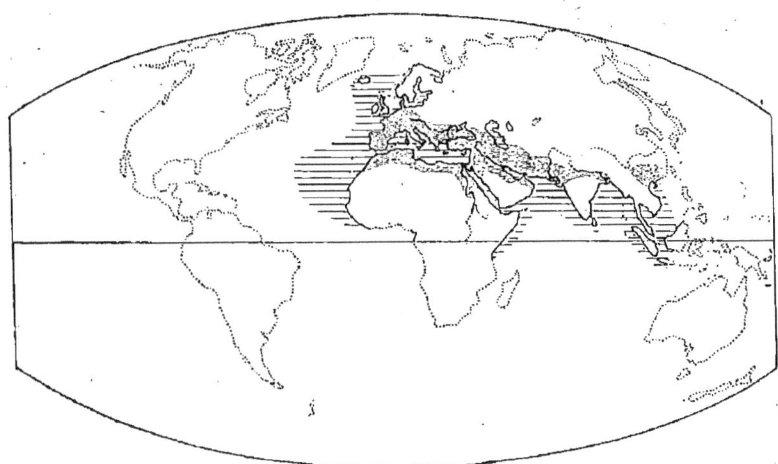

I. ÉTAT DES CONNAISSANCES GÉOGRAPHIQUES VERS 250.

Vers 250, les hommes dont nous descendons connaissaient d'abord les pays voisins de la Méditerranée, qui formait le centre du monde. En outre, ils connaissaient la Grande-Bretagne et un peu la Scandinavie, la région du Haut-Nil, l'empire persique; ils avaient des notions assez vagues sur l'Inde et la Chine. Les parties alors connues sont en grisé.

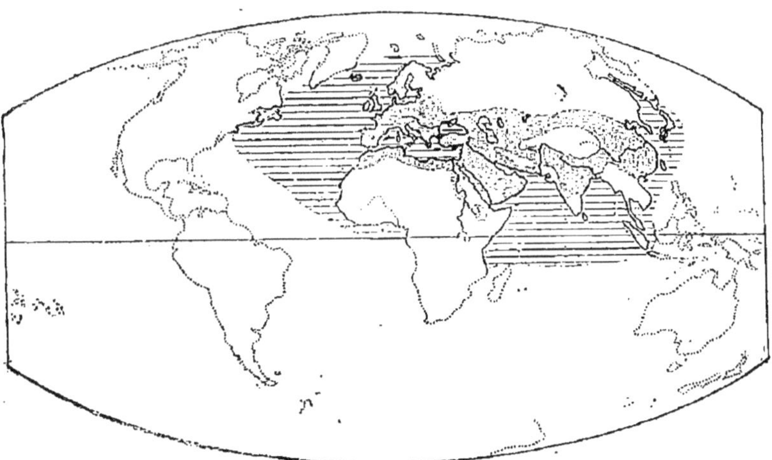

II. ÉTAT DES CONNAISSANCES GÉOGRAPHIQUES AU XIIIᵉ SIÈCLE.

En Europe et en Afrique, les connaissances géographiques n'ont guère fait de progrès depuis 250. Mais en Asie, grâce à des voyageurs dont le plus remarquable est Marco Polo, on connaît assez bien l'Empire Mongol, la Chine et le Japon. Dans leurs migrations, les Scandinaves se sont avancés jusqu'en Amérique, mais il ne reste de leurs voyages qu'un souvenir confus.

PROGRÈS DE LA RECONNAISSANCE

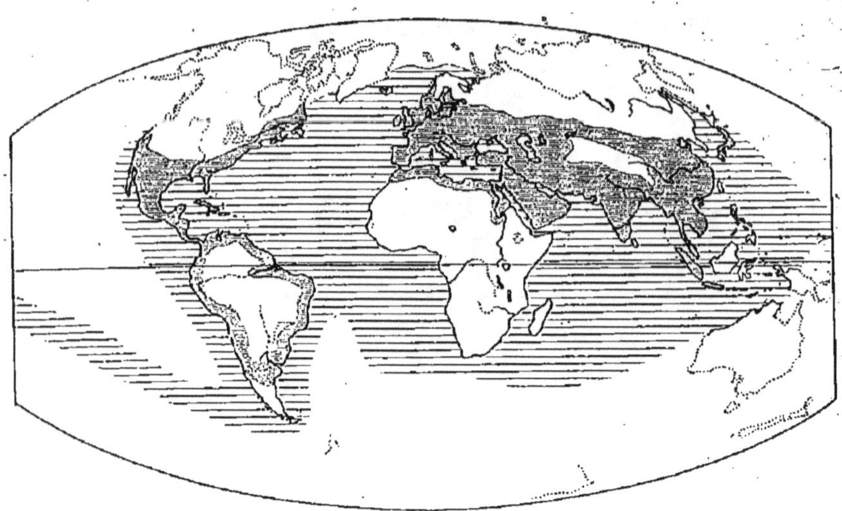

III. ÉTAT DES CONNAISSANCES GÉOGRAPHIQUES VERS 1550.

Le progrès est considérable. L'Amérique est découverte ; si l'intérieur reste ignoré, les contours sont presque entièrement reconnus. De même, en cherchant une route maritime vers les Indes, on a reconnu tout le pourtour de l'Afrique, dont l'intérieur reste à découvrir. Seule, l'Océanie est encore inexplorée, à l'exception des îles de la Sonde.

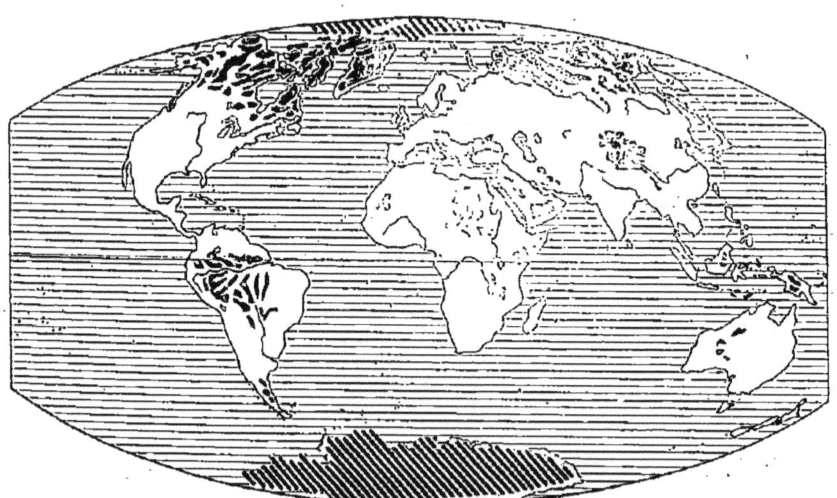

IV. ÉTAT DES CONNAISSANCES GÉOGRAPHIQUES VERS 1900.

Le monde entier, même le continent africain, est connu aujourd'hui, sauf quelques coins des régions désertiques ou glacées, et des forêts équatoriales : ces coins sont figurés en noir sur la carte ci-dessus. Même notre connaissance des deux régions polaires arctique et antarctique s'est beaucoup précisée en ces dernières années. — Les parties en noir et en grisé représentent ce que nous ignorons encore.

GÉOGRAPHIQUE DU GLOBE

cien continent. C'est là le résultat des voyages commerciaux des Phéniciens et des Grecs, et des expéditions militaires d'Alexandre et des Romains.

Au moment où l'empire romain déclinait, vers le milieu du III° siècle de notre ère, les connaissances géographiques englobaient les pays voisins de la Méditerranée, qui étaient bien connus, et en outre : en Europe, la Grande-Bretagne, avec quelques notions sur la Scandinavie ; en Afrique, la côte de l'Atlantique du Nord et la région du Haut-Nil ; en Asie, l'Empire Persique, l'Inde et la Chine : on n'avait, du reste, sur ces deux derniers pays, que des notions fort confuses.

2° *Au treizième siècle*, l'état des connaissances géographiques n'est pas beaucoup plus avancé. La Méditerranée continue à être le centre du monde, et les pays qui la bordent sont les mieux connus.

On peut noter toutefois quelques progrès. Grâce aux progrès du christianisme, on connaît bien désormais les pays scandinaves ; les voyages des Scandinaves ont même révélé l'existence (vite oubliée d'ailleurs) d'un grand continent à l'ouest de l'Atlantique. L'entrée des Arabes dans la civilisation a valu des notions plus précises sur l'Inde et le nord de l'Afrique. Les voyages de deux moines franciscains, Plancarpin et Guillaume de Rubrouck, le voyage du Vénitien Marco Polo surtout, ont fait connaître avec quelque précision l'Empire Mogol et la Chine.

3° *Au milieu du seizième siècle*, le progrès est considérable : Christophe Colomb a découvert l'Amérique, Vasco de Gama a trouvé la route maritime des Indes, l'expédition de Magellan a exécuté le premier voyage autour du monde. Les Espagnols et les Portugais, stimulés par l'esprit de lucre, multiplient les entreprises dans ces pays nouveaux où ils fondent de grands empires. Le détail géographique n'est pas connu, mais les grandes lignes deviennent de plus en plus précises.

4° *Aujourd'hui*, la découverte de la Terre est bien plus avancée encore qu'au XVI° siècle. L'Amérique a été graduellement reconnue jusqu'en ses solitudes glacées et en ses forêts profondes. Pendant les XVII° et XVIII° siècles, les voyages des marins hollandais, puis de l'Anglais Cook et du Français La Pérouse, ont révélé l'Australie et les terres du Pacifique. Pendant le XIX°, les efforts répétés d'une foule d'explorateurs ont fini par triompher des obstacles que le continent africain opposait à leurs explorations, et l'Afrique a cessé d'être le continent inconnu.

Toute la surface du globe est aujourd'hui reconnue, à l'exception des deux régions polaires : la région arctique, dont une partie seulement nous échappe encore; la région antarctique, dont l'exploration est beaucoup moins avancée. Mais, même du côté de ces régions glacées qui semblent repousser l'homme, chaque année enregistre quelque progrès nouveau.

Degrés dans la connaissance d'un pays. — Il ne reste plus à la surface de la terre qu'un petit nombre de régions tout à fait inconnues. Mais les régions connues le sont plus ou moins. Il existe plusieurs degrés dans la connaissance d'un pays.

Certaines régions n'ont été qu'explorées. Elles ont été traversées par un ou plusieurs voyageurs, et les itinéraires qu'ils ont parcourus, les renseignements qu'ils ont recueillis, nous fournissent des données plus ou moins nombreuses, plus ou moins précises, sur un certain nombre de détails de ces régions. On n'en a qu'une connaissance sommaire.

D'autres régions, au contraire, nous sont connues dans leur ensemble et jusque dans leurs moindres détails. Elles ont été triangulées, c'est-à-dire mesurées de toute manière et avec la plus grande précision; on en a levé des plans minutieusement contrôlés; elles ont inspiré de multiples études. On en peut citer tous les accidents du relief avec l'altitude de chacun, tous les cours d'eau et jusqu'aux ruisseaux avec leur tracé, toutes les agglomérations jusqu'aux simples hameaux avec leur emplacement et leur importance. On n'en connaît pas seulement la physionomie extérieure; on en a étudié le sous-sol, l'ossature intérieure, les ressources, le climat, les phénomènes divers, la marche de leur évolution. On se rend compte des conditions qui déterminent leur physionomie et qui y règlent la vie sous toutes ses formes. Il n'est pas un point, pour ainsi dire, qui n'en soit intimement connu. On a de ces pays une connaissance complète, raisonnée, scientifique.

Entre ces deux extrêmes, on conçoit qu'il y a place pour un grand nombre de degrés intermédiaires.

Degré de connaissance de la Terre. — A l'heure actuelle, on peut fixer ainsi notre état d'avancement dans la connaissance de notre planète :

Pays parfaitement connus . . .	1/5	des terres émergées
Pays connus.	1/5	—
Pays explorés	2/5	—
Pays non encore explorés . . .	1/5	—

On voit que, malgré l'ancienneté de la civilisation sur la terre et malgré le grand nombre des explorations modernes, la partie bien connue des terres émergées est encore assez petite. De la majeure partie de l'étendue de cette surface, nous ne pouvons donner qu'une ébauche approchant plus ou moins de la vérité.

1° L'**Europe** est actuellement la partie du monde la mieux connue dans son ensemble. Plus des neuf dixièmes de sa superficie ont été levés et triangulés.

Les seules régions européennes sur lesquelles on a une précision encore insuffisante sont les contrées glacées qui avoisinent l'océan Glacial et la mer Blanche. La péninsule des Balkans et certaines parties de la péninsule Ibérique, sur lesquelles on avait encore naguère des incertitudes, ont été l'objet d'études qui en ont fixé la plupart des derniers détails.

2° En **Asie**, les seules parties levées et triangulées de l'Asie sont l'Inde, les côtes de l'Asie Mineure et de la Syrie, une partie de la Sibérie méridionale sur le trajet du Transsibérien, le Japon. On peut encore considérer comme bien connus : la Chine proprement dite, une partie de l'Indo-Chine, le Turkestan et une partie de l'Iran.

Parmi les régions explorées, mais en somme peu connues, on peut placer presque toute la Sibérie orientale, les déserts de l'Arabie et de l'Iran et la majeure partie de l'Asie centrale, dont certaines contrées restent à explorer, même après les voyages de Prjévalski, de Bonvalot et du duc d'Orléans, de Sven Hedin et de Dutreuil de Rhins.

3° En **Afrique**, on peut indiquer comme levées, triangulées ou très connues, l'Égypte, le littoral de la Tripolitaine, l'Algérie-Tunisie, le Sénégal, la côte occidentale de l'Afrique équatoriale, tout le sud de l'Afrique australe et une partie de Madagascar.

Mais plus des deux tiers de l'Afrique ne nous sont connus que par des explorations plus ou moins superficielles. Certaines parties du Sahara, surtout dans la partie orientale, attendent encore un explorateur.

4° En **Océanie**, les côtes orientale et méridionale de l'Australie, la Nouvelle-Zélande, la plupart des îles de la Sonde sont aujourd'hui parmi les régions très bien connues.

Parmi les régions sur lesquelles on ne possède que des notions incomplètes ou vagues, on trouve principalement l'intérieur de Bornéo et une partie de l'Australie centrale et occidentale. L'ignorance est presque complète en ce qui concerne l'intérieur de la Nouvelle-Guinée.

5° En **Amérique**, la majeure partie du continent américain est aujourd'hui très bien ou bien connue. Le sud du Dominion canadien, les États-Unis, le Mexique et l'Amérique Centrale, toute l'Amérique du Sud, à l'exception de certaines parties intérieures du bassin de l'Amazone et de la Patagonie, sont des régions sur lesquelles nous n'avons plus beaucoup à apprendre.

Les régions américaines encore insuffisamment connues sont surtout les vastes territoires qui s'étendent, tout au nord, de la baie d'Hudson au territoire d'Alaska.

6° Les **contrées polaires** sont les régions terrestres les moins connues encore malgré les très nombreuses explorations entreprises depuis un siècle, et les progrès accomplis depuis quelques années.

Du côté du pôle Nord, on a cherché à atteindre le pôle de toutes parts, par le nord de l'Europe, par le nord de l'Asie, par le nord de l'Amérique. On a reconnu que le pôle Nord est sans doute occupé par une mer encerclée de terres; on a trouvé trois routes marines, du reste presque encombrées de glaces, qui donnent accès dans cette mer arctique; on a fixé les contours de la plupart des terres de ces parages; on a noté d'utiles observations sur les courants, l'atmosphère et les conditions physiques générales de toute cette région; enfin, le pôle lui-même a été atteint; mais c'est une connaissance encore superficielle.

Du côté du pôle Sud, l'exploration est beaucoup moins avancée. Le pôle Sud a le désavantage d'être plus éloigné des pays civilisés d'où partent les explorateurs; il est, en outre, plus froid. Le pôle Sud a été atteint, mais il reste encore beaucoup d'incertitude sur les principaux points qui concernent la région polaire antarctique. On croit qu'un vaste continent l'occupe; il serait baigné par un océan glacé communiquant largement avec les océans Pacifique, Atlantique et Indien. Mais, si ce continent existe, on n'en connaît encore que quelques points auxquels on a donné des noms particuliers, comme s'ils formaient des terres isolées.

PREMIÈRE PARTIE
GÉOGRAPHIE PHYSIQUE

I. — LA TERRE DANS L'UNIVERS

SOMMAIRE

I. Longtemps les hommes ont regardé la Terre comme le centre de l'univers. Il n'en est rien : la Terre n'est qu'une faible partie du système solaire, lequel n'occupe lui-même qu'une place médiocre dans l'ensemble des mondes qui composent l'univers.

II. La Terre est une des huit planètes qui gravitent autour du Soleil. Elle possède un satellite, la Lune. Plus grande que Mercure, Mars et Vénus, elle est très inférieure à Uranus, Neptune, Saturne et Jupiter : Jupiter vaut 1280 Terres, le Soleil en vaut 1310000.

III. La Terre est animée d'un double mouvement simultané : 1° elle tourne sur elle-même en 24 heures, d'où l'alternance régulière du jour et de la nuit : 2° elle tourne autour du Soleil en une année, d'où, par suite de l'inclinaison de l'axe de rotation de la Terre, le jeu des diverses saisons.

IV. L'hypothèse généralement admise pour expliquer l'origine de la Terre est celle de Laplace, d'après laquelle le Soleil et les diverses planètes du système solaire ne seraient autres que les débris condensés d'une masse gazeuse ou d'une nébuleuse primitive. La Terre se serait condensée en se refroidissant; une croûte se serait formée à sa surface; l'intérieur, protégé par cette croûte contre le refroidissement, serait encore en partie incandescent ; au contraire, l'atmosphère, d'abord brûlante, puis chaude, se serait refroidie graduellement et assez vite. Dans tous les cas, il a fallu des millions de siècles pour que ces modifications pussent se produire.

V. Les géologues distinguent cinq grandes périodes ou époques dans l'histoire de la Terre depuis son origine jusqu'à l'époque actuelle. Chacune de ces époques est caractérisée par une flore et une faune spéciales. Ces cinq époques sont : 1° l'époque primitive ou archaïque ; 2° l'époque primaire ou paléozoïque ; 3° l'époque secondaire ou mésozoïque ; 4° l'époque tertiaire ou néozoïque ; 5° l'époque quaternaire, caractérisée par l'apparition de l'homme sur la Terre.

Développement.

Qu'est-ce que l'Univers ? — Les hommes crurent longtemps que la terre constituait, à elle seule, tout l'Univers. Ils s'imaginaient qu'elle était immobile au centre des choses, et se représentaient le ciel comme une sphère creuse, qui tournait en entraînant avec elle les astres que nous voyons. Le soleil, la lune, les étoiles, leur apparaissaient comme des flambeaux placés dans le ciel pour éclairer la Terre.

Les progrès de l'astronomie ont réduit à néant cette orgueilleuse et naïve conception. Ils nous ont révélé que les étoiles, la lune et le soleil sont des mondes aussi gros ou même beaucoup plus gros que la Terre ; c'est leur éloignement seul qui nous les fait apparaître comme des points à peine perceptibles ou comme des disques peu étendus. Ils nous ont appris que l'Univers forme une immensité insondable dans laquelle évoluent des mondes énormes, et où, loin d'être le centre de toutes choses, la Terre n'occupe qu'une place infime, presque négligeable.

On peut résumer ainsi les conclusions de la science astronomique : 1° la Terre n'est qu'une unité, et l'une des moindres, dans un ensemble de mondes ayant le soleil pour centre et formant ce qu'on appelle le système solaire ; 2° le système solaire lui-même, avec les différentes masses qui le constituent, ne forme qu'une petite partie d'un ensemble plus vaste, la nébuleuse de la Voie Lactée, où l'on compte des milliers de soleils et plus de 18 millions d'étoiles ; 3° on connaît actuellement au moins 5000 nébuleuses comme la Voie Lactée, et l'on en découvre toujours de nouvelles à mesure qu'on parvient à construire des lunettes d'une portée plus grande.

De la situation absolue de la Terre dans l'espace, il est donc impossible de rien dire. Ce que nous savons, c'est seulement que la Terre n'est qu'un atome, perdu en quelque sorte dans une immensité à laquelle nous ne connaissons pas de limite.

Le système solaire. — Le système solaire, partie de la nébuleuse de la Voie lactée, comprend : 1° une étoile centrale, le *Soleil*, qui tourne sur elle-même en un peu plus de 25 jours et mesure 1 310 000 fois le volume du globe terrestre ; 2° huit grosses planètes, soit, par ordre d'éloignement du Soleil, *Mercure*, *Vénus*, la **Terre**, *Mars*, *Jupiter*, *Saturne*, *Uranus* et *Neptune* : toutes décrivent autour du Soleil des orbes presque circulaires ; les principales d'entre elles entraînent à leur suite un ou plusieurs satellites ; 3° un très grand nombre de petites planètes, ou *planètes télescopiques*, situées entre Mars et Jupiter

Toutes les planètes du système solaire tournent sur elles-mêmes, comme le Soleil, et tournent en même temps autour du Soleil L'ensemble du système est entraîné, à une vitesse de 7 à 8 kilomètres par seconde, dans la direction de la constellation d'Hercule.

Étudié dans l'ensemble de l'Univers, le système solaire est loin de paraître considérable. On connaît dans la nébuleuse de la Voie Lactée plusieurs milliers de systèmes analogues, et le nombre des nébuleuses actuellement connues n'est pas inférieur à 5000.

Comparé à la Terre et à l'homme, au contraire, le système solaire paraît prodigieusement étendu[1]. Du Soleil à la Terre on compte 37 500 000 lieues de distance; du Soleil à la planète Neptune, la planète solaire la plus éloignée de l'astre central, il n'y a pas moins de 750 millions de lieues.

La Terre dans le système solaire. — La Terre est une des planètes du système solaire; elle est loin d'occuper parmi elles une place prépondérante.

La Terre a un satellite, la Lune; Mercure et Vénus n'en ont pas; Neptune en a un comme la Terre; Mars en a deux, Jupiter cinq, Uranus et Saturne chacun huit.

La Terre est plus grosse que la Lune (49 fois), que Mercure (18 fois), que Mars (6 fois et demie); elle est aussi un peu plus

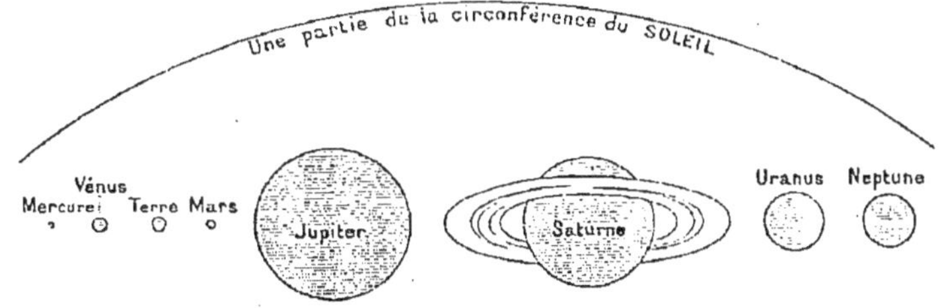

GROSSEUR COMPARÉE DES PLANÈTES.

La Terre est beaucoup plus grosse que Mercure, un peu plus grosse que Vénus et que Mars. Par contre elle est beaucoup plus petite que Neptune, Uranus, et surtout que Saturne et Jupiter : ce n'est qu'un point dans le système solaire

grosse que Vénus. Par contre, elle est moins grosse qu'Uranus (80 fois), que Neptune (84 fois), que Saturne (750 fois) et que Jupiter (1280 fois). Quant au Soleil, son volume énorme égale 1 310 000 terres.

Mouvements de la Terre. — La Terre n'est pas immobile dans l'espace. Elle est animée d'un double mouvement simul-

---

1. Un petit fait donnera une idée de l'étendue relative du système solaire et de l'Univers. La lumière se propage avec une vitesse de 298 000 kilomètres par seconde : or, la lumière du soleil met plus de 8 minutes pour nous parvenir; la lumière de l'étoile polaire met 33 ans pour arriver jusqu'à nous.

tané; elle tourne sur elle-même, et en même temps elle tourne autour du Soleil.

1º *La Terre tourne sur elle-même* de l'ouest à l'est autour d'un axe imaginaire qui passerait par les deux pôles. Ce mouvement de rotation, *ou mouvement diurne,* dure vingt-quatre

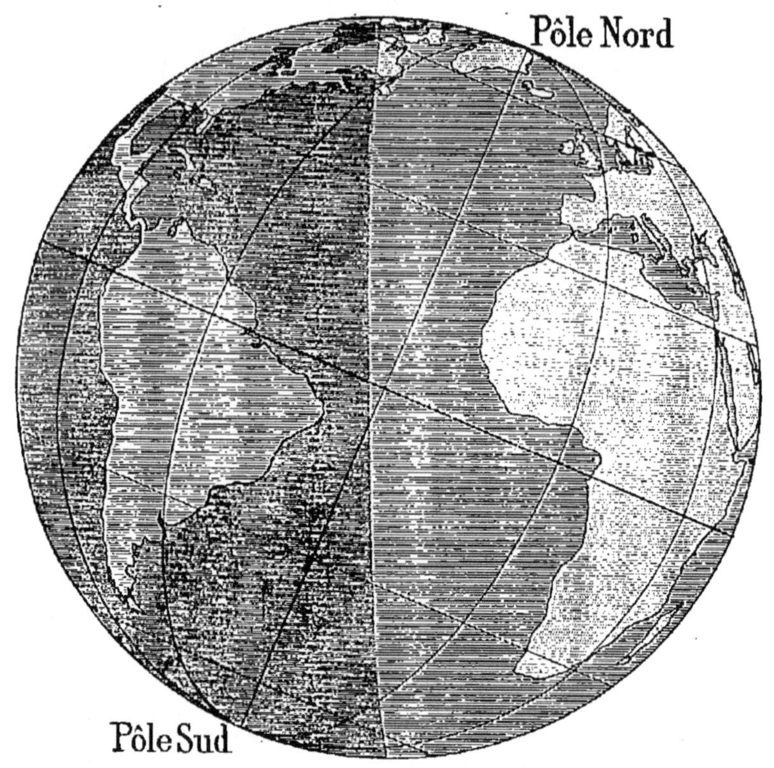

LA TERRE AU SOLSTICE D'ÉTÉ.

Supposez la Terre en cette position tournant autour de son axe ; son pôle Nord restera continuellement exposé au soleil et son pôle Sud continuellement dans l'ombre. Au pôle Nord il n'y a point de nuit pendant l'été tandis qu'alors il n'y a point de jour au pôle Sud. Lors du solstice d'hiver, la situation est toute contraire : la nuit règne au pôle Nord, le pôle Sud a des jours continus.

heures, c'est-à-dire un jour. C'est lui qui produit la succession du jour et de la nuit, en exposant tout à tour au Soleil, source de la lumière, les différentes parties de la surface terrestre.

Il faut noter que la vitesse du mouvement diurne varie d'un point à l'autre du globe. Nulle aux deux pôles, elle augmente au fur et à mesure qu'on s'en éloigne, et atteint son maximum à l'équateur, à égale distance des pôles. La vitesse de la rotation terrestre est de 14 kilomètres à la minute à Saint-Pétersbourg, de 18 kilomètres à Paris et de 28 kilomètres à l'équateur.

2° *La terre tourne autour du Soleil* par un *mouvement de translation* qui s'accomplit pendant qu'elle fait 365 tours et un quart sur elle-même. C'est la période à laquelle on a donné le nom d'année.

La vitesse moyenne avec laquelle la Terre effectue ce dernier mouvement est de 30 kilomètres par seconde. On nomme *orbite* le trajet en forme d'ellipse que la Terre décrit autour du Soleil.

Inégalité des jours et des nuits, et succession des saisons. — Si l'axe de rotation de la Terre était perpendiculaire au plan de l'orbite, le jour et la nuit auraient toujours la même durée dans tous les endroits du globe. En outre, chaque point du globe recevrait une quantité invariable de chaleur solaire ; on aurait toujours le même hiver aux deux pôles où le soleil raserait éternellement l'horizon, toujours le même été à l'équateur où les rayons solaires demeureraient sans cesse verticaux à midi, toujours printemps et automne à la fois dans les zones intermédiaires où le soleil enverrait des rayons invariablement obliques.

Il n'en est pas ainsi. L'axe terrestre est incliné d'environ 25 degrés

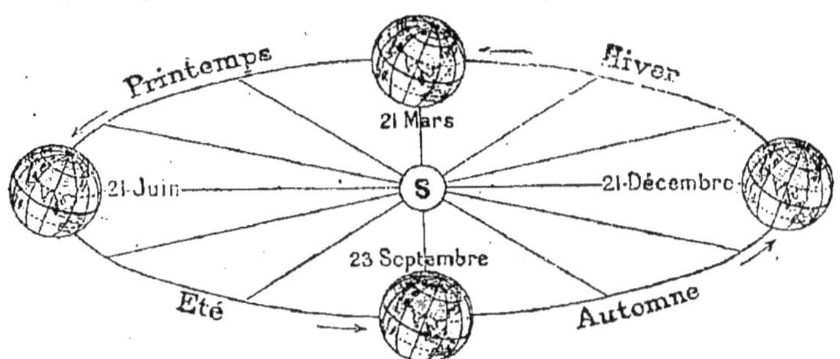

POSITIONS DE LA TERRE ET DU SOLEIL AUX DIVERSES SAISONS.

et demi sur le plan de l'orbite, et il fait avec ce plan un angle d'environ 66 degrés et demi. Il en résulte deux conséquences importantes :

1° Par suite de cette inclinaison, certaines parties demeurent plus longtemps que d'autres exposées à la lumière du soleil : d'où l'inégalité des jours et des nuits. Les jours ont leur durée maxima pendant l'été ; ils ont leur durée minima pendant l'hiver ; deux fois par an, en mars et en septembre, le jour et la nuit ont égale durée : on appelle ces quatre moments solstice d'été, solstice d'hiver, équinoxe de printemps, équinoxe d'automne.

2° Cette inclinaison amène de même successivement chaque partie de la Terre à un degré de chaleur et de lumière variable. La figure ci-jointe montre que, le 21 juin, au moment du solstice d'été, la Terre présente au Soleil son hémisphère boréal et son pôle nord qui reçoivent alors nécessairement beaucoup plus de lumière et de chaleur que l'hémisphère austral et le pôle sud ; ils ont alors leur saison chaude. Le 21 décembre, au contraire, c'est l'hémisphère austral et le pôle sud qui sont inclinés vers le Soleil et qui ont l'été, tandis que l'hiver règne dans l'hémisphère boréal et au pôle nord.

Toutes les manifestations de la vie terrestre, depuis les mouvements de la mer et de l'atmosphère jusqu'à l'existence des sociétés humaines, dépendent de cette fluctuation de la Terre devant les rayons du Soleil.

Hypothèse de Laplace sur l'origine de la Terre et du système solaire. — Les savants et les philosophes ont cherché depuis longtemps comment avaient pu se former l'univers en général et la Terre en particulier. Mais c'est seulement depuis le XVIII° siècle que leurs hypothèses ont commencé à s'appuyer sur des données scientifiques. Les plus remarquables tentatives d'explication ont été produites par le philosophe allemand Kant, et par les savants français Laplace et Faye. On admet généralement l'hypothèse de Laplace ; il la développa dans son *Exposition du Système du Monde*, en 1796. Si elle prête à plusieurs objections graves et ne peut être considérée que comme une hypothèse, elle a du moins l'avantage de rendre assez exactement compte de la plupart des lois qui régissent le système planétaire.

D'après Laplace, tout l'espace actuellement occupé par le système solaire était rempli primitivement par une masse gazeuse très légère et tournant d'un mouvement d'ensemble. Cette masse se refroidissant par rayonnement, une condensation se produisit au centre : ce fut le Soleil. Les molécules laissées en dehors de ce centre de condensation se rassemblèrent alors en masse plus ou moins volumineuses que la gravitation universelle empêcha de s'éloigner à l'infini et qui continuèrent à circuler autour de l'astre central, tandis que la rotation leur imprimait la forme sphéroïdale : ces masses secondaires, formées lentement, furent la Terre et les autres planètes solaires. Les satellites se constituèrent par une opération analogue autour de ces masses secondaires qui allaient sans cesse se refroidissant et se condensant.

Le système solaire se trouva dès lors constitué : au centre, le Soleil, portion principale de la masse gazeuse primitive ; tout autour, fragments moins volumineux de cette même masse, les planètes et leurs satellites gravitant dans des orbites elliptiques autour du Soleil

Depuis qu'elle est isolée en une masse distincte, la Terre a subi plusieurs transformations successives. Dans le principe, ce fut une sphère gazeuse où la chaleur maintenait à l'état de vapeurs les corps que la chimie moderne désigne sous le nom de corps simples. Cette sphère de gaz, moins volumineuse que le Soleil, se condensa plus rapidement que lui. D'abord, il se fit une séparation entre les vapeurs : tandis que les plus légères demeuraient nuageuses, les plus pesantes se liquéfièrent, s'accumulèrent en un noyau central, et, en vertu des lois de la pesanteur, se distribuèrent au centre de la petite nébuleuse, conformément à l'ordre croissant de leurs densités. Puis cette matière minérale liquide se recouvrit, à la surface, d'une sorte de croûte, sans cesse épaissie par suite de pertes constantes de chaleur.

Cette première transformation en amena d'autres. Le foyer central, protégé contre le refroidissement par l'écorce terrestre, subsista plus longtemps, en sorte que les couches profondes de notre globe doivent à l'heure actuelle être encore incandescentes. Mais l'enveloppe gazeuse, isolée du feu central par la croûte terrestre, se refroidit dès lors plus rapidement ; dès que la température tomba au-dessous du point d'ébullition de l'eau, la vapeur d'eau se condensa et les pluies ruisselèrent sur la Terre.

C'est ainsi que, dans l'hypothèse de Laplace, s'expliquent la formation du système solaire, en même temps que celle des trois éléments constitutifs de notre planète : l'atmosphère, la terre et l'eau.

Histoire de la Terre. — Depuis le jour où notre globe a été constitué dans ses éléments principaux, il a fallu encore de nombreuses transformations pour que notre planète devînt habitable aux plantes, aux animaux et à l'homme.

L'histoire de la Terre est très compliquée. Les couches anciennes, sans cesse remaniées, nous montrent la terre changeant sans cesse, et parfois du tout au tout, d'aspect extérieur, de climat, de flore et de faune. Aux diverses époques, les terres et les mers se répartissent différemment à la surface de la planète. Les climats sont tour à tour brûlants, tièdes ou glacés. Tantôt la nature tropicale s'étend jusque vers les régions polaires ; tantôt des retours d'un froid intense provoquent l'envahissement par les glaces de plaines aujourd'hui tempérées. Et, à chaque transformation de ce genre, plantes et animaux prennent des formes nouvelles sous des climats nouveaux. C'est à travers tous ces changements que notre globe s'est acheminé vers l'état, également passager du reste, sous lequel l'homme a commencé de le connaître et sous lequel il nous apparaît aujourd'hui.

Combien de siècles la Terre a-t-elle mis à se condenser, à se solidifier, à traverser les longues périodes antérieures à la vie végétale et animale, à accomplir enfin les lentes modifications qui l'ont graduellement amenée au moment où l'homme a pu prendre conscience de la nature ? Sans doute des millions de siècles, un nombre d'années incalculable et qui défie l'imagination. Le physicien Helmholz estime qu'il n'a pas fallu moins de trois millions et demi de siècles rien que pour abaisser la température de notre planète de 2000 à 200 degrés.

Coup d'œil sur les époques géologiques. — Les géologues distinguent cinq grandes périodes, ou époques, dans l'histoire de la Terre depuis son origine jusqu'à l'époque actuelle. Chacune d'elles est caractérisée par une flore ou une faune particulières. Ces cinq époques, de durée fort longue mais inconnue, sont :

1° L'époque *primitive* ou *archaïque*, dont les roches ne contiennent aucun débris organique ; la vie n'existait pas encore sur le globe, ou du moins, si elle existait, elle n'y a laissé aucune trace.

2° L'époque *primaire paléozoïque*, dont la flore et la faune, à en juger par les fossiles dont les roches nous ont gardé l'empreinte, étaient profondément originales. La flore se composait uniquement de plantes sans fleurs ou cryptogames, et de gymnospermes, fougères géantes et végétaux analogues à nos sapins. La faune, surtout marine, était constituée principalement par des crustacés, des poissons et des batraciens. D'immenses forêts de plantes vivaces, dont les débris accumulés ont formé nos houillères, semblent avoir couvert alors toute la surface des terres émergées jusque sous le cercle polaire.

3° L'époque *secondaire* ou *mésozoïque*, époque de tranquillité relative, semble-t-il, dans l'histoire de notre planète, troublée à l'âge précédent par des actions volcaniques intenses et de grandes dislocations. C'est au cours de cette période qu'apparaissent les plantes à fleurs et à feuillage caduc, peupliers, platanes, puis châtaigniers. La faune s'enrichit également d'espèces nouvelles, mollusques, reptiles gigantesques, oiseaux, mammifères.

4° L'époque *tertiaire* ou *néozoïque*, bouleversée par les gigantesques plissements qui ont donné naissance à la suite de montagnes qui, des Pyrénées et des Alpes, sillonne l'ancien continent jusqu'à l'Himalaya, ainsi qu'à la longue chaîne des Andes et des Montagnes Rocheuses, en Amérique. Tandis que la face du monde prenait alors quelques-uns des traits prédominants de sa physionomie actuelle, le climat, la flore et la faune se rapprochaient graduellement de ce qu'ils sont aujourd'hui.

5° L'*époque quaternaire*, dont la période actuelle n'est que la continuation. Tous les animaux quaternaires appartiennent à des genres encore existants : quelques-uns d'entre eux se sont seulement déplacés ou modifiés. C'est seulement, semble-t-il, au cours de cette période que l'homme est apparu sur la Terre.

2. — LE GLOBE TERRESTRE EN SON ÉTAT ACTUEL

SOMMAIRE

I. La Terre est une sphère, renflée à l'équateur et légèrement aplatie aux deux pôles. Elle mesure 40 000 kilomètres de circonférence, environ 6370 kilomètres de rayon moyen, 510 millions de kilomètres carrés de superficie (1000 fois la France environ).

II. La structure de la Terre peut se résumer ainsi : 1° au centre, un noyau incandescent, dont l'existence paraît attestée par les matières rejetées par les volcans, ainsi que par l'accroissement progressif de la température à mesure qu'on s'enfonce dans les profondeurs du sol ; 2° autour de ce noyau, une croûte solide dont on évalue l'épaisseur de 30 à 70 kilomètres, et qui est irrégulière, tour à tour bossuée ou déprimée ; 3° une enveloppe liquide, occupant les parties déprimées de l'écorce terrestre, et interrompue par les continents et les îles qui surgissent au-dessus de sa surface ; 4° enveloppant le tout, une masse gazeuse, l'atmosphère, dont on ne peut évaluer la hauteur avec précision.

III. Sur une superficie totale de 510 millions de kilomètres carrés, les terres émergées en occupent 136 millions et les mers 374 millions. Les terres sont massées surtout dans l'hémisphère boréal, ou hémisphère continental. Les continents présentent vers le sud une forme effilée, tandis que les mers sont largement ouvertes vers le sud et se rétrécissent graduellement vers le nord.

IV. La terre, l'eau et l'air sont également indispensables à la vie : sans la terre, ou élément solide, point d'endroit où une société pourrait se fixer, une civilisation se développer ; sans l'eau, ou élément fluide, et sans l'air, ou élément gazeux, point de vie végétale et point de vie animale possibles. Quant aux communications, en attendant que la navigation aérienne ait ouvert les routes de l'atmosphère, c'est la mer plus que la terre qui a servi aux grandes explorations, aux voyages, aux échanges

Développement.

Forme de la Terre. — On a ignoré longtemps la forme exacte de la Terre. Les anciens Grecs se la représentaient comme un énorme disque entouré par un océan immense et dominé par une sphère creuse, à l'intérieur de laquelle les astres étaient accrochés. Dès ces temps reculés, quelques savants entrevirent la vérité; Thalès de Milet, Aristote, Eratosthène, Ptolémée, enseignèrent la sphéricité de la Terre; mais leurs idées restèrent le patrimoine d'un petit nombre de personnes instruites. On ne cessa de douter de la sphéricité de notre globe qu'au xvie siècle, quand l'expédition de Magellan, partie d'Espagne par l'ouest, y revint par l'est, après avoir fait pour la première fois le tour du monde.

Il existe de nombreuses preuves de la sphéricité de la Terre, les unes usuelles, les autres scientifiques. Quand un navire vient du large vers le rivage, on distingue le haut de ses mâts avant de voir sa coque. La forme toujours circulaire de l'horizon, la forme des ombres d'éclipse projetées par la Terre et la Lune, démontrent scientifiquement le même fait.

La Terre est donc une sphère, mais ce n'est pas une sphère parfaite. Comme toute masse fluide animée d'un mouvement de rotation, elle est légèrement aplatie aux pôles et renflée à l'équateur. Cette vérité, prévue par Newton, a été établie par la comparaison des longueurs d'un arc de méridien aux diverses latitudes. L'aplatissement des pôles est, du reste, relativement très faible; il ne dépasse pas la trois-centième partie du rayon terrestre.

Dimensions de la Terre. — Les dimensions de la Terre sont très connues aujourd'hui. On peut les résumer ainsi :

```
Circonférence.  . . . . . . .  40 000 kilomètres.
Rayon à l'équateur. .  . . . .   6 377      —
Rayon au pôle. . . . . . . .     6 356      —
```

La superficie de la Terre égale 510 millions de kilomètres carrés (soit 1000 fois l'étendue de la France); son volume dépasse un trillion (ou mille milliards) de kilomètres cubes.

La densité de la Terre, calculée par divers procédés, est un peu supérieure à 5.50, c'est-à-dire qu'elle dépasse cinq fois et demie celle de l'eau. La densité de l'eau de mer étant à peine supérieure à 1, la densité des rochers de la surface étant en moyenne de 2.5, on en conclut que les matériaux qui constituent l'intérieur du globe doivent être très lourds et sont probablement métalliques.

Structure de la Terre et éléments constitutifs. — Les Anciens considéraient la Terre comme composée de quatre éléments principaux, le feu, la terre, l'eau et l'air. On sait aujourd'hui que cette vue est chimiquement fausse. Le feu n'est pas un élément, mais un état; et la terre, l'eau et l'air sont composés de corps simples diversement combinés.

Cependant la structure du globe peut se résumer ainsi : au centre, un noyau incandescent; autour de ce noyau central, une croûte solide, recouverte d'eau dans ses parties les plus déprimées; enfin, enveloppant terres et eaux, une couche gazeuse ou atmosphère.

Noyau intérieur du globe. — On est réduit à des hypothèses en ce qui concerne l'état intérieur du globe. Les plus profonds sondages qui aient été exécutés à travers l'écorce terrestre n'ont guère dépassé 2000 mètres au-dessous de la surface (2004 mètres au sondage de Rybnitz en Silésie, exécuté en 1898). Toutefois, il semble certain que le centre de la Terre est occupé par une masse en fusion.

Une première preuve à l'appui de cette hypothèse se trouve dans les matières que les volcans rejettent en temps d'éruption. D'où viennent-elles s'il n'existe pas une masse en fusion dans le centre de la Terre?

Une autre preuve est fournie par l'élévation croissante de la température à mesure qu'on s'enfonce dans les profondeurs du sol. L'accroissement de la température avec la profondeur s'observe partout. On a calculé qu'en moyenne le thermomètre s'élève de 1 degré pour 30 à 32 mètres de descente verticale. Au fond du sondage de Rybnitz, à 2004 mètres de profondeur, la température était de 70 degrés centigrades. Si cette progression se poursuit d'une manière régulière vers le centre de la Terre, ce qu'on ignore encore, la température à 3000 mètres de profondeur serait de 100 degrés; à 30 kilomètres, de 1000 degrés, température des laves en fusion; à 60 kilomètres, de 2000 degrés, température de fusion du platine, l'un des corps les plus réfractaires qui existent à la surface du globe. A ce compte, la température au centre de la Terre serait considérable.

L'écorce terrestre. — Une croûte solide sépare le noyau incandescent qui occupe le centre de la Terre de l'atmosphère qui enveloppe notre planète.

On a cherché souvent à en calculer l'épaisseur. En s'appuyant sur l'augmentation progressive de la chaleur au-dessous de la surface du sol, les géologues s'accordent en général pour assigner à l'écorce terrestre une épaisseur de 30 kilomètres au minimum et de 70 kilomètres au maximum : épaisseur en tout cas bien faible, si l'on réfléchit que le rayon terrestre dépasse 6300 kilomètres. C'est une très mince pellicule qui forme l'écorce solide sur laquelle nous marchons.

Au reste, la croûte terrestre ne présente sur aucun point une surface extérieure plane et régulière. Elle est presque partout hérissée de saillies ou creusée de dépressions. La plus haute saillie mesurée, jusqu'à ce jour, le pic Everest, dans l'Himalaya, s'élève à 8840 mètres au-dessus du niveau de la mer ; la dépression la plus creuse actuellement connue, et qui est située entre les Mariannes et les Philippines, dans l'océan Pacifique, descend à 9636 mètres au-dessous du niveau de la mer. Il existe donc une différence d'au moins 18 000 à 19 000 mètres entre les points les plus élevés et les plus déprimés de la croûte terrestre.

Courbe hypsographique de l'écorce terrestre. — Grâce aux progrès de l'exploration du globe, accomplis surtout depuis le

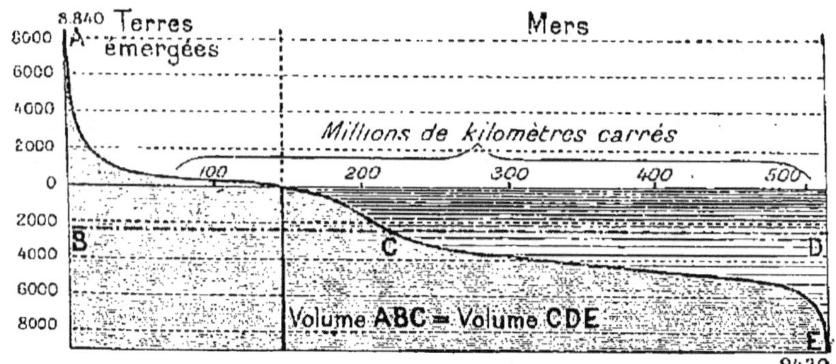

COURBE HYPSOGRAPHIQUE DE L'ÉCORCE TERRESTRE.

Cette courbe est tracée de manière à indiquer la proportion de l'écorce terrestre qui est située aux différentes altitudes et aux différentes profondeurs. La ligne B C D indique le niveau terrestre moyen, c'est-à-dire que le volume des parties de l'écorce terrestre qui sont situées au-dessus de ce niveau égale le volume des profondeurs océaniques situées au-dessous (vol. ABC = vol. CDE). Cette ligne BCD est à 2300 mètres au-dessous du niveau de la mer.

dernier quart du XIXe siècle, on a pu entreprendre la répartition des altitudes continentales et des profondeurs marines en zones d'égal relief moyen.

Suivant le géographe allemand Wagner, le niveau moyen de l'écorce terrestre serait à une profondeur de 2300 mètres au-dessous du niveau actuel de la mer ; 43 pour 100 de la surface totale de la Terre seraient au-dessus du niveau marin, et 57 pour 100 seraient au-dessous. L'altitude moyenne des océans serait de 3650 mètres.

Le tableau suivant donne la proportion de la surface terrestre située aux diverses altitudes et aux diverses profondeurs :

1° Plus de 1000 mètres au-dessus du niveau marin. .   6 p. 100
2° Entre 200 et 1000 mètres au-dessus. . . . . 28,3 —
3° Entre 200 mètres au-dessus et 2300 au-dessous. .   9   —
4° Entre 2300 et 5000 mètres au-dessous. . . . . . . 53,7 —
5° A plus de 5000 mètres au-dessous. . . . . . . : .   3   —

Ces résultats peuvent être mis sous une forme graphique, propre à les rendre plus saisissants. Si, sur une ligne horizontale, on porte des longueurs respectivement proportionnelles aux surfaces occupées par les diverses zones, et qu'à l'extrémité de chaque division on construise, dans le sens voulu, une ordonnée proportionnelle, soit à l'altitude, soit à la profondeur, on obtient la *courbe hypsographique* de l'écorce terrestre.

Répartition des terres et des mers. — Deux éléments se partagent la surface extérieure de l'écorce terrestre, la terre proprement dite et l'eau. L'eau, plus fluide que la terre proprement dite qui est solide, s'est rassemblée dans les parties les plus déprimées et les a recouvertes, ne laissant émerger que les parties les plus proéminentes de la croûte terrestre.

Un coup d'œil jeté sur une carte montre l'inégale étendue des parties immergées et des parties émergées. La surface de la Terre étant de 510 millions de kilomètres carrés, les continents en occupent à peu près 136 millions et les océans 374 millions. Ces chiffres ne sont qu'approximatifs, car ils englobent les ré-gions polaires dans la masse océanique, alors que le pôle antarc-tique forme probablement le centre d'un continent plus étendu que l'Europe. Il n'en reste pas moins vrai que les continents, ou partie émergée de la terre, occupent à peine un peu plus d'un quart de la surface terrestre, et que les océans en occupent près des trois quarts. La partie solide de la surface planétaire, la seule sur laquelle l'homme peut fonder des établissements per-manents, est ainsi de beaucoup la plus petite.

Inégalement étendues, les terres et les mers sont aussi distri-buées inégalement à la surface du globe. Les terres couvrent 39 pour 100 de l'hémisphère boréal et seulement 14 pour 100 de l'hémisphère austral. Elles sont massées vers le nord jusqu'à former sur le cercle polaire une bande presque ininterrompue Vers le 48ᵉ degré de latitude nord, c'est-à-dire sous la latitude

HÉMISPHÈRE ÉMERGÉ.

Les terres semblent massées dans l'hémisphère nord où elles forment une ceinture autour du pôle.

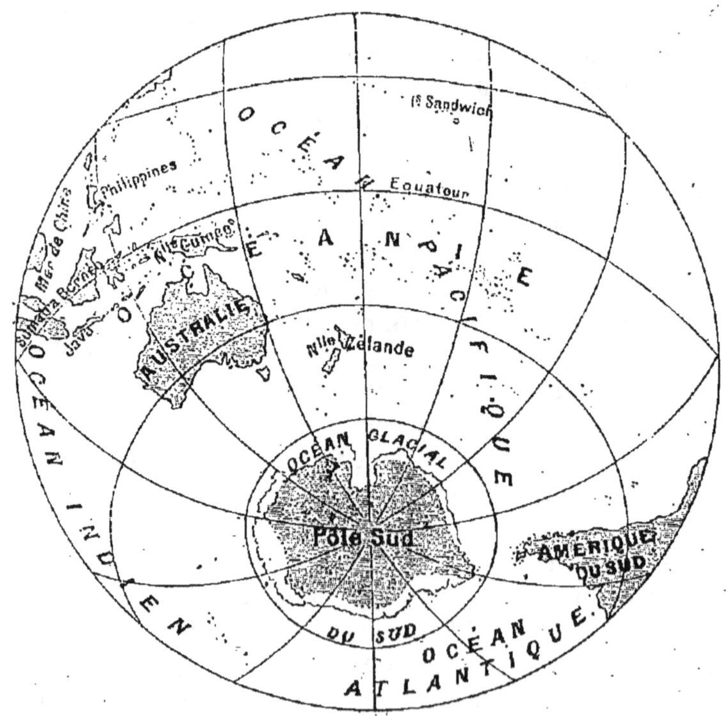

HÉMISPHÈRE IMMERGÉ.

Des océans occupent presque tout l'hémisphère sud

de Paris, il y a à peu près équivalence dans l'étendue des deux éléments. A l'équateur, les terres ne couvrent déjà plus que le quart de la circonférence terrestre. Sous le 49° degré de latitude sud, on ne trouve guère que de l'eau. Par suite de cette répartition, on appelle souvent l'hémisphère boréal *hémisphère émergé* ou *continental*, et l'hémisphère austral *hémisphère immergé* ou *maritime*.

Observations sur les formes générales des continents. — Les formes générales des continents donnent lieu à quelques observations intéressantes sans, du reste, qu'on puisse apporter la raison des faits constatés.

1° Tous les continents s'élargissent vers le nord et s'effilent vers le sud pour finir par se terminer en pointe : tels le cap Horn au sud du

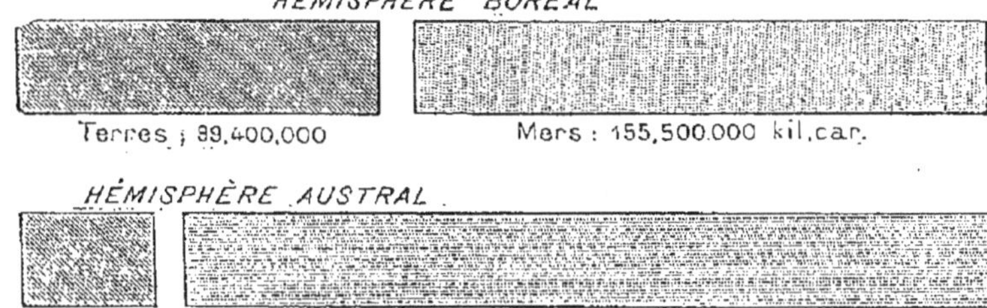

ÉTENDUE COMPARÉE DES TERRES ET DES MERS DANS LES DEUX HÉMISPHÈRES.

Les terres sont bien plus étendues dans l'hémisphère boréal que dans l'hémisphère austral ; dans ce dernier, elles n'occupent qu'une place insignifiante. C'est ce que montrent également les deux cartes des pages suivantes. Aussi appelle-t-on l'hémisphère boréal hémisphère émergé, et l'hémisphère austral, hémisphère immergé.

continent américain, le cap de Bonne-Espérance au sud de l'Afrique, la Tasmanie au sud de l'Australasie. La péninsule de l'Hindoustan et l'Indo-Chine se terminent également en pointes.

Inversement, les océans apparaissent très largement étendus vers le sud, et ils se rétrécissent graduellement vers le nord.

2° On peut remarquer que, dans l'ensemble, les formes continentales et océaniques se correspondent d'une façon très symétrique. A la masse largement isolée de l'ancien monde correspond la masse également isolée du Grand Océan avec l'océan Indien. L'Atlantique et l'Amérique, aux formes plutôt effilées, se font pendant d'autre part. On pourrait opposer encore, sous bénéfice d'inventaire, les mers du pôle nord au continent supposé du pôle sud : le contraste de ces pôles d'eau et de terre compléterait l'ordonnance des masses continentales et des masses liquides.

C'est ce qu'on a nommé l'*opposition diamétrale réciproque des saillies et des dépressions.*

3° Enfin, il existe tout autour du globe une bande transversale déprimée qui partage en deux parties l'ensemble des terres émergées; on l'appelle la *dépression méditerranéenne*. Elle est marquée dans l'ancien continent par la Méditerranée, entre l'Europe et l'Afrique, et, plus à l'est, par la dépression mésopotamienne, le golfe Persique et la plaine indo-gangétique; dans le Nouveau Monde, par la mer des Antilles et le golfe du Mexique, qui séparent les deux Amériques.

L'atmosphère. — L'atmosphère enveloppe toute notre planète. Elle forme autour de la Terre une masse gazeuse qui, d'après John Herschel, équivaudrait à la douze cent millième partie de la masse totale du globe.

On a cherché à déterminer par divers moyens la hauteur de l'atmosphère, sans parvenir d'ailleurs à aucun résultat bien précis. Laplace, se fondant sur des considérations mécaniques, lui a assigné 42000 kilomètres. D'autres, au moyen d'observations relatives à la durée du crépuscule dans les régions tropicales, ont donné le chiffre de 320 à 340 kilomètres. D'autres enfin, se fondant sur la réfraction des rayons solaires, ne lui attribuent pas plus de 75 kilomètres. On voit quelles importantes différences existent entre ces diverses conclusions.

Un fait certain, c'est que, malgré le faible poids d'un litre d'air ou $1^{gr},293$, la pression que l'atmosphère exerce sur les corps placés à la surface du globe est considérable. Sur un mètre carré de surface, elle n'égale pas moins de 10333 kilogrammes. Elle varie du reste légèrement selon les lieux, les altitudes, les saisons et même les heures du jour.

L'atmosphère est constituée principalement par l'air qui, ainsi que Lavoisier l'a démontré, se compose d'un mélange de 21 volumes environ d'oxygène et de 79 volumes d'azote. L'atmosphère contient en outre, en quantité variable mais toujours beaucoup moindre, de l'acide carbonique et de la vapeur d'eau, un peu d'acide sulfhydrique et d'ammoniaque provenant de la décomposition des matières organiques, une petite quantité d'ozone pendant les orages, enfin des carbures d'hydrogène.

Rôle humain des divers éléments. — Les trois éléments qui existent à la surface du globe, terre, eau et air, sont indispensables à la vie, qui n'aurait pu se développer sans l'un quelconque d'entre eux. De plus, ils ont influé, chacun de quelque manière, sur le développement de l'humanité et sur l'histoire de la civilisation.

La *terre* est par excellence le théâtre de la vie, le champ de l'activité humaine et de l'histoire. Sans cette croûte solide, la vie humaine n'aurait pu acquérir ni stabilité, ni continuité. L'homme est avant tout un être terrien ; ce n'est que sur la terre ferme qu'il a pu naître et se développer, qu'il forme des établissements permanents.

L'*eau* n'est pas moins nécessaire à la vie. C'est la pluie qui féconde le sol : sans humidité, ni plantes, ni animaux, ni hommes ne pourraient subsister. L'homme, il est vrai, ne peut vivre sur la mer que par des moyens artificiels et temporairement. Par contre, la mer, avec sa surface fluide sur laquelle les navigateurs se transportent sans très grands obstacles, favorise, bien plus que la terre, les relations humaines. Toute l'histoire de la civilisation montre que, malgré ses vagues et ses tempêtes, la mer n'oppose point à l'activité humaine une barrière à beaucoup près aussi difficilement franchissable que les hautes montagnes, les déserts, les forêts peuplées de fauves, les populations sauvages. Depuis l'époque historique, les océans ont toujours été les principales routes de circulation sur le globe.

L'*air* deviendra peut-être un jour la principale route des communications lorsque l'homme aura trouvé le moyen pratique de s'y mouvoir : il suffit d'un progrès scientifique pour amener cette révolution très vraisemblable. En attendant, l'atmosphère n'est pas le moins indispensable des éléments à la vie. C'est dans l'air et par l'air que nous vivons, hommes, animaux, plantes. Son oxygène sert à la respiration des animaux : la vapeur d'eau qu'il contient entretient l'humidité sans laquelle il n'est pas d'existence organique possible ; sa masse enfin enveloppe la Terre comme un vêtement fluide qui absorbe, le jour, la moitié de la chaleur solaire, et retient, la nuit, les neuf dixièmes de la chaleur terrestre qui autrement se perdrait par rayonnement nocturne. Sans l'atmosphère, notre planète ne serait pas habitable.

3. — L'ÉCORCE TERRESTRE ET SES DISLOCATIONS

SOMMAIRE

I. Les accidents de l'écorce terrestre sont le résultat d'une double série d'actions, les unes internes, les autres externes, qui agissent continuellement sur la planète.

II. Les actions d'origine interne proviennent du resserrement amené

par le refroidissement progressif du noyau central du globe, resserrement qui détermine des effondrements verticaux (linéaires ou circulaires)
et des refoulements latéraux (plissements synclinaux et anticlinaux). Ces
actions tendent donc à créer les inégalités du relief.

III. Les actions d'origine externe sont exercées par la chaleur, le froid,
l'action chimique des agents atmosphériques, les eaux et le vent. Toutes
ces actions usent progressivement les saillies terrestres ; les débris de ces
saillies sont entraînés par la pesanteur vers les dépressions qu'ils
tendent à combler. Les actions externes tendent donc à ramener la surface terrestre à l'horizontalité.

IV. Les continents sont les parties saillantes de l'écorce terrestre. On
en distingue trois, qui sont : 1° l'Ancien Continent, qui comprend la massive Asie, l'Europe toute découpée de mers intérieures et de péninsules,
la lourde Afrique ; 2° le Nouveau Continent, qui comprend les deux trian-
gulaires Amérique du Nord et Amérique du Sud ; 3° le Continent Austral,
dont la terre la plus importante est l'Australie.

V. Les océans occupent les parties déprimées de l'écorce terrestre. On
en distingue cinq qui communiquent d'ailleurs tous ensemble, ce sont :
l'océan Pacifique, ou Grand Océan, qui couvre un tiers de la surface du
globe ; l'océan Atlantique, l'océan Indien, l'océan Glacial du Nord,
l'océan Glacial du Sud.

Développement.

Formation du relief terrestre. — La surface de l'écorce
terrestre ne présente presque en aucun point l'apparence d'une
calotte sphérique régulière ; elle est sillonnée de gonflements et
de dépressions, accidentée de bosses et de cavités. L'irrégularité
en serait encore bien plus sensible si les eaux, en envahissant
les parties les plus déprimées, ne masquaient la profondeur de
ces parties.

Les accidents de l'écorce terrestre résultent d'une double série
d'actions qui n'ont cessé de s'exercer sur la surface de la planète
depuis qu'elle s'est recouverte d'une pellicule solide. Certaines
de ces actions sont d'origine interne et résultent du refroidissement continu de la masse incandescente qui forme le centre du
globe ; les autres sont d'origine externe et proviennent du travail
quotidien des agents atmosphériques. Ces diverses actions continuent, d'ailleurs, à s'exercer sous nos yeux ; leurs effets sont
lents, mais sans arrêt ; peu sensibles si on les considère dans un
espace de temps restreint, ils finissent par provoquer des changements considérables parce qu'ils se prolongent pendant des
mois, des années, des siècles.

Actions d'origine interne. — Les actions d'origine interne
sont la conséquence du refroidissement progressif du noyau cen-

tral de la Terre, qui en occasionne la contraction. Il détermine, par suite, sur certains points des effondrements verticaux et sur d'autres points des refoulements latéraux, qui, tendant à faire occuper aux diverses couches un moindre espace horizontal, ont

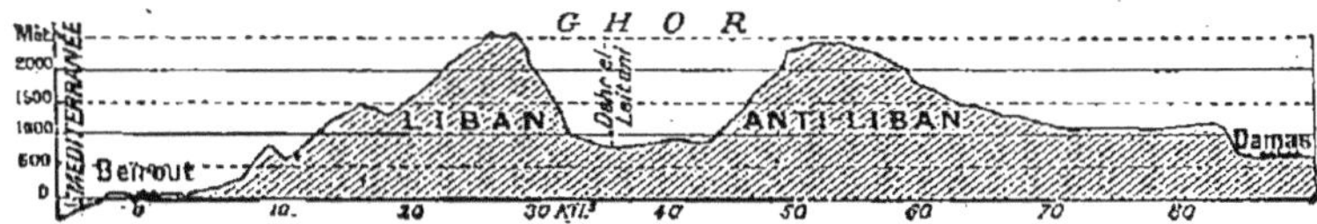

LE GHOR SYRIEN.

L'étroite vallée du Ghor syrien, encaissée entre les deux murs du Liban et de l'Anti-Liban, et aboutissant vers le sud à la mer Morte, appartient à une ligne de dépression de l'écorce terrestre qui sillonne la Syrie et l'Afrique orientale jusqu'au delà de l'équateur. Sur certains points, par exemple sur les bords de la mer Morte, son niveau est inférieur de plusieurs centaines de mètres à celui de la Méditerranée.

naturellement pour résultat de les resserrer et de les plisser comme une étoffe qu'on froisse.

Les **effondrements** donnent lieu à des accidents qui sont : 1° des *failles* ou *dépressions linéaires*, sortes de grandes gerçures qui sillonnent la surface du globe : exemple, en Asie, la vallée du Ghor syrien, entre le Liban et l'Anti-Liban ; en Afrique, les deux dépressions du plateau des Grands-Lacs où s'alignent, d'une part, les lacs Albert, Albert-Edouard, Kivou et Tanganyika, et de

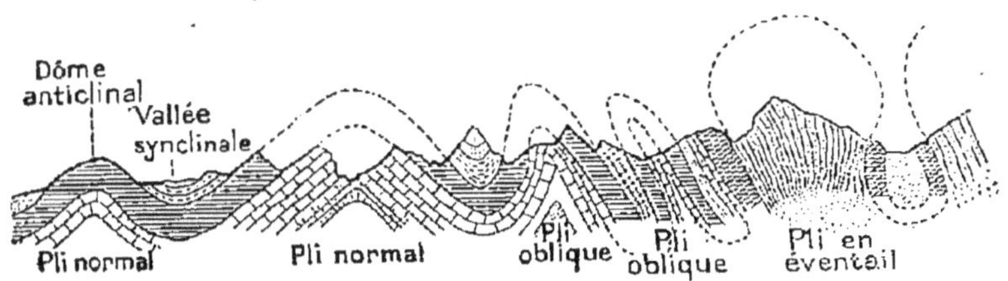

DIVERSES FORMES DE PLIS DE L'ÉCORCE TERRESTRE.
(D'après Heim.)

Les plis normaux, que la voûte en soit brisée ou non, sont également inclinés des deux côtés de l'anticlinal. Dans les plis obliques, l'axe est oblique. Dans les plis en éventail, les couches divergent comme les branches d'un éventail.

l'autre les lacs Rodolphe, Baringo, Natron, Manyara et Nyassa ; 2° des *effondrements circulaires*, qui parfois sont peu étendus et d'autres fois sont immenses : la Méditerranée, l'océan Pacifique occupent l'emplacement d'effondrements de ce genre

Les **refoulements** latéraux donnent naissance à des plissements formés de plis parallèles, alternativement concaves et convexes. On nomme les plis concaves, *synclinaux*, parce que les couches de terrains qui les constituent s'inclinent en convergeant vers le fond; on nomme les plis convexes *anticlinaux*, parce que les couches sont inclinées en sens contraire des deux côtés du sommet. Les plis présentent, du reste, une grande diversité de formes. Il y a des plis normaux, c'est-à-dire également inclinés des deux côtés de l'anticlinal; des plis obliques, c'est-à-dire dont l'axe est oblique; des plis en éventail; des plis couchés, etc. La forme de ces plis dépend de l'intensité du refoulement latéral ou de l'existence d'obstacles qui ont contrarié le plissement naturel du sol.

Il suffit d'une légère contraction de la surface pour déterminer la formation de plissements importants. Le développement des plis du Jura sur une surface plane ne donnerait, en projection horizontale, qu'un accroissement de longueur de 7 kilomètres. Le développement des plis des Alpes donnerait uu accrőissement de 120 kilomètres.

Actions d'origine externe. — En même temps que le jeu des forces internes du globe relève en plissements les couches horizontales du sol, il les expose à l'action d'une série de forces externes qui travaillent à les dégrader. Ces forces externes, chaleur, froid, action chimique des agents atmosphériques, concourent à désagréger leur masse; puis, sous l'action de la pesanteur, les eaux courantes et le vent en entraînent les débris.

La *chaleur* fait éclater les pierres par la dilatation des gaz intérieurs qu'elles contiennent : dans les régions de déserts, Sahara, Gobi, Arabie, sujettes à de grandes et brusques variations de température, on entend fréquemment de gros blocs de pierre éclater au soleil avec de véritables détonations.

Le *froid* produit des effets semblables; il congèle les eaux infiltrées dans les pores de la roche, et ces eaux, augmentant de volume en devenant glace, occasionnent la rupture de cette roche en fragments.

L'*action chimique des agents atmosphériques* contribue à l'usure ou à la désagrégation des roches. L'humidité, l'acide carbonique, l'ogygène de l'air dissolvent, altèrent ou décomposent de quelque manière certains des éléments qui les constituent : aucune roche ne demeure complètement à l'abri de leurs attaques. Par exemple, les eaux de pluie dissolvent le feldspath qui entre dans la composition du granit : une roche granitique, exposée longtemps à la pluie, apparaît bientôt percée de petites cavités qui marquent la place des cristaux primitifs de feldspath que l'eau a dissous ; la roche, ainsi trouée, perd de sa cohésion et s'émiette. Le basalte s'altère d'une manière semblable, finit par tomber en poussière et par former une terre grasse d'une extrême fertilité. On citerait maint exemple semblable.

Les *eaux* et le *vent* font le reste, une fois les masses primitives désagrégées et fragmentées. Les eaux courantes roulent les débris rocheux, les brisent à la longue en galets, décomposent les galets en sables ou en boues qui se répandent sur les plaines ou vont combler les dépressions lacustres ou marines.

COUPE DES FORMATIONS ANCIENNES DE PETITE NATION A SAINT-JÉRÔME (CANADA).
(D'après Logan.)

Les régions de roches anciennes présentent souvent de vastes espaces sans élévation notable du sol ; mais si l'on considère l'allure des couches, on voit qu'elles sont fortement plissées. Il y a eu là, à une époque ancienne, des montagnes. C'est l'érosion qui, au cours des âges géologiques, a enlevé les parties saillantes. Les lignes ponctuées dans la figure ci-dessus représentent des masses rocheuses enlevées.

(Voir page 115, *Cône de déjection torrentiel à Silvaplana*). Le vent s'empare des particules ténues et fines provenant des dégradations des roches, les roule sur les aspérités du sol, les frotte les unes contre les autres, et par là les use peu à peu : ainsi se sont formées les dunes de sable du Sahara que le vent déplace et entraîne vers des régions de plus en plus basses.

Ces divers modes d'usure agissent tous lentement ; leur action ne se révèle d'une manière sensible qu'après de longues périodes ; mais, comme cette action est continue et se prolonge pendant des séries de siècles, elle a fini par modifier du tout au tout l'aspect de la planète. Des montagnes qui furent considérables ont fini par être nivelées ; les plis, rasés jusqu'aux racines, ne se voient plus que par leurs tranches ; on ne pourrait reconnaître aujourd'hui la preuve de leur existence dans les grandes plaines, ou *pénéplaines*, qui s'étendent sur leur emplacement, si l'étude des couches du sous-sol ne révélait qu'elles sont fortement plissées et qu'elles ont dû nécessairement présenter autrefois des parties très saillantes. Les Pyrénées, qui eurent 7000 ou 8000 mètres, n'en ont plus que 3400 au maximum : tout ce qui s'éleva au delà s'est émietté, est tombé au pied des Pyrénées, a remblayé la plaine du Sud-Ouest de la France, est allé exhausser le fond de l'Océan au large de l'embouchure de la Gironde. Les actions externes, en comblant les parties déprimées de l'écorce terrestre avec des matériaux venus de parties saillantes, travaillent sans cesse à niveler la planète.

La démolition des montagnes. — Les agents externes d'érosion finissent par avoir raison des plus hautes montagnes ; les sommets minés à la longue s'éboulent en avalanches, et leurs débris s'entassent

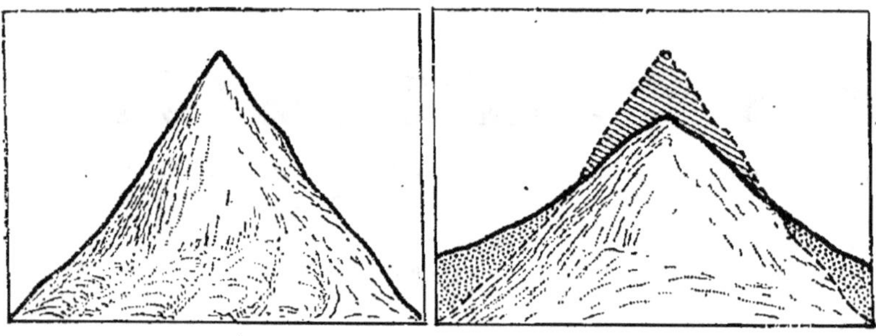

DÉMOLITION DES MONTAGNES.

Profils théoriques montrant le résultat de la démolition des montagnes : les sommets s'éboulent, et leurs débris se déposent au pied de la montagne dont ils élargissent la base.

à leurs pieds. Voici les circonstances d'une de ces avalanches, d'après l'Annuaire du Club alpin Suisse pour l'année 1901-1902 :

Le 19 mars 1901, à 5 h. 45 du matin, pendant une tempête, une masse considérable de roches et de glaces se détacha du Fletschhorn, près du point coté 3788 mètres de la carte Siegfried ; elle tomba sur le glacier de Rossboden, qui fut balayé de ses neiges d'hiver, séracs, aiguilles et pyramides en saillie, moraines et blocs. La hauteur totale de la chute fut de 2300 mètres.

Le volume du conglomérat de pierres, glaces et neiges atteignit 2 millions et demi à trois millions de mètres cubes ; il recouvrit 70 hectares ; la superficie ravagée fut de 3 kilomètres carrés ; la longueur de l'éboulement fut de 7 kilomètres. Il y eut 2 victimes humaines ; 13 têtes de gros bétail et 40 de petit bétail furent tuées ; 300 à 400 quintaux de foin furent entraînés ; 28 maisons, granges et mazots furent détruits ; les dégâts s'élevèrent à plus de 200 000 francs.

De telles catastrophes ne sont pas rares dans les montagnes. L'une des plus fameuses, bien plus importante que celle du Fletschhorn, est celle qui se produisit en Suisse, près du lac de Zug, en 1806. A cette date, tout un pan de la montagne du Rossberg, qui reposait sur une couche d'argile que les eaux avaient délayée, se détacha ; et les débris, qui formaient une masse de 40 millions de mètres cubes, recouvrirent presque toute la vallée de Goldau.

Les grands traits du relief terrestre. — Une double série de forces a donc concouru et concourt encore à former le relief de notre planète. Les unes, agissant de l'intérieur vers

Phot. Barthelemy.

ÉBOULEMENT DE ROCHERS EN SAVOIE.

Cet éboulement se produisit en novembre 1903, au lieu dit Notre-Dame-de-Briançon. Une masse énorme de pierres tomba de la montagne dans la vallée, notamment un bloc de 50 mètres cubes qui obstrua l'entrée d'un tunnel sur la voie ferrée d'Albertville à Moûtiers-Salins.

l'extérieur du globe, en plissent l'écorce solide et font surgir au-dessus des mers des couches formées dans le sein des eaux. Les autres, agissant par l'extérieur, attaquent sans cesse les parties en relief, les dégradent, en entraînent les débris, et tendent à ramener la surface terrestre à l'horizontalité dont les forces internes l'écartent. C'est ainsi qu'ont été formées les grandes saillies qui constituent les continents et les grandes cavités où reposent les océans.

Sans nul doute, le dessin et la répartition des masses conti nentales et des océans se sont modifiés plus d'une fois et radicalement au cours des diverses révolutions du globe. Des eaux recouvrirent jadis certains emplacements aujourd'hui occupés par des terres émergées; et réciproquement, des continents s'élevèrent autrefois là où dorment aujourd'hui les flots. Par exemple, on a la certitude qu'un continent s'étendit autrefois entre le nord de l'Europe et celui de l'Amérique, à la place de la partie septentrionale de l'océan Atlantique.

Quoi qu'il en soit, le globe terrestre, en son état actuel, présente trois grandes masses continentales et cinq grands océans. On a vu que les continents s'étendent principalement dans l'hémisphère boréal et que les océans couvrent presque entièrement l'hémisphère austral.

Les continents. — Les trois grandes masses continentales actuellement émergées sont : l'Ancien Continent, le Nouveau Continent et le Continent Austral.

1° **L'Ancien Continent**, ou *Ancien Monde*, est nommé ainsi, non parce qu'il émergea le premier, mais parce qu'il a été le premier connu des hommes dont nous descendons et qui ont constitué la science géographique. Il a, à lui seul, un peu plus des trois cinquièmes de l'étendue totale des terres émergées. Il présente son plus grand développement de l'ouest à l'est, dans le sens des parallèles; c'est également de l'ouest à l'est que s'alignent ses principales chaînes de montagnes, les Pyrénées, les Alpes, le Caucase, l'Himalaya, le Kouen-Lun.

On y distingue trois parties, inégalement étendues et inégalement séparées l'une de l'autre : on les nomme l'Asie, l'Europe, l'Afrique.

L'Asie est la plus vaste de ces trois parties; elle occupe plus de la moitié de l'Ancien Continent et près du tiers de toutes les surfaces émergées. Elle forme un ensemble très massif, bordé de mers nombreuses, mais qui échancrent peu profondément ses contours. Sillonnée par les plus hautes montagnes qu'on ait encore mesurées sur le globe, formée de vastes plateaux élevés, elle est de toutes les parties du monde celle dont le niveau moyen est le plus haut.

L'Europe n'a que le quart de l'étendue de l'Asie, à laquelle elle tient à l'est par un large côté; sur une carte, elle apparaît un peu comme une simple presqu'île flanquant l'Asie à l'ouest. Par contre, cette péninsule est remarquablement découpée; la mer y pénètre de toutes parts, y forme des nappes intérieures, y découpe des presqu'îles et des archipels : aucune partie du monde n'a plus de côtes pour son étendue, n'offre un contact plus intime entre la terre et l'eau. Quant au relief, il est médiocre : des montagnes assez hautes sillonnent l'Europe au centre et au sud : mais tout le nord ne forme qu'une immense plaine basse : c'est la partie du monde qui a la plus faible altitude moyenne.

L'*Afrique* est presque complètement isolée de l'Europe et de l'Asie à laquelle elle ne tient même plus depuis le percement de

SUPERFICIES COMPARÉES DES CINQ PARTIES DU MONDE.

l'isthme de Suez. C'est la plus massive des parties du monde; un seul golfe, largement ouvert à l'ouest, en échancre le contour. Elle a, dans l'ensemble, la forme d'un vaste plateau.

2° Le **Nouveau Continent**, ou *Nouveau Monde*, est disposé en sens inverse de l'Ancien; il s'allonge principalement du nord au sud, dans le sens du méridien. Ses montagnes principales, les Montagnes Rocheuses et la Cordillère des Andes, forment une chaîne ininterrompue qui s'étend sur près des quatre cinquièmes d'un méridien terrestre.

Il comprend deux parties, l'*Amérique du Nord* et l'*Amérique du Sud*, qui semblent formées sur le même plan. Ce sont deux triangles rectangles ayant leur pointe tournée vers le sud. L'une et l'autre renferment deux zones montagneuses, l'une très importante à l'ouest, l'autre bien moindre à l'est; mais la majeure partie de leur étendue est formée par des plaines qui sont les plus vastes du monde, et qui sont arrosées par les plus grands fleuves terrestres.

1. Comparaison des diverses parties du monde ·

	Superficie.	Altitude moyenne.	Surface en kil. carrés pour 1 kil. de côtes
Europe.	10010000 k. c.	292 m.	290 k. c.
Asie	44500000 —	879 —	763 —
Afrique.	29825000 —	602 —	1041 —
Amérique du Sud. .	23100000 —	595 —	407 —
Amérique du Nord.	17850000 —	537 —	686 —
Australie.	7630000 —	362 —	534 —

3° Le **Continent Austral**, beaucoup moins important que les deux autres, se compose des innombrables terres qui parsèment l'océan Pacifique. Une seule de ces terres, l'Australie, a une étendue très notable.

L'Australie est une petite Afrique; elle lui ressemble par son contour massif comme par son relief mal défini. Les plateaux y sont pourtant moins élevés, et la seule chaîne nettement marquée qu'elle renferme, celle qui borde sa côte orientale, est d'altitude médiocre.

Il est intéressant de noter que la plupart des terres océaniennes forment des alignements orientés, non de l'ouest à l'est comme dans l'ancien monde, ou du nord au sud comme dans le nouveau, mais du nord-ouest au sud-est, suivant une direction intermédiaire entre les deux précédentes.

Les océans. — Les cinq grands océans sont l'océan Pacifique, l'océan Atlantique, l'océan Indien, l'océan Glacial du Nord et l'océan Glacial du Sud[1].

1° **L'océan Pacifique**, ou *Grand Océan*, couvre à lui seul un tiers de la superficie totale du globe; on évalue à 175 millions de kilomètres carrés sa surface entre l'Asie et l'Amérique. De la presqu'île de Malacca à la côte de Colombie, la distance est de 20 000 kilomètres, soit la moitié du pourtour terrestre.

Profond de plus de 9600 mètres et bordé par un bourrelet continu de hautes terres, le Pacifique apparaît comme un immense compartiment circulaire effondré, tout autour duquel des cassures ou des plis ont relevé les bords des compartiments voisins. C'est une dépression dans toute la force du terme, et cela depuis longtemps : l'étude géologique montre que le Pacifique est constitué à l'état d'océan, à peu de chose près dans ses limites actuelles, depuis les derniers temps de l'ère primaire.

2° **L'océan Atlantique,** qui occupe une étendue moindre, quoique grande encore, a une constitution tout autre. Ici, point de bordure montagneuse continue : beaucoup de chaînes y rencontrent la mer à angle droit, comme les Pyrénées, la Cordil

1. Comparaison des divers océans

Océan Pacifique	175 600 000 k. c.
Océan Atlantique	88 600 000 —
Océan Indien	74 000 000 —
Océan Glacial du Nord	15 200 000 —
Océan Glacial du Sud	20 300 000 —

lère Bétique, l'Atlas marocain; de larges régions de plaines, parcourues par de grands fleuves, y arrivent en pente douce jusqu'au rivage. Alors que le bassin du Pacifique, dans sa ceinture de montagnes, est tout entier couvert par les flots, à l'exception des étroits versants qui le bordent, le bassin de l'Atlantique comprend d'immenses régions continentales, presque aussi étendues que la nappe marine qui constitue l'océan Atlantique proprement dit. Aussi, ce dernier océan apparaît-il comme le fond d'une immense vallée dont les parties les plus hautes restent émergées.

Beaucoup plus étendu du nord au sud que de l'ouest à l'est, l'océan Atlantique a ses deux rivages presque parallèles avec

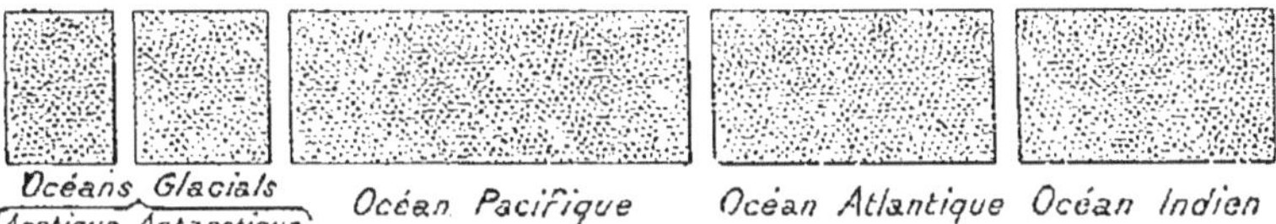

ÉTENDUES COMPARÉES DES OCÉANS.

des angles alternativement rentrants et sortants. Il est formé de deux vallées profondes que sépare un large dos qui sert de socle aux îles atlantiques, Açores, Madère, Ascension, Sainte-Hélène, Tristão da Cunha. De part et d'autre de cette voûte sous-marine, les fonds descendent à 6000 ou 8000 mètres pour se relever au voisinage des deux mondes dont les terres sont bordées d'archipels : telles les Antilles et Terre-Neuve, près de l'Amérique; tel l'archipel Britannique, près de l'Europe.

3° **L'océan Indien** n'est que la reproduction en plus petit de l'océan Pacifique; il présente le même aspect. Les rares îles qu'il renferme sont situées à l'ouest, autour de Madagascar, le long de la côte africaine.

4° **L'océan Glacial du Nord** est presque entièrement enfermé dans les terres; il ne communique avec les autres océans que par d'étroits passages comme le détroit de Béring, le détroit de Davis et celui qui sépare le Groënland de l'Europe.

Médiocrement profond et semé de nombreuses et vastes terres aux abords des continents, il se creuse vers le pôle, et Nansen y a mesuré des fonds de plus de 3800 et de 4000 mètres vers le 79° degré de latitude.

5° **L'océan Glacial du Sud** a une individualité bien moins définie. Il communique largement avec l'océan Atlantique, l'océan Indien et l'océan Pacifique dont aucune barrière ne le sépare. Ce n'est donc qu'une fiction, à moins qu'on ne veuille le faire commencer à l'endroit où les trois autres perdent leur individualité en même temps que s'arrêtent les limites qui les séparent.

Une explication intéressante sur la distribution du relief terrestre. — Après la forme nébulaire, notre planète est passée par l'état incandescent, puis est devenue liquide pâteux avec une épaisse couche de nuages, état que présente encore la planète Jupiter. Sous l'action de la force centrifuge, développée par la rotation, notre globe s'est un peu aplati sur l'équateur; mais le froid de l'espace a vite amené la formation d'une croûte qui augmente chaque siècle en épaisseur. Cette croûte rigide forma d'abord un tout compact, mais le noyau diminuant de volume par refroidissement, l'enveloppe devint bientôt trop grande pour la masse liquide interne : de là, de nombreux plissements qui donnèrent naissance aux aspérités terrestres.

Rien dans la nature ne se produit sans lois. On crut pendant longtemps que les montagnes s'étaient formées un peu au hasard. Un savant, *M. Lowthian Green*, après bien des recherches, croit avoir découvert que les lignes de grandes fractures du globe se sont produites suivant des directions faciles à imaginer.

Toute sphère soumise a des compressions latérales tend à prendre la forme d'une pyramide régulière à quatre faces, ou tétraèdre. La Terre est dans ce cas; elle n'est pas précisément ronde, ni simplement aplatie aux pôles. Si l'on examine un globe terrestre, on voit : 1° que les océans sont répartis d'une façon à peu près régulière sur trois faces, grande fosse du Pacifique, fosse de l'Atlantique, mer des Indes; 2° qu'à ces énormes dépressions dont quelques-unes atteignent 9000 mètres, correspondent des reliefs bien déterminés qui sont autant de lignes de grande fracture : montagnes Rocheuses et Cordillère des Andes; haut plateaux du Groënland, Islande, Alpes, monts d'Abyssinie et de Madagascar, formant une ligne presque ininterrompue; hauts sommets du Thibet, îles de la Sonde et continent australien; 3° que la quatrième face de la pyramide est constituée par l'océan Glacial du Nord, dépression profonde qui a son sommet correspondant à l'opposé, c'est-à-dire vers le pôle sud, où l'on rencontre, sur un continent bien marqué, des montagnes très élevées.

Ces lignes de dislocation étant évidemment les points faibles de l'écorce terrestre, c'est théoriquement sur elles qu'on doit rencontrer le plus de volcans. Or, c'est précisément ce que confirme l'expérience. Les Rocheuses et les Andes, forment une ligne volcanique très prononcée. La seconde fracture nous offre les volcans d'Islande, les volcans éteints d'Auvergne, les districts volcaniques de l'Italie méridionale et de la Sicile, enfin ceux d'Abyssinie. La troisième fracture est jalonnée par les volcans des îles de la Sonde qui se continuent, d'une part, dans les régions des plateaux asiatiques, d'autre part, dans celles du Japon reliées elles-mêmes par les volcans des Aléoutiennes aux districts des montagnes Rocheuses. Les régions antarctiques n'échappent pas à cette loi, témoins les volcans de l'Érébus et du Terror toujours en activité.

Ce n'est pas tout. M. Lowthian Green a montré que, pour des causes astronomiques, le globe a subi une torsion qui a donné naissance à ce que les géologues appellent la dépression méditerranéenne, dépression marquée en Amérique par un affaissement au niveau de l'isthme de Panama et la fosse des Antilles, puis plus loin par le Sahara et la Méditerranée, le golfe du Bengale, les îles de la Sonde, etc. Toutes ces régions sont particulièrement privilégiées au point de vue volcanique, parce qu'elles sont situées à l'entrecroisement de lignes de fracture se coupant presque à angle droit.

La théorie de M. Lowthian Green n'est qu'une théorie, mais elle a le mérite, tout en étant remarquablement simple, de reposer sur un principe mathématique incontestable et de rendre compte exactement des faits. Il convient d'ajouter que la déformation tétraédrique du globe, si elle existe, est assez faible pour n'infirmer en rien ce qui a été dit plus haut de la forme sphéroïdale du globe.

4. — L'ÉCORCE TERRESTRE : LES TERRAINS

SOMMAIRE

I. Au point de vue de la structure, on distingue 1° les terrains éruptifs, formés de matières incandescentes internes qui se sont épanchées à la surface ; ils ont tous une apparence cristalline, mais sont plus ou moins lourds suivant la proportion de silice qu'ils renferment, et sont plus ou moins cristallisés suivant que le refroidissement s'est fait lentement ou vite (granits, porphyres, basaltes) ; 2° les terrains sédimentaires, formés de sédiments ou débris minéraux, végétaux ou animaux, et disposés en strates ou assises superposées parallèles (sables et grès, argiles et marnes, houille, schistes, calcaires et craies) ; 3° les terrains cristallophylliens, qui présentent des cristaux dans une pâte stratifiée, feuilletée (gneiss, micaschistes).

II. Suivant l'âge, on peut classer ainsi les différentes variétés de terrains éruptifs et sédimentaires : 1° de l'époque primitive sont les terrains cristallophylliens (gneiss, micaschistes) ; 2° de l'époque primaire, le granit et le porphyre, les schistes et la houille ; 3° de l'époque secondaire, les calcaires jurassiques et les craies ; 4° de l'époque tertiaire, les trachytes et basaltes, la plupart des sables, argiles, grès et marnes, les calcaires grossiers ; 5° de l'époque quaternaire, les laves, limons et boues.

III. Les différentes sortes de terrains possèdent des propriétés très variées : les uns sont facilement perméables (sables, calcaires, grès), et les autres médiocrement perméables (granits) ou très difficilement perméables (schistes, argiles) 2° les uns sont des terres froides, peu propres à la culture (terrains anciens ou terrains formés de leurs débris), et les autres sont des terres chaudes, riches en calcaire et en acide phosphorique, propres aux cultures supérieures ; 3° les uns n'ont ni matériaux de construction ni minéraux, et les autres en possèdent en plus ou moins grande quantité.

Les conséquences qui résultent de cette diversité de propriétés sont moins absolues aujourd'hui que jadis, par suite de la facilité qu'il y a do faire venir d'ailleurs les principes essentiels et les éléments qui manquent à un pays donné. Mais la nature du terrain influe et influera toujours sur la physionomie générale de chaque région : il est facile de discerner à l'œil une région granitique d'une région calcaire.

Développement.

Diversité des terrains. — Les roches qui constituen l'écorce terrestre présentent une très grande variété. Les une

LE PUY-EN-VELAY.

C'est une des villes les plus curieuses de France. On y voit deux grands rochers : au centre, le rocher Corneille, surmonté aujourd'hui par une statue qui fut coulée avec le bronze des canons russes pris à Sébastopol; à gauche, le roc Saint-Michel ou Aiguilhe, qui porte une jolie petite église romane. Ces deux rochers sont deux filons éruptifs qui sont restés en saillie dans la plaine après que les eaux eurent déblayé les terrains moins résistants qui les encaissaient.

sont dures, les autres sont molles ou formées d'éléments tendres. Les unes ont une tonalité générale sombre : d'autres sont colorées, gaies. Les unes sont irrégulières, massives, les autres sont disposées sous forme de feuillets parallèles superposés. Les éléments qui les composent ne sont pas moins différents.

Souvent, entre deux régions voisines, l'observateur le moins attentif peut remarquer que tout diffère, non seulement la couleur, mais encore l'aspect et les formes générales du relief, la

nature des cultures, les principaux végétaux, et jusqu'au type
des habitations. Cette diversité [des terrains résulte de différences de structure, d'âge, de composition chimique et minéralogique.

Terrains éruptifs et terrains sédimentaires. — Au
point de vue de la structure, les terrains se divisent en deux
grandes catégories : les *terrains éruptifs* ou *cristallins*, et les
terrains sédimentaires ou *stratifiés*. Quelques-uns présentent à

Phot. Lespinasse.

LA VALLÉE DES TROÏÉRO, PRÈS DE PERROS-GUIREC (CÔTES-DU-NORD).

*Les gros blocs arrondis qu'on aperçoit irrégulièrement entassés surtout à gauche,
sont formés de granits : on voit par cet exemple l'aspect général que présentent les roches cristallines.*

la fois les caractères des roches éruptives et ceux des roches
sédimentaires : on les appelle *cristallophylliens*. Cette différence de structure entre les diverses roches tient à la différence
de leur origine.

    1° Les **roches éruptives** sont des matières incandescentes
provenant du noyau central du globe; éjectées à travers les crevasses de l'écorce terrestre, elles se sont ensuite graduellement
refroidies. Ces éjections se sont faites ou continuent à se faire,
soit sous la forme d'amoncellements à l'orifice des volcans, soit
sous la forme de coulées et de nappes superficielles, soit enfin
sous la forme de filons qui s'introduisent dans les fissures de

l'écorce terrestre, s'y consolident et y restent jusqu'au jour où l'érosion des terrains encaissants les laisse à découvert.

Ces roches, sorte de pâte visqueuse brusquement ou lentement et régulièrement refroidie, offrent l'apparence de masses compactes, empâtées, renfermant des cristaux irrégulièrement disséminés : on les appelle, pour cette raison, des *roches cristallines*. Parmi les variétés les plus répandues des roches éruptives ou cristallines, on peut citer les granits, les porphyres, les trachytes et les basaltes.

Toutes ces roches se composent des mêmes minéraux essentiels, silice, alumine, oxydes divers. Elles diffèrent les unes des autres de deux manières :

Par la proportion de silice qu'elles renferment, proportion qui peut varier de 40 à 68 ou 70 pour 100. Les roches éruptives qui contiennent le plus de silice sont appelées roches *acides*; elles sont relativement légères et de couleur claire. Les roches qui renferment le moins de silice sont appelées *roches basiques*; elles sont riches en fer, lourdes, de couleur foncée. On remarque que les roches éruptives des époques primitives et primaires sont plutôt acides, tandis que celles des époques tertiaires et quaternaires sont plutôt basiques;

LES ORGUES D'ESPALY, PRÈS DU PUY (HAUTE-LOIRE).

Ces « orgues » sont formées par un assemblage de roches prismatiques parallèles et verticales, lesquelles ne sont autres que des basaltes. Ce sont des roches semblables qui constituent la fameuse Chaussée des Géants, en Irlande, et la Grotte de Fingal dans une île de la côte occidentale d'Écosse.

Par leur degré de cristallisation : dans les roches qui se sont refroidies lentement, on n'aperçoit que des éléments cristallisés; dans les roches qui se sont refroidies brusquement, la matière en fusion s'est transformée en un corps compact, amorphe, à cassure homogène. Les granits et les granulites caractérisent les roches entièrement cristallines; les trachytes et les basaltes, qui n'ont que des petits cristaux, caractérisent les roches éruptives amorphes; les porphyres représentent un type intermédiaire ou mixte.

2° Les **roches sédimentaires** sont d'origine externe. Elles sont constituées par l'accumulation au fond des océans et des dépressions : 1° de matériaux détritiques provenant de la des-

LA ROUTE DE LA CORNICHE A CONSTANTINE.

Cette photographie d'une région de roches calcaires montre bien la superposition de ces roches en couches, assises ou strates horizontales et parallèles.

truction des terrains préexistants par les divers agents d'érosion; 2° de débris organiques ou animaux.

Ces dépôts sont disposés en couches parallèles, ou *strates*, superposées; ils peuvent atteindre une très grande épaisseur. Les couches inférieures prennent alors une grande compacité sous le poids accumulé des couches supérieures et forment des assises très solides. On nomme ces roches *sédimentaires*, parce qu'elles sont formées de sédiments ou débris, et *stratifiées*, parce qu'elles sont disposées sous forme de bandes parallèles superposées, ou strates.

Parmi les principales variétés de roches sédimentaires, on peut citer : les sables et les grès, ou pierres de sable agglutinées par des ciments variés; — les argiles, les marnes ou argiles calcaires, et les schistes, sortes d'argiles anciennes qui ont subi des pressions considérables; — la houille, constituée par une accumulation de débris végétaux lentement décomposés; — les calcaires et les craies, formés de matériaux détritiques que cimente le carbonate de chaux déposé par l'eau de mer.

3° Les **roches cristallophylliennes** participent à la fois de la structure des roches éruptives et de celle des roches sédimen-

CARRIÈRE DE HOUILLE A FIRMY, PRÈS DECAZEVILLE (AVEYRON). .

Les strates des terrains sédimentaires se déposent toujours horizontalement; mais il a pu se produire, après leur dépôt, des mouvements du sol qui les ont plissées sans détruire, au reste, leur parallélisme : c'est ce que montre cette photographie.

taires. C'est l'ensemble des roches que le refroidissement a dû faire naître à la surface du globe lorsque la terre, passant de la phase stellaire à la phase planétaire, s'est recouverte d'une écorce solide, produit de la consolidation de la croûte primitive formée aux dépens de la masse du globe par la seule déperdition d'une partie de sa chaleur. Au fur et à mesure de sa coagulation, cette écorce se trouvait remaniée par une mer très chaude, chargée de réactifs chimiques, et par des éruptions du noyau incandescent. Elle se transforma ainsi en terrains qui, cristallisés par le refroidissement, puis délayés en pâtes ou en rubans visqueux par les flots agités, devaient prendre une structure à la fois cristalline, c'est-à-dire formée par une agglomération de cristaux, et stratifiée, c'est-à-dire disposée en feuillets : le mot cristallophyllien indique que ces terrains sont à la fois cristallisés et feuilletés.

Les principales variétés de ces roches cristallophylliennes, ou schistes cristallins, sont les gneiss et les micaschistes.

Diversité minéralogique des roches. — Les divers terrains ont une constitution minéralogique très différente. On a déjà vu quelle est la composition des roches cristallines éruptives.

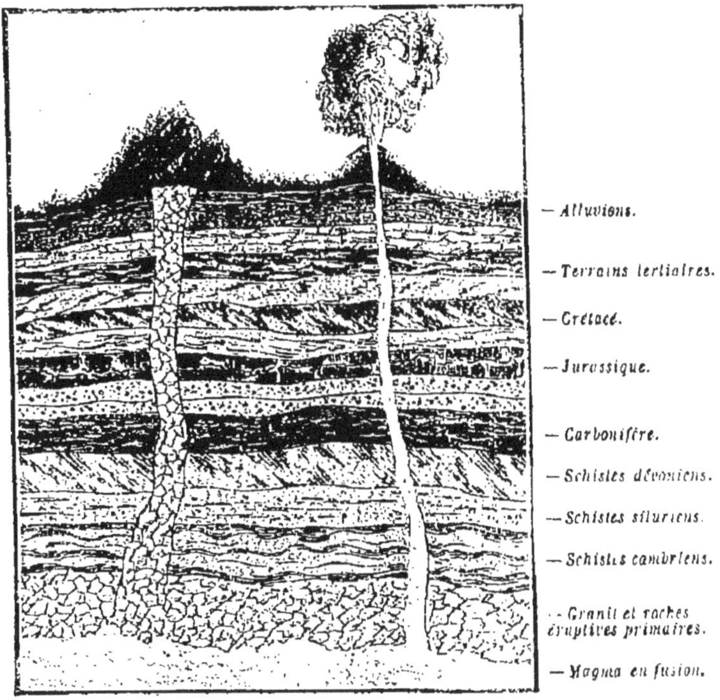

COUPE IDÉALE DE L'ÉCORCE TERRESTRE INDIQUANT L'ORDRE DE SUPERPOSITION DES PRINCIPAUX TERRAINS.

Les *terrains sédimentaires de l'époque primaire* sont principalem nt les schistes (cambriens, siluriens, dévoniens) et la houille. Du à l'action de l'érosion sur la croûte primitive de l'écorce terrestre et sur les roches éruptives anciennes, ils ne comprennent que les éléments à peine modifiés de ces roches. Ce sont des terrains pauvres en chaux et en acide phosphorique.

Les *terrains sédimentaires de l'époque secondaire* comprenne it, outre les éléments provenant de la décomposition des diverses roches primitives et primaires, des carbonates de chaux qui étaient en dissolution dans l'eau de mer ou sous forme de débris coquilliers. Ils sont très riches en calcaires.

Les *terrains sédimentaires de l'époque tertiaire* comprennent des éléments empruntés aux terrains primitifs primaires et secondaires.

Leur composition est très variable suivant la nature des terrains dont ils proviennent. Les débris des terrains primitifs et primaires dominent dans la composition des sables et des argiles ordinaires, lesquels manquent de chaux. Les débris des seconds dominent dans la composition des calcaires grossiers, des grès et des marnes, qui ne sont autres que des sables et des argiles calcaires.

A l'époque moderne, et jusque sous nos yeux, de nouveaux terrains se forment. Les éruptions des volcans, les dépôts des eaux courantes, les constructions des coraux, la chute des dépouilles marines au sein des océans, constituent la matière de couches épaisses qui se répandent sur les parties émergées de la terre où l'érosion s'empare d'elles, ou qui s'entassent graduellement dans les profondeurs marines d'où quelque révolution les fera peut-être surgir un jour : c'est la période quaternaire qui se continue.

Propriétés des divers terrains. — Par suite de leur structure différente et par suite des différences qui existent dans leur composition minéralogique, les divers terrains possèdent des propriétés et des aptitudes fort différentes.

Certains terrains, formés de grains peu serrés les uns contre les autres, sont facilement perméables à l'eau : tels sont généralement les sables, les calcaires et les craies. D'autres sont, au contraire, médiocrement perméables, comme les granits, ou presque imperméables, comme les schistes et l'argile, parce que leur texture est très serrée. Le plus ou moins de perméabilité d'un terrain influe sur les caractères des cours d'eau qui y coulent; il influe également sur la nature de la végétation. Les terres perméables sont des terres sèches en un climat moyennement humide, tandis que, dans les mêmes conditions, les terres difficilement perméables forment des terres mouillées : or, dans un même pays, les terres sèches et les terres mouillées ne se prêtent pas aux mêmes cultures.

Les terrains dépourvus de chaux et d'acide phosphorique ne donnent en se décomposant que des terres froides, peu favorables à l'agriculture. En France, les régions de terrains anciens, qui rentrent dans cette classe, sont des pays de landes, de bois et de prairies plutôt que des pays de riches cultures; les cultures dominantes y sont celles des céréales inférieures, seigle, orge, blé noir : ainsi la Bretagne et une partie du Massif Central. Au contraire, les terrains à base de calcaire forment des terres chaudes qui conviennent à la culture du froment ou de la vigne, si la nature du climat le permet : en France, ils forment les *champagnes*, ou terres à champs.

Au point de vue minéral, les différences entre les divers terrains ne sont pas moins grandes. Ils sont loin de fournir également à l'homme les matériaux de construction et les divers minéraux nécessaires à l'industrie. Les terrains anciens renferment d'excellentes pierres de construction en même temps que l'ar-

LA VALLÉE DE SAINT-HERBOT, PRÈS DE HUELGOAT (BRETAGNE FRANÇAISE).

Type de paysage granitique : montagnes massives en forme de croupes ; blocs de rochers arrondis ; pauvre végétation de taillis et de bruyères naines ; maisons éparpillées bâties en pierres solides ; ruisseaux à cascades. En Bretagne, on rencontre des maisons à chaque pas dans la campagne. (Voir la carte de la page 112.)

doise ; les terrains secondaires ont des calcaires, c'est-à-dire la pierre de taille par excellence. Au contraire, les pays de sables, de marnes et d'argiles manquent d'éléments pour bâtir, et l'on est obligé de recourir à l'argile façonnée, desséchée et cuite en briques et en tuiles, pour construire des demeures.

Il faut noter, d'ailleurs, que tout le progrès de la civilisation a pour effet de faire disparaître ou tout au moins d'atténuer notablement les conditions naturelles résultant de la nature géologique du sol. L'homme a appris à dessécher les terres mouillées par le drainage et à irriguer les terres trop sèches ; par des amendements appropriés, par le chaulage ou le marnage, il dé-

cuple la force productrice naturelle d'une terre pauvre ; les voies
de communication de plus en plus nombreuses lui permettent de
faire venir de loin les terres, les pierres, les minéraux dont il a
besoin. Les conditions géologiques ne pèsent donc plus, avec le
même degré de fatalité que jadis, sur le développement des diverses régions terrestres.

Physionomie géographique des divers terrains. — La
nature des roches qui constituent un pays contribue beaucoup à déter-

VALLÉE DE BAUME-LES-MESSIEURS (JURA FRANÇAIS).

*Type de paysage calcaire : plateaux horizontaux terminés par des rebords à
pic ; assises parallèles superposées ; vallée étroite et profonde au fond de laquelle
court un ruisseau entre deux talus d'éboulis. L'ensemble est de ton clair ; on
ne voit d'arbres que dans le fond de la vallée, seule partie où il y ait de l'eau.
(Rapprocher cette vue du croquis de la page 125.)*

miner son aspect général, et l'on peut, avec un peu d'habitude, pres-
sentir par le regard de quels éléments le sol d'une région est formé.
   Des monts arrondis et de longues croupes massives ; des plateaux
ondulés, semés souvent de blocs arrondis et saupoudrés d'arènes
grossières ; des vallées creuses et sinueuses où l'œil est partout
borné de près par des escarpements raides et des rochers en sur-
plomb ; des ruisseaux entrecoupés de cascatelles, et des rivières
ambrées, des mares nombreuses ; des landes et des prés, des taillis,
des troupeaux, peu de cultures ; des races animales d'ossature menue,
faute de phosphate de chaux, mais rustiques et vivaces ; enfin, épar-

pillées dans la campagne, des maisons aux murs de pierres solides : tels sont les traits caractéristiques du paysage granitique en France (Bretagne, Limousin). Plus âpres sont les reliefs du porphyre. Les basaltes ont formé d'immenses coulées, très peu découpées, frangées d'escarpements pittoresques : les bois s'y font rares, l'élevage y est peu pratiqué, mais le sol rocailleux y porte d'abondantes moissons.

Une tonalité claire, des plateaux horizontaux se terminant en corniches sur les vallées, des vals allongés, étroits et profonds ; peu d'eau, mais des rivières claires et de belles sources ; pour végétation, une herbe maigre si un épais manteau de limon ne recouvre pas la

PAYSAGE DE LA SOLOGNE.

Type de pays d'argile : relief mou, rivières paresseuses, arbres et pâturages
Les maisons y sont faites en torchis, c'est-à-dire avec de la boue mêlée de brins
de paille ou de bois, et plaquée sur une charpente de grosses poutres.

roche ; comme animaux, des moutons, l'animal sobre par excellence ; les habitations non point dispersées mais allongées en traînées le long des rares cours d'eau ; les maisons bâties en belles pierres et souvent avec une certaine recherche architecturale, car, en même temps qu'elle a grand air, cette pierre blanche se laisse facilement travailler : tels sont les traits caractéristiques du paysage calcaire en France (Jura, région des Causses, etc.).

Bien moins pittoresques, les pays d'argiles ont des formes aplanies, monotones ; l'eau y stagne en marécages sur la surface ; les rivières, aux eaux louches, s'y traînent paresseusement, chapelets d'étangs plus que cours d'eau véritables ; des bois et des bruyères en forment la végétation dominante. La Sologne avec ses landes, ses champs de sarrasin et ses troupeaux de dindons, avec ses mares cernées de petits bois de pins et de bouleaux, représente bien le type d'un pays argileux. Pour habitations, des *localures* faites de poutres étresillonnées soutenant un mur d'argile d'un double centimètre d'épaisseur, et couvertes d'un toit de roseaux ou de tuiles. Dans les pays marneux, l'aspect est le même, sauf que les cultures sont très opulentes.

5. — L'ÉCORCE TERRESTRE : LES FORMES DU RELIEF

SOMMAIRE

I. Les trois principales formes du relief sont les montagnes, les plateaux, les plaines. On mesure l'altitude du relief, soit approximativement à l'aide du baromètre ou du thermomètre, soit rigoureusement à l'aide du nivellement et de la triangulation.

II. Les montagnes forment les parties les plus saillantes de l'écorce terrestre. Les principales chaînes montagneuses du globe sont l'Himalaya (pic Everest, 8 840 mètres), la Cordillère des Andes et les Montagnes Rocheuses, les Alpes. D'origine plus ou moins ancienne, elles présentent, soit des formes lourdes et arrondies qui trahissent une usure prolongée, soit des formes déchiquetées et grandioses qui révèlent une usure moindre, quoique indéniable. Les cols sont les abaissements de la crête par lesquels on peut franchir une chaîne de montagnes. Les vallées sont des couloirs correspondant à des fractures ou à des plis contemporains du soulèvement.

III. Les plateaux sont, ou le socle d'anciennes montagnes usées, ou des plaines lentement soulevées : l'Asie est la région du monde qui renferme les plateaux les plus élevés et les plus étendus (Pamir, Thibet). Les plaines sont des étendues à faible pente et de faible altitude formées en général par des débris provenant de l'usure des montagnes : l'Europ et l'Amérique sont les deux parties du monde qui renferment relativemer le plus de plaines.

IV. Le relief contribue à régler le climat, la vie végétale et animale du globe. Les montagnes et les plateaux arrêtent les vents, condensent les nuages et distribuent l'humidité aux plaines ; mais la vie humaine s'en éloigne, car elle y est difficile et précaire : ce sont, en général, des régions de dispersion. Les plaines forment, au contraire, en général, des centres d'attraction vers lesquels converge la vie. Ces lois générales ne sont pas sans des exceptions nombreuses.

Développement.

Formes du relief. — Les formes du relief sont très variées, mais on peut les ramener à trois principales qui sont : 1° les parties nettement saillantes : ce sont les montagnes et les collines; 2° des parties peu ondulées et situées à une altitude médiocre : ce sont les plaines; 3° enfin des parties peu ondulées également, mais situées à une altitude plus grande au-dessus du niveau de la mer : ce sont les plateaux.

Montagnes, *plateaux* et *plaines*, telles sont les trois formes principales du relief terrestre.

L'altitude des inégalités de ce relief s'évalue par rapport au niveau de la mer, lequel peut être regardé comme uniforme. De nombreux procédés peuvent servir pour la déterminer : 1° on obtient des estimations approximatives à l'aide du baromètre et du thermomètre : d'une part le *baromètre*, indiquant le degré de pression en un lieu donné, permet de calculer l'altitude ; d'autre part, la température d'ébullition d'un liquide variant suivant la pression qui s'exerce à sa surface, le degré de chaleur nécessaire pour porter l'eau au point d'ébullition devient moindre à mesure qu'on s'élève, et par suite le *thermomètre* peut servir à constater une diminution de pression correspondant à une augmentation d'altitude ; 2° on obtient des résultats d'une certitude plus rigoureuse par le nivellement et la triangulation : le *nivellement* permet de déterminer rigoureusement la hauteur de n'importe quel point accessible, en partant de la mer ; la *triangulation* permet de déterminer la situation et l'altitude d'un point, même inaccessible, par rapport à un autre point, et ainsi de suite jusqu'à la mer.

Montagnes et collines. — Les montagnes et les collines forment les parties saillantes de l'écorce terrestre.

1° Les principales montagnes qui existent à la surface du globe sont : en Europe, les Alpes, qui atteignent 4810 mètres au Mont-Blanc, les *Pyrénées* et les *Karpates*, — en Asie, l'*Himalaya*, qui s'élève à 8840 mètres au pic Everest ; le *Karakoroum*, presque aussi élevé ; l'*Hindoukouch* et les *Thian-Chan* ; — en Afrique, le mont *Kilima-Ndjaro*, qui monte à 6010 mètres et le mont *Kénia*, les *monts d'Abyssinie* et l'*Atlas* ; — En Amérique, la *Cordillère des Andes*, qui atteint 6953 mètres au mont Aconcagua, et les *Montagnes Rocheuses*, qui sont un peu moins élevées.

La plus haute montagne qui ait été mesurée à la surface du globe est le pic Everest (8840 m.), dans l'Himalaya, en Asie : l'Europe est la partie du monde qui a les sommets les moins élevés.

2° Les chaînes de montagnes sont les plis provenant de la contraction de l'écorce terrestre. Comme cette contraction a

Phot. Drouin.

LE SOMMET DU BALLON D'ALSACE, DANS LES VOSGES.

Type de montagne vieille : sommet aplati, pente longue et relativement douce permettant d'arriver sans grande fatigue jusqu'au sommet. Le profil de la page 29 indique comment les montagnes finissent par prendre cette forme massive et aplatie.

Phot. Tairraz.

AIGUILLES DE LA RÉPUBLIQUE ET DE CHARMOZ.

Ces montagnes jeunes, au profil élancé, aux sommets déchiquetés, aux versants abrupts, qui forment un contraste si complet avec le sommet du Ballon d'Alsace, sont situées dans le massif du Mont-Blanc; un grand nombre des sommets de ce massif portent de même le nom d'aiguilles (Aiguilles Rouges, Aiguille Verte, Aiguille du Dru, etc.).

commencé avec la solidification du globe et se continue encore sans que nous nous en apercevions, il s'est formé des chaînes de montagnes à plusieurs époques. Il y a des montagnes vieilles et des montagnes jeunes. De cette différence d'âge résultent d'importantes différences d'aspect.

Les *montagnes vieilles*, soumises depuis plus longtemps à l'usure des agents externes d'érosion, ne sont plus en général que l'ombre de ce qu'elles furent. Les débris de leurs sommets se sont déposés à leur pied dont ils ont élargi la base. Par suite, ces montagnes affectent le plus souvent l'apparence de croupes, de bombements largement étalés. En France, les monts de Bretagne et du Limousin, le massif de la Lozère, les Vosges sont des montagnes vieilles.

Les *montagnes jeunes*, soumises depuis moins longtemps à l'usure, portent des traces apparentes de ruine; leurs sommets sont déchiquetés, leurs formes ébréchées, leurs versants raides. Néanmoins elles ont encore grand air, sont élancées. Dans ces montagnes beaucoup de sommets portent les noms caractéristiques de pointes, de pics, de cornes, de dents, d'aiguilles. En France, les Alpes sont des montagnes jeunes. D'une manière générale, les plus hautes chaînes du globe à l'heure actuelle, l'Himalaya, la Cordillère des Andes, sont des montagnes relativement jeunes.

3° Dans tout massif montagneux, il existe des parties basses ou déprimées qui servent généralement à les franchir : ce sont les cols et les vallées.

Les *cols* sont des échancrures, des abaissements de la ligne de faîte. Ils proviennent soit de fractures produites lors du plissement du système montagneux, soit de l'érosion, en particulier de l'érosion des eaux courantes : beaucoup de cols se trouvent à l'origine de deux rivières qui, coulant en sens opposés et poussant de plus en plus loin l'origine de leurs eaux vers l'amont et l'usure de leurs vallées, ont évidé graduellement la ligne de faîte et l'ont usée, abaissée.

Les *vallées* sont des couloirs qui entaillent profondément les massifs montagneux et qui servent de passages aux cours d'eau. Les unes sont longitudinales, c'est-à-dire parallèles à l'axe de la chaîne; les autres sont transversales, c'est-à-dire perpendiculaires ou plus ou moins obliques à cet axe. Les unes et les autres correspondent à des fractures ou à des plis en creux contemporains du soulèvement. C'est à tort qu'on croit qu'elles ont été taillées par les eaux après la surrection de la chaîne : en réalité, l'eau a commencé à les creuser en même temps que la chaîne se formait.

L'âge des montagnes. — Fixer l'âge d'une montagne n'est pas un problème aussi difficile à résoudre qu'on pourrait le penser. Toute montagne, en effet, porte sur ses flancs des couches de terrains sédimentaires et stratifiées, dont les unes sont redressées et dont les autres sont horizontales. Le raisonnement indique que la chaîne est plus récente que les assises qu'elle a redressées, plus ancienne que celles qui s'étalent horizontalement contre ses flancs. L'âge de la chaîne correspond à l'intervalle compris entre l'âge de la dernière couche soulevée et celui de la dernière couche horizontale.

A la vérité, il serait plus exact de dire que ce qu'on obtient ainsi,

Phot. Metthez.

VALLÉE DE PLANCHER-LES-MINES (HAUTE-SAÔNE).

Encadrées entre de hauts murs de rochers, les vallées concentrent la vie des régions montagneuses : des prairies et des champs s'y étendent le long des sinuosités de la rivière ; la rapidité des eaux de cette dernière y fait mouvoir des usines ; les routes, qui permettent de desservir ou de traverser la montagne, s'y avancent côte à côte avec la rivière. La vallée de Plancher-les-Mines est une jolie vallée industrielle, située sur le flanc méridional du Ballon-d'Alsace dont le sommet a été représenté deux pages plus haut (p. 49).

c'est moins l'âge de la chaîne que celui du dernier mouvement qu'elle a subi. La discordance qui existe presque toujours dans l'inclinaison des diverses couches stratifiées des montagnes prouve que la plupart des chaînes montagneuses sont le résultat de mouvements qui se sont produits à diverses reprises.

Ainsi les Pyrénées semblent être le résultat de trois mouvements principaux qui se sont produits, le premier avant l'époque carbonifère, le second avant l'époque crétacée, le troisième dans la première période de l'époque tertiaire.

Les Alpes ont subi de même toute une suite de mouvements de plissements, l'un après l'époque carbonifère, un autre à la fin de l'époque crétacée, un autre encore au début de l'époque tertiaire, enfin un dernier vers le milieu de cette époque tertiaire. Les Alpes n'ont donc pris leur relief définitif qu'après les Pyrénées ; ce sont des montagnes plus jeunes.

En Asie, l'histoire de l'Himalaya ressemble à celle des Alpes. Son principal soulèvement date également du milieu de l'époque tertiaire. Toutefois les mouvements orogéniques qui leur ont donné naissance se sont prolongés plus longtemps que dans les Alpes, jusqu'à la fin de l'époque tertiaire, et peut-être jusqu'au début de l'époque quaternaire.

En Amérique, les Montagnes Rocheuses et la Cordillère des Andes

Phot. Nels.

LA VALLÉE DE LA SEMOY, DANS L'ARDENNE.

L'Ardenne est un plateau, jadis sillonné de montagnes dont les érosions n'ont laissé subsister que le socle : les rivières, qui coulent en contre-bas du plateau, en divisent l'étendue en compartiments séparés. C'est un type de pénéplaine. (Voir Coupe des formations anciennes de Petite-Nation, page 28.)

se sont soulevées surtout pendant l'époque tertiaire. La Cordillère des Andes, encore imparfaitement reconnue au point de vue géologique, serait la chaîne montagneuse la plus récente du globe.

Plateaux. — Les plateaux sont des masses plus ou moins saillantes qui ont gardé leur apparence compacte. Quelques-uns ont l'aspect de tables d'une horizontalité parfaite : tel est le *llano estacado* du Texas, si peu ondulé sur une longueur de 400 kilomètres, que, pour s'y diriger, on a dû y planter des jalons indicateurs. Le plus souvent ils sont mamelonnés, et entrecoupés de cours d'eau coulant en contre-bas, au fond de vallées étroites qui en morcellent l'étendue et y rendent les communications difficiles : tels les *Causses*, en France.

L'Europe ne renferme qu'un grand plateau, celui des Castilles, en Espagne. L'Amérique en renferme quelques-uns enserrés entre les hauts soulèvements des Rocheuses et des Andes : tels les plateaux du Mexique et de Bolivie. Dans l'ensemble, l'Afrique du Sud et l'Australie sont, à proprement parler, deux plateaux médiocrement élevés, séparés de la mer par une bordure côtière à peu près continue.

L'Asie est par excellence la région des plateaux; le Gobi, la Mongolie, l'Iran, l'Asie Mineure sont des plateaux. Les deux plus connus sont le Pamir, dont l'altitude moyenne dépasse 4000 mètres, et le Thibet, où l'on peut cheminer sur d'immenses étendues sans descendre au-dessous de 4200 mètres d'altitude.

Plaines. — Les plaines sont les grandes étendues à faible pente et à faible altitude. Les unes occupent l'emplacement d'anciennes régions montagneuses dont les plis ont été usés, rasés : telle est la grande plaine canadienne. D'autres s'étendent sur l'emplacement d'anciennes dépressions ou cuvettes qui ont été comblées par des dépôts marins ou fluviaux. D'autres enfin sont d'anciens fonds marins qui ont été gagnés sur les flots ou laissés par eux. Soumises au travail des agents externes, et notamment à celui des eaux courantes, bien peu de ces plaines, quelle qu'en soit l'origine, apparaissent tout à fait horizontales : la plupart sont ondulées, creusées ou sillonnées de légers vallonnements.

L'Europe possède une grande plaine ininterrompue depuis la mer du Nord jusqu'à l'Oural : resserrée en France, cette plaine forme les Pays-Bas, s'élargit en Allemagne et s'épanouit en Russie, entre la mer Blanche et la mer Noire; elle se prolonge en Asie par la grande plaine septentrionale de la Sibérie. Outre la plaine de Sibérie, l'Asie renferme les plaines de l'Hindoustan et de la Chine septentrionale. L'Afrique et l'Australie sont moins bien partagées à cet égard.

C'est l'Amérique qui présente les plaines les plus étendues. Elles forment une bande large et continue depuis l'océan Glacial et la baie d'Hudson jusqu'au golfe du Mexique, et depuis la mer des Antilles jusque vers la Terre de Feu. Le sol est parfois si peu incliné dans ces plaines que les rivières hésitent à prendre une direction ; certaines nappes d'eau sont tributaires à la fois de deux versants différents : tel le Cassiquiare qui envoie ses eaux en même temps à l'Orénoque et au Fleuve des Amazones.

Importance du relief. — Les formes du relief exercent une action considérable sur l'ensemble des faits géographiques, climat, hydrographie, distribution des espèces végétales, animales, humaines. On ne saurait énumérer toutes les influences qui en découlent; on peut résumer ainsi les principales :

1° Les *montagnes* et les *hauts plateaux* agissent de la manière suivante : 1° régions en saillie, ils arrêtent les nuages, les condensent, et forment par suite d'immenses réservoirs de neiges, de glaces et de pluies qui s'épanchent ensuite sur les plaines : ce sont les châteaux d'eau qui versent l'humidité aux terres émergées; 2° ils arrêtent les vents ou les dévient, mettent certaines régions privilégiées à l'abri des vents polaires, empêchent d'autres régions de recevoir les vents chauds des tropiques ou les souffles humides et vivifiants venus de la mer : ils contribuent donc à déterminer les climats des régions terrestres, et par là même leur végétation; 3° régions froides et peu accessibles, ils opposent aux migrations animales et humaines des barrières difficilement surmontables, et, à cause de cela, ils constituent souvent des limites ethniques; 4° régions au climat rude et mal pourvues de terres cultivables, ce sont en général des pays de faible peuplement dont les populations, robustes et saines mais rares et éparses, tendent à se répandre vers les plaines : ce sont des régions de divergence, de dispersion, et, pour ainsi dire, des pôles répulsifs ou négatifs.

On peut dire que les montagnes ont fourni aux plaines les matériaux qui en constituent le sol, l'eau qui les arrose, et même, en partie, les hommes qui les peuplent; elles forment comme les grands réservoirs de la vie de notre globe.

2° Les *plaines* sont, au contraire, des régions d'attraction et de concentration, des pôles positifs, où l'homme se fixe volontiers. Le sol y est plus meuble, plus profond, plus naturellement fécond; le climat en est plus doux; les fleuves, ralentis et ramifiés, y forment des voies de navigation favorables au commerce; on y rencontre, plus que dans les montagnes, des routes faciles de passage et d'échanges. C'est là que les hommes forment les groupements les plus compacts, que s'élèvent les cités les plus populeuses, et que, favorisées par cet afflux d'éléments vitaux, se sont développées les civilisations les plus brillantes.

3° Il faut noter que ces fonctions générales des montagnes et des plaines ne sont pas sans exception. Il est des montagnes et des plateaux qui attirent les hommes par l'abondance de leurs ressources minérales ou autres (hauts plateaux du Mexique

LA PLAINE NORMANDE, PRÈS DE MORTAGNE (ORNE).

Nos montagnes, rudes et sévères, semblent repousser l'homme, tandis que nos plaines, plus tempérées, fécondes et aimables, se prêtent aux riches cultures et attirent les établissements humains. En France, les plus grandes villes et les régions les plus peuplées sont dans les plaines. Les plaines ne sont pas, du reste, forcément d'une horizontalité complète ; la plupart d'entre elles sont vallonnées.

et du Pérou, massif abyssin, région rançaise de Saint-Étienne), tandis que certaines plaines, marécageuses comme la Sologne, ou trop sèches comme le Sahara et l'Arabie, ne leur conviennent point et restent désertes.

Il faut noter également que, dans les époques troublées, les hommes se réfugient dans les montagnes lorsqu'ils se trouvent menacés dans les plaines. C'est pour cette raison que le Massif

central, en France, que les monts d'Écosse et du Pays de
Galles, en Grande-Bretagne, sont peuplés de races très anciennes.

6. — L'ELEMENT LIQUIDE : LES OCÉANS

SOMMAIRE

I. Il existe un relief sous-marin, différent du relief terrestre par la
rareté de déclivités très prononcées, parce que les flots étalent en couches
horizontales les sédiments, d'origines différentes, qui constituent les
dépôts sous-marins. Les plus grandes profondeurs sous-marines actuellement connues dépassent assez sensiblement l'altitude des plus hautes
montagnes : on a trouvé jusqu'à 9 427 et 9 630 mètres dans le Pacifique,
8341 mètres dans l'Atlantique.

II. L'eau de mer a, d'une manière générale, une coloration bleue ; mais
ce bleu peut, suivant certaines conditions, passer au rouge ou au vert
L'eau de mer contient en dissolution tous les corps simples et particulièrement des sels (chlorure de sodium) qui lui donnent un poids spécifique
supérieur à l'eau douce et une saveur particulière. Le degré de salinité
varie, du reste, suivant que les mers sont plus ou moins sujettes à l'évaporation et riches en affluents. La température de l'eau de mer varie, à
la surface, suivant la latitude ; elle s'abaisse avec la profondeur.

III. On compte trois principaux mouvements de la mer : 1° les vagues,
dues aux mouvements atmosphériques ; 2° les marées, dues à l'attraction
du Soleil et surtout à celle de la lune, mais influencées en outre par les
vents, les courants marins, la température et les variations de la pression
barométrique ; 3° les courants marins dus principalement aux vents alizés
du nord-est et du sud-est, puis aux différences de densité des eaux
marines : le plus connu est le Gulf-Stream, dans l'océan Atlantique. Les
courants influent beaucoup et sur le climat des diverses régions et sur les
relations maritimes.

IV. La vie existe dans la mer à toutes les profondeurs : la vie végétale
(algues, sargasses) est généralement médiocre ; la vie animale, au contraire, a une richesse et une exubérance incomparables (animaux gigantesques, nombre incalculable d'animalcules). On distingue trois grandes
catégories : le *Benthos*, qui comprend les êtres vivant sur le fond ; le
Nekton, qui comprend les animaux vivant à toutes les profondeurs et se
mouvant de leur propre gré ; le *Plankton*, formé d'un nombre considérable d'algues et de petits animaux qui flottent passivement sans pouvoir se diriger.

Développement.

L'océanographie. — L'océanographie est l'étude raisonnée des
océans ; c'est une science toute moderne. Son développement a eu
pour cause première la pose des câbles sous-marins destinés à relier
les divers continents. C'est surtout depuis lors que de nombreuses
missions se sont employées à déterminer la profondeur des mers, le

relief et la nature des fonds, la faune qui les habite, la température et la salure des eaux aux diverses profondeurs, enfin la direction et la vitesse des courants qui se meuvent à la surface ou dans la masse des eaux.

Parmi les explorations qui ont contribué le plus à étendre notre connaissance des mers, on peut citer celles du *Porcupine* et du *Lightning* (1868-1870) dans la partie septentrionale de l'océan Atlantique ; celle du *Challenger* (1873-1876) dans l'Atlantique, l'océan Indien et le Pacifique ; celle du *Tuscarora* (1874-1876) dans le nord-ouest du Pacifique ; celles du *Travailleur* et du *Talisman* (1880-1883) dans le golfe de Gascogne, le long de l'Espagne, du Portugal et du Maroc ; celle de la *Pola* (1890-1891) dans l'Adriatique, la mer Égée et la mer Rouge ; celles du prince de Monaco sur son yacht la *Princesse-Alice*, dans les mers arctiques ; enfin, celles de la *Valdivia* (1898) dans l'océan Atlantique, de la *Siboga* (1899-1900) dans les mers de l'Insulinde, et de l'*Albatros*, dans le Pacifique.

Malgré l'importance des résultats obtenus, il reste encore bien des points importants à déterminer avec précision.

Le relief sous-marin et les grandes profondeurs. — Les océans, comme les continents, ont leur relief : vallées profondes, plateaux, arêtes montagneuses dont les points culminants dépassent parfois le niveau des flots et forment ce qu'on nomme des îles. Il existe toutefois une différence très marquée entre le relief terrestre et le relief sous-marin. Tandis que le modelé terrestre est excessivement déchiqueté, le modelé marin l'est fort peu : sauf aux abords des continents, au voisinage d'archipels volcaniques ou coralliens, le fond de la mer est constitué en général d'immenses plaines qui s'élèvent et s'abaissent par des pentes très faibles, presque insensibles.

D'une manière générale, la profondeur des vallées sous marines les plus déprimées dépasse un peu l'altitude des points continentaux les plus saillants. Les premiers explorateurs avaient cru relever des profondeurs de 12 000 à 14 000 mètres dans le sud de l'Atlantique ; mais aucun des sondages postérieurs, faits dans des conditions meilleures, plus scientifiques et plus dignes de foi, n'est venu confirmer ces chiffres. Chacun des grands océans a, d'ailleurs, sa forme de relief caractéristique.

L'*océan Pacifique*, ou *Grand Océan*, est constitué par une sorte d'immense plaine sous-marine s'étendant depuis le Chili jusqu'aux îles Aléoutiennes. On peut cependant le diviser en deux parties séparées à peu près par le 150e degré de longitude occidentale de Paris. La partie orientale a une profondeur moyenne de 4500 mètres et l'on n'y trouve que peu de profondeurs supérieures à 6000 mètres. Dans la partie occidentale, au contraire, il existe à la fois des dépressions très creuses et de faibles profondeurs : tandis qu'un exhaussement peu considérable rattacherait à l'Asie la presque totalité des terres océaniennes, sur d'autres points se creusent d'énormes abîmes, la *fosse de Jeffreys* au sud de l'Australie, les *fosses du Challenger* et du *Vettor Pisani* dans la Micronésie, et la *fosse du Tuscarora* à l'est des Kouriles. C'est dans le Pacifique qu'on a trouvé les plus grandes profondeurs marines actuellement connues, 8606 mètres près des îles Kouriles, 9427 mètres près des îles Kermadec à l'est de la Nouvelle-Zélande, 9630 mètres près de l'île de Guam, l'une des Mariannes.

On a indiqué déjà que les îles du Pacifique forment des rangées parallèles orientées du nord-ouest au sud-est avec une remarquable symétrie.

L'océan Atlantique se compose de deux longues vallées séparées par une longue plate-forme sous-marine qui, dans l'Atlantique du Nord, s'étend à peu près depuis l'Irlande jusqu'à l'île Saint-Paul, en passant par les Açores, et qui, dans l'Atlantique du Sud, porte les îles de l'Ascension, de Sainte-Hélène et de Tristaô da Cunha : la largeur de ce plateau est de 800 à 1000 kilomètres, et sa profondeur au-dessous de la mer de 2000 à 3000 mètres. Dans la vallée occidentale la plus profonde, on a trouvé plus de 6000 mètres au sud de Terre-Neuve, 8341 mètres dans la fosse des îles Vierges près des Antilles, et plus de 6000 mètres entre Tristao da Cunha et l'Amérique du Sud. Dans la vallée orientale, on a trouvé 5100 mètres dans le golfe de Gascogne et 5000 mètres entre Sainte-Hélène et l'Afrique.

Dans *l'océan Indien*, toute la partie comprise entre l'Australie, les Tchagos et les Mascareignes forme une grande fosse profonde de 4000 à 6000 mètres. On y a relevé au maximum 6200 mètres près de l'île Christmas.

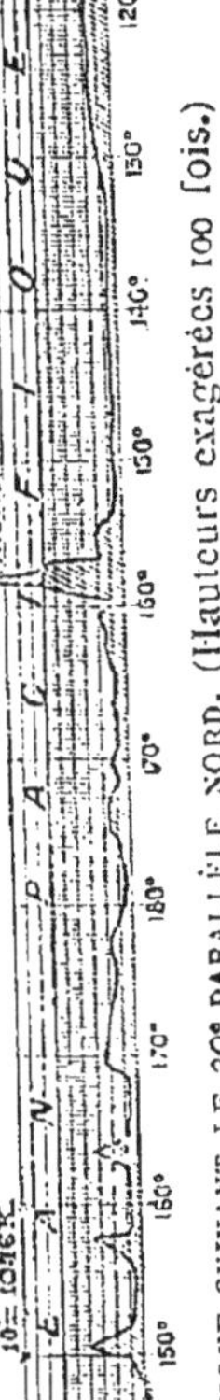

Caractères et nature du relief sous-marin. — La terre
est modelée par le vent (c'est la *déflation*), par l'eau courante (*érosion*), par les glaces (*exaration*), par la mer (*abrasion*). Or, la *déflation*, puissante sur les rivages, est nulle au-dessous des eaux ; l'*érosion*, si puissante sur les continents, est nulle au fond de l'océan, si
l'on fait abstraction de quelques sources d'eau douce qui sortent des
couches au voisinage de la terre ferme ; il en est de même de l'*exaration*, car il n'y a pas de glaciers sous-marins et les effets de glaces se
réduisent au frottement exercé par les grands icebergs des régions
polaires sur quelques petits fonds ; enfin l'*abrasion* est presque nulle,
car elle se réduit à l'action des vagues le long du rivage et encore
seulement dans la partie superficielle, le mouvement des vagues est

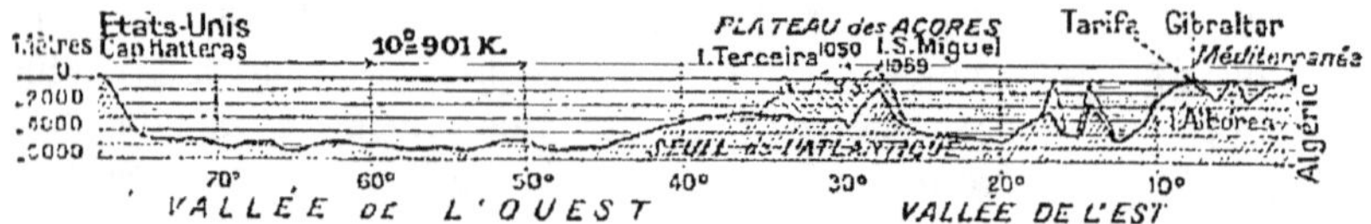

COUPE DE L'OCÉAN ATLANTIQUE SUIVANT LE 36ᵉ PARALLÈLE NORD.

(Hauteurs exagérées 100 fois.)

*L'Océan Atlantique se compose de deux vallées, inégalement larges et inégale-
ment profondes, séparées par une sorte de seuil sur lequel reposent les Açores
et la plupart des îles de l'Atlantique.*

pratiquement sans effet sensible sur le fond à une vingtaine ou à une
trentaine de mètres de profondeur.

Il résulte de cet ensemble de considérations que le relief sous-marin
est relativement très peu tourmenté. Si le long des continents les
pentes, plus abruptes qu'on ne le suppose, sont comparables et fréquemment même supérieures aux plus fortes pentes terrestres, d'une
façon générale, une fois la région tout à fait côtière dépassée, les
contours du sol immergé deviennent mous et arrondis. La sculpture
par les agents extérieurs ne s'exerce pas, et, en outre, les traits existants sont, pourrait-on dire, comme empâtés par la pluie de matériaux
meubles, sédiments minéraux et surtout carapaces calcaires et sili-
ceuses d'animaux qui, après avoir vécu à la surface ou dans le sein
des eaux, tombent sur le fond après leur mort. « Rien ne serait plus
monotone qu'une promenade au fond des eaux, dit M. Thoulet.... On
traverserait d'immenses plaines plus vastes que les steppes de la
Sibérie ; le terrain s'élèverait et s'abaisserait par des pentes si faibles
qu'elles seraient invisibles. Les trois quarts du Pacifique sont dans ce
cas. Pour le reste, on trouverait de longs vallonnements sans caractère et, seulement dans de rares circonstances, au voisinage d'archipels volcaniques ou coralliens, on rencontrerait des sortes de pics
abrupts se dressant presque verticalement des profondeurs vers la
surface[1]. »

Si la monotonie de la forme serait complète, celle de la nature du
sol le serait davantage, si possible. A l'exception de quelques espaces

[1] J. Thoulet, *L'Océan, ses lois et ses problèmes*, p. 58 (Paris, Hachette, 1904).

de sables, de galets ou d'herbes confinés dans la zone du plateau continental, partout l'œil ne distinguerait qu'une vase de couleur gris pâle, un peu rosée à l'état humide, ou gris foncé à l'état sec, de composition plus uniforme que le sable qui couvre l'espace relativement restreint des déserts continentaux. Ces dépôts sont d'origine détritique ou organique. Ils sont formés, partie par les débris que la mer arrache aux rivages ou que les fleuves jettent à la mer, partie par des carapaces d'êtres microscopiques dont l'accumulation forme les terrains connus sous le nom de *boue à Globigérines*, de *boue à Radiolaires* et de *boue de Diatomées*.

Les terrains volcaniques constituent un élément important du relief du fond de l'océan. Sortis des profondeurs du globe par des ouvertures en forme de fentes droites ou courbes, ou bien d'orifices isolés, quoique fréquemment disposés suivant une direction commune, groupés plus spécialement en de certains parages de la mer, tantôt apparaissant à la surface en îles dénudées ou ornées d'une végétation luxuriante, ils sont dispersés sur toute l'étendue du sol océanique. La plus grande partie des produits d'éjection, à l'état de fusion ignée, subit au contact de l'eau de mer froide une transformation, un « étonnement ». Le changement brusque de température les réduit en grains impalpables qui, repris par les mouvements de la masse liquide, sont étalés sur de vastes espaces. Les volcans sous-marins devenus îles offrent de fortes pentes par gradins immergés successifs ; il en est de même des îles coralliennes, républiques immenses d'animaux fixés à un squelette calcaire que tous ensemble ont contribué à fabriquer.

L'eau de mer. — On évalue la masse totale des eaux océaniques à 1 279 000 000, soit à un milliard un tiers de kilomètres cubes. Ces chiffres ne représentent rien à l'esprit ; par une comparaison un des principaux océanographes, M. Thoulet, en rend la portée plus facile à saisir. « Depuis la naissance de Jésus-Christ jusqu'en 1901, dit-il, il s'est juste écoulé un milliard de minutes. Il en résulte que le bassin actuel de la mer étant supposé vidé, un énorme fleuve débitant 1 kilomètre cube d'eau à la minute et coulant depuis le commencement de l'ère chrétienne, devrait encore couler pendant six cents ans environ avant de le remplir tel qu'il l'est aujourd'hui. » Or, un tel fleuve serait, à lui seul, 15 à 20 fois plus considérable que tous les fleuves de la terre réunis ; on évalue, en effet, à 60 millions de mètres cubes seulement par minute le débit de toutes les rivières terrestres réunies.

L'eau de mer donne lieu à de nombreuses observations relatives à sa coloration, à sa composition chimique, à son degré de salinité, à sa température.

1° D'une manière générale, la *coloration* de l'eau de mer

est bleue, l'eau absorbant les rayons rouges plus que les rayons bleus. Mais ce bleu varie du bleu foncé au rouge et au vert.

Dans les mers peu profondes, la nature du fond peut occasionner des modifications diverses, selon qu'il est formé de sable blanc, d'herbiers verts ou brun foncé, de vases plus ou moins bleuâtres dont la coloration transparaît à travers la mince épaisseur de la couche liquide. Si une mer reçoit la décharge d'un vaste fleuve aux eaux troublées et colorées par des parti-

LA MER

Les mers recouvrent les trois quarts de la surface du globe terrestre. Comme les eaux dont elles sont composées sont fluides, elles occupent les parties les plus déprimées de l'écorce terrestre dont elles voilent les accidents sous sa surface d'ailleurs rarement calme. La surface de la mer est agitée par les vagues, les marées, les courants, les tempêtes.

cules d'une nuance spéciale, sa coloration se modifiera en conséquence : l'Amazone et le Congo, qui charrient des boues rouges, rougissent l'Atlantique assez loin de la côte; les eaux jaunes chargées de lœss du Hoang-Ho communiquent à la mer Jaune la couleur qui lui a valu son nom. Ce sont là des faits locaux qui n'expliquent pas les diversités générales des colorations de l'Océan.

On a attribué à la quantité variable de sel dissous une influence sur la coloration de la mer, mais il est difficile de croire que des variations de salinité aussi faibles que celles qui sont constatées puissent produire les grandes différences de nuances que présente l'Océan. On en dirait autant de la température. Une cause bien plus vraisemblable est la proportion de plankton végétal et animal que contiennent les diverses mers, proportion qui est d'ailleurs en relation étroite avec la salure et la température : des algues diverses communiquent une couleur rouge sang à la mer Rouge ou vert olive à d'autres mers.

2° La *composition chimique* de l'eau de mer est loin d'être partout identique; des échantillons pris en des localités distantes les unes des autres, ou encore à la surface et aux diverses profondeurs, présentent entre eux d'importantes différences. Toutefois, si les proportions des divers éléments qui constituent l'eau de mer varient suivant les circonstances, ces éléments restent les mêmes.

En réalité, la mer tient en dissolution tous les corps simples, car elle est alimentée par des eaux de pluie, de sources et de fleuves qui ont ruisselé sur les continents et en ont lavé les masses. Or, tous les corps, quels qu'ils soient, sont solubles dans l'eau. On trouve dans l'eau de mer, en plus ou moins fortes quantités, le bore, la lithine, le cuivre, le zinc, le manganèse, l'iode, le fluor, le baryum, l'aluminium, le nickel, le cobalt, le plomb, l'arsenic, l'argent, l'or. C'est dans les cendres de plantes marines ou dans les incrustations des chaudières à vapeur que les chimistes vont chercher certains corps rares.

Les éléments qui dominent dans la composition de l'eau de mer sont le chlorure de sodium, le chlorure de magnésium, le sulfate de chaux. Pour 1000 grammes, un échantillon d'eau pris dans l'Atlantique contient, en moyenne, les quantités suivantes :

Chlorure de sodium. . . .	27^{gr},37	soit 78,6 pour 100 des sels.		
Chlorure de magnésium . .	3^{gr},36	—	9,6	— —
Sulfate de magnésie. . . .	2^{gr},24	—	6,5	— —
Sulfate de chaux.	1^{gr},32	—	3,7	— —

Ces diverses matières donnent à l'eau de mer un poids spécifique supérieur à celui de l'eau douce. Ce poids spécifique, qui varie suivant le degré de salinité et suivant la température des eaux, est en moyenne de 1,028.

3° Le *degré de salinité* des océans varie sensiblement d'une mer à l'autre. Certaines eaux de mer sont très salées; certaines eaux sont saumâtres, presque douces. Des expériences multiples ont permis d'attribuer à différentes mers le degré de salinité moyen suivant : mer Baltique 5 millièmes, surface de la mer Noire 12 millièmes, océan Atlantique 34 millièmes, Méditerranée 39 à 40 millièmes, mer Rouge 41 à 42 millièmes. La mer Rouge est donc huit à neuf fois plus salée que la mer Baltique.

Les principales causes qui agissent sur la salinité sont l'intensité plus ou moins grande de l'évaporation, l'importance des précipitations fluviales, l'apport plus ou moins considérable des cours d'eau et rivières. Les mers sujettes à de fortes évaporations qui enlèvent l'eau et laissent le sel, présentent une salinité considérable : telles les mers des zones subtropicales où la température est très élevée et où il ne pleut jamais; la mer Rouge, qui est située dans cette zone et ne reçoit pas un seul affluent permanent, doit naturellement être très salée. Les mers à évaporation faible et baignées par un climat humide doivent être, au contraire, médiocrement salées : c'est le cas de la mer Baltique qui est située dans une zone froide et brumeuse, et qui reçoit un nombre considérable de cours d'eau, dont quelques-uns sont très volumineux.

4° La *température* de la mer varie suivant qu'on la considère à la surface ou dans la profondeur.

A la surface, la température dépend avant tout de la latitude. Les mers de la zone intertropicale sont les plus chaudes; on a constaté jusqu'à 32 degrés pour les eaux du golfe Persique et de la mer Rouge. Dans les mers polaires, les eaux de surface ont une température presque toujours voisine du point de glace. Naturellement, dans un même lieu, la température des eaux à la surface de la mer varie d'une saison à l'autre : toutefois, ces différences sont beaucoup moins importantes que celles de l'atmosphère. Il faut ajouter que la température des eaux de surface des océans peut être considérablement modifiée par le passage de courants chauds ou froids : en hiver, sous la latitude de New-York, les eaux froides venues du golfe Saint-Laurent marquent 6 degrés, tandis que les eaux du Gulf-Stream marquent 18 degrés.

La température des eaux marines diminue avec la profondeur, rapidement d'abord, puis lentement jusque vers 700 à 1100 mètres, où règne une température d'environ 4 degrés. Au-dessous de 1100 mètres, la température continue à s'abaisser très lentement jusqu'au fond. Dans les grandes profondeurs de l'Atlantique et

du Pacifique, les eaux ont une température de o degré ou de
i degré au-dessus de zéro; dans les régions polaires, elles marquent de o degré à — 2°,5.

Mouvements de la mer. — La surface de la mer est rarement calme. Trois causes y entretiennent une mobilité perpé-
tuelle : les vagues, les marées, les courants.

1° Les **vagues** sont causées par les vents et les tempêtes.
Leur élévation varie d'une mer à l'autre; elle est d'autant plus

LES VAGUES A PLOUMANACH (CÔTES-DU-NORD) UN JOUR DE MAUVAIS TEMPS.

*Ploumanach est un des coins les plus pittoresques de la côte bretonne ; le
littoral y est bordé d'immenses blocs de granit rose sur lesquels, quand la
mer est agitée, les flots se brisent avec d'immenses gerbes d'écume. La
mer démontée possède une force considérable. On a vu un bloc de gneiss
déplacé horizontalement de 22 mètres par elle. A force de battre les rochers
de Ploumanach, la mer les a usés, déchiquetés, polis; elle y a creusé des chaos
où les vagues se brisent avec des détonations sourdes.*

grande que le bassin qu'elles parcourent est plus profond, plus
étendu, et que sa surface est plus librement parcourue par les
vents. Dans la mer Caspienne, les vagues ne sont pas comparables à celles de la Méditerranée, et les vagues de la Méditerranée ne sont pas comparables à celles de l'Atlantique : au large
du cap de Bonne-Espérance, on a vu des vagues atteignant
jusqu'à 15 et 16 mètres de hauteur.

Quelque formidables qu'elles soient, les vagues ne constituent qu'un mouvement tout superficiel. Leur agitation s'atténue vite en profondeur, en raison de la pression, qui devient énorme. Au delà de 20 mètres, elle est très réduite. A quelques centaines de mètres de profondeur, tout mouvement permanent s'apaise, et cette région d'éternelles ténèbres et de température immuable est aussi une région de calme ininterrompu et de repos.

2° Les **marées** sont dues à l'attraction du Soleil et surtout à celle de la Lune.

Deux fois en un jour, ou plus exactement en 24 heures 50 minutes, la mer se soulève : c'est le *flux*, dont la durée est de six heures. Après ce premier mouvement il y a un repos de quelques minutes, puis le niveau s'abaisse : c'est le *reflux*, dont la durée est également de six heures. Il se produit une marée haute lors du passage supérieur de la Lune au méridien, une marée basse au coucher de cet astre, une nouvelle marée haute lors de son passage inférieur au méridien, enfin une nouvelle marée basse à son lever. L'amplitude de ces marées sur un point donné varie avec les phases de la Lune ; elle atteint son maximum à la nouvelle Lune et à la pleine Lune, c'est-à-dire aux syzygies ; elle est minima au moment des quadratures, autrement dit lors du premier et du dernier quartier. A l'époque des équinoxes, les marées de syzygies sont les plus fortes de l'année.

La différence d'attraction de la lune et du soleil n'est pas la seule cause qui influe sur l'intensité variable des marées. Parmi les causes secondaires qui les modifient, il faut citer : le vent qui amoncelle l'eau sur les rivages contre lesquels il souffle, les courants marins dont l'intensité change, la température qui dilate l'eau ou la contracte, et aussi la pression barométrique : l'océan tout entier est un gigantesque baromètre à eau dont les oscillations sont à celles du baromètre à mercure dans le rapport de 1 (densité de l'eau) à 13 (densité du mercure) ; des variations barométriques de 5 à 6 millimètres de mercure correspondent à des variations de 65 à 80 millimètres dans le niveau de l'eau océanique.

Dans les mers ouvertes, la marée n'a pas une grande hauteur. Au contraire, elle monte parfois très haut lorsqu'elle est emprisonnée entre les rivages étroits d'un golfe où les flots s'accumulent ; entre la haute et la basse mer, il y a des différences de 11 mètres dans le canal de Bristol, de 12 à 15 mètres dans la baie du Mont-Saint-Michel, et même de plus de 21 mètres dans la baie de Fundy, au Canada. Les mers fermées n'ont que des marées insensibles ; dans la Méditerranée, on constate entre la haute et la basse mer des différences de niveau de 1^m,50 à 2 mètres vers Gibraltar, de 0^m,50 à 0^m,60 à Venise.

3° Les **courants marins** forment comme des fleuves qui traversent les océans ; leurs eaux diffèrent de celles de la masse océanique par leur vitesse, qui est plus grande, et par leur température, qui est, suivant les cas, plus haute ou plus basse.

Les courants sont dus principalement aux vents alizés du nord-est et du sud-est qui, soufflant continuellement dans le même sens, finissent par imprimer à la surface de la mer un mouvement de même direction que la leur, c'est-à-dire allant de l'est à l'ouest. La rotation terrestre, la diversité de poids spécifique des diverses eaux marines, l'action de la température qui échauffe les eaux près de l'équateur, les dilate et par conséquent les rend plus légères, influent également sur la formation et la direction des courants.

La circulation superficielle est essentiellement la même dans chacun des cinq grands bassins océaniques, Atlantique nord et sud, Pacifique nord et sud, océan Indien. Partout l'eau se porte d'est en ouest le long de l'équateur, incline au nord dans les bassins septentrionaux et au sud dans les bassins méridionaux, le long des côtes faisant face à l'est, parvient à la latitude de 45 degrés environ, prend alors en sens inverse une marche parallèle à l'équateur, puis redescend en suivant les côtes faisant face à l'ouest pour fermer le cycle et le recommencer. Les plus connus de ces courants superficiels sont le *Gulf-Stream*, ou courant du golfe, dans l'océan Atlantique, le *courant de Moçambique* dans l'océan Indien, et le *Kouro-Sivo*, ou fleuve noir, qui traverse le Pacifique du Nord.

Tous ces courants ont un rôle géographique important. D'une part, ils influent sur les climats des régions terrestres, qu'ils réchauffent ou refroidissent ; c'est au Gulf-Stream que l'Europe océanique doit son climat tempéré, bien plus favorable que celui des régions américaines qui lui font face. D'autre part, les courants ont joué un rôle certain dans l'histoire des découvertes maritimes et dans les migrations des peuples : c'est le courant de l'océan Indien qui a amené jusqu'à Madagascar des populations de la Malaisie ; on pourrait citer beaucoup de faits analogues.

Outre les courants de surface, il en est d'autres, moins apparents mais plus importants peut-être, qui remuent lentement toute

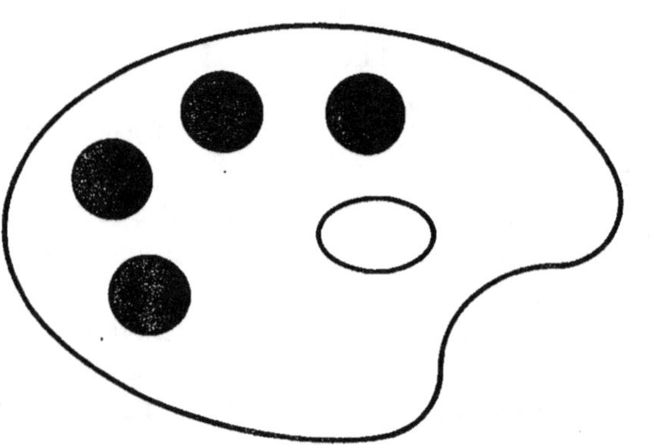

Original en couleur
NF Z 43-120-8

LES COURANTS

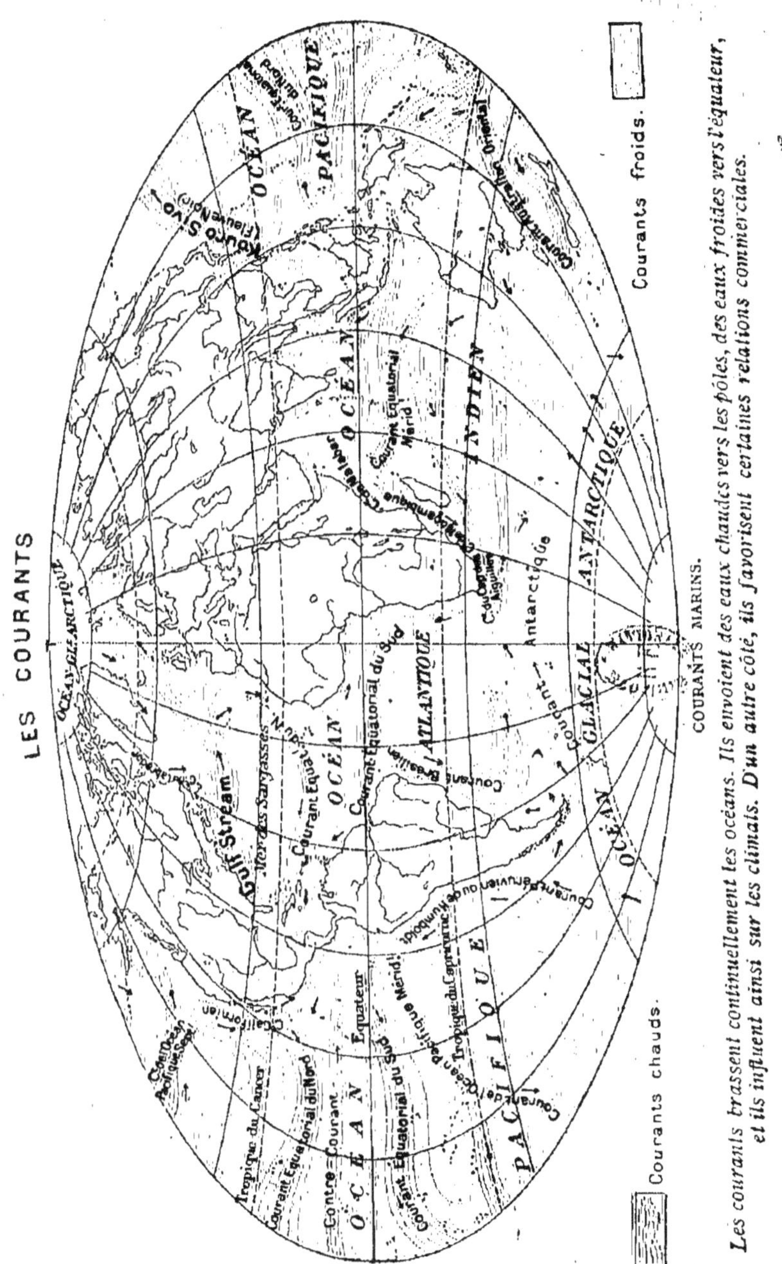

Courants chauds.

Courants froids.

Les courants brassent continuellement les océans. Ils envoient des eaux chaudes vers les pôles, des eaux froides vers l'équateur, et ils influent ainsi sur les climats. D'un autre côté, ils favorisent certaines relations commerciales.

la masse profonde des océans, et transportent sans cesse les eaux chaudes de l'équateur vers les pôles, ou les eaux froides du pôle vers l'équateur. Toute différence de densité dans l'eau des océans occasionne un déplacement qui de proche en proche se communique à la masse marine tout entière. La mer, ainsi que l'atmosphère, est continuellement brassée dans toute son épaisseur, et ces mouvements ont une importance d'autant plus grande, que l'eau conserve longtemps la même température et n'abandonne ou ne prend que très lentement la chaleur des espaces environnants.

Le Gulf-Stream. — Les Américains ont admirablement étudié le Gulf-Stream, ce *fleuve dans l'Océan* dont les rives et le lit sont des couches d'eau froide entre lesquelles coulent à flots pressés ses eaux tièdes et bleues. Il sort du golfe du Mexique par le canal de la Floride ; sa largeur est alors de 50 kilomètres, sa profondeur de 1000 à 1100 mètres, sa vitesse de 1^m,50 à 2^m,50 par seconde, sa température d'environ 30 degrés. Borné à l'ouest par le Cold Wall, courant venu du pôle, qui longe du nord au sud les côtes des Etats-Unis et dont les eaux sont de 10 à 15 degrés moins chaudes, le Gulf-Stream remonte vers le nord jusque dans les parages de Terre-Neuve où, mélangé aux eaux glacées du courant du Labrador, refroidi par les icebergs de la mer de Baffin et par les glaces côtières, il donne naissance à d'épais brouillards.

Au delà de Terre-Neuve, il est dévié vers le nord-est et traverse l'Atlantique en écharpe. Sa profondeur diminue et sa largeur augmente ; largement étalé à la surface de la mer, il n'est plus qu'une dérive. Cependant par la chaleur qu'il porte de l'équateur sur les côtes européennes, il donne leur climat, c'est-à-dire leur état de civilisation, à l'Espagne, à la France, aux Iles Britanniques, à la côte de Norvège qu'il frappe directement et où, s'opposant à la prise des fjords par les glaces, il rend la navigation possible pendant l'année entière et fait des Norvégiens un peuple de marins.

Il s'écoule ensuite jusque par delà la Novaïa-Zemlia où il a permis, depuis le périple de Nordenskiöld, d'ouvrir au trafic maritime, d'une manière bien précaire il est vrai, les régions sibériennes des embouchures de l'Ob et du Iénisei. C'est encore lui dont les dernières dérives, après avoir baigné la Sibérie, prennent directement le chemin du pôle boréal, remplissent le bassin arctique et en sortent comme un torrent refroidi et chargé de glaçons, le long de la côte orientale du Groenland, par le détroit de Danemark, entre l'Islande et le cap Farewell.

Si, comme rien n'empêche de le croire, le travail incessant des coraux interceptait un jour le passage du Gulf-Stream à son étranglement du détroit de la Floride, et forçait la masse d'eau chaude à se déverser plus au sud en l'empêchant de s'étaler en dérive, tout l'équilibre européen serait modifié par ces infiniment petits. L'Espagne et le Maroc se transformeraient en fournaises comme le Sénégal, tandis que la France se refroidirait, et que l'Angleterre et les autres contrées septentrionales — aussi bien celles baignées directement par la mer que celles qui, situées en arrière, bénéficient aujourd'hui du climat de celles qui les couvrent — deviendraient glaciales, prendraient un climat peut-être analogue à celui du Kamtchatka situé à la même latitude. Toute la répartition géographique de la civilisation serait changée et pourtant rien ne serait visible sur la carte, on n'apercevrait aucune modification au contour actuel des continents.

La vie dans les mers. — Homère donnait aux flots l'épithète « d'infertiles ». Rien n'égale, au contraire, leur exubérante fécondité. Bien plus que la terre dont la superficie seule est richement peuplée, l'océan est le domaine de la vie qui s'y développe dans les couches profondes comme dans les nappes supérieures. L'océan fourmille de vie dans l'épaisseur entière de sa masse.

A vrai dire, la flore marine n'est pas très riche en espèces : elle ne se compose que d'algues et d'un nombre assez restreint de plantes aquatiques. Au contraire, la vie animale pullule dans l'immensité marine. Les terres n'offrent aucun type animal approchant de la grosseur des monstres de la mer ; on a mesuré des baleines de 30 mètres de longueur et de 20 mètres de circonférence, pesant près de 200 tonnes, c'est-à-dire autant qu'une armée de 3000 hommes ; Scoresby a vu un rorqual plus énorme encore, qui n'avait pas moins de 36 mètres de la tête à la queue. Mais ce qui étonne surtout, c'est moins la taille et la force de ces monstres marins que la prodigieuse multitude des êtres qui vivent dans les mers, s'y agglomèrent en traînées, s'y entassent en bancs, y pullulent en couches innombrables. La fécondité de certaines espèces est telle qu'une seule femelle peut produire plus de dix millions d'œufs, et la mer ne tarderait pas à se combler sans la voracité des gros cétacés qui accompagnent les bandes de poissons et les dévorent de toutes parts.

La répartition des organismes vivant dans la mer dépend, comme tout phénomène normal, d'une foule de conditions : mouvement des eaux, nature du sol sous-marin, profondeur, lumière, température, salure, pression.

On classe l'ensemble des êtres océaniques en trois grandes catégories, le Benthos, le Nekton et le Plankton.

1° Le *Benthos* comprend les êtres vivant sur le fond, soit complètement fixés au sol, soit errants. Sa flore se compose d'algues vertes, de diatomées, de floridées, plantes sans racines et qui, munies de simples organes de fixation, n'empruntent au sol qu'un appui. Les animaux représentés appartiennent aux espèces inférieures ; ce sont des infusoires, des spongiaires, des astéries, des brachyopodes.

On croyait jadis que l'abaissement de la température, le manque de lumière et l'énorme pression des masses liquides rendaient la vie impossible dans les grandes profondeurs. On n'y trouve, en effet, aucune plante : celles-ci, ayant besoin de lumière,

restent confinées au voisinage de la surface ; à 100 mètres de profondeur. elles sont déja rares ; au-dessous de 400 mètres, il n'en existe pour ainsi dire plus. Mais les explorations océanographiques ont révélé la présence, même aux profondeurs les plus grandes, d'une faune nombreuse et puissante, la faune abyssale ; les yeux des animaux benthiques profonds sont en général dégénérés à cause de l'obscurité où ils demeu-

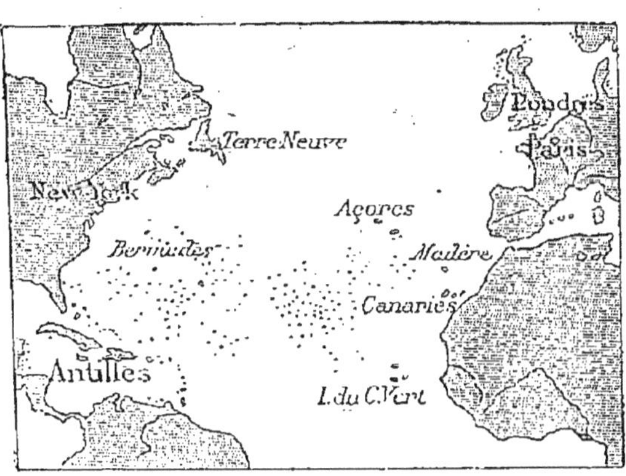

MER DE SARGASSES.

Les sargasses sont des algues flottantes qui se sont accumulées dans la partie centrale de l'Atlantique, en une région qu'aucun courant ne traverse (comparer avec la carte des courants, page 67). Christophe Colomb, dans son voyage de 1492, traversa la mer des Sargasses dont la végétation effraya ses matelots ; ils crurent que ces algues étaient la végétation d'un continent effondré sous les eaux.

rent ; en revanche, leurs organes tactiles sont puissamment développés ; c'est ainsi que s'effectue l'adaptation aux conditions principales du milieu, l'obscurité et l'absence de courants.

2° Le *Nekton* est l'ensemble des animaux vivant à toutes les profondeurs et se mouvant de leur propre gré comme la plupart des poissons, des reptiles et des cétacés : c'est la faune marine ordinaire.

3° Le *Plankton* comprend l'ensemble des êtres, végétaux et animaux, qui flottent dans l'océan indépendamment de leur volonté, livrés sans résistance aux conditions physiques et mécaniques de la mer. La flore du plankton est constituée par des spores d'algues diverses : telles les sargasses arrachées aux rochers des Antilles et du golfe du Mexique, entraînées par le

Gulf-Stream et accumulées dans la partie centrale calme du circuit, à l'ouest des Açores. La faune est composée de petits animaux au corps transparent, au tissu renfermant jusqu'à 98 pour 100 d'eau. Le tout flotte passivement dans la mer sans pouvoir se diriger.

La connaissance des lois qui régissent la distribution du Plankton a une importance pratique considérable ; c'est le problème capital de l'industrie rationnelle des pêches. Le Plankton est suivi dans ses déplacements par des troupes d'animaux qui s'en repaissent ; ces derniers sont suivis à leur tour par des poissons carnivores et ceux-ci sont pourchassés par les pêcheurs. Comme le Plankton qui mène la marche est à la merci des conditions physiques et mécaniques de la mer, on comprend que ce soit en définitive celles-ci dont l'économie est la loi des pêches. On parle beaucoup des migrations des harengs ou des sardines ; elles obéissent aux déplacements du Plankton dont parlent peu de personnes et qui sont la conséquence fatale des variations des courants, de la température ou de la densité des eaux.

7. — L'ÉLÉMENT GAZEUX : L'ATMOSPHÈRE

SOMMAIRE

I. **La température d'un pays dépend avant tout de sa latitude** : plus un pays est voisin de l'équateur, plus il y fait chaud. Toutefois elle peut être modifiée par l'altitude, par l'orientation et par la situation relativement à la mer. Les pays à climat maritime ont une température beaucoup plus égale que les pays à climat continental, dont la température est extrême : c'est ce qu'on voit en comparant, par exemple, le climat de la France avec celui de la Russie. L'inspection des lignes isothermes, isothères, met en lumière la distribution de la chaleur sur le globe.

II. **L'atmosphère est brassée sans cesse par les vents.** On en distingue de plusieurs sortes : 1° des vents réguliers (alizé et contre-alizé); 2° des vents périodiques (moussons de l'océan Indien, vents étésiens, brises de terre et de mer); 3° des vents locaux, comme le sirocco, le khamsin, le föhn, le mistral. — Dans nos régions tempérées, les vents sont variables et soufflent de toutes les directions. Les vents sont le résultat de l'inégalité des pressions atmosphériques sur les différents points du globe.

III. **Les pluies sont la forme la plus ordinaire sous laquelle tombe l'humidité.** L'importance des pluies dépend de la température des vents, de la situation relativement à la mer, du relief. D'une manière générale, les régions les plus arrosées sont la zone équatoriale, les côtes et les montagnes. L'Amérique du Sud est la plus arrosée de toutes les parties du monde, l'Australie est la plus sèche.

IV. De l'équateur vers chacun des deux pôles on distingue successivement : une zone équatoriale, chaude et humide (Soudan, Amazonie); une zone subtropicale, chaude et sèche (Sahara, déserts); une zone tempérée, peu humide (région méditerranéenne); une zone tempérée humide (Europe centrale et septentrionale); enfin une zone glaciale (régions polaires au delà de 60° de latitude). — Les climats ne sont sans doute pas variables; ils ont changé plusieurs fois aux époques préhistoriques, mais on n'a aucune preuve d'un changement appréciable pendant l'époque historique.

Développement.

La science météorologique. — L'atmosphère enveloppe toute notre planète. Elle forme autour d'elle une couche dont il est difficile, nous l'avons vu, d'évaluer avec précision la hauteur exacte. L'air, ou mélange d'oxygène et d'azote, en constitue l'élément principal; l'atmosphère contient en outre de la vapeur d'eau en plus ou moins grande quantité et différents autres gaz.

La météorologie est la partie de la physique du globe qui étudie les phénomènes dont l'atmosphère est le siège. C'est une science toute moderne, et les conclusions qu'elle donne ne reposent encore que sur des observations très limitées dans le temps. Elle n'en est pas moins importante et nous donne l'explication d'un grand nombre de phénomènes qui influent sur la vie de la planète en même temps que sur le développement des sociétés humaines.

Les principaux éléments qui déterminent le climat d'un pays et qu'étudie la météorologie sont la *température*, les *vents* et les *pluies*. Ces trois facteurs principaux sont, du reste, étroitement liés l'un à l'autre.

Température. — Le soleil est la grande source de la chaleur sur la terre. La température d'un pays dépend donc, avant tout, de sa situation en latitude; mais d'autres causes secondaires modifient cette action principale, en particulier l'altitude, l'orientation, la situation par rapport à la mer. Examinons successivement ces différents facteurs.

1° La **latitude** est la principale cause déterminante du climat. Plus les rayons du soleil sont verticaux et plus ils versent de chaleur sur une même surface. La chaleur est naturellement plus grande dans les pays où les rayons solaires arrivent perpendiculairement au sol : d'abord parce qu'ils traversent plus aisément l'atmosphère sans être réfractés, mais surtout parce que la même quantité de chaleur solaire se concentre sur **un espace d'autant** moins étendu que les rayons sont moins obliques.

La zone la plus chaude du globe est donc la zone équatoriale. A mesure qu'on gagne en latitude vers les deux pôles, les rayons du soleil deviennent plus obliques, et la chaleur est moindre.

2° L'**altitude** modifie l'effet de la latitude. Plus on s'élève sur une montagne, plus il fait froid. L'air, plus raréfié, en contact moins intime avec la surface échauffée du sol, moins protégé par une faible épaisseur de vapeurs contre le rayonnement dans l'espace, est plus froid sur une montagne que dans la plaine voisine. On a calculé que, dans les Alpes, la température s'abaisse d'un

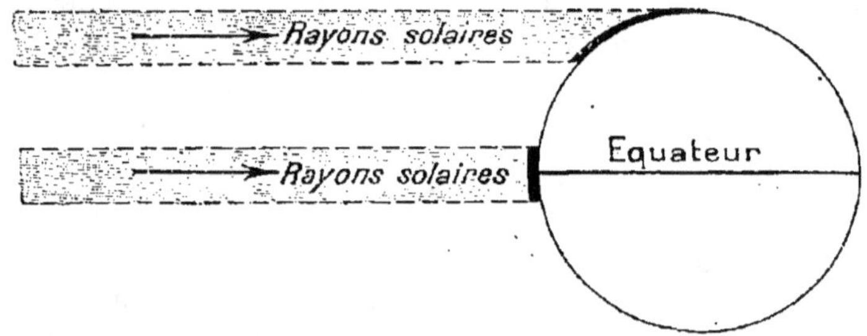

ÉCHAUFFEMENT VARIABLE PAR LES RAYONS SOLAIRES.

La chaleur d'un rayon solaire se répand sur une surface terrestre bien moindre à l'équateur que vers les pôles; son action réchauffante est donc beaucoup plus sensible à l'équateur qu'aux pôles.

degré centigrade en moyenne pour une élévation en altitude de 210 mètres : s'élever de 210 mètres équivaut à s'avancer de 220 kilomètres vers le pôle.

Le Thibet, où le mercure gèle en hiver, est situé sous la même latitude que la chaude Egypte, mais à une altitude moyenne de 4000 mètres. On trouve des neiges persistantes sur les hauts sommets de la région équatoriale.

3° L'**orientation** d'une contrée influe également sur sa température. Un pays situé au pied de montagnes qui l'abritent des vents polaires possède une température plus chaude qu'un autre pays de la même latitude, exposé à des vents glacés.

C'est pour cette raison que les hivers sont si tièdes sur le littoral provençal, près de Nice, au pied des Alpes. Au contraire, les vastes plaines de la Russie, de la Sibérie et de l'Amérique du Nord, ouvertes aux vents polaires, sont exposées parfois à des froids très rigoureux.

4° La **situation relativement à la mer** exerce également une influence importante sur le climat. En effet, les courants marins, chauds ou froids, réchauffent ou refroidissent les côtes qu'ils baignent. En outre, les vents marins apportent des vapeurs, une humidité, qui tempèrent la chaleur des jours et modèrent l'intensité du rayonnement nocturne : il en résulte une certaine égalisation du climat. Les pays à climat maritime ne sont pas plus chauds que les pays à climat continental, mais la température y reste plus égale d'un bout à l'autre de l'année.

Au reste, pour qu'un pays jouisse d'un climat maritime, il ne suffit pas qu'il soit voisin de la mer, il faut que le régime des vents y fasse prédominer les influences marines. Bien que située près de la mer, la plaine de Péking a des hivers très rudes parce qu'alors les vents dominants sont continentaux ; il en est de même de la côte orientale des Etats-Unis, vers New-York ; on citerait facilement d'autres exemples.

Climats maritimes et climats continentaux. — Pour saisir la différence qui existe entre les climats maritimes et continentaux, il suffit de comparer le climat de la France avec celui de quelques pays de même latitude.

En France, le climat est maritime. Année moyenne, le thermomètre ne varie guère, dans les plaines, qu'entre 5 ou 6 degrés au-dessous de zéro et 25 à 3o degrés au-dessus, soit un écart maximum d'environ 35 degrés. Dans les hivers que nous appelons rigoureux, le thermomètre descend rarement au-dessous de — 15 degrés et généralement pendant un petit nombre de jours. Dans les étés que nous trouvons torrides, le thermomètre ne dépasse guère + 35 degrés, et toujours aussi pour un temps très court.

Voilà un type de climat maritime ; les îles, comme Madère ou l'Irlande, fourniraient des exemples analogues ; voici maintenant plusieurs types de climats continentaux.

En Russie, sur les bords de la mer Noire, où le thermomètre marque chaque année plus de 4o degrés en été, les hivers sont assez rigoureux pour geler la mer pendant deux mois en moyenne par an ; pour empêcher la vigne de geler, on doit l'enterrer sous une épaisseur de terre de 1 mètre. Or la Russie méridionale est sous la latitude de Bordeaux.

Dans le Turkestan russe, à l'est de la mer Caspienne (Asie centrale), une expédition russe fut arrêtée, en 1839, par un froid qui gelait le vin et l'alcool, soit un froid d'au moins — 4o degrés. En revanche, pendant l'été, les températures de + 4o et + 45 degrés ne sont pas rares. Les différences entre les températures extrêmes de l'année atteignent donc 8o à 85 degrés.

A Péking (latitude de Naples) le thermomètre s'élève annuellement au-dessus de 4o degrés en été ; mais les rivières y restent souvent gelées pendant près de six mois, de novembre à avril.

Dans le Canada, à Montréal (latitude de Tours), le fleuve Saint-Laurent reste gelé en moyenne 120 jours par an ; *dans les États-Unis*, à New-York (latitude de Naples), où prédominent comme à Péking les influences continentales, le fleuve Hudson reste gelé en moyenne trois mois par an. Que dirait-on en France d'un hiver qui gèlerait le

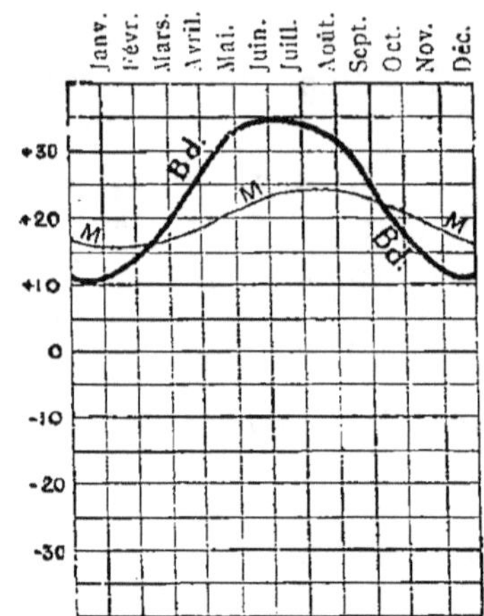
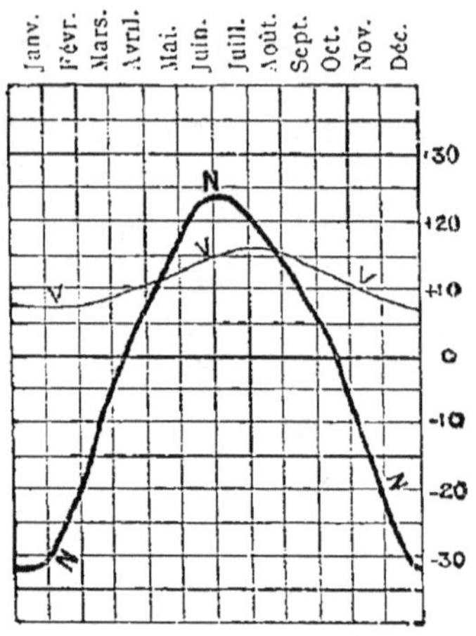

EXEMPLES DE CLIMATS MARITIMES ET CONTINENTAUX.

    ——— *Climats continentaux :* Bd (*Bagdad*), N (*Nertchinsk, Sibérie*)
    ——— *Climats maritimes :* M (*île Madère*), V (*Valentia, Irlande*).

Les lignes de Madère et de Valentia (climats maritimes, l'un de la zone chaude et l'autre de la zone tempérée) sont presque horizontales, ce qui indique pour ces deux endroits une température sans grandes variations. Au contraire la ligne des climats continentaux de Bagdad (latitude de Madère) et surtout celle de Nertchinsk (latitude de Valentia) ont les profils très aigus qui caractérisent les climats à fortes variations.

Rhône, la Garonne, la Seine et la Loire pendant trois ou quatre mois consécutifs ?

Thermomètre et lignes isothermes. — Le thermomètre est l'instrument qui sert à étudier les températures. En prenant, avec les précautions que suggère l'expérience, la température d'un même lieu, heure par heure, pendant plusieurs années, on arrive à déterminer : 1° la température moyenne quotidienne de ce lieu ; 2° sa température moyenne annuelle ; 3° sa température moyenne hivernale et sa température moyenne d'été. A Paris, par exemple, la moyenne annuelle est de 10°,8, la moyenne hivernale est de 3°,3, la moyenne d'été ou estivale est de 18°,1.

Pour représenter la distribution des températures à la surface du globe, Alexandre de Humboldt eut le premier l'idée de joindre par un trait continu tous les points du globe possédant la même température moyenne : il nomma *lignes isothermes*, ou lignes d'égale chaleur, les lignes courbes ainsi obtenues.

Les isothermes ne suffisent pas pour définir exactement un climat, car, avec un été très chaud et un hiver très froid, un lieu pourra avoir la même température annuelle moyenne qu'un autre lieu dont la

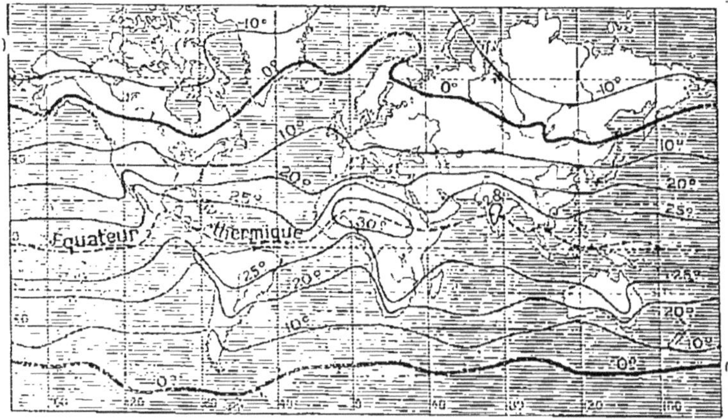

LIGNES ISOTHERMES ANNUELLES

Les lignes isothermes, ou d'égale chaleur, réunissent les points du globe qui ont la même chaleur moyenne annuelle. L'examen des lignes isothermes montre : 1° que l'hémisphère Nord reçoit plus de chaleur que l'hémisphère Sud ; l'équateur thermique qui indique la région la plus chaude du globe passe par la zone tropicale boréale et ne se rapproche de la ligne équatoriale qu'à la traversée des océans ; 2° que, dans la zone chaude, la surface des océans reçoit moins de chaleur, à latitude égale, que celle des continents : une grande partie de la chaleur qui tombe sur les mers est employée non à élever la température de la surface, mais à évaporer l'eau ; 3° que, dans les régions froides, au contraire, la température moyenne sur un même parallèle est plus élevée dans les parties maritimes que dans les parties continentales : c'est le résultat de l'influence des courants.

température est presque uniforme. Humboldt fait remarquer lui-même que les côtes tempérées de la Bretagne française se trouvent sur le même isotherme que Péking, où l'été est plus chaud qu'au Caire et l'hiver plus froid que dans la Suède centrale. Outre la moyenne annuelle d'un lieu, il faut, pour connaître bien le climat d'un pays, avoir la moyenne d'hiver et la moyenne d'été. On peut alors dresser un tableau des lignes *isochimènes*, unissant les lieux qui ont la même température d'hiver, et un tableau des lignes *isothères* unissant les lieux qui ont la même température d'été.

La comparaison des lignes isochimènes et des lignes isothères sur le globe fait ressortir nettement l'influence de la mer sur le climat, les lignes isochimènes s'éloignent de l'équateur dans la traversée des océans et s'en rapprochent dans la traversée des continents ; les lignes isothères, au contraire, sont plus voisines de l'équateur sur les océans que sur les continents.

Les vents. — L'atmosphère est sans cesse en mouvement; elle est agitée par des courants qui sont les vents.

Les vents sont le résultat de l'inégalité des pressions atmo-

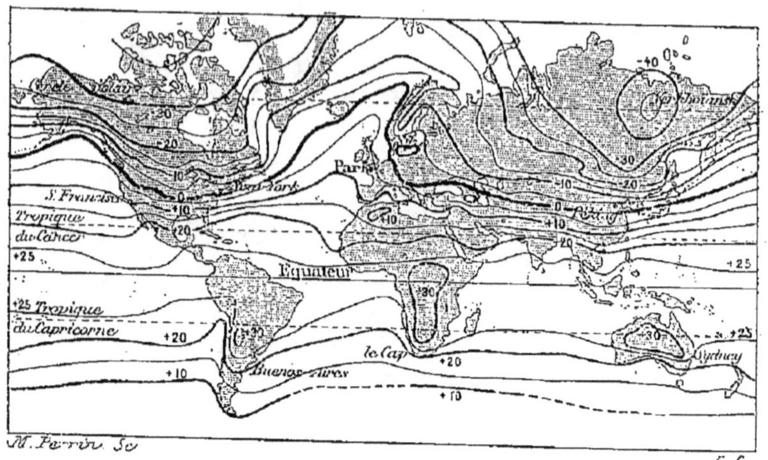

LIGNES ISOCHIMÈNES.

Les lignes isochimènes, ou d'égale chaleur hivernale, réunissent les points du globe qui ont la même température moyenne pendant la saison froide. Ces lignes se reploient vers le sud dans le passage à travers les continents d'Amérique, d'Europe et d'Asie; au contraire, elles remontent vers le nord, et parfois à plus de 1000 kilomètres, dans la traversée des océans. La ligne de o degré qui, en Amérique, passe un peu au-dessous de New-York (latitude de Naples), aborde l'Europe par le nord de la Norvège, soit à près de 30 degrés de latitude plus près du pôle, pour redescendre aussitôt vers la mer Noire, la Caspienne et la Chine septentrionale. — Remarquer que les lignes de cette figure sont isochimènes pour l'hémisphère Nord, et isothères pour l'hémisphère Sud qui a l'été au moment où nous avons l'hiver.

sphériques sur les différents points du globe. L'air est pesant, mais l'air chaud pèse moins que l'air froid, l'air humide pèse moins que l'air sec. Par suite de l'inégale répartition de la chaleur et de l'humidité à la surface du globe, il s'ensuit qu'il existe sans cesse des régions de hautes pressions et des régions de basses pressions, et comme l'air est fluide, ces inégalités de pressions déterminent des déplacements d'air, des vents.

La grande loi fondamentale qui préside à la circulation des vents a été formulée par le Hollandais Buys-Ballot; l'air s'écoule des régions de hautes pressions vers celles où règnent des pressions plus basses. La vitesse du vent est d'autant plus grande qu'il y a plus d'écart entre les pressions réciproques des deux points où il souffle. D'autre part, le mouvement des vents est influencé par le mouvement de rotation de la terre qui l'incline à droite dans l'hémisphère nord, à gauche dans l'hémisphère sud, et qui lui donne dans les latitudes moyennes une direction giratoire tout à fait caractéristique : ce mouvement giratoire est

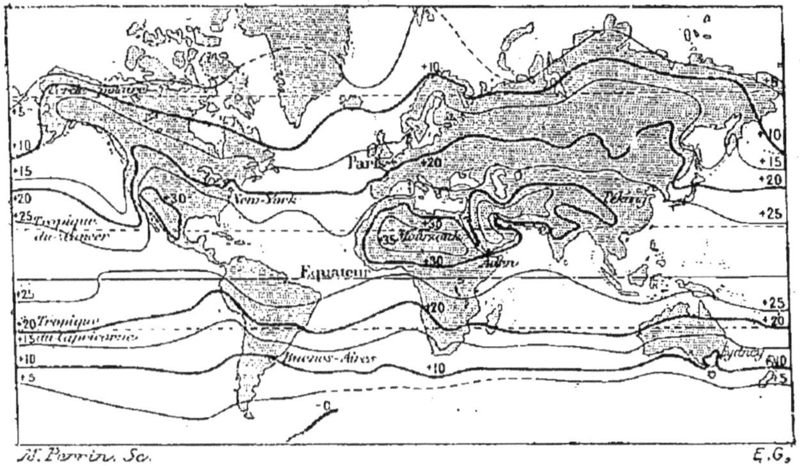

LIGNES ISOTHÈRES.

Les lignes isothères, ou d'égale chaleur estivale, réunissent les points du globe qui ont la même température moyenne pendant la saison chaude. Ces lignes, au contraire des lignes isochimènes, se recourbent vers le nord dans la traversée des deux masses continentales de l'Ancien et du Nouveau Monde, et s'infléchissent au sud en traversant l'Atlantique et le Pacifique. La ligne de 20 degrés traverse l'Atlantique sous le parallèle de New-York, aborde l'Europe vers la Rochelle, la traverse de biais en remontant vers le nord par Berlin et Moscou, puis en Asie s'avance plus haut encore vers le pôle pour ne se rapprocher de l'équateur qu'aux approches du Pacifique seulement.

identique à celui qui rejette vers l'est les courants du Gulf-Stream et du Kouro-Sivo.

Parmi les vents, on distingue des vents réguliers ou constants, des vents périodiques, des vents locaux et des vents variables.

1º Les **vents réguliers** les plus connus sont *l'alizé* et le *contre-alizé*.

A l'équateur, sur une bande large d'environ 1000 kilomètres, les rayons du soleil peuvent être considérés comme verticaux. L'air surchauffé par ces rayons ardents se dilate, se bombe, pour ainsi dire, par le haut. L'équilibre avec les parties voisines se trouve dès lors rompu et il se produit un double mouvement d'écoulement : d'une part, l'air dilaté se déverse par en haut de l'équateur vers les pôles, c'est le *contre-alizé;* de l'autre, l'air des pôles, où la pression de l'atmosphère est plus forte, afflue par en bas vers l'équateur, c'est le vent *alizé.*

La superposition de ces deux courants inverses est facile à constater sur les montagnes de la zone torride; on l'a observée

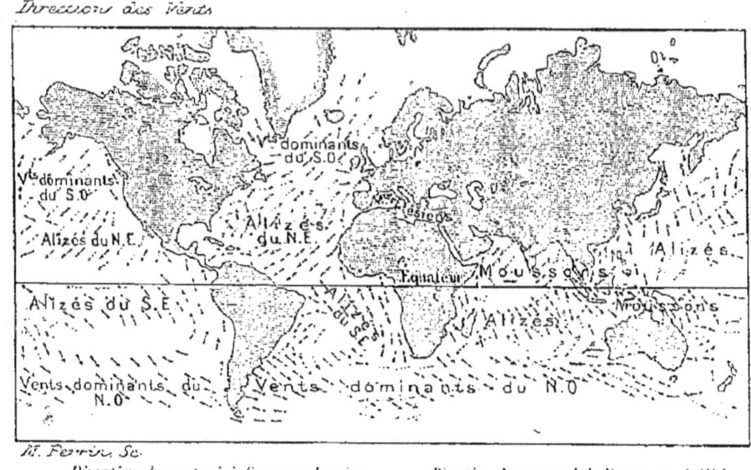

DIRECTION DES VENTS RÉGULIERS.

notamment sur le pic de Ténérife, situé dans l'archipel des Canaries et haut de 3720 mètres. A la base de la montagne, les vents soufflent presque toujours du nord-est, tandis que les nuages qui enveloppent le sommet se dirigent dans le sens opposé. Ces vents suivent l'oscillation apparente du soleil et se font sentir dans l'Atlantique, en hiver depuis les Canaries jusqu'au voisinage de l'équateur, en été depuis le Portugal. Ces deux bandes d'alizés au nord et au sud de l'équateur sont séparées par une zone large de 250 à 1000 kilomètres : c'est la zone des *calmes équatoriaux,* qui se déplace légèrement avec le cours du soleil des deux côtés de l'équateur.

2° Les **vents périodiques** sont dus à des causes analogues, mais qui, au lieu d'agir continuellement comme dans le cas des vents réguliers, se reproduisent dans quelques pays à une saison donnée ou à certaines heures du jour. Les plus remarquables sont les moussons, les vents étésiens, les brises de terre et de mer, etc.

Les *moussons* s'observent dans toutes les mers tropicales, en particulier dans l'océan Indien. Ce sont des vents qui, pendant l'été, soufflent de la mer vers la terre surchauffée devenue centre de basses pressions, en y amenant des pluies abondantes et torrentielles, et qui, pendant l'hiver, soufflent de la terre refroidie et centre de hautes pressions, vers la mer plus tiède. Au moment où la mousson change de sens, il se produit en général des perturbations atmosphériques, tempêtes, cyclones, souvent fort dangereuses.

Les *vents étésiens* soufflent sur la Méditerranée du nord au sud, pendant toute la saison chaude. Ils sont dus à l'échauffement du Sahara et du désert Libyque qui constituent alors de puissants foyers d'appel. Ce sont ces vents périodiques qui ont courbé vers le sud les arbres de la Provence et des Baléares. Quand la navigation se faisait par voiliers, la traversée de France en Algérie était d'un quart moins longue que celle d'Algérie en France.

Les *brises de terre et de mer* se font sentir sur nos côtes pendant l'été. Tous les matins, vers dix heures, le vent s'élève de la mer et souffle vers la terre : c'est la brise de mer. A la nuit, le vent souffle de la terre vers la mer.

3° Les **vents locaux** sont dus à des circonstances qui se reproduisent en certains lieux avec plus ou moins de fréquence et de durée. Les plus connus sont le sirocco, le khamsin, le föhn et le mistral.

Le *sirocco* est un vent de la Méditerranée occidentale qui se produit quand il règne des dépressions sur la Méditerranée et des hautes pressions sur le Sahara. C'est donc un vent du sud, très chaud et très sec, étouffant et desséchant; il transporte jusqu'en Provence les poussières du Sahara et détermine parfois jusque dans la France centrale des coups de chaleur excessive.

Le *khamsin*, qui souffle en Égypte, a les mêmes causes que le sirocco et présente les mêmes caractères.

Le *föhn* est un vent qui souffle du sud au nord en Suisse. Il se produit lorsqu'il se forme des dépressions atmosphériques du côté de la mer Baltique et de l'Allemagne du Nord, alors que les hautes pressions règnent dans l'Italie septentrionale. Il franchit donc les Alpes dont il remonte les pentes méridionales et redescend les pentes tournées vers le nord. Or, toute masse d'air qui s'élève se refroidit, toute masse d'air qui descend s'échauffe En redescendant sur la plaine suisse, après avoir franchi les Alpes, le föhn réchauffé provoque la fonte subite des neiges et des glaces alpestres; il a souvent causé des inondations, mais par contre il rend plus habitable le versant nord des Alpes.

Le *mistral* est un vent qui souffle dans le midi de la France, et vient de la France centrale : c'est un vent du Nord. Il se produit quand il existe une zone de hautes pressions sur la France septentrionale et une dépression sur la Méditerranée; il est fréquent surtout en hiver et au printemps. Venu du Nord et tombant des Cévennes sur la mer, c'est un vent violent, froid et sec, qui bouleverse la terre et la mer de ses rafales plongeantes; il peut déraciner des arbres et soulever de grosses pierres. Un vent analogue, appelé *bora* (borée), souffle sur la mer Adriatique.

4° Les **vents variables** soufflent dans presque toute la zone tempérée, et, d'une manière générale, dans toute la partie de l'hémisphère boréal où la prédominance des terres enlève aux mouvements atmosphériques toute régularité apparente. On peut cependant énoncer plusieurs lois.

En été, les continents surchauffés sont le centre de faibles pressions : ainsi le Sahara, les hauts plateaux de l'Amérique et de l'Asie. Tout autour, les vents convergent donc des régions marines vers les continents en donnant aux côtes un climat relativement tempéré : tel est le cas d'une grande partie de l'Europe qui, se trouvant à l'ouest du minimum asiatique, reçoit principalement les vents d'entre nord et ouest.

En hiver, où les minima sont sur les océans, les faits sont plus compliqués. Les côtes occidentales des continents situés à l'est reçoivent le plus souvent des vents d'entre sud-ouest et sud qui leur valent un climat chaud et humide (Europe, Amérique occidentale). Sur les côtes orientales, au contraire, le vent souffle plutôt d'entre nord et ouest; c'est un vent sec et continental : le climat de ces régions devient ainsi un climat extrême (côtes orientales de l'Amérique du Nord et de l'Asie).

Il va sans dire que ces lois n'ont rien d'absolument fixe. La direction des vents varie sans cesse, en même temps que les centres de pression, modifiant par là même la répartition des températures. C'est ce déplacement fréquent des minima et des maxima qui occasionne dans nos régions ces perpétuelles variations de climat qui les caractérisent.

Fonction des vents. — Les vents jouent, à la surface de la terre, un rôle d'une importance extrême.

1° Ce sont, avant tout, des agents géologiques d'une incessante activité qui travaillent directement, nous le verrons plus loin, à modeler notre planète : ils usent les parties en saillie, transportent les sables, poussent les dunes, attaquent les rivages de la mer et des fleuves. C'est leur action qui a donné à certaines régions du globe leur apparence extérieure caractéristique. Des pays entiers, par exemple la Terre-Jaune de la Chine septentrionale, ont leur sol constitué uniquement, et sur une grande profondeur, par des dépôts de terre amenés d'ailleurs par les vents.

2° Les vents exercent une grande influence sur les climats et sur la végétation terrestres. Selon qu'ils viennent des pôles ou de l'équateur, ils amènent des vagues d'air glacées ou chaudes. Selon qu'ils soufflent de la mer ou de l'intérieur des continents, ils sont humides ou secs : dans le premier cas, ils égalisent les extrêmes thermiques, déversent la pluie, fécondent le sol qui se couvre de campagnes riantes : dans le second cas, ils contribuent à faire régner un climat excessif, désertique.

C'est à la fréquence des vents du sud-ouest que l'Europe occidentale doit la tiédeur de ses hivers, la modération de ses étés. C'est la mousson d'été qui jette sur l'Inde, l'Indo-Chine, la Chine méridionale et le Japon, ces pluies chaudes qui font jaillir du sol une végétation d'une incomparable exubérance. Tout au contraire, ce sont les vents qui dessèchent aujourd'hui les terres du Cap, du Natal et du Transvaal ; ce sont eux qui, dans l'Asie centrale, ont bu graduellement les vastes étendues d'eau qui couvrirent jadis les vastes plaines du Turkestan et de la Sibérie, depuis le Pont-Euxin jusqu'à la mer Caspienne, et de la mer Caspienne jusqu'à la mer d'Aral et au golfe de l'Ob, ne laissant dans les creux les plus déprimés que des nappes d'eau sans profondeur ou des amas de sel.

3° Les vents influent sur la commodité des relations maritimes qu'ils favorisent ou contrarient. Au temps de la navigation à voiles, il fallait un tiers de temps de plus pour aller d'Algérie en France que pour aller de France en Algérie, parce que les vents dominants sur la Méditerranée sont des vents du nord : dans les îles Baléares, la prédominance de ces vents du nord a eu pour résultat d'incliner tous les arbres vers le sud. L'ancienne navigation tenait grand compte de la marche des alizés. Le développement de la navigation à vapeur a diminué naturellement l'influence des vents sur ce point.

Les pluies. — Trois phénomènes physiques expliquent la formation de la pluie : l'évaporation, la saturation, la condensation. Toute nappe d'eau exposée au contact de l'air se transforme peu à peu en vapeur qui se mélange à l'air : c'est l'*évaporation*; — l'air peut absorber ainsi une grande quantité de vapeur d'eau, mais son pouvoir d'absorption n'est pas illimité : il y a *saturation* quand l'air renferme toute l'humidité qu'il peut contenir; cette quantité est d'autant plus forte que l'air est plus chaud; — enfin si, quand l'air est saturé, sa température vient à s'abaisser, il renferme alors un excès d'humidité, et il se produit une *condensation*, c'est-à-dire que l'excès de vapeur d'eau se forme en nuages, et finalement se résout en pluie.

1° L'humidité se manifeste à la surface du globe sous plusieurs formes principales qui sont les nuages, les brouillards, la rosée, la pluie, la neige, la grêle.

Les *nuages* naissent dans les hauteurs du ciel lorsque les couches supérieures viennent à se refroidir subitement; ils sont produits ordinairement par des

CIRRUS.

Les cirrus et les stratus sont les nuages qu'on voit au ciel lorsque le temps est très beau. Les cirrus, figurés dans la gravure supérieure, sont appelés aussi queues de chat : ce sont de petites nuées blanches et fines formées de minces aiguilles de glace et situées à une hauteur de plusieurs milliers de mètres. Les stratus, figurés dans la gravure inférieure, sont disposés en longues bandes horizontales.

STRATUS.

courants d'air ascendants qui se refroidissent graduellement en s'élevant dans l'atmosphère. La forme des nuages et la hauteur à laquelle ils se forment sont du reste fort variables : les *cirrus* ou queues de chat sont de petites nuées blanches et fines formées de minces aiguilles de glace et situées à une hauteur de 5000 à 6000 mètres; les *stratus*, qui sont disposés en longues bandes horizontales, et les *cumulus*, qui ressemblent à des amas de balles de coton, ou encore à des chaînes de gigantesques montagnes, sont beaucoup plus près de la terre; les *nimbus* sont des nuages épais et sombres qui se déroulent lourdement à une faible hauteur et s'écroulent généralement en averses.

Les brouillards ne sont autre chose que des nuages encore attachés à la terre, rampant sur les montagnes, les plaines ou la mer. Ils sont fréquents le matin, à la surface des terres refroidies pendant la nuit; ils se dissipent quand le soleil a réchauffé la terre, pour reparaître à la tombée du soir.

Les nuages circulent dans l'atmosphère, incessamment charriés par les vents. Qu'une couche aérienne saturée d'humidité entre brusquement dans un

CUMULUS.

Les cumulus sont des nuages assez bas, gros, ressemblant à des amas de balles de coton, ou encore à de gigantesques chaînes de montagnes. ils décèlent une assez grande quantité d'humidité dans l'air. Les nimbus sont des nuages épais et sombres, couleur de poix, qui se déroulent

NIMBUS.

lourdement à une faible hauteur et s'écroulent généralement en averses.

milieu plus froid, sa capacité de dissolution de la vapeur d'eau diminue et l'excès d'humidité se condense, tombe sur le sol. Suivant le degré de la température, la précipitation revêt la forme de pluie, de neige ou de grêle. La *pluie* est la forme la plus ordinaire. La *neige* se produit quand le froid amène la congélation des gouttes sous forme de cristaux. La *grêle* est formée de gouttes de pluie congelées par suite d'un refroidissement subit dans l'air.

La pluie peut tomber plus ou moins longtemps, avec plus ou moins d'intensité. On se sert de pluviomètres pour mesurer l'importance exacte des chutes de pluie. Quelques averses persistantes ont donné des précipitations pluviales considérables : à Tcherrapoundji, dans l'Inde, on a recueilli en une seule journée, le 14 juin 1876, jusqu'à 1036 millimètres de pluie, c'est-à-

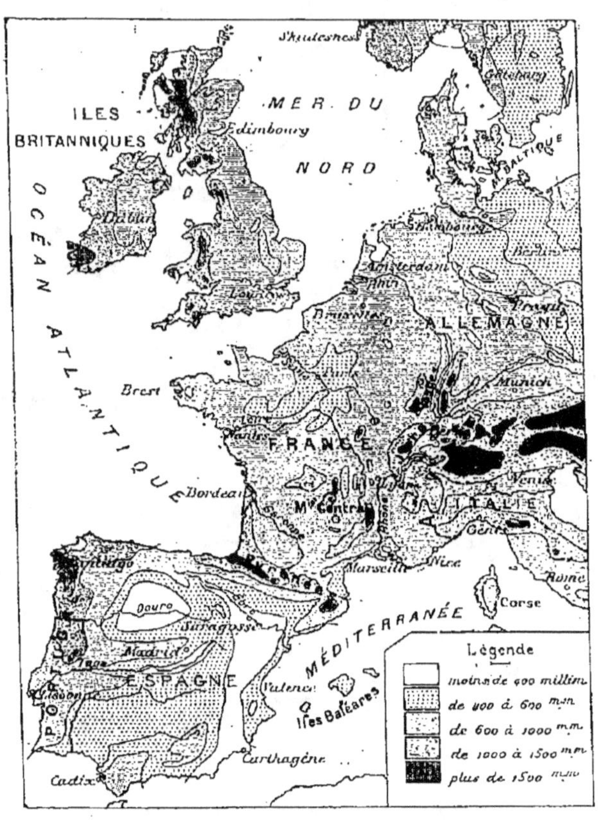

DISTRIBUTION DES PLUIES DANS L'EUROPE OCCIDENTALE.

Les plaines intérieures sont peu arrosées (centre de l'Espagne, région parisienne, etc.); les côtes occidentales exposées d'abord aux vents pluvieux de l'Océan, et les montagnes qui arrêtent et condensent les nuages le sont beaucoup, au contraire. Dans cette carte, toutes les régions de montagnes se reconnaissent aux teintes sombres qui indiquent qu'elles sont les plus arrosées.

dire que, si la pluie s'était amassée sur place au lieu de s'écouler, elle aurait donné une hauteur d'eau de 1 m. 036 à la fin de la journée : c'était en 24 heures à peu près le double de ce qu'il tombe en moyenne de pluie à Paris dans toute une année. Quelques averses courtes ont donné des quantités de pluie plus fortes encore relativement : c'est ainsi que, le 20 mars 1868, on recueil-

lit à Molitg-les-Bains (Pyrénées-Orientales) jusqu'à 3i3 millimètres de pluie en une heure et demie, ce qui correspond à 209 millimètres par heure.

2° La **répartition des pluies** sur le globe dépend de plusieurs causes qui en augmentent ou en diminuent l'abondance et
la fréquence.

Ces causes sont : la *température*, qui favorise d'autant plus
l'évaporation, et augmente par suite d'autant plus la condensation, que la chaleur est plus élevée; — les *vents*, qui poussent
sur un pays ou, au contraire, en éloignent les nuages et la pluie;
— le *voisinage de l'océan*, qui vaut, en général, à un pays une
humidité abondante par suite de l'inégalité du refroidissement
de la terre et de la mer; — le *relief* qui, s'il est prononcé, arrête
les nuages et les condense; les montagnes reçoivent plus de
pluie que les plaines voisines, surtout plus que celles qui se
trouvent placées en arrière des montagnes sur le trajet des vents
pluvieux.

Tous ces faits sont mis en lumière par les cartes qui donnent
la répartition des pluies dans un pays donné. Dans l'Europe
occidentale, les côtes montagneuses du nord-ouest de l'Espagne
reçoivent plus d'eau de pluie que les plateaux intérieurs; les
côtes françaises, en particulier la Bretagne, et surtout les massifs montagneux français, Massif Central, Pyrénées, Alpes, Jura
et Vosges, sont plus arrosés que les plaines de la Garonne, de
la Seine et de la Loire; l'Irlande, plus exposée que l'Angleterre
aux vents océaniques, reçoit aussi plus de pluie qu'elle; en
Angleterre, les côtes occidentales, qui sont montagneuses et exposées aux vents de mer, sont beaucoup plus arrosées que les côtes
orientales, région de plaines abritées du vent d'ouest par les
montagnes. Tous ces faits établissent l'influence des vents, du
voisinage de l'océan et du relief sur la répartition des pluies. Il
n'y a qu'à regarder la répartition générale des pluies sur le globe
pour voir que les régions les plus arrosées du globe sont les
régions chaudes.

Si l'on examine la répartition des pluies sur le globe, on voit
que, dans l'ensemble, la quantité de pluie tombée va en diminuant des régions équatoriales vers les pôles, et des côtes vers
l'intérieur des continents. On peut préciser les points suivants :
1° *les régions les plus arrosées du globe* sont les régions équatoriales : Amérique Centrale et nord de l'Amérique du Sud;
Soudan et région du Congo en Afrique; Inde, Indo-Chine,

Chine et Insulinde, en Asie : on évalue jusqu'à 12 mètres la hauteur annuelle des pluies qui tombent à Tcherrapoundji, dans

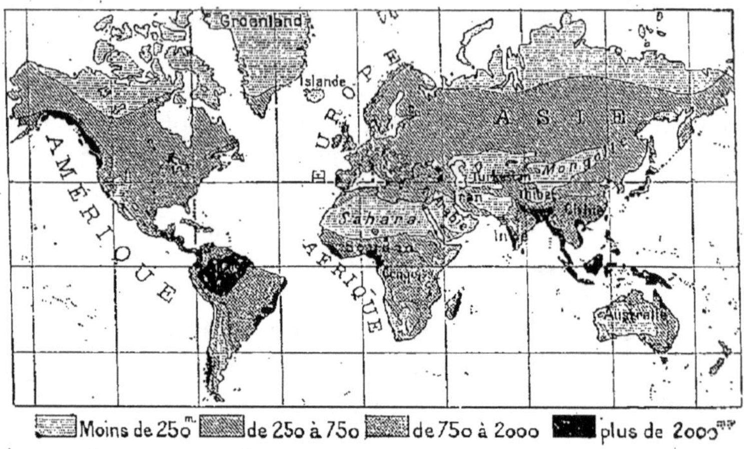

Moins de 250ᵐ   de 250 à 750   de 750 à 2000   plus de 2000ᵐᵐ

DISTRIBUTION DES PLUIES SUR LE GLOBE.

Les régions équatoriales sont les régions du globe de beaucoup les plus arrosées. Après elles, viennent les régions à moussons, Inde, Indo-Chine, Chine. Remarquer, à peu près sous les tropiques, la suite de régions sèches : Sahara, Arabie, Iran, Turkestan, Thibet, Mongolie, dans l'hémisphère nord ; Australie, à peu près à la même latitude, dans l'hémisphère sud. Dans les régions polaires, l'évaporation est faible en raison du peu de chaleur, et les pluies sont peu abondantes.

les monts de l'Assam, au nord-est de l'Inde ; ce serait l'endroit le plus arrosé de la terre entière ; — 2° *les régions les moins*

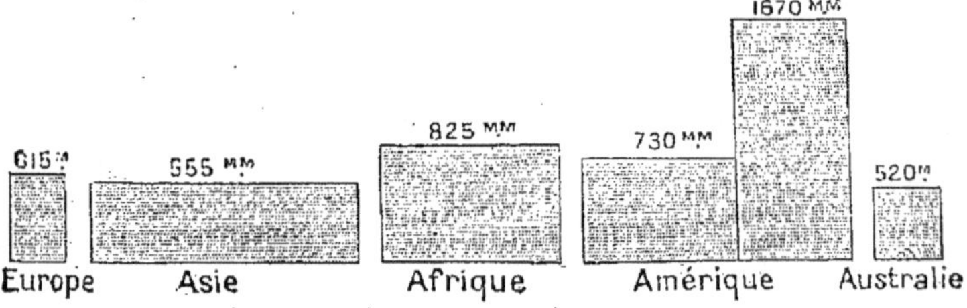

HAUTEUR ANNUELLE DES PLUIES DANS LES CINQ PARTIES DU MONDE.

L'Amérique du Sud est la région du monde qui reçoit de beaucoup le plus de pluies ; c'est que la majeure partie de son étendue est située dans la zone intertropicale ou équatoriale qui est de beaucoup la plus humide.

arrosées sont les régions subtropicales, Sahara, Arabie, Iran, centre de l'Australie, ainsi que les hauts plateaux encadrés de montagnes et très éloignés de la mer qui occupent le centre de l'Asie, Turkestan, Thibet, Mongolie : il y tombe moins de 20 centimètres de pluies annuelles, et c'est pourquoi ces pays sont des déserts ; — 3° *les régions tempérées sont moyennement arrosées* : l'influence de la proximité de la mer sur la distribution des pluies y apparaît bien visible : les pays maritimes sont sensiblement plus humides que les pays continentaux ; — 4° *les régions polaires reçoivent peu de pluies* : le fait s'explique par la longueur des hivers et par la faiblesse de l'évaporation de l'eau froide sous les couches d'air froid.

Distribution des pluies à la surface du globe. —

D'après un météorologiste, M. Willi Ule, les hauteurs annuelles des pluies pour les diverses parties du monde seraient les suivantes :

Europe	615 m. m.
Asie.	555 —
Afrique . . . :	825 —
Australie	520 —
Amérique du Nord	730 —
Amérique du Sud.	1670 —

L'Australie, qui est située dans la zone subtropicale, et l'Asie, la plus continentale de toutes les parties du monde, seraient donc les deux parties du monde qui recevraient dans l'ensemble le moins d'humidité. La partie du monde la plus arrosée serait l'Amérique du Sud, qui devrait cet avantage à sa situation effilée, qui met l'intérieur du pays à proximité des influences marines, et à sa situation à cheval sur l'équateur : près de la moitié septentrionale de l'Amérique du Sud, de beaucoup la plus large, est placée dans la zone équatoriale, où les précipitations pluviales ont le plus d'abondance.

La répartition par bassins océaniques serait la suivante :

Océan Atlantique (et dépendances) . .	57 000 millions de m. cubes.
Océan Pacifique	21 000 — —
Océan Indien.	18 000 — —
Océan Glacial	9 000 — —

On estime que la quantité d'eau fournie chaque année par les pluies et les neiges, sur les surfaces terrestres, atteint le chiffre de 122 000 millions de mètres cubes, correspondant à une hauteur moyenne de 900 millimètres environ.

Quelle proportion de cette eau retourne à l'Océan ? D'après Murray, elle est de 1 pour 4,7, de sorte que le cube annuel revenant à la mer serait de 25 000 millions de mètres cubes. Pour M. Ule, ce chiffre serait au-dessous de la vérité et devrait être porté à 30 000 millions au moins. On dispose, en effet, de relevés de débits de rivières pour une superficie de 37 millions et demi de kilomètres carrés représentant un tiers à peine des écoulements à la mer : or, pour cette partie, le cube évacué par seconde est de 375 000 mètres cubes environ, ce qui conduit à 1 million de mètres cubes par seconde pour l'ensemble des rivières terrestres, soit à 31 000 millions de mètres cubes par an. Ajoutons que ces apports annuels restent bien insignifiants à côté des réserves que représentent les océans : il faudrait, en effet, avec les seules eaux fournies par les rivières, environ 45 000 ans pour remplir les océans.

Importance des pluies. — La pluie est un des facteurs essentiels de la vie sur le globe. Elle est également indispensable au développement de la végétation, de la vie animale et humaine.

Les pays qui reçoivent beaucoup de pluie sont couverts d'une végétation luxuriante si la chaleur y égale l'humidité (Inde, Soudan, Insulinde, Amazonie); ils sont couverts de marécages si, faute de pente, le drainage s'en fait mal ou s'ils ont un climat froid où l'évaporation reste faible : ainsi l'Irlande, dont le centre forme une immense tourbière semée de marécages et de lacs.

Les pays qui reçoivent trop peu de pluie n'ont qu'une végétation très pauvre et très rare, et par suite l'homme ne peut y vivre : tels sont le Sahara, l'Arabie, l'Iran, la Mongolie, le centre de l'Australie. Pour qu'un pays ne soit pas désert, on compte qu'il faut qu'il reçoive au minimum 20 centimètres de pluie annuelle.

La hauteur totale des pluies annuelles n'est pas le seul facteur à considérer si l'on veut se rendre compte de l'importance des pluies ; il faut tenir compte aussi de la fréquence, de l'évaporation et de la répartition des pluies pendant le cours d'une année. Tel pays paraît un pays sec avec une hauteur annuelle de 70 centimètres et tel autre paraît un pays humide avec la même quantité : c'est que dans le premier de ces deux pays les pluies tombent brusques et drues, mais s'écoulent et s'évaporent vite, tandis que le second ne reçoit que des pluies fines, molles, qui détrempent profondément le sol. Tel pays reçoit des pluies en toute saison, tandis que tel autre pays n'en reçoit que pendant une partie de l'année, le reste de l'année étant invariablement sec. On pourrait citer des exemples de ces faits. Il tombe plus de pluie à Marseille ($0^m,60$) qu'à Paris ($0^m,51$) : cependant Marseille a un climat sec avec une moyenne annuelle de 55 jours pluvieux, Paris a un climat pluvieux avec une moyenne de 154 jours pluvieux. Dans la région méditerranéenne française, et d'une manière générale dans toute la région méditerranéenne, l'été est une saison très sèche : par suite, les essences végétales qui ne peuvent s'accommoder des sécheresses prolongées n'y subsistent pas ; la végétation, nous le verrons, y a un tout autre caractère que dans les régions où l'humidité annuelle est également partagée entre les diverses saisons.

Classification des climats. — Les actions diverses de la température, des vents et de la pluie, se combinent de nombreuses manières à la surface du globe et déterminent pour chaque pays, on pourrait dire pour chaque lieu, un climat particulier et spécial. Toutefois il est possible de distinguer sur la terre un certain nombre de zones climatiques dont tous les points offrent, dans l'ensemble, les mêmes traits caractéristiques.

Ces zones principales de climat sont au nombre de cinq, en

allant de l'équateur vers chacun des deux pôles : la zone équatoriale, la zone subtropicale, la zone tempérée peu humide, la zone tempérée humide; la zone glaciale.

1° La **zone équatoriale** comprend les pays situés des deux

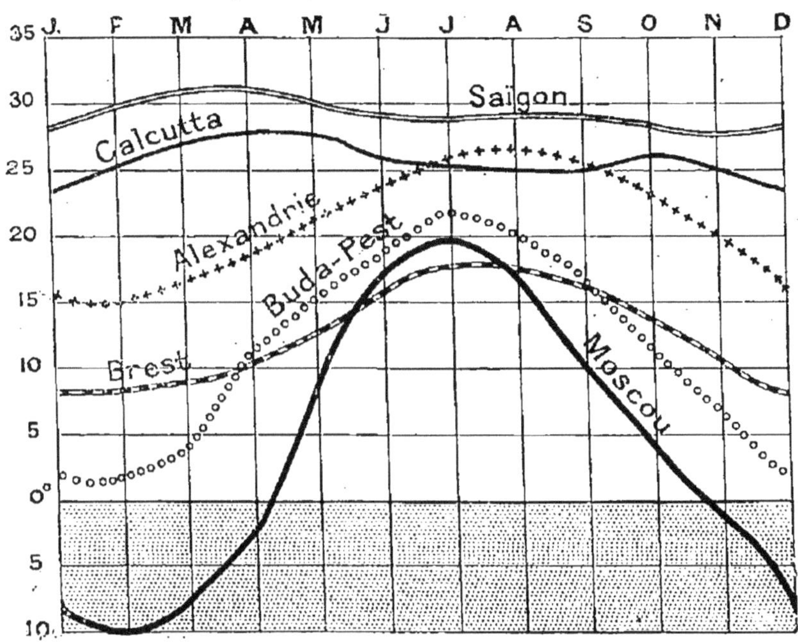

TEMPÉRATURES COMPARÉES DANS DIFFÉRENTES ZONES.

Les lignes de Saïgon et de Calcutta font ressortir à la fois l'élévation et la grande constance de la température pendant toute l'année dans les régions équatoriales chaudes et humides. A Alexandrie, pays chaud mais plutôt sec, les variations d'une saison à l'autre sont plus accusées. Brest est une ville de la zone tempérée à climat maritime : il y fait bien moins chaud qu'à Saïgon, Calcutta et Alexandrie, mais les variations du climat y sont beaucoup moins sensibles qu'à Buda-Pest et surtout qu'à Moscou, autres villes de la zone tempérée, mais situées au centre des terres et pourvues d'un climat continental.

côtés de l'équateur jusque vers le 12ᵉ ou le 15ᵉ degré de latitude : c'est une zone *chaude et humide*.

Les rayons verticaux du soleil y occasionnent une évaporation considérable, et les pluies sont extrêmement abondantes : chaque jour, pendant une grande partie de l'année, des averses de pluies drues et chaudes y ruissellent avec accompagnement d'éclairs et de tonnerre. Cette région est, dans l'ensemble, la plus arrosée du monde entier.

En raison de cette grande humidité, la température est presque uniforme; elle se maintient presque sans changement entre 25 et 3o degrés, température d'étuve, accablante pour l'homme blanc qu'elle déprime et anémie. Tel est le climat de la région amazonienne en Amérique, de la région du Congo et du Soudan, des plaines basses de l'Inde, de l'Insulinde et de la Nouvelle-Guinée.

2° La **zone subtropicale** comprend les pays situés sous les tropiques, à peu près entre le 15° et le 3o° degré de latitude. C'est une zone *chaude et sèche*.

La sécheresse y est extrême; les pluies sont limitées, chaque année, à une saison très courte, et sont peu abondantes; le ciel reste presque toujours serein. Aussi la chaleur y est-elle très variable. Le jour, le soleil, dont aucune vapeur n'adoucit les rayons, échauffe l'air jusqu'à des températures excessives; il n'est pas rare que le thermomètre y marque 40 ou même 5o degrés à l'ombre. La nuit, l'intensité du rayonnement nocturne, qu'aucun nuage n'atténue, provoque de vifs refroidissements, et le thermomètre peut, après une journée brûlante, tomber jusqu'au-dessous du point de glace. Tel est le climat du Sahara, de l'Arabie, de l'Iran, du Turkestan et de la Mongolie, de la majeure partie de l'Afrique australe et du continent australien, en un mot des déserts où les vents marins n'arrivent presque jamais.

3° La **zone tempérée peu humide** comprend les pays situés à peu près entre le 3o° et le 45° degré de latitude.

La température y est modérée, mais plutôt chaude; les pluies sont peu abondantes et généralement limitées à la saison froide. C'est donc une zone à climat sec et brûlant. Parmi les pays qui y sont situés, on peut citer la région méditerranéenne tout entière, depuis l'Algérie et la Provence jusqu'à la Grèce et l'Asie Mineure, les bords du golfe du Mexique, la Californie, le sud-est de l'Australie, la colonie du Cap. A Alger, la température moyenne de l'hiver est de 12 degrés et celle de l'été 25 degrés.

4° La **zone tempérée humide** comprend les pays situés à peu près entre le 45° et le 6o° degré de latitude.

La température y est modérée, mais plutôt froide; les pluies sont assez abondantes et tombent indistinctement en toute saison. Toutefois il faut distinguer dans cette zone les *pays maritimes*, comme la France, les Iles Britanniques, le Danemark, la Norvège, la côte occidentale des États-Unis et du Canada, et les *pays continentaux*, comme la Russie, la Sibérie

et l'Asie du Nord-Est, les États-Unis du Centre et de l'Est, le
Canada. On a vu plus haut que les premiers ont un climat plus
humide et plus égal, que les seconds ont un climat plus sec et
sujet à de grandes variations.

5° La **zone glaciale** comprend les alentours des pôles au
delà du 60° degré de latitude : son nom suffit à la définir.

Les rayons du soleil y sont trop obliques pour être bien
chauds. Au reste, ils ne brillent pas d'une manière régulière,
comme dans nos pays ; l'inégalité des jours et des nuits au cours
des différentes saisons, qui s'accroît graduellement de l'équateur
au pôle, devient ici très sensible : au pôle même, l'année ne comprend en réalité qu'un seul jour, qui dure six mois consécutifs,
et qu'une seule nuit, qui dure les six autres mois. L'hiver polaire
est invariablement affreux ; le thermomètre y descend communé-
ment à — 30 et — 35 degrés. L'été est naturellement moins
froid ; la neige fond et s'écoule en ruisseaux et cascades ; la
température atteint son maximum, + 6 à + 8 degrés, en juin
et en juillet ; dès août, les gelées recommencent.

Variations séculaires des climats. — Les climats de la
terre ne sont pas plus invariables que son relief. L'étude des couches géologiques nous montre notre planète baignée successivement
par les climats les plus divers, tour à tour envahie par les glaces,
jouissant d'un climat tempéré, ou brûlée sur toute sa surface par des
chaleurs torrides. La zone polaire, aujourd'hui glacée, eut à un certain moment d'immenses forêts dont les débris accumulés ont constitué les riches dépôts houillers du Spitzberg, de l'Islande, du Groenland, de la côte sibérienne : les animaux des tropiques y vivaient alors
en foule, et l'on y retrouve par gisements des ossements de mammouths, de rhinocéros et d'hippopotames. En revanche, à des époques postérieures, beaucoup plus froides que la période actuelle, les
glaciers couvrirent d'immenses étendues de pays d'où ils se sont
depuis lors retirés : les Vosges étaient couvertes de neiges persistantes et de grands glaciers ; les glaciers des Alpes descendaient
jusqu'à Lyon ; et nos ancêtres des époques préhistoriques ont vécu
avec les rennes, les ours et les mammouths, qui caractérisent la faune
glaciaire. Des périodes de grand refroidissement et de chaleur
extrême se sont donc succédé, à diverses reprises, sur notre planète.

Faut-il en conclure que, depuis l'époque historique, il se serait
produit dans le climat de la terre un refroidissement continu ? Quelques-uns le prétendent et citent des faits à l'appui de leur affirmation.
Il semble qu'il y ait là une exagération, reposant sur des faits mal
interprétés.

Au moyen âge, dit-on, on cultivait la vigne en Picardie, en Normandie, dans les Flandres, et jusque sur les bords du golfe de

Bristol, en Angleterre ; et, dans ces régions où des chroniques, peut-être un peu louangeuses, affirment qu'on récoltait des vins exquis, on ne cultive plus du tout la vigne aujourd'hui. De même, vers Carcassonne, la culture de l'olivier a rétrogradé de 15 à 16 kilomètres vers le sud depuis la fin du xviiie siècle ; la canne à sucre a disparu de la Provence, où elle était cultivée au xiiie siècle. — Ces faits ne semblent pas douteux. Mais faut-il y voir une conséquence d'un refroidissement du climat, ou n'est-il pas plus rationnel d'attribuer, avec de Candolle, cette retraite graduelle des vignes, des oliviers et de la canne à sucre vers le sud, à une transformation économique provenant de la plus grande facilité des échanges ? Il est naturel que les cultivateurs anglais, pouvant s'approvisionner aujourd'hui, facilement et à bon compte, de bons vins achetés en France, aient renoncé à des cultures de luxe, ingrates et peu productives, pour s'adonner à d'autres cultures mieux appropriées à leur climat et plus rémunératrices.

Ces faits prouvent peu. On trouverait, au contraire, dans la persistance sur les mêmes points de certaines espèces végétales caractéristiques, une preuve que le climat n'a pas dû se modifier beaucoup depuis les premiers âges historiques. C'est ainsi qu'en Chine les conditions de la culture semblent ne pas avoir varié depuis quatre ou cinq mille ans. D'une manière générale, la terre paraît avoir le même climat aujourd'hui qu'au début de l'âge historique.

Si des changements se sont produits sur certains points particuliers, ils tiennent à des causes locales et sont dus, pour une bonne part, à l'action humaine. L'homme, en effet, peut exercer sur le climat une action sensible. Par le déboisement, en particulier, il peut modifier les conditions physiques d'un pays : avec la disparition des forêts, disparaissent les pluies régulières et l'égalité relative de la température qui en est la conséquence. Qu'on reboise, au contraire, les pluies redeviennent abondantes, un sol végétal se forme par la décomposition des débris végétaux, le pays renaît à la vie. Mille preuves attestent que le Sahara, aujourd'hui désert, eut jadis des arbres, dont on retrouve les troncs pétrifiés dans les sables ; des éléphants et des rhinocéros y vivaient à la place du chameau, l'animal des déserts ; on y voyait des jardins, des palmeraies, là où il n'y a plus que des sables. Mais les hommes abattirent les arbres ; les pluies, devenues incertaines, ne fécondèrent plus le sol ; les animaux de l'équateur humide se replièrent vers le Soudan, le désert prit la place des cultures. Les changements de climat qu'on pourrait citer tiennent ainsi à l'action humaine non à la nature.

8. — LES EAUX COURANTES : NEIGES ET GLACIERS

SOMMAIRE

I. Les neiges tombent sur les montagnes en assez grande abondance pour que les chaleurs de l'été ne parviennent pas à les fondre complètement. Elles y séjournent donc d'une façon persistante. La limite inférieure à partir de laquelle on rencontre ces neiges persistantes varie beaucoup, suivant la latitude, l'exposition et le degré d'humidité des divers pays. Dans les Alpes, c'est vers 2700 mètres que se trouve la limite inférieure des neiges persistantes.

II. Une partie des neiges des montagnes tombe dans les vallées sous forme d'avalanches. Une autre partie, en se tassant dans les cirques supérieurs des montagnes, fond peu à peu et se transforme en névés. Les névés fondent eux-mêmes, puis regèlent, et finissent par constituer ces grands fleuves de glace qu'on nomme glaciers.

III. Les glaciers sont de vrais fleuves ; ils coulent peu à peu vers les vallées, d'une vitesse plus ou moins grande, et charrient des débris qui forment des moraines latérales, médianes et frontales. Leur surface est crevassée et souvent chaotique (séracs). Les glaciers usent le fond de leur lit (roches moutonnées), polissent et strient leurs parois : ces divers indices ont permis de déterminer l'extension ancienne des glaciers et de reconnaître l'existence d'une ou plusieurs périodes glaciaires.

Développement.

Origine des eaux courantes. — Les eaux des mers s'évaporent sous l'action du soleil et forment les nuages qui flottent dans l'atmosphère. Les vents charrient ces nuages qui, au contact d'un milieu plus froid, se condensent et se précipitent en partie sur le sol. Cette humidité, cédant à l'action de la pesanteur, s'écoule de l'amont vers l'aval jusqu'à la mer. C'est donc de la mer que viennent les eaux que les fleuves jettent à la mer.

Dans le trajet qui ramène à l'océan les eaux provenant de l'évaporation marine, il peut se présenter les trois cas suivants :

1° Sur les montagnes des pays froids et, d'une manière générale, sur les très hautes montagnes, la condensation de l'humidité atmosphérique donne naissance à des *neiges* et à des *glaces* qui s'amoncellent autour des sommets.

2° Sur les montagnes moins élevées ou moins froides, ainsi que dans les plaines, la condensation produit la pluie, et, si cette pluie tombe sur un terrain perméable (sables, grès, calcaires, etc.), elle s'infiltre dans l'intérieur du sol, y effectue un trajet plus ou moins long, et alimente des nappes liquides intérieures qui s'épanchent à la surface du sol par les sources : ce sont les *eaux d'infiltration*.

3° Si la pluie tombe sur un terrain imperméable (schiste, argile,

granit, etc.), elle s'écoule à la surface du sol, plus ou moins rapidement selon la pente : ce sont les *eaux de ruissellement*.

Neiges et glaciers, eaux d'infiltration et des sources, eaux de ruissellement : telle est la triple origine des cours d'eau.

Neiges persistantes. — Quand la température descend au-
dessous de o degré, la vapeur d'eau atmosphérique, au lieu de

LA DENT BLANCHE, DANS LES ALPES PENNINES (SUISSE).

*La Dent Blanche est située dans les Alpes Pennines, un peu à l'ouest des massifs
du Mont-Rose et du Cervin; elle a 4264 mètres. Sur ces hautes montagnes,
l'humidité tombe sous la forme de neiges. Ces neiges se déposent dans les
anfractuosités et sur les parties peu inclinées qui apparaissent ainsi toujours
blanches. Si les neiges deviennent trop épaisses, une partie d'entre elles glisse
et tombe dans les cirques des monts où, mi-fondue le jour, regelée la nuit, elle
se transforme graduellement en glace et forme un glacier.*

se condenser en pluie, tombe sur le sol à l'état de neige. Cette
neige elle-même fond dès que le thermomètre se relève au-dessus
de o degré.

Les neiges sont donc particulièrement abondantes pendant
l'hiver; elles recouvrent alors dans nos pays toutes les montagnes, voire même, dans les hivers rigoureux, les collines et les
plaines. Avec les premiers relèvements de chaleur, dès février
ou mars, les neiges des régions basses et des pentes inférieures
fondent tout à fait; puis, à mesure que la chaleur augmente, la
fusion s'étend aux neiges des pentes supérieures qu'on voit disparaître graduellement; jusque vers la deuxième moitié de juillet,
époque de la canicule, les neiges ne cessent de diminuer sur les

montagnes. Toutefois, au delà d'une certaine altitude, la température de juillet elle-même n'est pas suffisante pour amener la fusion des neiges; des taches blanches ou de vastes champs de neiges couvrent constamment les sommets des montages suffisamment élevées : on dit que ces montagnes portent des neiges *éternelles* ou *persistantes*.

La limite des neiges persistantes dépend de la température; elle varie donc d'un pays à un autre. Elle se trouve en Norvège vers 1600 mètres; dans les Alpes, entre 2600 et 3000 mètres, suivant l'exposition; sous les tropiques, à plus de 5000 mètres.

Elle dépend en outre de l'exposition : naturellement, les neiges fondent plus vite et plus haut sur les versants ensoleillés des montagnes que sur les versants qui restent à l'ombre.

Elle dépend enfin du degré d'humidité des montagnes; elle est plus basse dans les pays humides, plus élevée dans les pays secs. C'est ainsi que, sur le versant sud de l'Himalaya, qui est plus chaud mais aussi plus humide parce qu'il est exposé aux moussons de l'océan Indien, la limite des neiges persistantes descend à 4940 mètres, alors que sur le versant nord, tourné vers le pôle, plus froid et plus sec, cette limite s'élève jusqu'à 5670 mètres. L'influence du degré d'humidité est ici beaucoup plus forte que celle de l'exposition.

Avalanches, névés et glaciers. — La quantité de neige qui tombe sur les hautes montagnes est parfois considérable : on évalue à plus de 10 mètres, et même à plus de 15 mètres, la hauteur des neiges qui tombent annuellement sur plusieurs points des Alpes. Ces neiges ne peuvent s'accumuler ainsi indéfiniment.

Une partie d'entre elles s'écroule parfois dans les vallées sous forme d'énormes masses qui tombent avec une grande force en entraînant avec elles tout ce qui se trouve sur leur passage; blocs de rochers, arbres, etc. : ce sont les *avalanches*. Les avalanches se produisent surtout au printemps quand la neige commence à fondre; la fusion se produit à la surface; mais l'eau provenant de cette fusion s'infiltre dans la couche neigeuse et ruisselle en dessous, si bien que les parties supérieures, n'étant plus soutenues, glissent sur les pentes avec une vitesse croissante. C'est toujours dans les mêmes endroits des montagnes que se produisent les avalanches.

La majeure partie des neiges descend insensiblement, par

une poussée uniforme et lente, dans les dépressions de la montagne où elle subit une transformation graduelle. La neige qui tombe est à l'état de petits cristaux qui laissent entre eux de nombreux interstices occupés par l'air. Dans les cirques des montagnes où elle s'accumule, la neige se tasse; l'air qu'elle contenait s'échappe peu à peu; en outre, elle fond sous l'action

Phot. Tairraz.

SOURCE DE L'ARVEYRON, DANS LE MASSIF DU MONT-BLANC.

Une partie des rivières provient des eaux de fusion des glaciers qui couvrent les hautes montagnes. Les glaces descendent sur le flanc des montagnes, arrivent dans des régions basses dont le climat est plus tiède; elles fondent alors, et, à leur extrémité inférieure, donnent naissance à des cours d'eau boueux et sales qui sont ainsi particulièrement abondants pendant la première partie de l'été.

du soleil, puis l'eau provenant de cette fusion se regèle en pénétrant dans la masse plus froide. Les cristaux primitifs se transforment alors en petits grains arrondis entre lesquels circulent les gouttelettes d'eau provenant de la fusion. La neige se transforme de cette manière en un amas de granules présentant une assez grande cohésion. Cette neige granuleuse contenant peu d'air s'appelle le *névé*.

Les névés, une fois formés, descendent sous l'effet de leur propre poids et de la pression que leur impriment les masses supérieures. Au cours de cette descente, ils ne cessent de fondre, de se regeler et de se durcir, jusqu'au moment où ils prennent l'aspect de glace transparente et bleue. Un *glacier* est donc un champ de glace alimenté par des névés formés eux-mêmes par les neiges supérieures. Les glaciers descendent ainsi beaucoup plus bas que les neiges persistantes : le glacier de Grindelwald, dans les Alpes, a son extrémité inférieure à moins de 1000 mètres d'altitude ; de même plusieurs glaciers du Mont-Blanc se prolongent jusqu'au voisinage des cultures et des vergers. Certains glaciers sont immenses : le plus long des Alpes, le *glacier d'Aletsch*, dans l'Oberland bernois, n'a pas moins de 24 kilomètres ; la *mer de Glace*, sur les flancs du Mont-Blanc, en a 12 sur une épaisseur de plus de 150 mètres ;

LE GLACIER D'ALETSCH (SUISSE).

Situé dans les Alpes Bernoises, il a 24 kilomètres de longueur ; c'est le glacier le plus long des Alpes. Il se forme dans un cirque entre les trois principaux sommets des Alpes Bernoises, Aletschhorn, Jungfrau et Finsteraahorn, à plus de 3600 mètres d'altitude et descend jusqu'à 1200 mètres environ. Ses eaux de fusion coulent vers le Rhône.

e *glacier de l'Aar*, en Suisse, n'a que 8 kilomètres, mais avec une épaisseur qui, par endroits, dépasse 400 mètres.

Mouvements des glaciers. — Les glaciers ne sont pas immobiles ; ils glissent sur les pentes des montagnes, suivent toutes les anfractuosités de leur vallée, s'y grossissent d'affluents.

Ce sont de véritables fleuves de glace, qui ne diffèrent des cours d'eau que par une vitesse beaucoup moindre.

L'étude des mouvements des glaciers comporte plusieurs parties : vitesse de descente, déformations subies dans la descente, transports par les glaciers, érosions.

1° **La vitesse de descente des glaciers** a été étudiée à plusieurs reprises. En 1827, l'explorateur suisse Hugi construisit une hutte de pierres sur le glacier de l'Aar : on constata que cette hutte avait descendu de 100 mètres en 1830, de 714 mètres en 1836, de 1428 mètres en 1840. La vitesse annuelle du mouvement de ce glacier avait donc été en moyenne de 110 mètres, mais elle avait été bien plus faible au début qu'à la fin. De nombreuses expériences semblables ont été faites depuis à l'aide de jalons ou de rangées de cailloux diversement colorés, placés en lignes droites à la surface des glaciers, et ont permis d'arriver à fixer quelques lois avec précision.

D'une manière générale, la vitesse varie d'un glacier à l'autre; elle diffère suivant l'inclinaison des pentes, suivant la saison. La vitesse augmente dans les endroits resserrés, diminue dans les parties larges; elle est plus grande en été qu'en hiver, parce qu'en été les eaux de fusion facilitent le glissement; pour la même raison, elle est plus grande dans les parties inférieures que dans les parties supérieures; enfin, la vitesse est plus forte à la surface que dans le fond.

2° Les **déformations des glaciers** résultent du peu de plasticité de la glace, de l'inégalité de la vitesse de descente à la surface et au fond, enfin des inégalités du lit. Elles se produisent surtout sur les points où la pente générale change brusquement, là où il existe des coudes ou des escarpements. Aussi la surface des glaciers est-elle rugueuse, coupée de crevasses profondes, chaotique.

Les *crevasses* se forment subitement et quelquefois avec un bruit de détonation; parfois le regel les referme; d'autres fois, des ponts de neige les recouvrent quand elles sont peu larges; elles peuvent occasionner alors de graves accidents.

Parmi les rugosités les plus pittoresques qui existent sur les glaciers, il faut citer les *séracs* : ce sont des arêtes de glace, présentant souvent l'apparence de pyramides ou d'aiguilles, qui se forment dans les endroits où le glacier franchit une forte dénivellation.

3° Les **transports par les glaciers** se composent de débris provenant des parois rocheuses, d'où ils ont été arrachés par le vent, les eaux, les avalanches ou le travail du glacier lui-même. Tombés sur le glacier, ils sont entraînés dans sa marche. Ces débris forment des moraines latérales, médianes ou frontales.

Les *moraines latérales* forment des sortes de levées de terres

Phot. Tairraz.

LA MER DE GLACE (MONT-BLANC.)

La surface d'un glacier est très inégale; les glaciers sont notamment coupés souvent de crevasses larges et profondes qui en rendent la traversée difficile, voire dangereuse.

et de pierrailles constituées par les débris qui tombent des rives du glacier.

Quand deux glaciers se rencontrent, leurs moraines intérieures se rencontrent elles-mêmes, et ne forment plus qu'une rangée unique de débris sur le glacier, en aval du confluent : ainsi se forment les *moraines médianes*. Un glacier présente autant de moraines médianes parallèles qu'il a reçu d'affluents.

Les débris ainsi charriés finissent par arriver à l'extrémité, au front du glacier; en s'y entassant, ils donnent naissance à une muraille nommée *moraine frontale*. Il y a des moraines frontales qui atteignent jusqu'à 100 mètres de hauteur. Si le glacier vient à reculer, il laisse naturellement en place sa moraine frontale, qui atteste toujours jusqu'où le glacier s'étendit précédemment

Les moraines frontales permettent donc de mesurer l'extension antérieure des glaciers. Les blocs morainiques sont, en effet, très facilement reconnaissables : entraînés par le glacier, sans être froissés les uns contre les autres ni usés contre le fond, ils gardent leurs angles, et se distinguent nettement des blocs toujours plus ou moins arrondis que roulent les cours d'eau.

4° Les **érosions des glaciers** s'exercent à la fois sur le fond et sur les parois. En descendant, le glacier rabote les roches de son lit, qui perdent leurs aspérités, et prennent une forme arrondie, mamelonnée, qui les a fait comparer à des dos de moutons : on les nomme *roches moutonnées*. En même temps le glacier polit et raie les parois de son lit de stries dirigées dans le sens du mouvement.

Les roches moutonnées, les parois rocheuses, polies et striées, constituent, comme les moraines, des indices précieux qui ont permis de reconnaître l'existence antérieure de périodes, dites *glaciaires*, où les glaciers occupèrent une surface bien plus considérable qu'aujourd'hui. On sait ainsi qu'autrefois les montagnes d'Auvergne et les Vosges furent couvertes de glaciers; que les glaciers des Alpes descendirent jusque vers l'emplacement actuel de Lyon; qu'à une époque antérieure, les glaces polaires s'avancèrent jusque sur la Russie centrale et l'Allemagne du Nord.

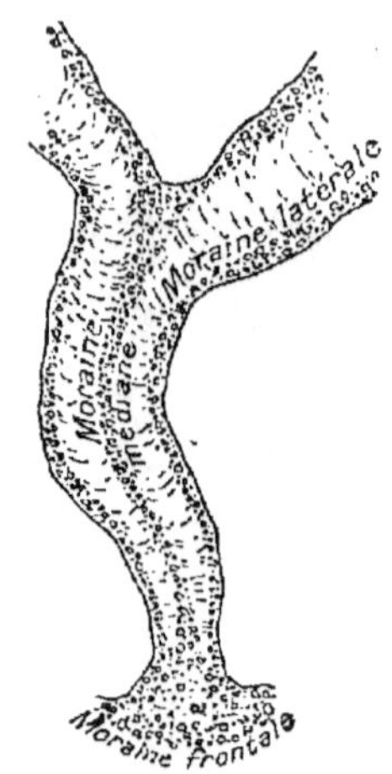

UNE MORAINE.

Les moraines sont formées par les débris tombés des montagnes sur les glaciers. Ces débris forment les moraines latérales sur les bords. Les moraines latérales de deux glaciers confluents forment des moraines médianes. Les moraines médianes et latérales forment des moraines frontales en s'accumulant à l'endroit où s'arrêtent les glaces.

Variations périodiques des glaciers. — Les glaciers subissent des oscillations continuelles ; tantôt ils augmentent, descendent plus bas vers les vallées, tantôt ils diminuent et semblent battre en retraite vers les sommets. En un mot, ils ont, comme les fleuves, des périodes de crue et de décrue. Evidemment la masse des glaciers dépend avant tout de la masse des neiges et des névés qui les alimentent; il est vraisemblable que les périodes de croissance des glaciers suivent des périodes particulièrement humides, et que les périodes de recul des glaciers suivent au contraire des périodes d'années sèches.

Actuellement, tous les glaciers des Alpes, sauf deux, traversent une période de décrue marquée qui date depuis longtemps déjà : il semble du reste qu'on constate, dans les autres régions montagneuses de la terre, la même tendance au recul.

Voici, du reste, quelques exemples précis de ces variations périodiques de glaciers. Le glacier Blanc, dans le massif français du Pel-

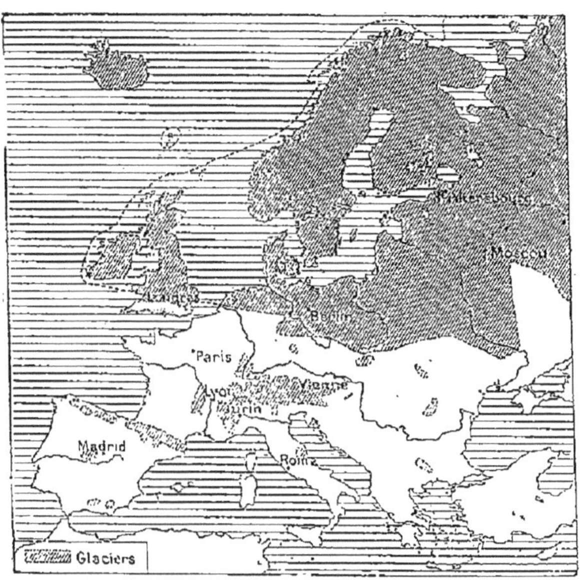

EXTENSION MAXIMUM DES GLACIERS EN EUROPE PENDANT LA PÉRIODE QUATERNAIRE.

Des blocs erratiques, d'anciennes moraines, le mode d'usure des roches ont permis de reconnaître qu'à un certain moment de l'époque quaternaire, des glaces analogues aux glaces polaires recouvrirent toute l'Europe du Nord (Iles Britanniques, Scandinavie, Hollande, Allemagne du Nord, Pologne, Russie septentrionale et centrale). Les géologues établissent l'existence de plusieurs de ces périodes glaciaires au cours desquelles des pays aujourd'hui tempérés présentaient l'apparence des régions qui avoisinent le pôle. C'est l'étendue des glaces pendant la dernière de ces périodes glaciaires qui est donnée sur la carte ci-dessus.

voux, a traversé les alternatives suivantes : crue, de 1800 à 1865 ; décrue, de 1865 à 1886 ; crue, de 1886 à 1895 ; décrue, depuis 1895 ; — le glacier d'Arolla, près du Mont-Rose, dans le Valais : décrue, de 1855 à 1892 ; crue, de 1892 à 1894 ; décrue, depuis 1894 ; — les glaciers du Mont-Blanc : crue, de 1812 à 1820 ; décrue, de 1820 à 1824 ; crue de 1826 à 1830 ; décrue, de 1830 à 1842 ; crue de 1842 à 1855 ; enfin, après plusieurs autres alternatives, décrue depuis 1893. Certains glaciers ont reculé de plus de 200 mètres depuis une dizaine d'années.

9. — LES EAUX COURANTES : EAUX D'INFILTRATION ET SOURCES

SOMMAIRE

I. Une partie des eaux pluviales qui tombent sur les terrains perméables s'infiltre dans l'intérieur du sol et y forme des nappes d'infiltration au contact des couches imperméables du sous-sol. Quand ces dernières affleurent à la surface, une source apparaît au point d'affleurement. L'intérieur du sol est donc sillonné de veines liquides en tous sens.

II. Dans leur trajet souterrain, les eaux amènent la formation de vastes grottes ornées de stalactites et de stalagmites (grottes de Dargilan, du Mammouth, etc.); elles y déterminent des excavations circulaires (emposieux, avens, katavothra, dolines), ainsi que des effondrements longitudinaux (cañons du Colorado et du Tarn).

III. On trouve des sources dans tous les terrains. Parmi elles, il en est de jaillissantes (puits artésiens, geysers). Leur température varie suivant la profondeur de la nappe d'eau où elles s'alimentent : quelques-unes sont chaudes (eaux thermales). L'eau des sources est plus ou moins chargée de sels divers provenant de la décomposition des roches intérieures du sol : c'est ainsi que se sont formées les sources incrustantes (calcaire) et les sources médicinales (sels alcalins, soufre, fer).

Développement.

Circulation souterraine. — Quand le sol est formé de terrains perméables, comme le sable, les calcaires, la craie, l'eau de pluie s'y infiltre. Entraînée par son poids, elle descend toujours plus bas jusqu'à ce qu'une couche imperméable l'arrête ; elle s'accumule alors en nappe, et glisse à la surface de l'obstacle suivant la direction de sa pente : ces veines liquides forment les *nappes d'infiltration*.

Quand la couche imperméable affleure à la surface du sol, la nappe liquide qu'elle supporte reparaît à l'extérieur par un suintement ou jaillissement nommé *source*. Le temps qui s'écoule du moment où la goutte d'eau s'est infiltrée dans le sol jusqu'au moment où elle reparaît par la source dépend de la longueur du trajet souterrain qu'elle a eu à accomplir ; il est, suivant les cas, de quelques heures, de quelques semaines ; il existe au Havre une source qui, d'après des observations répétées, mettrait trente mois à écouler l'eau tombée dans son bassin d'alimentation.

L'intérieur de la terre est sillonné ainsi de véritables cours d'eau souterrains qui rassemblent les gouttes d'eau tombées sur la surface extérieure du sol. Ces rivières souterraines ont un cours très accidenté, tantôt élargies en lacs et tantôt resserrées

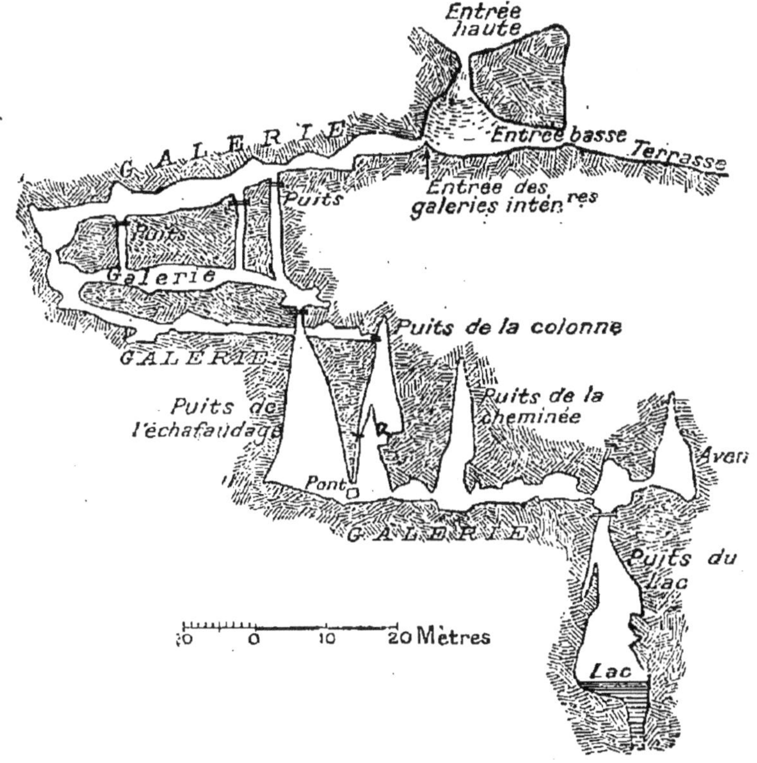

COUPE VERTICALE DE LA GROTTE DE BAUMES-CHAUDES (RÉG. FRANÇ. DES CAUSSES.)
(D'après Martel.)

Les eaux d'infiltration circulent dans l'intérieur des sols poreux et friables ; elles y creusent des conduits divers, galeries, puits, lacs, et finissent par reparaître à la surface du sol par une source située en contre-bas. Beaucoup de rivières naissent de sources semblables. M. Martel a exploré un grand nombre de ces cours d'eau souterrains, en particulier dans la région française des Causses, au sud du Massif Central.

en d'étroits couloirs ; tantôt coulant presque horizontalement, tantôt tombant presque à pic. La source qui les termine est l'ouverture par laquelle les eaux souterraines se déversent au dehors.

Les cours d'eau souterrains sont abondants surtout dans les régions calcaires. Cette variété de terrains, généralement disloqués et découpés en blocs par plusieurs séries de fractures, se prête mieux que la plupart au suintement des eaux pluviales. D'un autre côté, la chaux, dont ils sont constitués, se laisse rapidement dissoudre par l'acide carbonique dont ces eaux sont chargées. Les pluies y exercent donc sans peine un travail à la fois mécanique et chimique; elles y creusent facilement tout un réseau de canaux souterrains. Dans les pays de calcaires fissurés, la surface extérieure du sol apparaît toute desséchée; la circulation des eaux s'y fait presque entièrement à l'intérieur.

SOURCE DE LA LOUE.

Les sources marquent le passage de la circulation souterraine des eaux à leur circulation extérieure. Celle de la Loue, non loin de Pontarlier dans le Jura français, est très abondante; elle sort d'une ouverture large de 60 mètres et haute de 32 mètres. Dans les régions calcaires on trouve beaucoup de sources semblables. La fameuse fontaine de Vaucluse, dans les Alpes de Provence, est une source de ce genre.

Travail souterrain des eaux d'infiltration. — Dans leur trajet, les eaux d'infiltration donnent naissance à des accidents divers, grottes, excavations, couloirs et vallées profondes.

1° Les **grottes** se forment aux dépens des parties les plus friables des roches que les eaux évident plus facilement, soit par érosion (travail mécanique), soit par dissolution (travail chimique).

Dans les régions calcaires, le suintement des gouttes d'eau chargées de carbonate de chaux détermine dans ces grottes la formation de concrétions qui se déroulent sur les parois en magnifiques draperies, pendent de la voûte en *stalactites* ou, au contraire, s'élèvent du sol de la grotte en *stalagmites* et en gigantesques colonnades. La caverne de Dargilan, dans la région française des Causses, constitue un des plus beaux exemples connus de ces excavations souterraines : « C'est, dit un voyageur, une succession de vastes salles dont la plus grande mesure 30 à 40 mètres de hauteur sur 100 de diamètre. De frêles colonnes de stalagmites et des aiguilles de stalactites y étincellent à la clarté des torches, et de grandes draperies cristallisées y étalent leurs reflets métalliques. »

Parmi les grottes connues, les plus fameuses sont la *grotte du Mammouth* dans les monts Alleghanys (États-Unis), dont l'ensemble des ramifications ne mesure pas moins de 240 kilo-

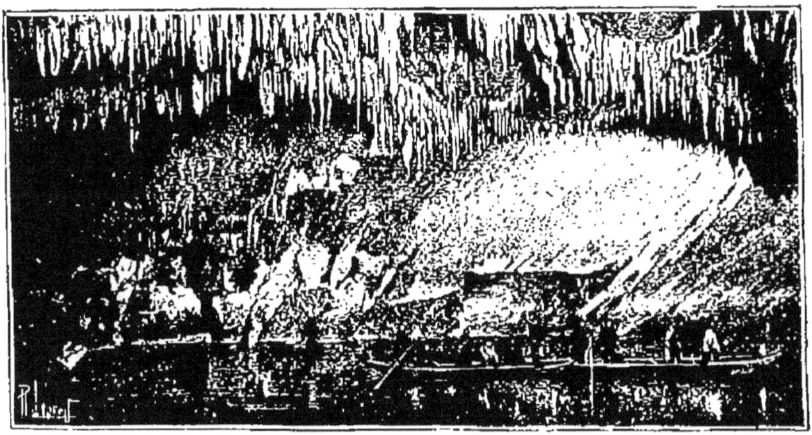

Phot. Boyer.

LA GROTTE DE HAN-SUR-LESSE (BELGIQUE).

Cette grotte est une des plus curieuses qui existent : elle a été formée par le travail des eaux souterraines ; elle est très vaste ; un lac en occupe le fond ; de la voûte pendent des stalactites, c'est-à-dire des aiguilles calcaires formées par les dépôts des eaux de suintement.

mètres ; la *grotte d'Adelsberg* en Carniole (Autriche), et la *grotte de Han* dans l'Ardenne belge où s'engouffre la Lesse, affluent de la Meuse. En France, il existe de nombreuses grottes dans le Jura et dans la région des Causses.

2° Quand les piliers qui soutiennent la voûte de ces grottes viennent à se rompre, le toit de la grotte s'effondre en entraînant la chute des terres qu'il supportait. Il se forme ainsi à la surface des plateaux des excavations circulaires, gouffres, entonnoirs, plus ou moins larges, plus ou moins profonds.

On donne à ces excavations des noms qui varient d'un pays à un autre : on les appelle *emposieux* dans le Jura ; *avens, igues, tindouls, cloups,* dans les Causses du Massif Central français ; *katarothra* en Grèce ; *dolines* dans le Karst autrichien. Ces excavations, en général circulaires, n'ont d'ordinaire que quelques mètres seulement de diamètre, mais on en a mesuré qui avaient près d'un kilomètre d'ouverture.

3° Quand c'est la voûte d'un couloir qui s'effondre sur une grande longueur, il se produit alors dans le plateau une sorte de rainure étroite et profonde, au fond de laquelle coule la rivière,

LE GOUFFRE DE PADIRAC (LOT).

Le gouffre de Padirac s'ouvre sur le causse de Gramat, dans des calcaires ooli-thiques; il mesure 35 mètres de diamètre; sa profondeur maxima est de 75 mètres; il a été exploré par M. Martel qui a découvert au fond une rivière souterraine, longue de 3 kilomètres pendant lesquels elle forme de nombreux lacs et traverse des grottes extrêmement curieuses. Il a exploré cette rivière en la descendant sur un esquif très léger et très étroit, portatif.

précédemment souterraine. Les colons espagnols donnèrent le nom de *cañon* aux rainures de ce genre que suivent plusieurs rivières américaines : le cañon du Colorado en est le plus pittoresque exemple. Depuis lors, le nom de cañon est appliqué à toutes les vallées semblables. En France, il en existe un type curieux : c'est la vallée du Tarn, entre Ispagnac et Millau, dans la région des Causses.

Le cañon du Tarn n'a pas moins de 70 kilomètres de longueur. « Entre des parois de 400, 500, 600 mètres, dit un voyageur, qui parfois montent de la rivière même, parfois de talus d'éboulement dont la vigne ou le jardin s'empare au détriment du maquis,

LE GRAND CAÑON DU COLORADO (ÉTATS-UNIS).

*Le cañon du Colorado est l'exemple le plus connu de ces sillons profonds et
étroits, aux parois verticales — rainures plutôt que vallées, — que les eaux ont
sciés dans l'épaisseur des assises calcaires et que, d'un mot espagnol, on appelle
cañon, c'est-à-dire canal. On distingue facilement sur cette photographie plusieurs étapes successives de sciage : ces étapes ont été causées par des déplacements successifs du niveau de la mer où aboutit le Colorado par rapport à
celui du pays qu'il traverse.*

le Tarn se plie et se replie, merveilleusement pur, merveilleusement vert.... D'un causse à l'autre, de lèvre à lèvre, par-dessus les 1200, les 1500, les 1800 pieds de profondeur de l'abîme, il y a rarement 2500 mètres, rarement aussi 2000 mètres : 1500 mètres est presque partout la largeur du précipice entre les deux rebords du plateau, la largeur à fleur de Tarn n'étant parfois que l'étroite ampleur de ce Tarn lui-même. » Parfois le cañon est si encaissé et les deux murs qui le bordent sont si hauts qu'il semble, quand on est au fond, qu'on est entré dans les entrailles de la terre.

Sources. — Il y a des sources dans tous les terrains ; mais dans les terrains granitiques, où l'eau pénètre peu, les sources sont nombreuses et faibles; dans les terrains calcaires, elles sont rares et abondantes.

Certaines sources sont jaillissantes : ce sont celles qui sont alimentées par des nappes d'infiltration inclinées, dont la surface supérieure est plus élevée que le niveau où la source sort de terre. Certains puits jaillissants ont été forés dans des nappes d'eau de ce genre; on les nomme *puits artésiens*, parce que le premier puits jaillissant fut creusé à Béthune, dans l'Artois. Il en existe un grand nombre dans le Sahara, où ils ont donné naissance à de fertiles oasis.

La température des sources est généralement constante, les variations thermométriques étant nulles au delà d'une certaine profondeur. Le degré de cette température dépend de la profondeur à laquelle se trouve la masse d'eau. Certaines sources sortent de terre à une température très élevée, principalement dans les pays volcaniques : on les nomme *sources thermales*. Par exemple, les eaux d'Ems (Taunus) ont 56 degrés, celles de Luchon (Pyrénées) jusqu'à 58 degrés, celles de Wiesbaden (Allemagne), 70 degrés, celles d'Ax (Pyrénées ariégeoises) 78 degrés, celles de Hammam-Meskoutine (Algérie) 95 degrés. Quelques sources donnent même des eaux bouillantes : les plus curieuses sont les *geysers* d'Islande, de la Nouvelle-Zélande et des États-Unis; les geysers sont en même temps des sources jaillissantes.

L'eau des sources est rarement pure. Dans leur trajet à l'intérieur de la terre, elles se trouvent en contact avec des roches de composition variée, carbonates, sulfates, qu'elles dissolvent et qui leur communiquent des propriétés particulières. Certaines de ces sources, qui tiennent en suspension du calcaire en très forte proportion, sont dites *sources incrustantes* parce qu'elles revêtent d'une couche d'enduit calcaire les objets qu'elles arrosent ou qu'on y plonge : l'une des plus connues est la fontaine de Sainte-Allyre, à Clermont-Ferrand. D'autres sont appelées *sources médicinales*, parce que, chargées de sels ferrugineux, sulfureux ou alcalins, elles acquièrent des propriétés curatives : eaux de Vichy, de Vals, de Royat, de Cauterets, de Saint-Sauveur, d'Al-

Phot. Neurdein.

FONTAINE DE VAUCLUSE.

Les eaux souterraines reparaissent par des sources en contre-bas des plateaux dans l'intérieur desquelles elles circulent. La fontaine de Vaucluse sourd ainsi au fond d'une étroite vallée complètement fermée à sa partie supérieure, un « bout du monde », que dominent des falaises à pic de plus de 200 mètres ; elle donne naissance à une rivière large et profonde, la Sorgues.

levard, d'Aix, etc. D'une manière générale, les sources les plus pures sont celles qui proviennent du granit et du gneiss, que l'eau ne dissout que très lentement ; les plus chargées sont celles qui naissent dans les terrains d'alluvion.

Importance géographique des sources. — Le nombre et la disposition des sources sont au nombre des facteurs géographiques les plus importants. L'homme a sans cesse besoin d'eau, pour son alimentation et pour celle du bétail, comme pour l'entretien de sa maison ; il s'établit donc de préférence dans les endroits où elle se trouve. Les sources influent ainsi sur la répartition des habitations, sur la distribution des bourgs, villages et agglomérations diverses.

Dans la Bretagne française, où d'étroites bandes alternantes de grès, de schiste, de granit, multiplient à l'infini le nombre des sources, les villages sont petits, éparpillés; des maisons isolées se montrent par-

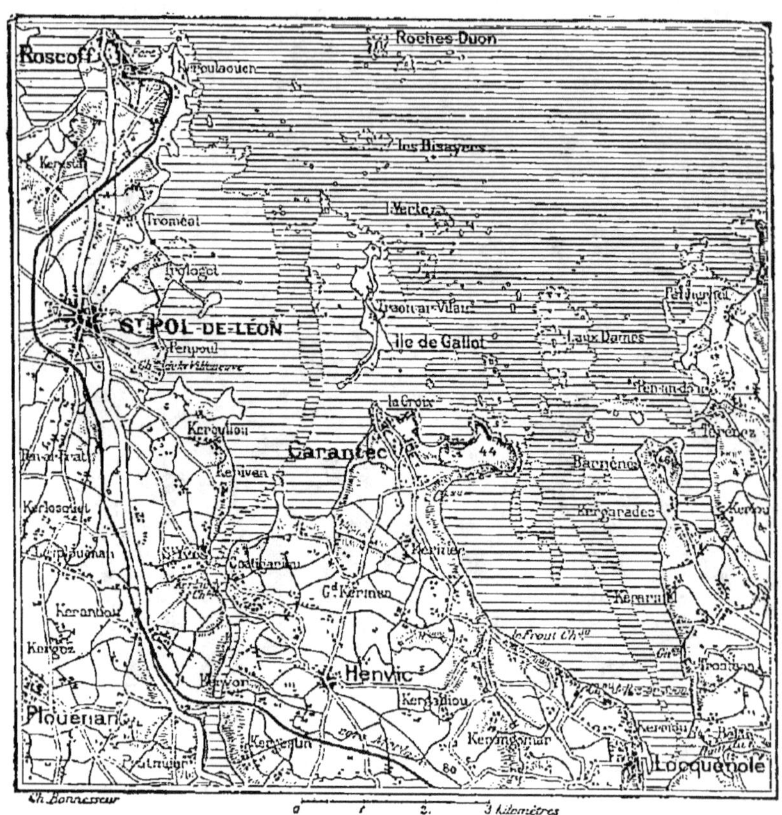

TYPE DE PEUPLEMENT EN BRETAGNE (ENVIRONS DE MORLAIX).

La multiplicité des sources en Bretagne et l'abondance de l'eau ont pour conséquence l'éparpillement de la population à travers la campagne. Il est possible d'établir partout des fermes et des maisons d'habitation parce que partout on y trouve à proximité l'eau qui est nécessaire pour l'entretien de la maison comme pour l'alimentation des hommes et du bétail. Aussi des villages, des fermes isolées s'y rencontrent à chaque pas. Un lacis de sentiers dessert toutes ces habitations éparses.

tout dans la campagne. L'examen des dénombrements de la population montre que, sur une population qui dépasse souvent 3000 ou 4000 habitants pour l'ensemble de la commune, la population agglomérée au bourg n'atteint pas 500 habitants. C'est à cause de la multitude de ses sources, de ses puits, de ses ruisselets, que la Bretagne est un pays d'habitations dispersées.

Au contraire, dans les pays calcaires ou crayeux, comme la Picardie, la Champagne, l'Argonne, la grande étendue de roches homogènes détermine la formation de nappes très abondantes et de sources peu nombreuses mais volumineuses qui sont situées à un même niveau,

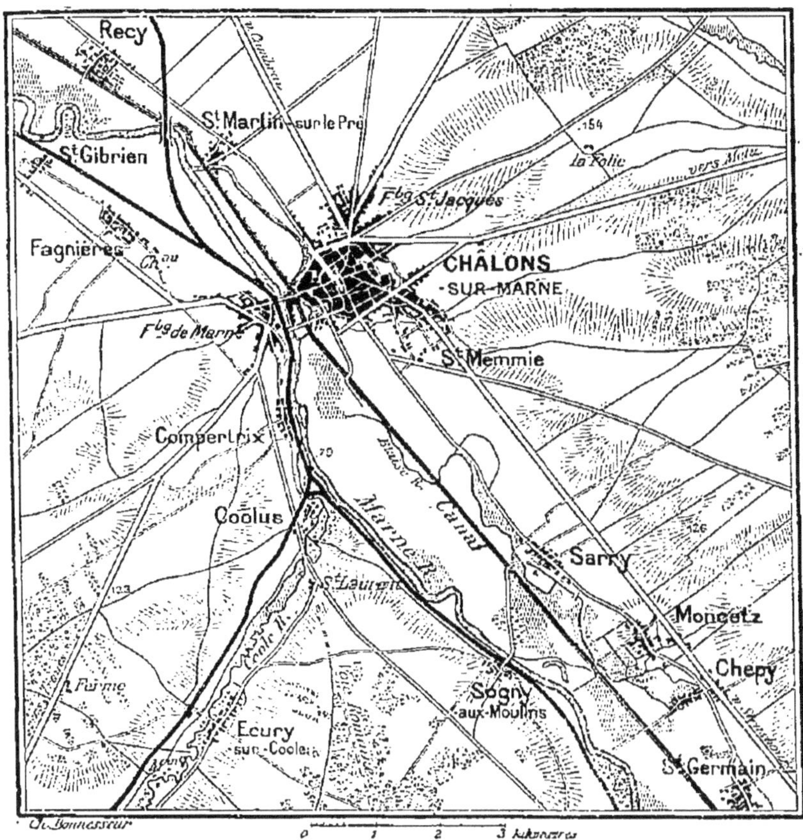

TYPE DE PEUPLEMENT EN CHAMPAGNE (ENVIRONS DE CHALONS-SUR-MARNE).

En Champagne, pays de sources abondantes mais peu nombreuses, et pays de vallées rares, on rencontre rarement des villages ou habitations dispersés. Les populations vivent agglomérées en bourgs ou villes qui s'échelonnent le long des cours d'eau. Il est très rare de trouver une ferme bâtie sur les plateaux qui séparent les vallées des rivières.

au pied ou sur le flanc des versants accidentés. Les plateaux trop secs sont arides, très peu peuplés, les habitations y sont extrêmement rares. Par contre, les vallées où se forment les sources sont fraîches, verdoyantes et forment des lignes de villages et de bourgs où vivent presque tous les habitants de la région. Ici, point d'habitations dispersées ; la plupart des villages s'étendent en longueur, parallèlement à la ligne des sources ; leurs maisons s'égrènent ainsi en chapelets, de telle façon qu'on passe parfois sans s'en apercevoir d'un village au village voisin.

10. — LES EAUX COURANTES
EAUX DE RUISSELLEMENT ET FLEUVES

SOMMAIRE

I. **Trois faits déterminent un cours d'eau : sa pente, son débit, son régime.** — 1° Sa *pente* dépend du relief de la région traversée ; 2° son *débit* dépend avant tout du climat ; mais la pente influe aussi sur le débit en accélérant plus ou moins l'écoulement des eaux ; 3° son *régime* dépend avant tout du climat, de la répartition dans l'année des périodes sèches et des périodes pluvieuses, de l'évaporation ; la nature plus ou moins perméable des roches et la pente influent également dans une certaine proportion sur le caractère plus ou moins torrentiel des rivières.

II. **Les eaux sauvages de la montagne** entraînent les terres meubles des pentes et contribuent à former le modelé terrestre (Montpellier-le-Vieux). Les fleuves et cours d'eau creusent les vallées, modifient leurs rives, forment aux embouchures des deltas et des envasements ou ensablements constitués par des débris arrachés aux parties d'amont du bassin. Le résultat final du travail mécanique des fleuves est ainsi de contribuer à niveler la surface extérieure de la terre.

III. **On peut résumer** ainsi l'importance géographique des cours d'eau : malgré les grands désastres que causent parfois leurs débordements, les cours d'eau attirent l'habitat humain ; ils ont été, à l'origine, les seuls chemins suivis par les hommes, et ils sont restés encore les chemins les plus économiques, ce qui leur permet de soutenir sans trop de dommage la concurrence des voies ferrées. C'est pourquoi dans tous les pays tant de grandes villes s'élèvent sur leurs bords.

Développement.

Ruissellement et formation des rivières. — Toute goutte d'eau est pesante ; par conséquent, cédant à l'action de la pesanteur, elle tend à descendre verticalement jusqu'à la rencontre d'une nappe d'eau horizontale qui représente son niveau de base et qui est généralement la mer. Si le sol sur lequel elle tombe est perméable, la goutte d'eau s'infiltre donc dans l'intérieur de la terre. S'il est imperméable, ou si l'excès de la pente s'oppose à l'infiltration, elle s'écoule à la surface du sol suivant la pente, d'amont en aval, par des rigoles qui sont comme de véritables gouttières : c'est ce qu'on appelle le *ruissellement*.

Les régions a fortes pentes ou à terrains imperméables sont, après chaque ondée violente, sillonnées de ruisselets qui se réunissent successivement les uns aux autres, et, par leur réunion, donnent naissance à des cours d'eau plus importants, torrents, rivières, fleuves. On réserve le nom de *torrents* aux cours d'eau très inclinés, et partant temporaires, violents, capables de fortes dégradations. Les *rivières* et les *fleuves* sont les cours d'eau qui portent à la mer l'ensemble des eaux d'un bassin.

Caractères principaux des cours d'eau. — Chaque cours d'eau possède une individualité plus ou moins marquée qui le distingue parmi les autres. Il est lent ou rapide : on dit que la Seine est tranquille, le Rhône impétueux. Il est abondant ou maigre : on dit que le Congo est puissant et que les

Phot. Wehrli, à Zuric

CÔNE DE DÉJECTION TORRENTIEL A SILVAPLANA (SUISSE).

Les torrents des montagnes entraînent vers les fonds les terres meubles de leurs pentes, qui s'y déposent à l'endroit où la pente cesse. Le delta, qui a comblé toute une partie du lac figuré ci-dessus et sur lequel est construit le village de Silvaplana, a été ainsi formé de terres enlevées à la montagne par les eaux sauvages et torrentielles. C'est un véritable delta.

rivières algériennes sont pauvres, anémiques. Il est régulier ou sujet à de brusques et forts caprices : on dit que la Loire est très inégale et que la Seine est très régulière.

La pente, le débit, le régime : tels sont les trois traits qui permettent de caractériser un cours d'eau.

1° La **pente** dépend du relief des régions traversées. Un fleuve de montagnes a une pente plus forte qu'un fleuve de plaines ; son allure sera plus vive dans la montagne d'où il descend que dans la plaine où il arrive.

En général, les fleuves traversent successivement trois zones principales : d'abord une *zone d'érosion*, vers la source et le cours supérieur où, entraîné par une pente très inclinée, et gêné par la masse des roches, il les attaque, les entame, s'y creuse petit à petit un débouché en usant les aspérités de son lit : c'est ainsi qu'ont été ravinées si profondément les masses montagneuses primitives ; les rocs entraînés dans le torrent et roulés sans relâche sont à la longue fragmentés, polis en galets, décomposés en graviers ; — plus bas, une *zone moyenne* ou *zone de compensation*, où le fleuve arrivé en plaine commence à s'adoucir ; le courant se fait plus régulier ; le fleuve devient peu

LE DOURO DANS LE PLATEAU DE VIEILLE-CASTILLE.

Type de fleuve de plateau : le cours est en contre-bas du plateau qui représente le niveau du pays ; la vallée est encaissée, étroite, entre des bords à pic ; le cours est rapide. Un tel fleuve ne peut servir ni à la navigation, ni à l'irrigation.

à peu navigable ; il ne roule plus que dans les hautes eaux les galets et les graviers qui finissent par se transformer en sables ; les plus lourds de ces grains de sable se précipitent au fond, où le courant les roule, les use par frottements incessants, pour les reprendre quand ils sont devenus plus légers : ainsi s'explique le mot de compensation ; le fleuve abandonne les grains les plus lourds tandis qu'il reprend les grains plus légers pour les entraîner plus loin ; — enfin, une *zone de dépôt*, où le fleuve, voisin de la mer, laisse se déposer les sables et les boues que son courant affaibli, devenu presque insensible, n'a plus la force d'entraîner, et qui forment les bancs de sable des estuaires ou ces plaines alluviales qu'on nomme *deltas*.

Ces trois zones si diverses ne se succèdent pas toujours régulièrement et n'existent pas sur tous les fleuves. Les fleuves qui traversent de grandes plaines basses, comme le Volga ou l'Escaut, présentent, presque dès leur source, l'apparence de cours d'eau lents et tranquilles. Les fleuves de plateau, souvent peu inclinés dans la traversée du plateau lui-même, sont encombrés de rapides quand ils franchissent le rebord de ce plateau, et si ce rebord est voisin de la mer, comme en Espagne, dans le Dekkan ou en Afrique, leur zone de dépôt se trouve séparée de leur zone moyenne par un tronçon formé de rapides ou de cascades qui empêchent toute communication fluviale entre la zone côtière et l'intérieur.

2° Le **débit** dépend d'abord du climat. Un fleuve est une gouttière qui verse à la mer les eaux tombées dans un bassin; il a beaucoup d'eau, si les pluies sont abondantes; il ne peut en avoir beaucoup si ces pluies sont faibles.

Les fleuves les plus abondants de la terre sont le *Marañon* et le *Congo* qui ont leurs bassins situés entièrement dans la zone équatoriale, de beaucoup la plus humide. On évalue le débit moyen du Marañon à 80 000 mètres cubes par seconde, celui du Congo à 60 000 ou 70 000 mètres cubes. Au contraire, les cours d'eau de la zone subtropicale, la plus sèche, ouadi du Sahara ou de la Libye, sont presque toujours asséchés.

Les fleuves qui prennent leurs sources dans des régions aux pluies très abondantes ou bien couvertes de hautes montagnes neigeuses, et qui coulent ensuite dans des régions très sèches, roulent moins d'eau dans leurs cours moyens ou inférieurs que dans leurs cours supérieurs. C'est le cas du Nil et de l'Indus. C'est aussi le cas de ces fleuves de l'Asie centrale qu'alimentent les neiges du Thian-Chan ou du Pamir : au pied des montagnes d'où ils descendent, ils roulent beaucoup d'eau; mais, arrivés dans les sables du Turkestan qui sont secs et baignés d'un climat brûlant, ils s'épuisent vite, bus par le sol et l'air.

La pente influe sur le débit des rivières, en accélérant plus ou moins l'écoulement des eaux. En été, la Loire qui paraît vide roule à Blois autant d'eau que la Seine à Paris, qui paraît encore assez pleine et porte bateaux : c'est que la pente de la Loire à Blois est six à sept fois plus forte que celle de la Seine à Paris; les eaux s'y écoulent trois à quatre fois plus vite; pour paraître aussi pleine que la Seine, il faudrait que la Loire roulât trois à quatre fois plus d'eau.

La nature géologique des terres du bassin exerce aussi une influence sur le débit d'un cours d'eau : en absorbant une partie des eaux pluviales que les sources ne restituent pas toutes au fleuve, les terrains perméables, toutes choses égales d'ailleurs, contribuent à diminuer le débit.

3° Le **régime** d'un fleuve dépend avant tout du climat de son bassin. Les cours d'eau ont leurs périodes de hautes eaux pen-

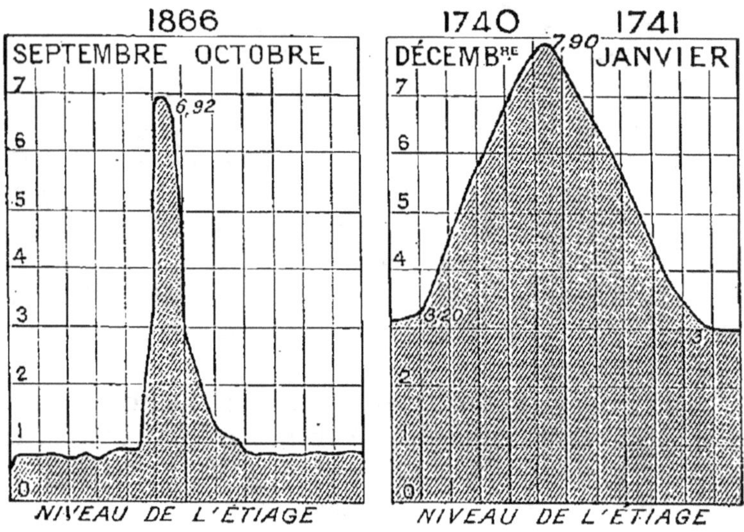

CRUES DE LA LOIRE (1866) ET DE LA SEINE (1740-1741).

Les crues de la Loire sont brusques, énormes, courtes; pour monter, puis redescendre de 6 à 7 mètres, il ne leur faut pas plus de 10 jours : en 1866, la Loire était à la hauteur de 0ᵐ,80 le 24 septembre; elle montait à 6ᵐ,92 le 27 septembre; elle n'était plus qu'à 1ᵐ,20 le 5 octobre. Les crues de la Seine sont plus lentes, plus prolongées ; dans la grande crue de 1740-1741, la Seine mit 45 jours pour monter de 3ᵐ,20 à 7ᵐ,90, puis redescendre de 7ᵐ,90 à 3 mètres.

dant la période pluvieuse de l'année; ils ont leurs périodes de basses eaux pendant la période des sécheresses. C'est ainsi que les fleuves de la zone équatoriale éprouvent de forts mouvements de crues pendant l'été qui est dans cette zone la période pluvieuse par excellence : tels le Nil, le Congo, le Marañon. Les rivières qui s'alimentent dans les montagnes couvertes de neiges et de glaces grossissent au printemps et pendant la première partie de l'été, quand le relèvement de la température amène la fusion en grand de ces neiges et glaces.

Sur ce point toutefois il faut tenir compte de l'évaporation qui, faible en hiver, moyenne au printemps et en automne, absorbe pendant l'été la plus grande partie des pluies tombées. D'après quelques expériences faites dans la France centrale, alors que toute l'eau tombée pendant l'hiver coulerait aux rivières, celles-ci ne recevraient que deux tiers environ des pluies de printemps et d'automne, qu'un quart environ des pluies d'été. Bien que l'été soit, dans la France centrale, la saison où il pleut le plus, c'est celle où les fleuves sont de beaucoup le plus bas : pour que les cours d'eau roulent alors autant d'eau qu'en hiver, il faudrait, en effet, que les pluies d'été soient quatre fois plus abondantes que les pluies hivernales, ce qui n'est pas, à beaucoup près.

Le régime d'un cours d'eau dépend, en outre, de la nature des roches qui constituent son bassin. Si le sol y est imperméable, les eaux de pluies s'écoulent aussitôt, donnant naissance à des crues subites auxquelles, en cas de sécheresses prolongées, succèdent de longues périodes de basses eaux. Si le sol est perméable, une partie des eaux s'infiltre pour n'arriver au fleuve qu'après un trajet plus ou moins long dans l'intérieur du sol : au moment de la pluie, la crue se trouve diminuée de toute l'eau absorbée par l'infiltration ; si à la pluie succède une période de sécheresse, l'apport des sources qui restituent au fleuve les eaux antérieurement absorbées renforce le débit des basses eaux ; ainsi s'établit un régime plus égal.

La pente, en provoquant la concentration rapide des eaux si elle est fortement marquée, en la retardant si elle est faible, exerce aussi une influence certaine sur le régime des cours d'eau.

Fleuves et crues. — Les fleuves dépendent essentiellement des conditions générales de leurs bassins, pente, climat, nature des terrains constituants. Quand on sait la valeur de ces différents facteurs dans un pays donné, on peut déduire facilement le régime des fleuves qui l'arrosent.

La Seine a sa source à une faible altitude et traverse de grandes plaines ; le climat de son bassin est un climat tempéré, assez médiocrement humide, avec des pluies, molles en général, tombant en toute saison ; le sol est, pour la majeure partie, constitué de terrains perméables. En raison de ces circonstances, la Seine est un fleuve tranquille, à débit médiocre, mais suffisant, régulier et constant. Son débit à Paris varie de 43 mètres cubes à 1650 mètres cubes, soit dans la proportion de 1 à 38. Ses crues sont lentes et soutenues : dans la crue du 5 décembre 1740 au 25 janvier 1741, la Seine monta graduellement de 3m,20 le 5 décembre à 7m,90 le 26 décembre, et elle redescendit ensuite de 7^{m}90, le 26 décembre 1740, à 3 mètres, le 25 janvier 1741.

La Loire prend sa source à plus de 1400 mètres et, si elle traverse des plaines en son cours moyen et inférieur, elle coule d'abord longtemps dans une région à pentes fortement inclinées; le climat de son bassin est tempéré, moyennement humide, mais parfois à l'automne les vents du sud-est y jettent, dans la région des sources, des averses drues et prolongées; enfin, dans toute la moitié supérieure du bassin dominent des roches imperméables. La Loire est par suite un fleuve bien plus rapide et bien plus inégal que la Seine. A Orléans, elle passe en bruissant sous les ponts; ce n'est guère qu'en Aujon

LA LOIRE A SEC EN ÉTÉ A ORLÉANS.

La Loire prend sa source dans des montagnes qui n'ont ni glaciers, ni neiges persistantes. Une fois les neiges d'hiver complètement fondues, vers mai ou juin, le fleuve n'est plus alimenté que par les pluies qui sont vite évaporées en été et ne profitent guère aux cours d'eau. Aussi, la Loire est-elle presque asséchée chaque année de juillet à octobre; de vastes bancs de sable occupent la majeure partie de son lit.

que son courant s'apaise. Son débit à Orléans a varié de 25 mètres cubes à 7500 ou 8000, soit dans la proportion de 1 à 300 ou 320. De plus, ses crues sont brusques; il suffit de quelques jours pour que son niveau s'élève de 5 à 6 mètres, puis redescende à sa hauteur primitive; lors de la crue fameuse de septembre 1866, on constata aux échelles d'Orléans les hauteurs suivantes, 0^m,80 le 24 septembre, 6^m,92 le 27 septembre, 1^m,20 le 5 octobre.

Parmi les causes secondaires qui peuvent influer sur le régime des cours d'eau, il faut faire une place aux forêts et aux lacs.

Les forêts déterminent une légère augmentation de la pluviosité: mais en même temps elles amortissent la violence des abats d'eau en protégeant les terres des pentes contre le ravinement, et elles favorisent l'infiltration des eaux par les racines des arbres. Les régions déboisées abondent en cours d'eau torrentiels. Le reboisement diminue l'importance des crues, détermine la réapparition de sources nouvelles et contribue ainsi à relever le niveau de basses eaux. Dans les Alpes françaises, on a *éteint* plus d'un torrent par reboisement voir gr. p. 219).

Les lacs traversés par un fleuve exercent sur le régime de ce fleuve une œuvre de régularisation. Les crues s'étalent dans ces lacs, s'y perdent, pour ainsi dire, et n'en élèvent qu'assez peu le niveau : le fleuve, qui y était entré prodigieusement grossi, en sort notablement

LA LOIRE EN CRUE A ORLÉANS.

La Loire est sujette parfois à de très fortes crues, au printemps lorsque la fonte des neiges s'accompagne de pluies abondantes, en automne quand les pluies sont torrentielles ou prolongées. Le fleuve, qui était presque à sec, se remplit alors d'une masse d'eau bouillonnante qui peut atteindre jusqu'à 7 mètres et causer alors de terribles inondations. La photographie a été prise en octobre 1907 au cours d'une crue qui éleva le niveau de la Loire à Orléans à un peu plus de 5 mètres.

calmé. Puis, quand vient le moment des sécheresses, le lac forme réservoir et soutient, des eaux qu'il avait emmagasinées, le fleuve qui sans lui serait réduit à presque rien. A la sortie du lac de Genève, le Rhône ne débite jamais moins de 83 mètres cubes, jamais plus de 575, soit une proportion de 1 à 7 d'écart entre les débits extrêmes, ce qui est fort peu.

Les lacs ne régularisent pas seulement le fleuve, ils l'épurent ; en arrivant dans cette grande étendue d'eau horizontale, le fleuve laisse se déposer les boues dont il était chargé. Entré sale dans le lac par suite des impuretés dont il était chargé, il en sort limpide et clair. Mais c'est aux dépens du lac qu'il comble petit à petit. Plus d'un lac fluvial du temps jadis a été insensiblement transformé en plaine d'alluvion : ainsi la plaine du Forez sur la Loire, les plaines des

Limagnes sur l'Allier, représentent d'anciens lacs comblés. La partie orientale du lac de Genève, en aval de Saint-Maurice, a été comblée par les boues du Rhône qui ne cessent de gagner sur le lac.

Travail mécanique des fleuves. — Les eaux sauvages et les fleuves exercent un travail mécanique dont le résultat général est de niveler peu à peu la surface extérieure du globe. Les eaux courantes entraînent les terres meubles des pentes; les

MONTPELLIER-LE-VIEUX, PRÈS DE MILLAU (AVEYRON).

Cet entassement pittoresque de rochers, qui de loin donne l'impression d'une ville en ruines, a été sculpté par les eaux de ruissellement qui ont enlevé les parties friables des roches, ne laissant subsister que les noyaux les plus durs.

fleuves creusent les vallées, attaquent continuellement leurs rives et forment les estuaires et les deltas.

1° Les **eaux sauvages**, qui se précipitent sur les pentes des montagnes lorsque des pluies abondantes y tombent, ont une grande force d'entraînement. Leur passage est marqué, après la fin du ruissellement, par des sillons pierreux sur le flanc des montagnes. La terre végétale a coulé avec les eaux et elle forme, au pied des pentes, des cônes de déjection. Les cultivateurs, soucieux de sauver leurs champs qui s'en iraient ainsi à la longue, doivent, après chaque orage, remonter dans des hottes les terres entraînées par les eaux. Le **regazonnement** et le **reboisement**

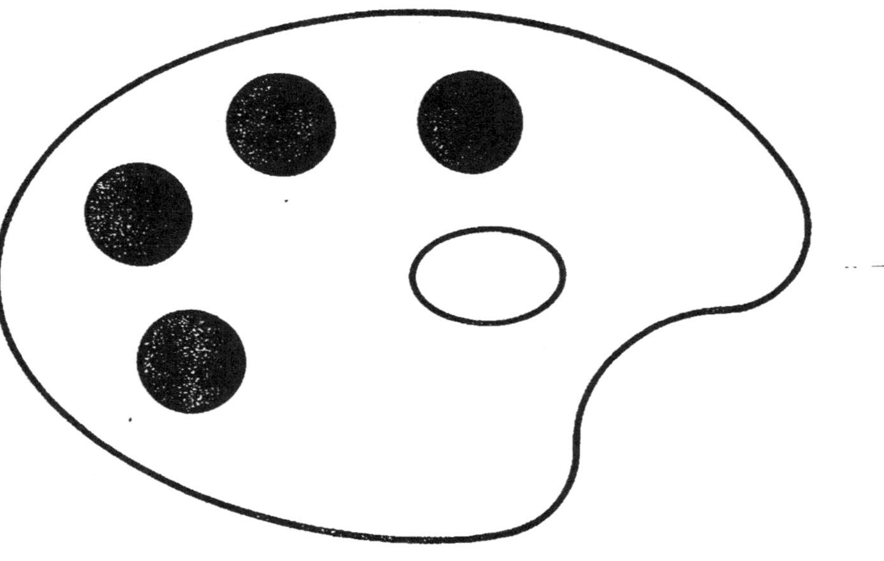

Original en couleur

NF Z 43-120-8

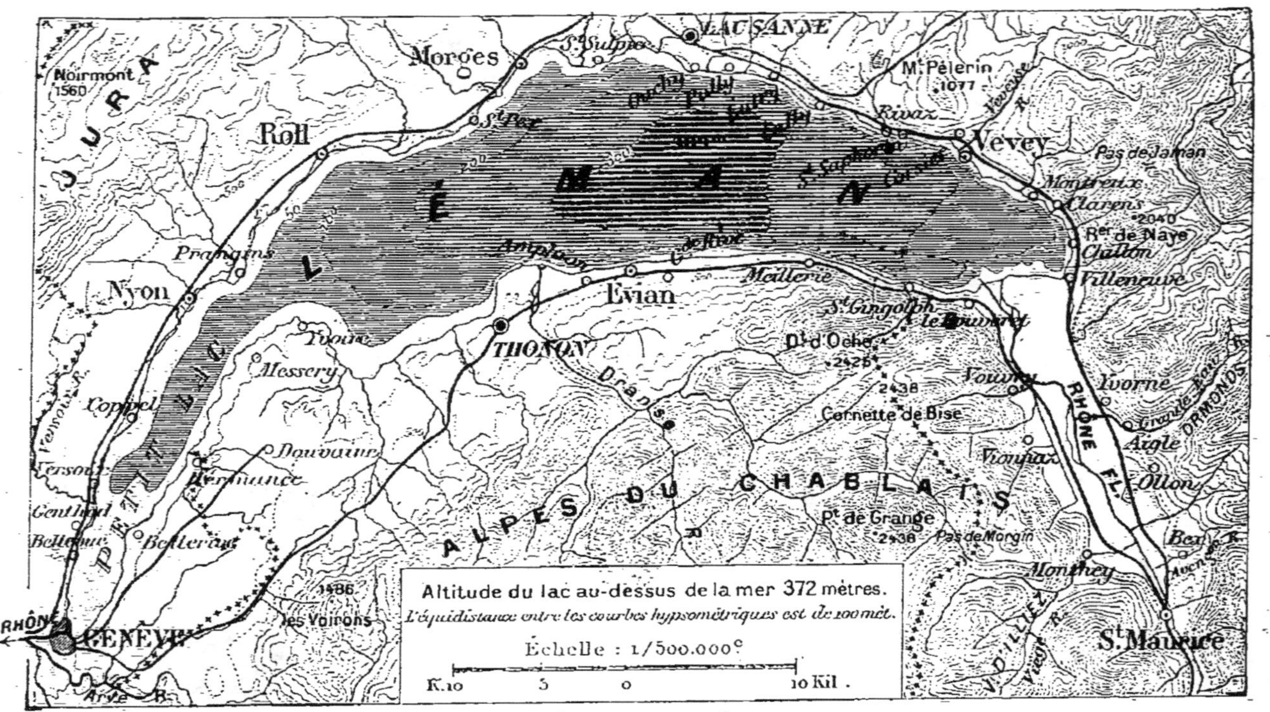

LE RHÔNE ET LE LAC LÉMAN.

La partie comblée par les alluvions du Rhône forme le triangle Saint-Maurice. Le Bouveret, Villeneuve; elle se compose de grandes-prairies encore semi-marécageuses. Avant ce comblement, le Léman avait tout à fait la forme d'un croissant. Le delta formé entre Le Bouveret et Villeneuve augmente d'année en année. Les lignes de profondeur indiquent que la partie orientale du lac est en voie de comblement.

atténuent beaucoup cet effet du ruissellement; aussi regazonne-t-on et reboise-t-on de plus en plus les montagnes.

Lorsque le terrain sur lequel s'écoulent les eaux sauvages est

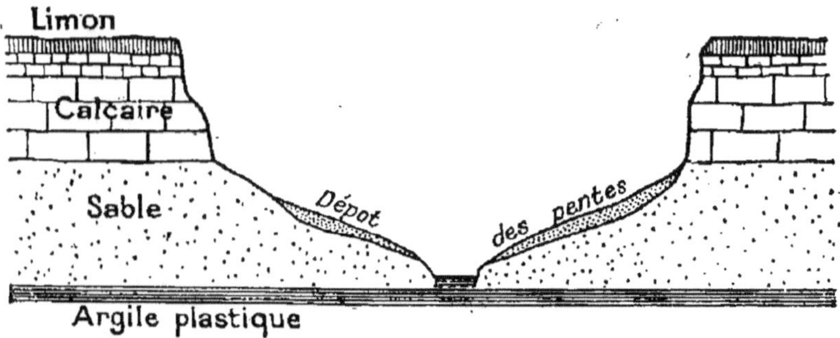

PROFIL THÉORIQUE INDIQUANT LE MODE DE CREUSEMENT DES VALLÉES.

Au fond de la vallée coule le cours d'eau; les couches des divers terrains sem blent se prolonger des deux côtés de la vallée, et cette correspondance atteste que jadis elles se prolongeaient réellement : c'est l'érosion des eaux qui les a séparées. (Voir page 45, la gravure représentant la Vallée de Baume-les-Messieurs.)

formé d'éléments inégalement durs, les eaux entraînent les parties friables et laissent subsister en relief les noyaux plus résistants qui affectent des formes bizarres, ruiniformes. Les eaux sauvages ont sculpté ainsi la surface extérieure de certains pays et leur ont donné leur physionomie. L'un des exemples les plus curieux d'un pays ainsi modelé se trouve dans la région française des Causses: de nombreux rochers y présentent la forme de créneaux, de vases, de coupes; la falaise prend parfois des apparences de forteresse féodale. Il existe sur le causse Noir, près de Millau, une masse de roches si curieusement évidée, avec des appa-

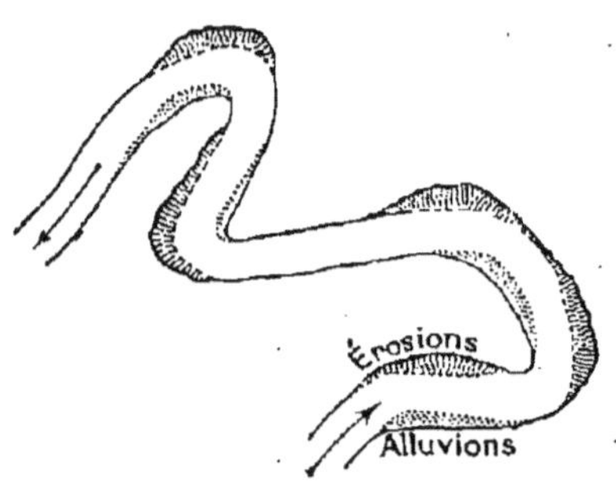

DÉPLACEMENT CONTINU DES RIVES DES FLEUVES.

Les fleuves érodent leurs rives concaves; ils déposent des alluvions le long de leurs rives convexes.

rences de rues, de maisons, de tours, qu'on la prendrait pour quelque ville en ruines : les pâtres lui ont donné le nom de *Montpellier-le-Vieux.*

2° Les **fleuves** exercent une action moins fougueuse, mais plus soutenue, plus régulière.

Le *creusement des vallées* est leur œuvre. L'eau qui coule rapidement atteint une puissance érosive considérable ; le fleuve Simeto, en Sicile, dont le cours fut barré en 1603 par une coulée

Phot. Janet.

LE CANON DE LA BEAUME, DANS L'ARDÈCHE.

Cette gravure est l'illustration de la figure schématique de la page précédente. On voit la rivière coulant au pied même du talus de la rive concave dont elle mine le pied, tandis que de grandes plages de sable, çà et là recouvertes d'herbes ou d'arbustes nains, se sont déposées le long des rives convexes.

de laves de l'Etna, s'est creusé depuis lors, à travers cette digue, un lit profond de 50 à 100 pieds et large de 40 à 50.

On s'explique par là l'origine des vallées où coulent les fleuves de nos pays. Si nous considérons, par exemple, la vallée d'un fleuve, on voit qu'il n'en occupe aujourd'hui que la partie la plus basse, mais on voit aussi que les terrains des deux rives de la vallée se correspondent exactement ; les couches semblent se prolonger des deux côtés de l'espace vide qu'occupe aujourd'hui la vallée. Ce sont les fleuves qui ont creusé les vallées où ils coulent. Les érosions furent du reste beaucoup plus actives au début de la période quaternaire qu'elles ne le sont maintenant ; les fleuves avaient alors plus d'eau, une pente plus forte, un régime plus torrentiel. Les cours d'eau cessent de pouvoir creuser leurs vallées quand leur pente tombe au-dessous de 0^m,20 par kilomètre.

Le *modelé des rives* est encore, en partie du moins, l'œuvre des fleuves. D'une manière générale, les rivières rongent leurs rives concaves et déposent des alluvions sur leurs rives convexes. Ainsi se forment des courbes sinueuses, des méandres dont le résultat est, en allongeant le cours du fleuve, d'amoindrir sa rapidité et sa vitesse.

La première origine des méandres fluviaux se trouve dans les

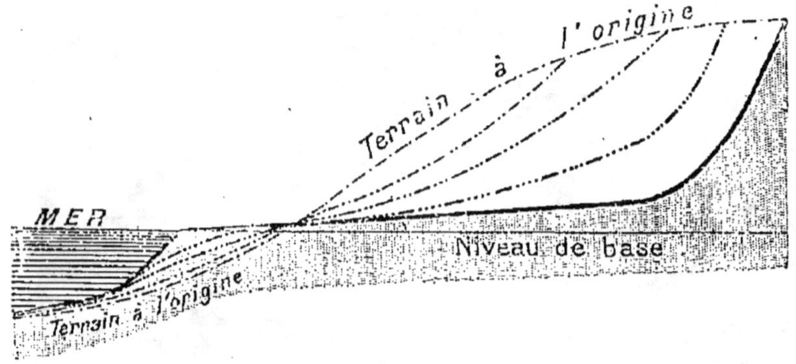

PROFILS SUCCESSIFS D'UN COURS D'EAU.

Le cours d'eau tend à creuser de plus en plus sa vallée, et son profil prend de plus en plus la forme des côtés d'un angle droit. Noter qu'à mesure que le fleuve creuse sa vallée, son cours s'allonge vers l'aval par suite du comblement des parties littorales par les alluvions qu'il amène.

inégalités du fond, dans les roches plus ou moins dures des berges, qui modifient incessamment la direction des eaux, et qui les empêchent de se diriger en droite ligne vers la mer par la pente la plus rapide, en vertu de la pesanteur.

Les *deltas* et les *ensablements* qui se forment à l'embouchure des fleuves sont également l'œuvre des eaux. Ralentis dans leurs cours inférieurs, les fleuves laissent tomber, au fond de leurs lits, des bancs de sable qui les exhaussent insensiblement, donnent naissance à des îles et divisent le fleuve en plusieurs courants. Les deltas s'accroissent sans cesse; leur accroissement est plus ou moins rapide, suivant le plus ou moins de profondeur de la mer où ils se forment, et suivant la masse plus ou moins volumineuse de débris que le fleuve charrie. D'après des observations remontant à 1737, le grand bras du Rhône s'allongerait annuellement de 57 mètres en moyenne. D'une comparaison entre deux relevés faits en 1823 et 1893, le Pô aurait eu un accroissement moyen annuel de 762 mètres; la ville d'Adria, située jadis sur la mer, s'en trouve aujourd'hui à 22 kilomètres. En Asie Mineure, Milet et Éphèse, ports fameux dans l'antiquité, sont maintenant situés à plusieurs kilomètres dans l'intérieur, par suite du travail d'alluvionnement des rivières qui les baignent.

Tous les fleuves ne se terminent pas par des deltas. Ceux-ci

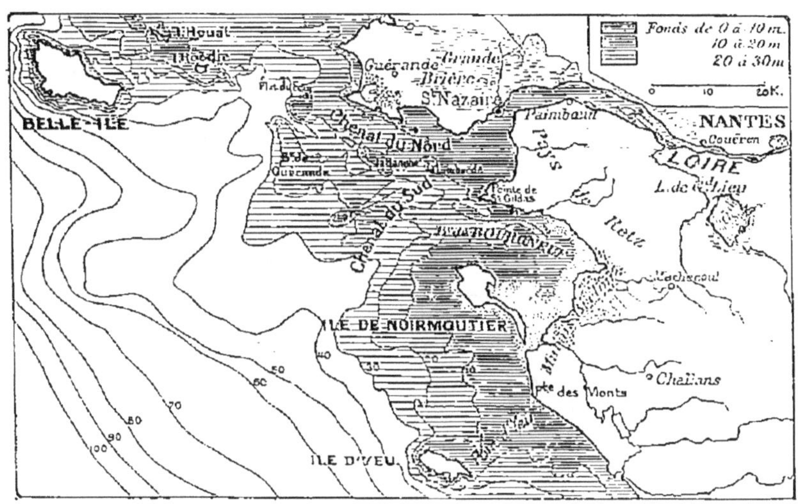

LE DELTA SOUS-MARIN DE LA LOIRE.

La Loire forme, à son embouchure, un véritable delta sous-marin : elle s'y bifurque en deux bras, Chenal du Nord et Chenal du Sud, des deux côtés de la Banche et du Banc de Guérande.

se forment principalement dans les mers aux marées faibles, et aussi, semble-t-il, le long des rivages en voie de soulèvement. Mais tous les fleuves jettent à la mer une masse plus ou moins grande d'alluvions qui s'accumulent sur le fond de la mer, en face de l'embouchure, et sont entraînés par les courants côtiers sur les rivages voisins : même là où il n'existe point de delta apparent, l'étude du fond marin et l'examen des courbes de profondeur révèlent l'existence d'un delta sous-marin bien apparent (exemple le delta sous-marin de la Loire).

3° Le **résultat du travail mécanique des fleuves** est de contribuer à niveler la surface extérieure de la terre. Les cours d'eau sont parmi les agents d'érosion les plus actifs du globe.

Entraînés par la pesanteur, les cours d'eau tendent à se rapprocher le plus près possible de la verticale. Sous cette influence, leur profil ne cesse de se modifier : ligne nettement oblique dans toute sa longueur à l'origine, il prend graduellement la forme de deux tronçons, l'un de plus en plus vertical du côté de la source, l'autre de plus en plus horizontal du côté de l'embouchure, qui se raccordent par une courbe régulière.

LA ROUTE DE BARÈGES COUPÉE PAR UNE INONDATION EN 1897.

Le torrent de Barèges, comme tous les torrents, n'a en général qu'un filet d'eau qui serpente dans une petite partie de son lit encombré de pierres et de roches. En juillet 1897, de violents orages grossirent les torrents pyrénéens dont le niveau monta de plusieurs mètres et qui dégradèrent alors leurs rives : on voit ci-dessus les ravages que causa alors le torrent de Barèges.

Quand le profil a pris cette forme, le cours d'eau diminue grandement son activité : on dit alors que le fleuve a atteint sa période de maturité. Certains fleuves ont aujourd'hui un profil qui se rapproche du profil des fleuves ayant atteint l'âge mûr : ainsi, le Pô en Italie, le Gange en Asie, le Marañon dans l'Amérique du Sud.

Tant que les cours d'eau ne sont pas arrivés à cette stabilité, ils ne cessent de modifier leurs bassins, érodent leurs montagnes, creusent leurs vallées, les élargissent peu à peu, et les allongent vers l'aval avec des matériaux enlevés aux parties d'amont. L'aplanissement complet de la surface du bassin est le terme final de l'action érosive des fleuves.

Importance géographique des cours d'eau. — Les fleuves
comptent parmi les facteurs géographiques les plus importants. Les
rives des cours d'eau constituent, en effet, des places de choix pour
l'habitat humain, en même temps que leurs cours contribuent puissamment aux relations économiques.

Sans doute, au point de vue de l'habitat, les rives des fleuves ne
sont pas sans présenter des inconvénients. Quand elles sont basses,
elles sont envahies souvent par les eaux, sont marécageuses et malsaines. Tant que la civilisation n'eut pas réussi à les mettre à l'abri de
l'envahissement des débordements fluviaux, les hommes hésitèrent à
s'y établir ; il semble bien que longtemps la colline, la petite montagne,
le petit cours d'eau furent, plus que la plaine et la vallée du grand
fleuve, les sites où se fixèrent les établissements humains. Même aujour-
d'hui, nous ne sommes pas encore assez maîtres des fleuves pour être
tout à fait à l'abri de leurs excès. L'inondation de la Garonne, en
juin 1875, recouvrit 3250 hectares dans la seule commune de Toulouse,
fit crouler 1141 maisons, noya ou écrasa plus de 200 personnes. Tant
que la science hydraulique ne sera pas arrivée à régler le régime des
cours d'eau, les villes riveraines des grands fleuves se trouveront exposées à des sinistres de ce genre.

Malgré tout, les avantages compensent, et bien au-delà, les inconvénients. Les fleuves sont des « chemins qui marchent ». Quand, au
début de la civilisation, les hommes cherchèrent à nouer des relations
commerciales, à effectuer des transports, les fleuves furent les premiers chemins qu'ils empruntèrent ; ils furent longtemps les seules
voies suivies, et, par suite, les intérêts économiques vinrent se fixer
sur leurs bords : leurs rives se couvrirent d'agglomérations d'importance diverse aux endroits guéables, aux confluents des grands tributaires, aux points de portage, sur les estuaires que gonflait et que
creusait le flot marin. Quand les routes vinrent plus tard concurrencer
les fleuves, les intérêts économiques s'étaient cristallisés près des
fleuves devenus les centres de la vie du pays ; les routes les suivirent
et les doublèrent ; il en a été de même des voies ferrées. Chacune de
ces innovations a eu pour effet, non de déplacer les courants primitifs,
mais au contraire de les renforcer.

Au reste, les fleuves ont, au point de vue économique, des avantages
particuliers qui les rendent difficiles à concurrencer. Ils sont plus lents
que les voies ferrées, mais leurs transports sont bien moins coûteux.
La voie ferrée, avec ses tarifs élevés, peut convenir au transport des
matières fabriquées qui représentent une grande valeur pour un poids
et un volume relativement minimes. Les voies d'eau conviennent
seules au transport des matières lourdes et encombrantes. Et c'est
pourquoi les plus grandes villes d'un pays s'élèvent en général le long
de ses principales artères fluviales. Des pays entiers doivent leur
civilisation et leur existence à un grand fleuve navigable : c'est le
Nil qui a fait l'Égypte ; c'est le Hoang-Ho et le Yang-Tsé qui ont fait
la Chine.

II. — LES CÔTES

SOMMAIRE

I. La côte est la ligne où la terre et la mer sont en contact. Cette ligne se déplace sans cesse ; sur certains points, les érosions font reculer la terre ; sur d'autres, l'alluvionnement fait reculer la mer. — La rapidité de ces changements est d'ailleurs très diverse ; les érosions ont d'autant plus d'importance que la terre est moins résistante et la mer plus forte ; les alluvions gagnent d'autant plus que leur masse est plus considérable et la profondeur de la mer moindre.

II. Les falaises sont soumises à un double travail de démolition, celui des agents atmosphériques qui les désagrègent, et celui de la mer qui en bat le pied et en provoque l'éboulement. Les côtes formées de roches homogènes donnent des côtes rocheuses non découpées (falaises crayeuses de la Haute-Normandie) ; les côtes formées de roches hétérogènes donnent des côtes rocheuses découpées (côtes de Bretagne, côtes à rias, côtes à fiords, etc).

III. Les côtes basses sont formées par les sédiments que les fleuves jettent à la mer ou par les débris arrachés par la mer au rivage ; ces sédiments et débris forment des cordons littoraux emprisonnant des lagunes qui se comblent plus ou moins vite ; une autre partie de ces sédiments, les sables, s'amoncellent en dunes parallèles au rivage, mobiles et dangereuses pour l'arrière-pays si on ne les consolide pas. Les côtes sablonneuses ou bordées de dunes (côte des Landes), et les côtes alluviales ou bordées de lagunes (côte du Bas-Languedoc) sont également peu hospitalières ; ces dernières sont en outre très insalubres.

Développement.

Les côtes et leurs changements. — On nomme *côte ou ligne des côtes*, la ligne où la terre disparaît sous la mer.

La côte est haute ou basse.

Cette ligne des côtes se déplace sans cesse. A chaque marée, à chaque instant, il se livre entre les flots et les continents une lutte plus ou moins violente, dont le résultat est de modifier graduellement la forme des rivages. Tantôt, c'est la mer qui empiète petit à petit sur le continent qu'elle bat de ses flots et qu'elle ronge : l'importance de ses progrès dépend de la force des vagues et du degré de résistance des terres attaquées. Tantôt, c'est la terre qui empiète sur la mer, notamment aux embouchures des fleuves, par les alluvions diverses, boues, vases, rochers, débris de falaises, qu'ils y jettent et qui s'y déposent sur le fond.

L'examen des formes d'un même rivage, à plusieurs siècles

d'intervalle, montre que sur bien des points elles ont changé d'une manière appréciable : des baies se sont agrandies; des presqu'îles se sont changées en îles; des plages, jadis recouvertes par les flots, sont aujourd'hui utilisées pour la culture; les deltas ont accusé leur proéminence aux dépens de l'océan.

Côtes élevées. — Si la côte est haute, elle se termine sur la mer par un talus plus ou moins raide, parfois vertical, qui représente la tranche du continent et est constitué des mêmes éléments lithologiques que lui. Ce talus, c'est la *falaise*.

1° La falaise est soumise à un double travail de démolition.

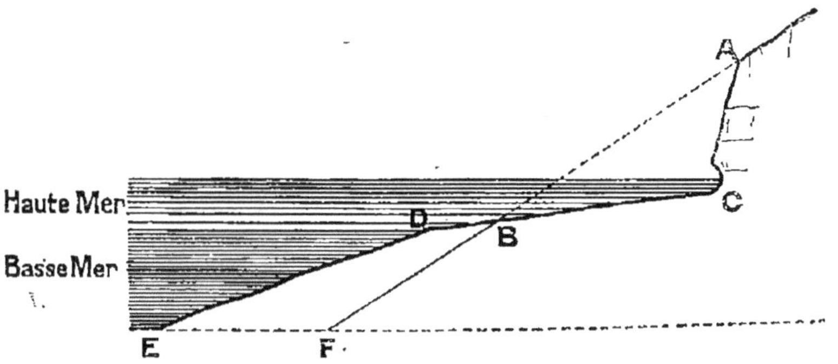

PROFIL THÉORIQUE INDIQUANT LE MODE DE DESTRUCTION DES FALAISES.

Le profil primitif de la falaise était représenté par la ligne A B F; la mer, en battant le pied au moment du flux, a amené graduellement la destruction de la partie A B C; les débris de la partie détruite se sont étendus en avant de la partie immergée de l'ancienne falaise et ont comblé la partie B D E F.

D'une part, les agents atmosphériques, en particulier la pluie et les eaux courantes, y produisent leurs actions mécaniques et chimiques. Les eaux courantes ravinent les roches, en élargissent les fentes naturelles, ou diaclases. Quant aux pluies, si la falaise est formée d'éléments perméables, elles s'y infiltrent, y circulent en ruisseaux souterrains, évident la roche, la désagrègent et la livrent déjà ruinée à l'attaque des flots.

D'autre part, la mer ronge la falaise. Au moment du flux, elle en sape le pied, et ses chocs répétés sont surtout violents les jours de grandes marées et de tempêtes. La falaise se trouve creusée en dessous, et les parties supérieures, n'étant plus soutenues, s'éboulent. Si la falaise est formée de roches homogènes, elle s'éboulent par grandes tranches. Si elle est formée de roches de résistance inégale, elle se laisse inégalement entamer : les

artles moins dures cèdent les premières, et leur démolition
..nne naissance à des criques variant de dimension depuis le
..imple creux de rocher, plage minuscule où, à marée basse, les
..nfants s'amusent à ramasser les coquillages apportés par le flot
..ur le sable fin, jusqu'à de véritables petites mers intérieures
..omme la rade de Brest; les parties les plus dures restent en
..aillies dans la mer sous forme de caps, de presqu'îles, d'îles.

LA CÔTE DE L'ÎLE THOMÉ (CÔTES-DU-NORD) A MARÉE BASSE.

En avant du rivage, des bancs de roches que les flots polissent chaque jour, à
marée haute, après les avoir mis à nu et séparés de la terre; au fond de la
crique du premier plan, une grotte où les flots pénètrent les jours de grande
marée et par laquelle ils minent la falaise en préparant des démolitions nou-
velles.

Ainsi se forment et se modifient les falaises : tantôt falaises à
pic, quand la roche est homogène et résistante, comme la craie
de la Haute-Normandie, dans le pays de Caux; tantôt falaises
avec éboulis si la texture lithologique est différente dans l'épaisseur d'une même falaise, comme près du Havre où la résistance
est moindre à la base qu'au sommet, ou encore dans le cas où,
du haut en bas, la roche est homogène, mais molle et facile à
délayer comme dans les falaises argileuses situées entre Villers
et l'embouchure de la Dives, en Normandie.

En avant de la falaise, l'attaque de la mer donne naissance à une plate-forme constituée par les matériaux enlevés à la paroi verticale, éboulés et aplanis par les marées et les vagues. Cette plate-forme, située au-dessus du niveau des basses mers, mais recouverte par la haute mer, constitue comme une zone intermédiaire entre le continent et le domaine marin.

FALAISES PRÈS DE DIEPPE.

Type de côte rocheuse non découpée : la falaise a l'aspect d'un grand mur vertical, haut d'une centaine de mètres, surmonté d'un maigre gazon. En haut, le plateau s'arrête brusquement, comme coupé à l'emporte-pièce. Au pied, les débris de la falaise, étalés par les flots, ont formé une grande plage de sable semée de cailloux de silex.

2° Les côtes élevées présentent deux types principaux : le type non découpé et le type découpé.

Les **côtes rocheuses non découpées** correspondent aux côtes de structure homogène, c'est-à-dire offrant partout les mêmes conditions de résistance. S'éboulant par tranches, elles affectent la forme de longues falaises presque rectilignes, sortes de murs qui dominent le rivage de plusieurs dizaines ou même d'une centaine de mètres. Ces côtes ne présentent qu'un petit nombre d'échancrures, en général fentes étroites qui livrent passage à une rivière : presque toujours un port s'est établi au débouché de ces vallées dans la mer, les estuaires de ces rivières formant les seuls endroits abrités de ces côtes.

Les *côtes crayeuses de la Haute-Normandie* fournissent un exemple caractéristique des côtes de ce genre. Elles dominent presque verticalement la mer qui les baigne à marée haute; à marée basse, une longue plate-forme de cailloux et de sables, débris morcelés de la falaise, se voit à leur pied : les seules indentations nettement marquées sont les vallées ou valleuses

Phot. Villard.

LA CÔTE BRETONNE PRÈS DE PORSPODER (FINISTÈRE).

Nulle côte en France n'est plus battue des flots; elle est située, en effet, à l'extrémité occidentale du continent, en face d'Ouessant. De là, ses découpures multiples toutes frangées d'écume.

qui débouchent de l'intérieur, et c'est à l'entrée de toutes ces vallées que se trouvent les ports de la région, Dieppe, Fécamp, Saint-Pierre-en-Port, Étretat.

Les **côtes rocheuses découpées** correspondent aux côtes de structure hétérogène, c'est-à-dire formées d'éléments minéralogiques inégalement résistants. Les parties tendres se laissent plus vite entamer que les parties dures. La côte forme alors une suite de rentrants et de saillants, de baies plus ou moins enfoncées dans le continent et de presqu'îles plus ou moins proéminentes. De telles côtes abondent en abris naturels pour les navires, et la vie maritime y trouve des facilités particulières; d'un autre côté, elles sont souvent bordées d'îles, d'îlots, d'écueils, de fonds de roches, débris de l'ancien rivage.

La *côte de la Bretagne* fournit un type très caractéristique d'une côte rocheuse découpée. Les granits qui la composaient se sont laissé peu entamer, tandis que les schistes, beaucoup moins résistants, cédaient. De là, un littoral découpé à l'infini, une profusion d'anfractuosités sur les bords desquelles des havres de pêcheurs, des ports se sont établis. Nul pays en France n'a tant de marins que la Bretagne.

Parmi les côtes rocheuses découpées on peut citer encore :

ROCHERS DE DINANT, PRÈS DE BREST.

Autre coin de la côte bretonne. Les rochers de Dinant sont formés d'éléments très résistants qui ont moins cédé à l'action des vagues que les parties voisines ; ils forment une sorte de presqu'île rocheuse, surmontée d'un entassement de blocs, et très saillante en avant du littoral.

les *côtes à rias* de la Galice, du sud-ouest de l'Irlande, etc. (ria est le nom qu'on donne en Espagne aux embouchures des fleuves) ; ces côtes sont formées de golfes étroits, allongés, parallèles, que séparent de longues presqu'îles montagneuses et effilées ; — les *côtes à fiords* de l'Écosse septentrionale, de la Norvège, de l'Alaska, de la Nouvelle-Zélande : les fiords sont de longs couloirs étroits, profonds, ramifiés, qui s'enfoncent souvent fort avant dans les terres, entre de hautes parois verticales mesurant parfois jusqu'à 700 ou 800 mètres ; leur profondeur, qui parfois dépasse 1000 mètres, est toujours moindre à l'entrée du fiord, près de la mer, que dans le fiord lui-même : cet indice, ajouté à d'autres, a fait penser que les fiords occupent l'emplacement d'anciens glaciers; la diminution de la profondeur à l'entrée serait causée par la présence d'un amas morainique.

Côtes basses. — Les côtes basses sont presque toujours sablonneuses ou argileuses.

1° Elles ont une double origine. Elles sont formées soit par les boues et les vases que les cours d'eau jettent à la mer, soit par les matériaux que la mer arrache aux rivages, roches dures qu'elle réduit en galets et en sables, roches tendres et argiles qu'elle transforme en vase. Les flots de marée et les courants s'emparent de ces matériaux, les usent par frottement, les entraînent jusqu'au moment où, arrivant dans une zone d'eaux plus calmes, ces matériaux se déposent. Les boues de la Loire travaillent à envaser la baie de Bourgneuf,

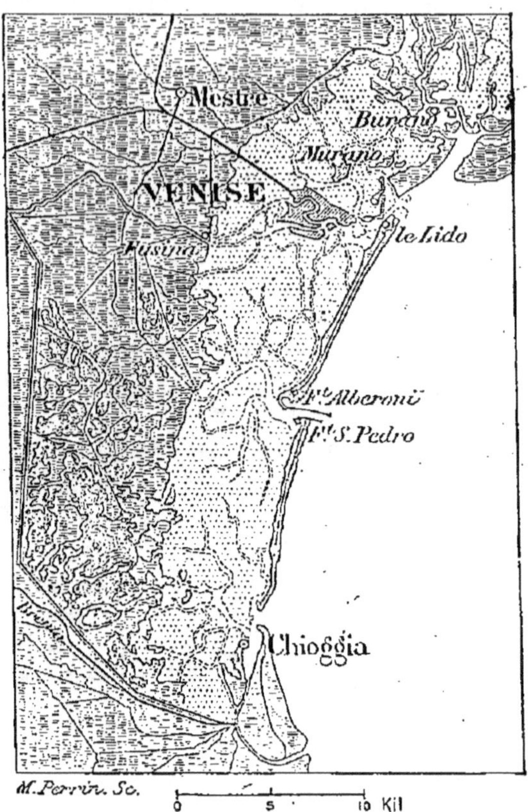

LES LAGUNES DE VENISE.

Les lagunes de Venise sont fermées, du côté de la mer Adriatique, par les cordons littoraux du Lido et du Fort San-Pedro, qui ne laissent entre eux qu'une étroite passe vers le large. La rivière la Brenta, qui s'y jette, les a comblées en partie; pour éviter un comblement total et garder à Venise son originalité et son port, on a dérivé la Brenta vers le sud.

entre l'île de Noirmoutier et la côte de Vendée (voir carte, p. 128); les boues du Rhône, mêlées à celles de quelques petits fleuves côtiers, ont formé la côte actuelle du Bas-Languedoc en soudant au littoral le pic de Saint-Loup et le pilier Saint-Clair qui étaient jadis des îles.

Les côtes plates ou basses présentent un certain nombre

d'accidents topographiques spéciaux remarquables. Quand la côte offre des échancrures, les dépôts entraînés par les flots tombent au fond; il se forme alors en avant de l'échancrure un cordon littoral qui ne tarde pas à se consolider en constituant une barrière contre les flots salés et en isolant de la mer le fond de l'échancrure transformée en lagune plus ou moins étendue. Ces cordons littoraux sont généralement rectilignes

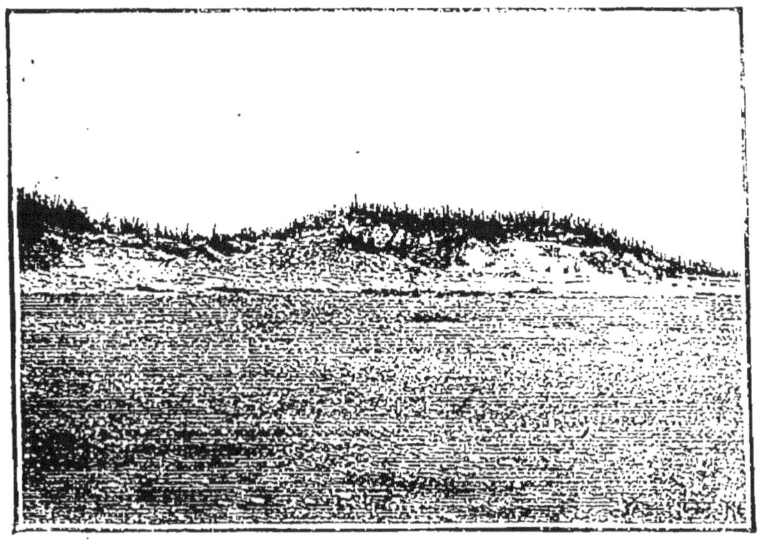

DUNES SUR LA CÔTE DE LA MER DU NORD.

Les dunes sont formées d'un sable blanc extrêmement fin que le vent fait facilement voler : aussi les vents de mer étant les vents dominants dans l'Europe occidentale, les dunes se déplacent-elles naturellement vers l'intérieur. A Arcachon, on les a fixées par des plantations de pins maritimes. Sur les bords de la mer du Nord, on a obtenu le même résultat par des semis d'une espèce de jonc nommé oyat : ce sont des joncs oyats qui recouvrent la dune figurée ci-dessus (Voir plus bas la Tour et les Dunes de Zuydcoote, p. 141).

ou incurvés légèrement : aux irrégularités d'une côte découpée, ils substituent donc un nouveau littoral presque droit. Dans la Baltique, les cordons littoraux sont formés par des flèches appelées *nehrungen* : on nomme *haff* la lagune située en arrière. En France la côte du Bas-Languedoc, en Italie le fond de la mer Adriatique, aux États-Unis la côte des Carolines et de la Floride, en Afrique la côte de Guinée, sont bordés de même par des cordons littoraux et des lagunes.

Une fois la lagune isolée, toutes les forces de la nature, y compris l'homme, tendent à la combler. Si quelque tempête rompt le cordon littoral, la brèche est bientôt réparée, naturellement ou artificiellement. Les cours d'eau côtiers jettent leurs vases dans la lagune et l'exhaussent. Enfin, surtout dans les régions tropicales, le long des côtes à palétuviers, la végétation contribue aussi à ce comblement. Ainsi ont été formés les *watten* de la mer du Nord, précieux terrains de culture lorsqu'on les a drainés, asséchés, garantis par la construction de digues contre un retour offensif des flots; ainsi ont été

MARAIS SALANTS PRÈS DE L'ÎLE DE RÉ.

Aspect d'une côte basse et marécageuse : la faible élévation de la côte permet à l'eau de mer de pénétrer dans ces marais divisés en compartiments, où l'eau s'évaporera au soleil de l'été et laissera se déposer le sel dont elle était chargée. Les tas blancs figurés sur la droite sont des tas de sel. L'exploitation des marais salants constitue une importante richesse pour les habitants de cette côte.

formés les *marschen* d'Allemagne sur la mer du Nord, les *förden* du Schleswig-Holstein, les *bodden* d'entre le Mecklembourg et l'Oder.

Beaucoup de côtes basses sont bordées de dunes sablonneuses. Ces dunes sont formées par les sables jetés à la côte, et asséchés; le vent chasse les grains légers et sans cohésion, les amoncelle en arrière, et produit ces rangées de sables qu'on voit en Allemagne, au bord de la Baltique, et en France sur la côte landaise. Les dunes ne sont point immobiles; poussées par les vents du large, elles engloutissent, grain de sable à grain de sable, l'arrière-pays sur lequel elles progressent pareilles à de gigantesques vagues. Certaines dunes avanceraient avec une vitesse moyenne de 20 à 25 mètres par an. On parvient à lutter contre l'envahissement par des semis de gazon de l'espèce appelée gourbet ou oyat, et par la plantation de forêts de pins. Les végétaux recouvrant le sol protègent le sable par leur feuillage, le retiennent par leurs racines, et lentement, grâce au mélange des feuilles tombées qui y introduisent un élément organique augmentant leur cohésion, l'on finit par obtenir une couche d'humus. Les environs d'Arcachon, travaillés depuis plus d'un siècle, sont maintenant recouverts de forêts qui, en outre de leur rôle protecteur, fournissent de grandes quantités de résine, c'est-à dire une importante source de revenus pour les habitants.

2° Il y a deux types principaux de côtes basses; la côte sablonneuse et la côte alluviale. Toutes deux sont peu propres au développement de la vie maritime.

La **côte sablonneuse** est une côte droite et sans indentations, à moins qu'un grand fleuve ne vienne s'y jeter dans la mer, comme la Gironde sur la côte des Landes. Les dunes qui la bordent, sur une hauteur qui atteint à près de 100 mètres dans les Landes et sur une largeur moyenne de 5 kilomètres, isolent la côte de l'intérieur; même les cours d'eau médiocres n'ont point la force de les percer et s'arrêtent à leur pied en des chapelets d'étangs. Sur ces côtes rectilignes, il n'y a point de ports naturels; l'absence de relations entre la mer et l'intérieur ne donne guère l'idée d'en établir : ce sont des côtes presque toujours désertes, inhospitalières.

Comme types de côtes sablonneuses, on peut citer la *côte française des Landes* qui, sur une longueur de plus de 230 kilomètres, n'a pas un port, pas même un bourg notable, à peine quelques cabanes; et la *côte de la mer du Nord*, où le port de Dunkerque a été créé entièrement de main d'homme pour servir de débouché à la riche région industrielle des Flandres : à l'est de Dunkerque, une tour à demi enfouie est tout ce qui reste de l'ancien village de Zuydcoote que les sables ont submergé:

La **côte alluviale** est également rectiligne ou légèrement incurvée; elle est bordée de lagunes, d'étangs, de marécages, de marais salants, que des cordons littoraux ou des flèches de sable séparent de la mer. Ni sur les lagunes trop peu profondes ni sur la mer trop isolée du continent, il n'existe en général de ports. En outre, les eaux stagnantes des lagunes engendrent des miasmes fiévreux, entretiennent l'insalubrité pendant la saison chaude.

La *côte française du Bas-Languedoc* forme une côte de ce genre. Le littoral en est inhospitalier aux navires; le climat en est si malsain, que, nulle autre part en France, la mortalité n'est si élevée. Aussi, les villes évitent-elles de s'établir près de la mer; « elles craignent d'être des ports », suivant l'énergique expression de Michelet. Les hommes vivent dans l'intérieur, ils sont viticulteurs. Le seul port important qu'on y trouve, celui de Cette, sur l'étang de Thau, est un port tout artificiel.

Rapidité des modifications des côtes. — L'importance des érosions marines dépend tout à la fois de la nature plus ou moins résistante des roches, de la force très variable des vagues, et de l'amplitude très variable également des marées. L'érosion est médiocre sur les rivages des mers sans marées et sur les côtes formées de roches dures comme les granits; elle est très importante, au contraire, sur les

Phot. Anglès.

LA TOUR ET LES DUNES DE ZUYDCOOTE, PRÈS DE DUNKERQUE.

Les dunes se déplacent vers l'intérieur sous l'action du vent de mer, et elles envahissent l'arrière-pays, tant qu'on n'a pas réussi à les fixer par des plantations de pins ou de joncs. C'est ainsi que les dunes ont recouvert l'ancien village de Zuydcoote, près de Dunkerque. La tour ci-dessus est l'ancienne tour de l'église que les sables avaient recouverte et qu'on a déblayée. La partie supérieure de la tour est de construction récente et sert à faire des signaux en mer.

côtes formées de roches tendres comme les craies, surtout si ces côtes sont baignées par des mers souvent agitées de violentes tempêtes ou de fortes marées. Les effets produits par une mer démontée sont véritablement effrayants. On a vu un bloc de gneiss déplacé horizontalement de 22 mètres; d'autres pesant de 6 à 13 tonnes ont été portés à un niveau supérieur de 20 mètres à celui qu'ils occupaient : à Wick, sur la mer du Nord, un bloc de 1350 tonnes a été jeté à une distance de 10 à 15 mètres.

Sous les coups redoublés de cette force formidable, les falaises s'éboulent. On a évalué la perte moyenne annuelle de celles de Normandie à une bande de 20 à 30 centimètres de largeur. La côte anglaise de la mer du Nord reculerait annuellement de 1 mètre dans les comtés de Suffolk et de Norfolk; les falaises de Douvres s'écroulent encore plus vite. La petite île d'Héligoland, au large de l'embouchure de

LA DEMOISELLE DE FONTENAILLES AVANT ET APRÈS L'ÉBOULEMENT.

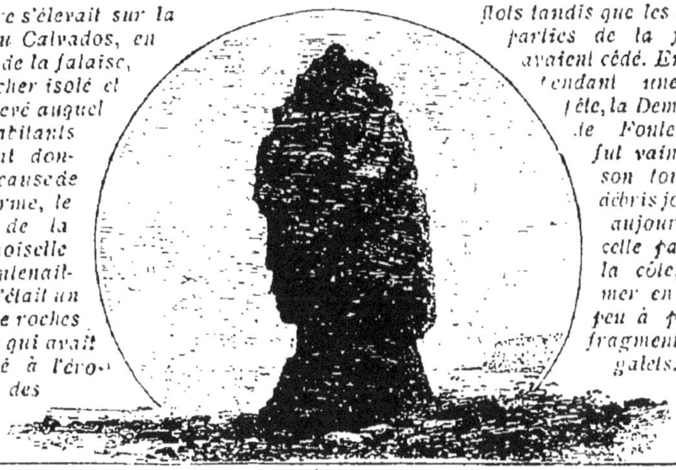

Naguère s'élevait sur la côte du Calvados, en avant de la falaise, un rocher isolé et très élevé auquel les habitants avaient donné, à cause de sa forme, le nom de la Demoiselle de Fontenailles. C'était un bloc de roches dures qui avait résisté à l'érosion des flots tandis que les autres parties de la falaise avaient cédé. En 1901, pendant une tempête, la Demoiselle de Fontenailles fut vaincue à son tour; ses débris jonchent aujourd'hui cette partie de la côte, et la mer en réduit peu à peu les fragments en galets.

l'Elbe, aurait perdu les trois quarts de son étendue pendant les cinq derniers siècles. Naguère on remarquait encore, sur la côte française du Calvados, un rocher auquel les riverains avaient donné le nom de *la Demoiselle de Fontenailles*; il se trouvait à 60 mètres en avant de la falaise, dont il faisait encore partie en 1745, avant que l'érosion l'en

eût séparé : il a été abattu en 1901 au cours d'une tempête. (Voir p. 162,
la gravure représentant les Rochers de Vallière.) Les débris des rochers
ainsi mis en pièces forment les galets, les graviers et le sable qui
recouvrent les plages ou composent les dunes.

On a indiqué plus haut, par les exemples du Rhône et du Pô, avec
quelle rapidité le continent s'étend sur certains points aux dépens des
flots. Dans les six derniers siècles, le delta du Pô se serait accru de
516 kilomètres carrés : à cette vitesse d'accroissement, le comblement
de la partie septentrionale de la mer Adriatique par les alluvions du
Pô ne demanderait pas plus de 10 000 ou 12 000 ans.

Ces modifications peuvent paraître lentes, et il est certain qu'elles
semblent insignifiantes à un homme qui ne voit que celles qui se sont
produites pendant le cours de sa vie. Mais, comme elles ne s'arrêtent
jamais et se prolongent pendant de longues suites de siècles, elles
finissent par changer notablement la forme des rivages. Une autre
cause contribue, d'ailleurs, à changer cette forme : ce sont les mouvements internes qui déterminent ici un lent exhaussement, là un lent
affaissement du sol. Il en sera question parmi les causes actuelles qui
modifient la Terre.

12. — MINÉRAUX, FLORES ET FAUNES

SOMMAIRE

I. Les minéraux que recèle la terre sont : 1° des matériaux de construction (calcaires, schistes ardoisiers, granits et roches volcaniques) et de
décoration (marbres) ; 2° des combustibles (houille, lignite et tourbe,
pétrole) ; 3° des métaux à l'état de pureté absolue ou sous forme de minerais composés, qu'on trouve en filons, gîtes éruptifs ou stratifiés : on remarque que, d'une manière générale, plus un métal est lourd, plus il est
rare sur le globe.

II. Les conditions dont dépendent les flores terrestres sont la nature du
sol et principalement le climat (chaleur, humidité, lumière). Chaque
variété de sol a sa végétation propre et caractéristique ; il y a des plantes
qui aiment la chaleur et d'autres le froid, des plantes qui aiment l'humidité et d'autres qui s'accommodent de la sécheresse. L'influence de la
nature du sol modifie les détails, mais c'est l'influence prédominante du
climat à la surface du globe qui détermine l'extension des grandes zones
de végétation.

III. Parmi les circonstances qui influent sur la répartition des espèces
animales sur le globe, il faut citer, en première ligne, la température et
les transformations de la terre au cours de l'évolution géologique ; le
relief, la végétation et la faune animale influent également sur les détails.
La plupart des naturalistes distinguent sur la terre huit grandes régions
zoologiques ; mais, d'une manière générale, on peut dire que la faune
diminue de richesse et de variété depuis la région équatoriale jusqu'aux
pôles.

Développement.

Ressources diverses du globe. — L'étude des formes terrestres est intéressante par elle-même, parce qu'il est intéressant d'essayer

de se rendre compte des phénomènes physiques qui ont façonné la surface terrestre et qui influent sur son développement. Mais l'objet spécial de la géographie est de rechercher dans cette diversité de formes et d'actions les conditions particulières qu'elles offrent à l'activité humaine. La géographie considère avant tout la terre comme un domaine dont l'homme doit tirer parti, au mieux de sa commodité et de son intérêt.

Il nous reste donc à étudier quelles sont les ressources diverses du globe, minéraux, flores et faunes. Non pas pour en faire la nomenclature, ni pour indiquer quel parti l'homme a pu en tirer : ce sera l'objet de la dernière partie de cet ouvrage. Ici, nous avons seulement à montrer les grandes lois qui président à leur distribution sur le globe, les particularités que présentent les divers terrains en ce qui concerne les ressources minérales, les aptitudes végétales propres aux principales zones terrestres, les faunes qui les caractérisent.

La répartition des minéraux, la distribution des différentes espèces végétales et animales ne sont point le résultat du hasard. Des conditions nécessaires les règlent. On constate, d'un bout à l'autre de la nature, un enchaînement continu de causes et d'effets soumis à une inflexible série de lois. Ce sont ces lois diverses qu'il s'agit de dégager ici et de préciser.

Minéraux. — Les minéraux que l'homme utilise sont nombreux : ce sont des matériaux de construction et de décoration, des combustibles, des métaux. Ils se présentent sous deux formes principales : sous celles de *masses minérales*, restant homogènes sur de grandes étendues, calcaires, craies, granits, schistes, grès, argiles diverses, houille ; — sous celles de *gîtes minéraux*, formant filons au milieu d'autres terrains, ou distribués en amas plus ou moins réguliers, plus ou moins vastes.

1° Les **matériaux de construction et de décoration** se présentent sous la forme de masses minérales : ce sont des roches.

D'une manière générale, toute pierre assez solide et résistant à l'érosion des agents atmosphériques est propre à servir pour la construction ; mais les meilleures sont celles qui réunissent aux conditions essentielles de résistance et de solidité l'avantage d'être faciles à transporter et à travailler. Pour cette raison, les *calcaires* (oolithique, tuffeau, grossier), les *meulières* et les *grès* constituent les pierres à bâtir par excellence ; le *schiste ardoisier* est important parce qu'il fournit des matériaux pour couvrir les maisons.

A défaut de roches tendres, faciles à travailler, on emploie les roches éruptives, *granit, basalte, lave* ; seulement comme ce sont des pierres très dures à tailler, on ne les emploie en grande quantité dans les constructions que là où elles constituent la majeure partie du sol ; d'ordinaire, on les réserve pour le pavage des rues, le dallage des trottoirs, l'exécution des ouvrages qui demandent une pierre pour ainsi dire indestructible.

A défaut de calcaires et de roches éruptives, on se sert même de l'*argile* pour bâtir les maisons, bien que ce soit une roche peu solide ; on la mêle alors avec du sable pour faire le pisé, ou bien on la pétrit avec de l'eau et on la fait sécher et cuire en briques. On voit ainsi quelles ressources les différents terrains offrent pour la construction.

Le *marbre*, qui est tant employé pour la décoration des maisons, n'est qu'une variété de calcaire métamorphisé, c'est-à-dire ayant subi une transformation constitutive après avoir été portée naturellement à une température très élevée.

2° Les **combustibles** se présentent également sous la forme de masses minérales. Les principaux sont la houille, la lignite et la tourbe, le pétrole. Ils doivent leurs propriétés à leur richesse en carbone.

La *houille* est, de tous les combustibles, le plus riche en carbone ; elle en contient au moins 80 pour 100 ; on la trouve sous forme de couches superposées d'une épaisseur variable. Elle se rencontre surtout dans le terrain carbonifère qui lui doit son nom et qui forme l'étage supérieur des terrains primaires.

La *lignite*, qui renferme 50 à 70 pour 100 de carbone, et la *tourbe*, qui en contient de 40 à 50 pour 100, peuvent être considérées comme des houilles imparfaites ; elles servent aux mêmes usages. Les gisements de lignite sont assez répandus dans les terrains secondaires et surtout dans les terrains tertiaires ; ils ressemblent aux formations carbonifères. La tourbe a commencé à se former pendant la période quaternaire, et provient de la décomposition de plantes aquatiques qui se détruisent par le pied, tandis qu'elles continuent à se développer par le haut : dans le Jura et dans la Somme, l'accroissement des tourbières serait d'environ 1 mètre par siècle.

Le *pétrole* est un liquide formé d'un mélange d'hydrogène et de carbone ; il remplit dans le sol des poches d'où on le fait jaillir en forant des puits. L'origine en est mal déterminée.

3° Les **métaux** se trouvent rarement dans le sol à l'état de pureté absolue, à l'exception de ceux qui, comme l'or et le platine, opposent une résistance exceptionnelle aux divers agents chimiques. La plupart se trouvent à l'état de minerais, en combinaison avec l'oxygène, le soufre, le chlore, etc.

Les métaux proviennent de l'intérieur du globe; ils arrivent avec les roches volcaniques; aussi les roches qui en contiennent le plus sont-elles les roches volcaniques, puis les roches granitiques et les schistes cristallins.

Les gîtes métallifères se présentent sous différents types dont les principaux sont les suivants : 1° les *filons*, ayant rempli les grandes fentes qui existaient dans les terrains sédimentaires ou éruptifs; 2° les *gîtes éruptifs*, ainsi appelés parce que les minerais sont renfermés dans une roche volcanique, de telle sorte que la roche et le minerai constituent une seule formation; 3° des *gîtes stratifiés*, où les minerais sont disposés en couches régulières intercalées dans les roches sédimentaires, et tantôt horizontales, tantôt plissées comme ces roches sédimentaires elles-mêmes; 4° des *gîtes de débris*, formés de paillettes provenant de l'érosion des gisements primitifs par les cours d'eau qui les ont entraînées et déposées dans leurs alluvions.

Les métaux sont très inégalement répandus. Les uns sont très communs, comme le fer, dont la densité est 7,84; d'autres sont relativement rares, comme le platine (densité 21,5), l'or (densité 19,25), et même le mercure (densité 13,59) et l'argent (densité 10,47). La rareté plus ou moins grande des métaux présente une relation curieuse avec leur poids spécifique : on peut presque poser en loi que la rareté des métaux est en proportion directe de leur poids : plus un métal est lourd et plus il est rare. L'explication paraît être la suivante : le noyau incandescent qui occupe l'intérieur du globe renferme tous les métaux disposés suivant l'ordre des densités, les plus lourds se trouvant au centre, les plus légers à la périphérie; ceux-ci doivent donc prédominer dans les parties superficielles de la croûte terrestre. Il est vraisemblable que le noyau interne de la terre renferme encore en abondance des métaux lourds en fusion.

Flores. — Toute plante exige, pour vivre et se développer, la réalisation d'un certain nombre de conditions nécessaires qui sont : une quantité déterminée d'air, certains aliments minéraux, enfin un certain degré de chaleur, d'humidité et de lumière.

Toutes ces conditions sont indispensables à la vie des plantes, plus ou moins toutefois suivant les espèces.

1° **L'influence de l'air** est primordiale : sans air, aucune plante ne peut subsister.

Au reste, les parties aériennes des plantes trouvent, on peut dire, en tous lieux la quantité d'oxygène indispensable à leur existence. Des seules parties souterraines ou aquatiques, il n'en est pas ainsi; suivant la nature plus ou moins perméable du sol, l'aération des racines se fait bien ou mal : cette différence influe puissamment sur la végétation.

2° **L'influence de la nature du sol** sur la végétation est très sensible. Il y a des plantes calcicoles, c'est-à-dire qui vivent sans inconvénient sur les terrains calcaires, et il y a des plantes silicicoles, c'est-à-dire qui vivent sans inconvénient sur les terrains siliceux. Ainsi le hêtre et le tilleul sont calcicoles; le châtaignier, le pin et le bouleau sont silicicoles. Le calcaire et la silice ne sont pas, au reste, les seuls éléments minéraux influant sur la répartition des végétaux : le chlorure de sodium, par exemple, exerce une grande influence sur elle, et certaines plantes n'atteignent leur développement complet que sur le bord de la mer ou dans les terrains salés. Chaque variété de sol a donc sa végétation propre et caractéristique.

Cette influence du sol sur la répartition des végétaux est modifiée toutefois par l'action du climat. Telle plante qui, dans une région froide, se plaira sur le calcaire, le fuira dans une région chaude : par exemple, les arbres verts des régions méditerranéennes ne se rencontrent dans la France centrale que sur le calcaire, tandis qu'en Algérie ils prospèrent indifféremment sur tous les sols. Le mélèze fuit le calcaire dans la Suisse occidentale, et se montre indifférent à la nature du sol, plus à l'est, dans la Haute-Bavière et dans les Karpates. L'homme peut d'ailleurs observer ces conditions naturelles en modifiant par des amendements ou des engrais appropriés la composition minéralogique du sol.

3° **L'influence du climat** est l'influence qui règle, d'une manière prédominante, la répartition des végétaux.

Le *degré de chaleur* d'un pays est capital pour sa végétation. Chaque plante exige pour prospérer une certaine quantité de chaleur variable d'une espèce à l'autre : certains végétaux aiment le froid, d'autres le craignent. D'ailleurs, il paraît indifférent à la plante que la quantité de chaleur nécessaire lui soit distribuée en un temps court ou long, pourvu qu'elle se produise : on retrouve les mêmes plantes dans des régions à climat égal où elles peuvent végéter longtemps, et dans des régions à climat excessif où la saison de végétation dure peu, mais est marquée par de grandes chaleurs.

Par suite, les végétaux qui exigent le moins de chaleur restent cantonnés dans les régions polaires ou sur les hautes montagnes; ceux qui réclament beaucoup de chaleur ne subsistent que dans la zone équatoriale. Par exemple, le café et le cacao ne dépassent guère les tropiques; le palmier ne dépasse guère

PALÉTUVIERS DE LA RIVIÈRE FORCADOS (AFRIQUE).

Ces palétuviers, avec leurs racines multiples et visibles, donnent une idée de l'exubérance à laquelle atteint la végétation équatoriale, en un climat chaud et baigné abondamment de pluies tièdes.

le 36ᵉ degré de latitude, la canne à sucre le 38ᵉ degré, la vigne le 50ᵉ degré; le maïs, qui exige 2700 degrés pour mûrir son grain, s'éloigne moins de l'équateur que le blé qui en exige 2100 environ, et surtout que l'orge qui se contente de 1750. L'étagement des plantes sur les flancs des montagnes résulte de la même loi.

Le *degré d'humidité* n'a pas moins d'influence. Pour qu'une plante réussisse dans un lieu donné, il faut qu'elle y trouve une quantité d'humidité bien déterminée, comprise entre un certain minimum et un certain maximum. Telle plante qui exige un minimum annuel de 40 centimètres de pluie, prospère dans l'Europe occidentale et ne vient pas dans un autre pays aussi chaud mais plus sec. Le palmier aime la chaleur humide, l'olivier aime la chaleur sèche.

Il importe beaucoup, du reste, au caractère de la végétation que l'humidité soit répartie entre toutes les saisons et non bornée à une courte saison humide que suivent de longs mois de sécheresse. L'eau des plantes s'évapore sans cesse, plus ou moins vite suivant l'épaisseur des tissus de la feuille : il faut, dès lors, que la plante puisse renouveler de temps en temps sa provision d'eau dans le sol, suivant ses besoins. Les plantes à évaporation rapide, comme l'herbe des prairies, ne peuvent s'accommoder que d'un climat où il pleut souvent, à moins que le terrain qui les nourrit ne soit compact et ne garde longtemps l'humidité ; dans les pays où de longues sécheresses alternent avec une période humide, les prairies, desséchées pendant une partie de l'année, prennent le caractère de steppes. D'autres plantes, au contraire, comme les figuiers de Barbarie et les arbres à feuilles persistantes, oliviers, orangers, citronniers, n'étant

CACTUS, PRÈS DU CAIRE.

Les cactus, ou figuiers de Barbarie, sont des plantes aux feuilles épineuses très épaisses ; c'est cette épaisseur des feuilles qui, faisant obstacle à l'évaporation de la sève, permet à la plante de subsister dans les pays méditerranéens, où les pluies sont rares en été.

sujettes qu'à une faible évaporation, peuvent supporter les alternances irrégulières de pluie et de soleil.

La *lumière* exerce aussi une influence sensible, parce que c'est sous son influence que les plantes fixent dans leurs éléments le carbone emprunté à l'atmosphère. Aussi certaines plantes ont-elles besoin d'une lumière éclatante : celles-là vivent sous les ciels sereins. D'autres, au contraire, comme les espèces qui foisonnent sous l'ombre des forêts vierges tropicales, s'accommodent d'une demi-obscurité, et mourraient ou souffriraient d'une lumière trop intense.

Zones de végétation. — L'influence de l'air et de la nature du sol modifie les détails, mais c'est l'influence du climat qui détermine les grandes zones de végétation du globe. De l'équateur au pôle, on en distingue cinq qui correspondent aux cinq grandes zones de climats.

1° A la zone équatoriale chaude et humide correspond une aire de végétation intense. C'est la forêt vierge, marécage perpétuellement inondé sous un climat de feu, aux arbres si rapprochés et si feuillus qu'ils interceptent presque la lumière, si touffue au ras du sol qu'on a peine à s'y frayer passage. C'est une profusion d'essences puissantes, palmier à huile, cocotier, arbre à beurre, bambou, liane à caoutchouc, baobab. C'est une exubérance incroyable : sous la voûte des grands arbres, se développe un fouillis de fougères, de rhododendrons, de hautes herbes qui s'étouffent dans l'ombre tiède, et forment comme une petite forêt sous la grande. Telles sont les forêts équatoriales du bassin de l'Amazone, de l'Afrique centrale, de l'Archipel Asiatique, de la Nouvelle-Guinée.

FORÊT TROPICALE A JAVA.

Profusion des espèces végétales les plus diverses, arbres très élevés et serrés les uns contre les autres, fouillis de buissons et de broussailles au ras du sol : telles sont les forêts tropicales ; on y est toujours dans une semi-obscurité ; il n'est jamais possible d'y voir loin devant soi.

2° A la zone subtropicale, chaude et sèche, correspond une zone désertique. Des forêts équatoriales on y arrive graduellement. A mesure que l'humidité diminue, les forêts prodigues, enchevêtrées, font graduellement place aux bois sans profondeur, aux bouquets d'arbres, parcs plutôt que forêts, aux savanes, aux herbes très hautes : tels les *campos* brésiliens, les *llanos* des bords de l'Orénoque, les savanes du Soudan central. Puis, quand l'eau de plus en plus rare manque presque tout à fait, la nature, de plus en plus pauvre, avare, desséchée, s'épuise jusqu'à devenir le Sahara, l'Arabie, le Gobi, l'Australie centrale, le Kalahari, pays de sables et de pierres, où végètent çà et là de maigres arbustes, acacias, mimosées, graminées traçantes, chiendents vivaces, dont les racines profondes vont puiser dans le sous-sol un reste d'humidité qui manque à la surface.

3° A la zone tempérée peu humide, où les pluies sont hivernales,

les étés chauds et secs, la température annuelle assez élevée, la vie renaît avec l'eau. Le sol se tapisse d'une végétation médiocre comme les pluies. Ce n'est plus le désert, mais l'ensemble reste maigre, étriqué: c'est le maquis broussailleux, l'olivier au feuillage toujours vert, mais menu et sans opulence, la vigne, liane grêle, dont les racines plongent dans le sol.

Telle est la flore des régions méditerranéennes, du Cap, de la Californie, etc.

4° A la zone tempérée humide correspondent deux zones de végétation, celle des pays maritimes et celle des pays continentaux.

Humides en toute saison, les pays maritimes ont des forêts, mais moins touffues, moins riches en espèces végétales, moins vivaces que celles de la zone équatoriale. Les forêts équatoriales renferment des centaines d'espèces variées et les arbres abattus repoussent en quelques mois. Dans la zone tempérée, il y a des forêts composées d'une

BOMBAX FROMAGER.

La végétation équatoriale se distingue non seulement par son exubérance et la variété de ses formes, mais encore par la puissance de quelques-unes de ses espèces. On aura l'idée de ce qu'est le bombax fromager représenté ci-dessus en comparant sa taille et la circonférence de son tronc avec la hauteur de l'homme presque imperceptible qui est à son pied.

seule espèce d'arbres, hêtres, chênes, sapins, et il faut vingt ans au moins pour qu'un taillis redevienne forêt. Sur beaucoup de points, du reste, les forêts de la zone tempérée ont disparu devant les cultures. Les essences dominantes sont des arbres à feuillage caduc, hêtres et chênes, au sud, des arbres à feuillage persistant, sapins, mélèzes au nord.

Médiocrement arrosés, les pays continentaux forment une région de steppes. Au printemps, après les pluies, le sol se recouvre d'une pauvre végétation herbacée, de liliacées et d'arbustes nains; mais toute cette végétation est rapidement desséchée et brûlée dès qu'arrivent les chaleurs estivales. Telles sont les steppes de la Russie méridionale vers la mer d'Azov et la Caspienne.

Au reste, dans l'une et l'autre zone, à mesure qu'on s'élève en latitude, la chaleur des jours d'été diminue; le froid interrompt la végétation pendant plusieurs mois. Alors à la vigne et au maïs qui exigent de grandes chaleurs, succèdent des plantes dont les dernières crois sent et mûrissent en quelques semaines. Les forêts elles-mêmes se

LA PAMPA DE L'ARGENTINE.

Type du pays sec dans la zone tempérée : aucun arbre, mais seulement des arbustes nains, une herbe très maigre que paissent surtout des moutons, l'animal sobre. La pampa n'est qu'une steppe.

rapetissent peu à peu; les arbres se rapprochent graduellement du sol; à l'approche des climats polaires, des arbres centenaires présentent l'apparence d'arbrisseaux malades. On ne trouve plus de forêts au delà de la courbe décrite par l'isotherme d'été de 8 degrés.

5° La zone polaire a un hiver très long et un été très court, une température estivale très basse, ne dépassant pas 7 à 8 degrés en moyenne en juillet. On n'y rencontre d'arbres qu'aux environs du cap Nord où se fait sentir l'influence attiédissante des eaux marines. Le sol est couvert par la *toundra*, revêtue de mousses si elle est humide, de lichens si elle est sèche. Aussi loin qu'il s'est avancé vers le pôle, l'homme a trouvé une flore, petites plantes bien humbles, appliquées contre le sol, groupées sur les talus exposés au soleil, blotties dans les fissures, abritées sous des pierres : leur taille habituelle est de 5 à 8 centimètres; les végétaux de 15 centimètres de hauteur sont rares, et parfois leurs racines s'étendent dans la terre sur une longueur de 3 à 4 mètres.

Faunes. — La répartition géographique des animaux dépend d'une foule de circonstances, dont les principales sont la température et l'histoire géologique du sol ; comme causes secondaires interviennent le relief, la végétation et la faune elle-même, en particulier l'homme.

1° La *température* est le plus important de tous ces facteurs.

UN COIN DE LA CAMPAGNE NORMANDE.

Type de pays humide dans la zone tempérée : des arbres, des herbages
La Normandie est un bocage et un pays d'élevage.

Les faunes tropicales sont infiniment plus riches que celles des pays froids. Toutefois, à cause de leur mobilité, les animaux dépendent de la température beaucoup moins que les végétaux, parce qu'ils peuvent se déplacer de manière à être toujours dans des régions ayant le degré de chaleur qui leur convient. Ils sont doués, en outre, d'une plus grande faculté d'acclimatation.

2° L'*histoire géologique* est presque aussi importante que la température. L'Afrique équatoriale et l'Amérique équatoriale ont même climat général, presque même végétation, et pourtant leurs faunes sont très différentes. Le fait ne peut s'expliquer que par des variations climatiques différentes à des époques antérieures et par les formes successives qu'ont eues les continents et les océans au cours de l'évolution terrestre. Si nous connaissions les dispositions des continents, la nature de leur climat, et la composition de leur flore et de leur faune à toutes les époques géologiques, la localisation d'un grand nombre d'espèces serait un problème résolu.

3° Le *relief* agit par les montagnes qui forment des barrières, baignées de climats fort variés, inégalement propres au développement de chaque espèce animale. Beaucoup d'animaux ne peuvent pas franchir les hautes chaînes de montagnes parce que, sur les hauteurs, ils périraient de froid et de faim. Aussi les versants opposés de l'Himalaya en Asie, des Andes et des Montagnes Rocheuses en Amérique, sont-ils peuplés de faunes très différentes. Les Alpes et les Pyrénées, à un degré moindre, constituent des séparations analogues. S'il n'existe aucune barrière montagneuse semblable en Afrique, le désert du Sahara en tient lieu.

4° La *végétation* influe sur la faune. Les herbivores, en effet, dépendent directement de la végétation, et les carnivores, se nourrissant d'herbivores, en dépendent par là même indirectement. Les forêts ont leurs espèces caractéristiques, singes, écureuils, cerfs ; de même, les plaines herbeuses et la brousse ont les leurs, zèbres et antilopes, par exemple. Dès lors, un changement dans la végétation amène un changement dans la faune : le coq de bruyère, qui se nourrit de bourgeons et de feuilles de conifères, fut très répandu dans le Danemark lorsque, au début de l'époque quaternaire, ce pays était couvert de forêts de pins ; celles-ci ayant été remplacées par des forêts de chênes et de hêtres, le coq de bruyère a disparu du Danemark.

5° Les *faunes animales* agissent même les unes sur les autres. La mouche tsétsé, dont la piqûre est mortelle aux bœufs, chevaux et chiens, rend l'élevage de ces animaux impossible dans l'Afrique centrale et australe. L'exemple suivant est devenu populaire. La fécondation du trèfle rouge est assurée par les bourdons ; eux seuls le visitent pour en prendre le nectar et se couvrent alors de pollen qu'ils portent de fleur en fleur. Or, le nombre des bourdons dépend du nombre des mulots qui détruisent leurs nids, et celui des mulots dépend à son tour de celui des chats. Ainsi, en définitive, les chats déterminent, dans une localité, l'abondance des bourdons et des trèfles rouges.

Répartition des espèces animales. — L'étude de la distribution des mammifères sur la surface du globe a permis de distinguer

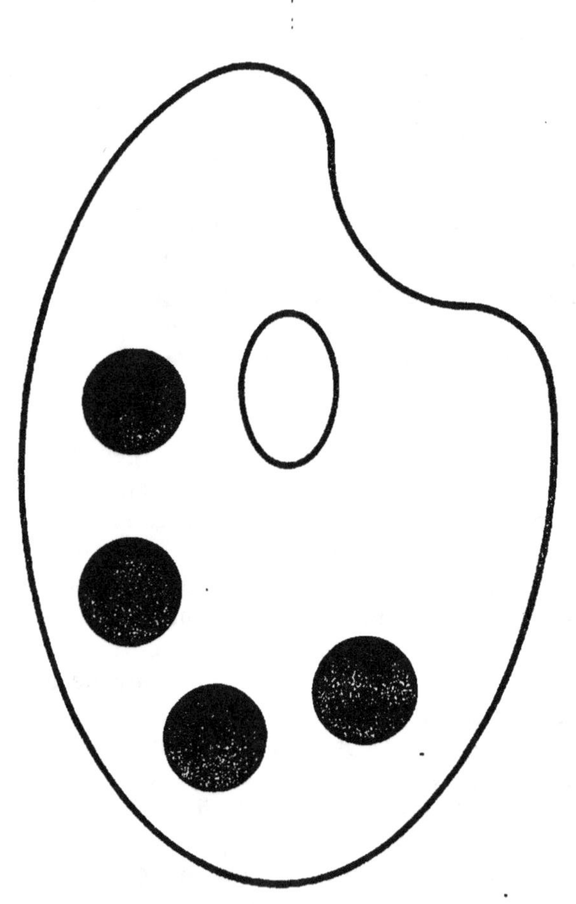

Original en couleur

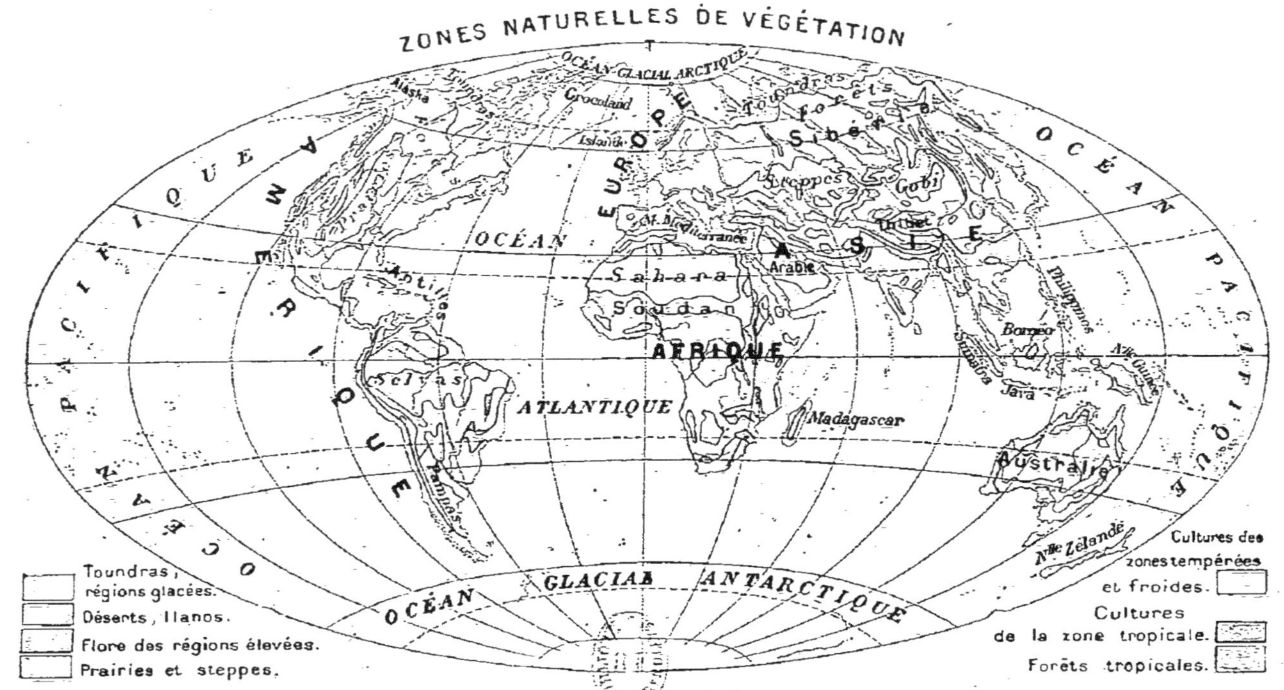

ZONES NATURELLES DE VÉGÉTATION.

La distribution de ces zones de végétation présente, et c'est naturel, une analogie évidente avec celle des pluies (voir carte p. 88.) Les forêts tropicales correspondent aux régions de très forte pluviosité; les régions de déserts correspondent aux régions très sèches; les régions de steppes, aux régions médiocrement arrosées.

huit grandes régions zoologiques, à savoir : 1° la région septentrionale de l'ancien continent (Europe, Asie jusqu'à l'Himalaya, nord de l'Afrique y compris le Sahara) ; 2° la région nord-américaine (Amérique du Nord jusqu'au Mexique); 3° la région indienne (Inde, Chine méridionale, Indo-Chine, îles de la Sonde); 4° la région éthiopienne (Afrique au sud du Sahara, Arabie); 5° la région sud-américaine (Mexique, Amérique centrale et Amérique du Sud); 6° la région australienne (Australie, Nouvelle-Zélande, Polynésie); 7° et 8° les régions polaires arctique et antarctique.

Chacune de ces régions est caractérisée par des espèces particulières. Il faut dire toutefois que l'action de l'homme, surtout depuis les grands voyages modernes, tend à modifier grandement la répartition naturelle des espèces animales. Il en a pourchassé tellement quelques-unes qu'elles ont disparu (bison ou buffalo) ou sont en voie de disparition (éléphants). Il a introduit des espèces européennes sur des continents où elles étaient inconnues et ont prospéré (nos animaux domestiques en Amérique, le lapin en Australie). La faune naturelle a subi, depuis quelques siècles, des transformations considérables.

D'une manière générale, les tropiques étalent dans leurs forêts immenses ce que le règne animal a produit de plus énorme et de plus fort, lions, éléphants, rhinocéros, hippopotames, grand tigre royal, orang-outang, grands reptiles; en même temps ces régions voient s'agiter un fourmillement d'infiniment petits d'une incroyable variété, insectes, mouches, fourmis, contre l'invasion desquels on a peine à se défendre. Les régions tempérées sont surtout le domaine des animaux domestiques, bœufs, vaches, chevaux, moutons; les fauves y sont peu nombreux et surtout infiniment moins redoutables. Puis, vers les cercles polaires, la vie animale se raréfie comme la vie végétale elle-même : à part l'ours blanc, protégé du froid par son épaisse fourrure, on n'y trouve plus guère que quelques herbivores, comme le renne ou le bœuf musqué, des rongeurs, lièvres, lemmings, au pelage variable d'une saison à l'autre, nombre d'oiseaux, enfin des mammifères marins, phoques, morses, qui peuvent aller chercher dans les eaux un reste de chaleur qui fuit la surface.

13. — MODIFICATIONS ACTUELLES DE LA TERRE

SOMMAIRE

I. Le relief terrestre est loin d'être stable. Il est déformé sans cesse par diverses actions externes qui, d'une manière générale, tendent à détruire les parties en saillie pour combler les parties déprimées.

Les principaux agents de ces actions externes sont : 1° l'*atmosphère*, laquelle agit par la chaleur qui fait éclater les pierres, par l'humidité qui les dissout partiellement ou les désagrège, par le vent qui dégrade le sol et emporte les particules désagrégées des roches pour en faire des dépôts (Terres Jaunes de Chine) ou des dunes; 2° les *eaux courantes* qui, soit qu'elles s'infiltrent dans le sol, soit qu'elles glissent à la surface, déterminent des actions chimiques dissolvantes et des actions mécaniques érosives ; 3° les *vagues marines* qui minent les falaises, en provoquent l'éboulement, et, avec les débris, construisent des cordons littoraux enfermant des lagunes.

II. Diverses actions internes modifient également sans cesse le relief de la terre. Ces actions internes, dues au refroidissement progressif du globe, tendent à provoquer des soulèvements et des affaissements, c'est-à-dire à créer les inégalités du relief.

Les principales sont : 1° les *volcans* qui, au nombre de 350 en activité, répartis sur les bords des grands bassins d'effondrement, édifient des montagnes, bâtissent des îles (île Julia, îles Kaimeni) et parfois aussi en détruisent (volcan de Krakatau dans les îles de la Sonde) ; 2° les *tremblements de terre* qui, occasionnés sans doute par le contre-coup des dislocations intérieures, crevassent la surface de la terre et provoquent des déplacements horizontaux et verticaux sensibles ; 3° les *oscillations lentes des continents*, qui ont sans doute la même cause, et qu'on constate surtout au bord des mers où le niveau des eaux sert de point de repère. La terre est dans un état de perpétuel devenir.

Développement.

L'évolution terrestre. — S'il est en géographie une notion essentielle, c'est celle de la transformation graduelle, incessante de notre planète.

On est porté en général à regarder comme définitif et immuable l'état sous lequel nous la voyons. Notre vie individuelle est trop limitée, l'expérience de l'humanité encore trop récente. C'est à peine si, de loin en loin, un fait dont le sens précis échappe à la plupart — un volcan qui fait éruption, un tremblement de terre, une montagne qui glisse, une falaise qui s'éboule, une passe qui s'obstrue par alluvionnement ou par l'effet de quelque lent mouvement orogénique — révèle aux esprits attentifs l'activité persistante des forces naturelles qui ont modelé notre univers. Depuis l'apparition de l'homme sur la terre, on ne peut citer de troubles géologiques notables que ceux qu'amenèrent les époques glaciaires. La nature, qui a pour elle le temps, procède avec un lenteur extrême ; c'est la continuité de ses efforts qui fait leur importance.

Il n'en est pas moins vrai que la face de la terre, comme tout ce qui nous entoure et comme nous-mêmes, ne cesse de se transformer sous l'action de nombreux phénomènes que les poètes et les rhéteurs personnifient en les appelant « la main du temps ». Pas un jour ne s'écoule sans apporter sa modification à la face actuelle du globe.

Ces phénomènes sont ceux qui, depuis l'origine du monde, n'ont pas discontinué de déformer la sphéricité du globe, et que nous avons déjà indiqués. Les uns sont dus à une cause extérieure, atmosphère, pluies, eaux courantes, flots de la mer. Les autres proviennent de causes internes et siègent dans les profondeurs du sol, réactions chimiques, refroidissements, phénomènes volcaniques, tremblements de terre, oscillations lentes des continents. Ces derniers phénomènes, qui par leur violence constituent les révolutions du globe, agissent d'une manière plus terrifiante, plus sensible, mais leur action n'est jamais que temporaire ; les autres, qui sont le fait d'une évolution et non d'une révolution, et dont l'action est plus lente, plus sourde en quelque sorte, mais ne s'arrête jamais, contribuent davantage peut-être à donner à la terre sa physionomie.

Actions externes. — Les actions destructives d'origine externe sont causées par l'atmosphère (chaleur, pluie, vent), par

ROCHERS ISOLÉS ET STRIÉS PAR LE VENT AU COLORADO (AMÉRIQUE).

Il n'est pas rare de trouver des rochers semblables dans les régions sèches et à maigre végétation; le vent soulève des tourbillons de poussière cinglante qui use les roches les plus dures et dessine à la longue sur leurs parois des sillons parallèles, des stries comme ceux qu'on voit sur les deux grands rochers ci-dessus. Si l'on s'est trouvé sur une côte sablonneuse un jour de tempête et si l'on a ressenti sur la figure la douleur aiguë causée par les grains de sable que le vent entraîne avec violence, on comprendra que les sables puissent user à la longue les pierres les plus dures.

les eaux courantes, par les flots marins. Il n'y a ici qu'à résumer ce qui a été dit plus haut en divers chapitres.

1° **L'atmosphère** agit par ses changements de température, par son humidité, par ses mouvements.

L'action de la température est surtout sensible dans les pays secs, à climat extrême, où l'on passe brusquement d'un froid vif à une chaleur torride. Ces changements brusques et considérables ont pour résultat de fendiller, de désagréger, de pulvériser les roches. Les gaz intérieurs qu'elles contiennent se dilatent par la chaleur et les font éclater. Dans d'autres régions, le froid produit des effets analogues, en amenant la congélation des eaux contenues dans les pores des pierres.

La *pluie* agit surtout par ses propriétés chimiques : elle dissout certains éléments constitutifs des roches, et ainsi les mine, les désagrège, compromet leur solidité.

Le *vent* s'empare des particules ténues et les entraîne avec lui,

DUNES DANS LE SAHARA.

Les dunes du Sahara apparaissent comme de grandes vagues de sable que le vent a amoncelées, striées, et qu'il déplace sans cesse. Les rides parallèles qu'on aperçoit sur les mamelonnements de sable sont faites par le vent; elles ressemblent à celles que dessinent les vagues de la mer sur certaines plages. On en voit enfin de semblables sur nos routes après les jours de grand vent.

souvent fort loin. Son action est multiple. D'une part, il emporte les parties meubles du sol et laisse seules en saillie les parties les plus résistantes : Schweinfurth a vu, dans son voyage au centre de l'Afrique, un bloc de granit de 10 mètres absolument isolé et rétréci à sa base, figurant une sorte de poire renversée; ce bloc avait été isolé par le vent et dénudé à sa partie inférieure par les tourbillonnements de l'air chargé de sables. D'un autre côté, le vent a une force d'érosion incroyable; les sables qu'il entraîne sont animés parfois d'une telle vitesse qu'ils peuvent user les roches les plus dures et les strier de sillons profonds : ceux qui se sont trouvés, un jour de grand vent, sur une plage de sable savent avec quelle force le sable cingle le visage.

Le vent ne fait pas qu'user, il construit. Après les avoir entraînées plus ou moins loin, il dépose les poussières dans les bas-fonds en gisements épais, ou les amoncelle autour d'un obstacle ons forme de dunes qu'il modèle, qu'il remanie et déplace sans cesse. D'après M. de Richthofen, les amas de terre jaune qui couvrent toute la Chine du Nord et lui donnent une si merveilleuse fertilité, ne seraient que des amas de poussières enlevées par les vents aux déserts de l'Asie intérieure et transportées à plus de 1000 kilomètres vers l'est ; or, cette terre jaune, qui couvre 80 à 90 millions d'hectares — près de deux fois l'étendue de la France — mesure par endroits une épaisseur de 600 mètres. C'est le vent, en tout cas, qui a construit et travaille sans cesse à modeler les dunes du Sahara.

2° Les **eaux couran-tes**, soit qu'elles s'infiltrent dans le sol, soit qu'elles glissent à la surface, causent des modifications incessantes et importantes. Celles qui s'infiltrent dans le sol dissol-

Phot. Fougères·

LA CASCADE ET LE CHAOS DU HUELGOAT
(FINISTÈRE).

Les eaux courantes, dont la force est grande en raison de leur pente, ont entraîné les terres meubles au milieu desquelles ces gros blocs se trouvaient : elles les ont déchaus sés, isolés, arrondis, et elles ont ainsi amené la formation de ce chaos rocheux si pittoresque. Des cascades et des chaos semblables se rencontrent fréquemment dans toutes les régions granitiques.

vent certaines parties des roches qu'elles traversent, élargissent les fissures naturelles qui s'y trouvent : ce sont elles, on l'a vu, qui ont creusé les grottes souterraines, et qui ont déterminé la formation, par suite d'effondrements, des entonnoirs, *emposieux*, *avens*, *katavothra*, qu'on rencontre en si grand nombre dans les pays calcaires, ainsi que la formation de ces vallées profondes et étroites qu'on nomme des *cañons*. (Voir gravures, p. 105 à 111.)

Celles qui glissent sur le sol, en s'écoulant vers l'aval, arra-
chent sur leur passage les parties du sol les plus meubles et se
creusent des vallées de plus en plus profondes. Tant que leur
pente est forte, elles dégradent leurs rives et ont assez de puissance pour entraîner pêle-mêle d'énormes quantités de limon, de
cailloux, de blocs même, qu'elles briseront en galets, puis en

Phot. Roux.

LES ROCHERS DE VALLIÈRE, PRÈS DE ROYAN.

*Les vagues détruisent les falaises; elles en isolent les parties dures qui restent
en saillie sous forme de piliers en avant du rivage jusqu'au jour où elles s'ef-
fondrent à leur tour. L'arche qui figure à gauche de la photographie marque
l'endroit où s'opérera, dans un avenir plus ou moins éloigné, une nouvelle
séparation dans la falaise. On a vu plus haut (p. 142) avec la Demoiselle de
Fontenailles, aujourd'hui renversée, un exemple analogue du même phénomène.
La côte normande, près d'Étretat, en fournirait encore d'autres. Remarquer
sur la gravure ci-dessus l'arbuste qui continue à pousser sur le rocher le plus
éloigné de la falaise.*

sables, pour les déposer plus loin dans les plaines, ou à leur embouchure sous forme de deltas vaseux. Les forêts, en brisant la
violence des abats d'eau, en absorbant une partie de l'humidité
et en fixant les terres, contribuent à empêcher cette destruction
du sol; c'est pour avoir été maladroitement déboisés que nos départements des Hautes-Alpes et des Basses-Alpes ont été si
affreusement ravagés depuis un siècle par les torrents.

3° Les **vagues**, qui sont parfois douées d'une très grande force, exercent le long des côtes une double action : elles détruisent ici, et reconstruisent là.

Les vagues ne cessent de ronger les falaises rocheuses, désagrégeant les roches les plus tendres, tandis que les plus dures résistent : c'est ainsi que se sont formées peu à peu les découpures des rivages. La disparition des parties tendres donne naissance à des baies; les parties dures restent en saillie en avant du rivage et forment des caps, des promontoires, des îles. L'importance des érosions dépend à la fois du degré de résistance des roches et de la force des vagues.

Les débris des falaises ainsi mises en pièces forment des galets, des graviers et des sables; à ces débris viennent s'ajouter les sables et les vases que les fleuves jettent à la mer. Les vagues, s'emparant de ces matériaux divers, les roulent, les entraînent au loin, les déposent le long des côtes basses dans les mers peu profondes; elles forment ainsi des levées, ou cordons littoraux à l'intérieur desquelles les eaux venues de terre et mêlées à celles de la mer constituent des lagunes qui tendent à se combler (voir la carte représentant les lagunes de Venise, p. 137).

Actions internes. — Les principales actions d'origine interne qui concourent à modifier la surface du globe sont les volcans, les tremblements de terre et les oscillations lentes des continents.

1° Les **volcans** sont des orifices, temporaires ou permanents, par lesquels s'épanchent à la surface de la terre des laves en fusion émanées de l'intérieur de la croûte terrestre. L'éruption est précédée d'ordinaire de projections de matières diverses, cendres, petites pierres nommées *lapilli*, blocs rocheux. Puis, accompagnées d'une masse énorme de vapeur d'eau, les laves sortent sous la forme de grandes coulées visqueuses dont la température est considérable, puisqu'elles fondent des métaux comme le cuivre et l'argent qui ont une température de fusion supérieure à 1000 degrés; mais elles se refroidissent graduellement en se solidifiant, à la surface d'abord, dans l'intérieur ensuite : ainsi se sont formés ces immenses champs de lave, inégaux, rugueux, tourmentés, qu'en Auvergne on appelle des *chéires* et qu'on a comparés à une mer en furie qui se serait soudain figée.

Ces coulées de laves, qui descendent sur les pentes avec une vitesse pouvant aller à 3 mètres ou 3^m,50 par seconde, ont parfois des dimensions considérables : dans l'éruption du Mauna-Loa (îles Hawaï, en Océanie), la principale coulée s'étendit sur plus de 50 kilomètres avec une largeur de 200 mètres et une épaisseur moyenne de 100 mètres. Toute l'île d'Hawai est constituée uniquement par des laves dont le volume pour la partie émergée atteint 11000 kilomètres cubes, et l'on saisira l'importance de cette masse en réfléchissant que, étalée sur la France entière, elle

Phot. Brogi.

LE VÉSUVE EN ÉRUPTION.

Le Vésuve, qui, dans l'antiquité, détruisit Herculanum et Pompéi, a encore des éruptions assez fréquentes ; un panache de fumée ou un nuage environne alors le sommet ; des fumerolles se manifestent sur les flancs, et des coulées de laves se répandent parfois jusqu'à la zone des cultures.

la recouvrirait d'un manteau de 20 mètres d'épaisseur. Le géologue Verbeck estime à 18 kilomètres cubes la masse vomie par la seule éruption du Krakatau en 1883.

En ces conditions, les éruptions volcaniques ne peuvent manquer de modifier profondément le relief terrestre.

Ce sont elles qui, en provoquant des amoncellements de matières internes autour de l'orifice d'émission, ont édifié graduellement ces cônes plus ou moins réguliers que forment d'ordinaire les volcans et dont quelques-uns sont considérables. D'ailleurs, à chaque éruption, l'altitude d'un volcan change ; en général, elle augmente par l'amas des matières ignées au sommet; mais parfois aussi elle diminue, quand la force de l'explosion emporte le sommet du volcan : les altitudes du Vésuve ont été successivement de 1181 mètres en 1832, de 1296 mètres en 1867, de 1250 mètres en 1891.

Ce sont encore les éruptions volcaniques qui ont fait surgir de

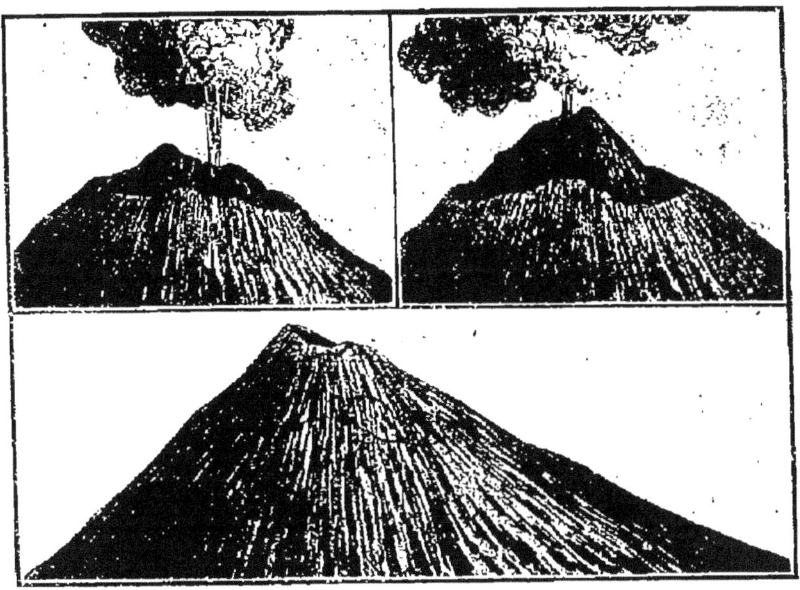

Le sommet des volcans ne cesse de se modifier au cours des éruptions; parfois la force de l'explosion emporte le sommet; le plus souvent celui-ci s'élève par suite de l'entassement des matières à l'issue du cratère. Les dessins ci-dessus représentent le sommet du Vésuve pendant l'éruption de 1769, le 8 juillet, le 18 octobre et le 29 octobre. Le dessin inférieur donne en pointillé les formes successives qu'avait présentées le volcan au cours de cette éruption.

l'Océan mainte terre nouvelle. On a vu que l'île Hawaï est toute de formation volcanique; on citerait bien d'autres exemples semblables en Océanie et ailleurs. Ainsi émergea, en 1831, entre la Sicile et l'île Pantellaria, en un point où la sonde descendait à plus de 100 brasses, l'île *Julia* qui mesurait 2000 pieds de pourtour et 200 de hauteur : elle disparut ensuite en 1833, pour reparaître quelque temps encore en 1863. L'exemple moderne le plus connu est celui des îles *Kaïmeni*, ou Iles Brûlées, dans le groupe des Santorin (Archipel) : une première île, surgie en 196 avant J.-C., d'après Strabon, puis accrue en 727 et 1457, est devenue l'île Paléa-Kaimeni; une seconde île, Micra-Kaimeni, se forma en 1573, à la suite d'une éruption nouvelle; une troisième île, Néa-Kaimeni, qui s'était formée de 1707 à 1712, a été plus que doublée par des éruptions qui marquèrent les années 1866 et 1867; elle mesure aujourd'hui plus de 80 hectares.

Si les volcans construisent, ils détruisent aussi. Ils détruisent des villes, comme le Vésuve qui, en l'an 79, engloutit Hercu-

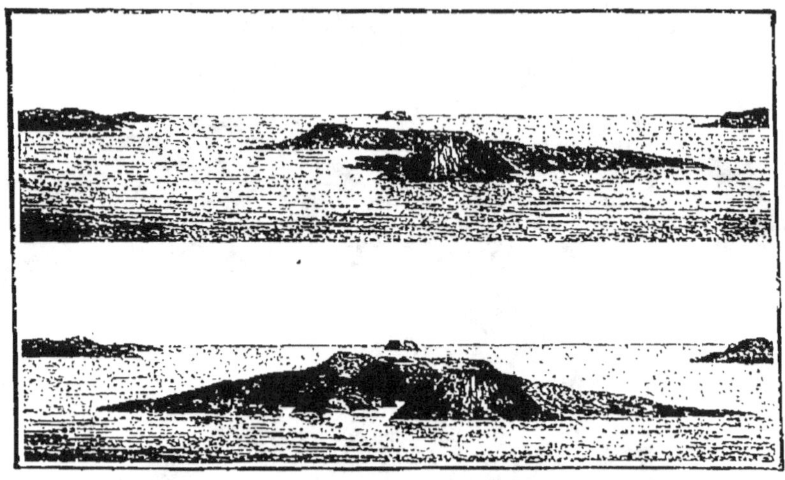

ACCROISSEMENT DE L'ÎLE NÉA KAIMENI EN 1866-1867.

La gravure supérieure donne l'état de l'île avant le commencement des éruptions, la gravure inférieure montre l'île plus que doublée, à la fin de 1867, par une grande étendue de terres surgies du côté de l'ouest. On remarquera la formation d'un cratère circulaire qui occupe le centre de l'île actuelle.

lanum et Pompéi, comme la Montagne-Pelée qui, en 1902, détruisit Saint-Pierre de la Martinique, dans les Antilles. Ils font disparaître des terres en partie ou en totalité. L'une des révolutions volcaniques les plus connues des temps modernes est celle qui, en 1883, bouleversa l'*île de Krakatau*, dans le détroit de la Sonde. Avant l'éruption, la topographie des lieux présentait une île d'environ 20 kilomètres carrés d'étendue, dominée par un volcan de 832 mètres, et flanquée au nord-est et au nord-ouest de deux îlots, Lang et Verlaten. Soudain en 1883 le volcan, qu sommeillait depuis 1680, se réveilla; pendant trois mois se succédèrent des détonations, des explosions, des projections de fumées et de cendres, sans qu'il fût possible d'aborder dans l'île; des cendres furent lancées en nuages jusqu'à 30 kilomètres de hauteur, et l'on en retrouva dans les îles Keeling, à 1200 kilomètres au sud-ouest. Quand on put approcher du lieu de l'éruption, on constata que l'aspect en était tout changé. De l'île de Krakatau, il ne subsistait que la partie méridionale, soit environ un tiers; à la place des deux tiers disparus s'ouvrait un gouffre profond de plus de 300 mètres.

Il existe un très grand nombre de volcans sur le globe : on en compte environ 350 ayant donné des signes d'activité depuis trois siècles, et il y en aurait plus de 500 autres qui seraient ou paraîtraient éteints. Ces orifices se rencontrent indifféremment sous toutes les latitudes, sous l'équateur (Amérique du Sud, Afrique, îles de la Sonde) comme dans les régions polaires (volcans Erebus et Terror près du pôle sud, volcans du Kamtchatka et des îles Aléoutiennes). Mais tous sont situés au voisinage des plissements les plus récents, sur les bords

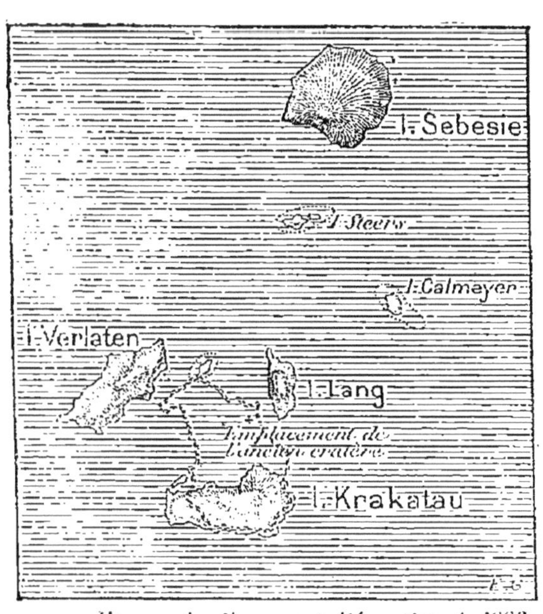

L'ÉRUPTION DE KRAKATAU EN 1883.

Cette éruption, qui dura plus de trois mois, détruisit plus des deux tiers de l'île de Krakatau à la place des parties septentrionale et centrale de l'île, qui étaient notablement élevées au-dessus de la mer, on trouve aujourd'hui des fonds marins de plus de 300 mètres. Les volcans construisent parfois, mais on voit par cet exemple du Krakatau — et il y en a bien d'autres — qu'ils détruisent aussi.

des grands bassins d'effondrement continentaux ou maritimes : un immense *cercle de feu* entoure le Pacifique. On est amené ainsi à penser que les volcans se sont formés le long des lignes de fracture de l'écorce terrestre qui représentent naturellement des points de moindre résistance.

2° Les **tremblements de terres**, ou **séismes**, sont un phénomène du même ordre que les volcans

On attribuait autrefois les tremblements de terre a des orages électriques déchaînés dans les profondeurs du globe, ou à des réactions chimiques intérieures qui déterminaient des ébranlements souterrains et des phénomènes volcaniques. Il semble naturel d'y voir une conséquence des mouvements de dislocation qui se produisent dans l'intérieur du globe et déforment la croûte terrestre. On les observe surtout dans les régions d'anciennes et de récentes dislocations, c'est-à-dire dans les régions mal assises

CARTE DES VOLCANS DU GLOBE.

Cette carte montre nettement le cercle de feu qui entoure le Pacifique ; elle montre aussi que presque tous les volcans en activité aujourd'hui se rencontrent au voisinage des océans. Les volcans en activité sont représentés par un point rond ; les croix désignent les volcans actuellement en non-activité, sans qu'on puisse au surplus affirmer qu'ils ne se réveilleront plus.

et mal consolidées : par exemple, dans la région méditerranéenne, dans les Antilles et l'Amérique centrale, dans les îles de la Sonde et les archipels voisins de la côte orientale de l'Asie.

Les tremblements de terre présentent, du reste, une grande variété. Ils se manifestent par des secousses verticales ou horizontales, partant d'un foyer d'ébranlement plus ou moins profond dans le sol, et se transmettant à la façon d'une vague, parfois très loin. Le fameux tremblement de terre de Lisbonne du 1ᵉʳ novembre 1755, qui eut son centre dans la région de Lisbonne où il causa de terribles ravages, ébranla un tiers du monde habité; il s'étendit jusqu'à Mogador, sur la côte du Maroc, bouleversa une grande partie de la péninsule Hispanique, fut observé en France, en Irlande, en Angleterre et en Écosse, en Italie, en Suisse, en Allemagne, et jusque dans la péninsule scandinave; à Madère, suivant ce qui arrive souvent en pareil cas, il détermina

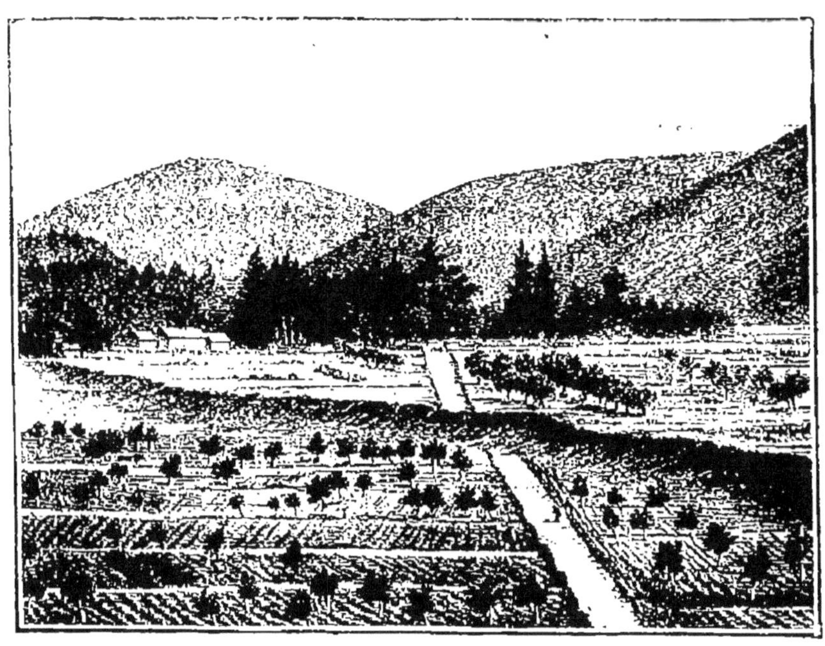

DISLOCATION DE TERRAIN PRODUITE AU JAPON PAR UN TREMBLEMENT
DE TERRE.

L'horizontalité de la plaine a été détruite par un affaissement de quelques mètres qui affecte toute la partie inférieure de la gravure; la route, d'abord horizontale et droite, a été coupée en deux tronçons qui ne se raccordent plus.

la formation d'une énorme vague, ou raz de marée, qui monta à 18 mètres. En juin 1896, un tremblement de terre avec raz de marée fit périr 22 000 personnes sur la côte orientale de Hondo (Japon).

Les tremblements de terre produisent sur l'écorce terrestre des modifications sensibles. Un de leurs effets ordinaires est la formation de fentes, de crevasses parfois très profondes qui tantôt se referment immédiatement et tantôt demeurent béantes: en Calabre, le tremblement de terre de 1783 provoqua la formation de fentes qui mesuraient plus de 10 mètres et s'étendaient a plus de 30 kilomètres. Les tremblements de terre provoquent, en outre, des effondrements, des dislocations, des déplacements horizontaux et verticaux : on a vu ainsi des routes coupées brusquement en deux tronçons de niveau différent. Après les tremblements de terre qui, de 1880 à 1885, avaient secoué le sol de l'Autriche, on eut l'idée de comparer les positions trigonométriques de certains points avec celles qui avaient été déterminées en 1878; on trouva que tous s'étaient déplacés, de 35 centimètres à $2^m,65$ dans le sens horizontal, de 20 centimètres à $2^m,60$ dans le sens vertical. Le niveau de la cathédrale d'Agram qui, en 1876, était à 445 pieds au-dessus du niveau de la mer, était à 436 pieds en 1885, à 441 pieds en 1886.

3° Les **oscillations lentes des continents** établissent de même que l'écorce terrestre n'est point stable.

Les observations faites sur les rivages, où le niveau de la mer offre une base de comparaison, ont établi que la ligne des rivages ne cesse de se déplacer. Tantôt, comme sur les côtes de la péninsule Scandinave et, d'une manière générale, dans toutes les régions élevées en latitude, la côte semble en voie de relèvement; tantôt, et principalement dans les latitudes moyennes et près de l'équateur, elle paraît s'affaisser d'un mouvement lent, mais continu. Parfois, sur certains rivages, on observe les deux tendances opposées en deux points voisins : c'est ce qui arrive sur certains points de la Méditerranée orientale.

Il paraît naturel de penser que ces ondulations de la surface terrestre ne sont que la répercussion de révolutions intérieures du globe, qui n'ont sans doute elles-mêmes d'autres causes que le refroidissement et par suite l'épaississement et le resserrement de la croûte terrestre. Notre planète cherche sans cesse l'état d'équilibre sans le trouver jamais. « Il demeure incontestable, dit Élisée Reclus, qu'un mouvement incessant fait onduler l'écorce dite rigide de notre globe. Les masses continentales s'élèvent pendant une longue série de siècles, puis elles s'abaissent de nouveau pour s'exhausser encore avec de lentes et majestueuses oscillations, comparables au va-et-vient d'un balancier.... Les continents s'élèvent et s'abaissent comme par une respiration lente. » La terre est dans un état de perpétuel devenir.

L'avenir de la Terre. — Le sort des planètes ressemble à celui des hommes ; elles passent successivement par des périodes de formation, d'activité maximum et enfin d'activité minimum. Peut-on prévoir vers quel avenir s'achemine la Terre dans son évolution ininterrompue?

La géologie comparée permet de répondre à cette question par l'observation de deux planètes voisines de la Terre et plus âgées qu'elle : *Mars*, qui a quitté, avant la Terre, la nébuleuse primitive dont notre Soleil est le centre, qui a donc commencé, avant notre globe, sa vie planétaire, et qui, par suite de son volume un peu moindre, en a parcouru plus rapidement les phases ; la *Lune* qui, beaucoup plus petite que la Terre, s'est desséchée et refroidie beaucoup plus vite. Mars en est à la période de vieillesse, pourrait-on dire ; la Lune en est à la décrépitude.

Mars présente une remarquable analogie avec la Terre. Elle a presque le même volume ; ses jours sont à peine plus longs (24 heures 30 minutes), mais l'année y dure 687 de nos jours, en sorte que les saisons sont plus longues et les variations du climat un peu plus considérables. On y voit une atmosphère, des pluies, des tempêtes, des neiges accumulées surtout vers les pôles et plus abondantes en hiver qu'en été, et aussi de belles journées pendant lesquelles l'absence de nébulosité laisse apercevoir de vastes continents revêtus d'une végétation annuelle rouge et jaune, et des océans colorés de nuances plus ou moins claires, plus ou moins foncées. Mais on y voit moins d'océan et plus de terre ferme que sur notre planète, car les surfaces émergées et immergées y sont presque égales ; les continents sont plats, les montagnes ayant été enlevées par l'érosion ; les mers sont limitées par des rivages en pente extrêmement adoucie et très découpés, comme il arrive toujours au bord d'océans bas, et il en résulte d'immenses inondations à la suite desquelles l'océan abandonne certains de ses bords pour couvrir d'un autre côté des espaces égalant et dépassant même la France en étendue. On comprend, par là, l'intérêt qu'il y aurait à entrer en relation, si cela était possible, et comme on l'a cherché, avec la planète Mars.

La Lune présente un aspect de vaste ruine. Sa surface est criblée de cratères immenses, cirques aux parois régulières et sans végétation, au centre desquels se dressent verticalement des pics coniques : d'ailleurs, plus d'éruptions, plus de laves coulant sur les pentes. La Lune n'a plus de vapeur d'eau, et, par suite, son atmosphère permet un libre passage aux rayons solaires en même temps qu'à un intense rayonnement dans l'espace, ce qui provoque dans un même jour des variations de température considérables. On y passe en quelques heures d'une température nocturne d'au moins — 50 degrés à une température diurne supérieure à celle de l'eau bouillante. Soumis à ces brusques variations, le sol lunaire tour à tour se dilate, se contracte. Il en résulte des rainures immenses, des fentes aux parois à pic, profondes de plusieurs kilomètres, larges d'un kilomètre et demi, et d'une longueur dépassant 150 kilomètres. Sans doute, cet astre mort est-il destiné à se morceler quelque jour, à travers les espaces en comètes et en météorites.

Tel est aussi le terme vers lequel s'achemine la planète sur laquelle nous vivons. La science nous révèle des transformations lentes mais continues dans l'évolution de la Terre. Graduellement notre oxygène, notre azote, notre acide carbonique sont absorbés par des composés divers qui nous prennent notre air respirable et celui des plantes. Graduellement notre planète se refroidit par l'augmentation d'épaisseur de son écorce, et la calotte de glace qui couvre ses deux pôles gagnera dans les siècles vers l'équateur. Graduellement encore, elle perd son humidité qui pénètre par infiltration dans l'intérieur du sol ou se combine avec d'autres corps pour former les hydrates. Des siècles de siècles nous séparent sans doute du temps où la Terre présentera l'apparence actuelle de la Lune, mais la science nous la montre qui s'en rapproche petit à petit, par une évolution incessante, de même que tout ici-bas s'achemine vers une fin.

DEUXIÈME PARTIE
GÉOGRAPHIE HUMAINE

I. — PLACE DE L'HOMME DANS L'HISTOIRE DE LA TERRE

SOMMAIRE

La géographie humaine est la partie de la géographie qui a pour objet l'étude de l'homme dans ses rapports avec la terre.

II. L'homme est tard venu sur la terre, où il est apparu soit à la fin de l'époque tertiaire, soit même seulement au début de l'époque quaternaire. On peut prévoir, du reste, que l'existence de l'homme sur la terre, possible aujourd'hui par suite des conditions naturelles du globe, pourra ne plus l'être quand ces conditions se seront trop modifiées.

III. L'anthropologie nous a révélé les transformations que l'homme a subies depuis le début de son existence. Les périodes de Chelles, du Moustier, de Solutré, de la Madeleine, de la pierre polie, des métaux, nous montrent l'homme s'acheminant graduellement d'un état primitif, presque bestial, à l'état de civilisation auquel il est parvenu aujourd'hui.

Développement.

La géographie humaine ou anthropogéographie. — La géographie est la science qui étudie les actions et les influences réciproques de la terre sur l'homme et de l'homme sur la terre.

Sous le nom de géographie physique, nous venons d'étudier indépendamment de l'existence des hommes, les principales formes terrestres, et les lois qui régissent leur évolution. En un mot, la géographie physique étudie le milieu où l'homme évolue.

On nomme *géographie humaine* ou *anthropogéographie* selon

le mot du géographe allemand Ratzel, la partie de la science géographique qui étudie l'homme dans ses rapports avec la terre. La géographie humaine comprend donc les conditions géographiques de l'existence et des progrès humains, la manière dont l'homme dépend de la terre, enfin l'influence que, devenu civilisé, il peut exercer à son tour sur le milieu qui l'entoure.

Place de l'homme dans l'évolution terrestre. — L'homme n'a pas toujours existé sur la terre; il n'existera pas toujours. Son existence dépend d'un certain nombre de conditions naturelles indispensables qui ne se sont trouvées réalisées qu'à un moment déterminé de la vie de la planète.

Ni l'air qui fut longtemps chargé d'acide carbonique et de gaz irrespirables, ni la température qui resta longtemps excessive, ne permirent d'abord à l'homme de subsister sur le globe. L'homme est un des derniers êtres qui aient paru sur la terre. Bien qu'il ait existé fort avant la période obscure de la préhistoire et des plus anciennes traditions, il est de beaucoup postérieur à la plupart des animaux. Les plus hardis d'entre les savants ne lui assignent pas une existence antérieure à la fin des temps tertiaires et le plus grand nombre pense que son apparition sur la terre date seulement de l'époque quaternaire. L'évolution terrestre était déjà très avancée quand le premier homme vit le jour.

Et, de même, on peut le prévoir, l'existence de l'humanité cessera certainement quelque jour d'être possible, quand la planète ne fournira plus à ses habitants le minimum nécessaire à la vie, c'est-à-dire quand l'air ou l'eau se seront trop raréfiés, quand la température aura trop diminué, en un mot quand la Terre se sera avancée un peu plus vers l'état où se trouve actuellement la Lune, inhabitée et inhabitable.

L'existence de l'homme sur la terre n'est compatible qu'avec une phase de l'évolution planétaire

L'anthropologie. — L'anthropologie étudie l'histoire naturelle de l'homme, les traits physiologiques qui le caractérisent et qui permettent de classer les hommes en races, d'après la couleur, la forme du crâne, la stature du corps, la nature des cheveux. Son domaine embrasse l'humanité actuelle, mais en même temps l'humanité des temps reculés de la préhistoire. L'étude de cette période primitive, de beaucoup la plus étendue, s'est faite à l'aide de documents divers, céraunies, armes et ustensiles, ossements et squelettes.

Dès l'antiquité, les hommes furent frappés de la forme particulière de certaines pierres trouvées dans la terre, et ils attribuèrent à ces cailloux, généralement en silex, des vertus particulières. Ces pierres furent appelées *céraunies*, ou pierre de foudre, parce qu'on les croyait tombées du ciel avec le tonnerre. Beaucoup de peuples anciens en firent des amulettes, et quelques-unes d'entre elles sont arrivées à nous toutes couvertes d'inscriptions. On commença à les étudier au XVIIe siècle, et à professer que ces objets ne pouvaient être que des instruments et des armes ayant appartenu à des hommes très anciens. Jussieu et Mahudel, en 1723 et en 1730, soutinrent cette opinion devant l'Académie des Sciences, mais sans succès : l'Académie leur reprocha « de ne point exposer d'abord les raisons qui prouvent l'impossibilité que ces pierres se forment dans les nues ». Des découvertes nouvelles au XIXe siècle

1. MENHIR DE PLEU-MEUR-BODOU (CÔTES-DU-NORD).

3. MENHIR DU HUELGOAT (FINISTÈRE).

2. DOLMEN DE LOCMARIAQUER (MORBIHAN).

De l'époque préhistorique datent d'énormes monuments en pierre qu'on nomme mégalithiques : ce sont des pierres debout, ou menhirs, et des tables de pierre, ou dolmens. On en rencontre beaucoup dans la France occidentale, notamment en Bretagne. Quand les Bretons eurent été convertis au christianisme, ils gravèrent des dessins religieux sur ces pierres païennes pour les christianiser en quelque sorte. On a trouvé beaucoup de souvenirs des temps préhistoriques au pied de ces grandes pierres. Il existe beaucoup de dolmens et de menhirs semblables en Auvergne, dans la France du Sud-Ouest et jusque dans l'Algérie et la Tunisie.

devaient prouver que Jussieu et Mahudel avaient vu juste.

Ces découvertes ont été faites dans des couches de graviers ou de sables, dans des grottes ou cavernes, au pied des monuments méga-lithiques, dans des marais, enfin dans d'énormes amas artificiels, formés de débris de cuisine, que les explorateurs danois qui les fouillèrent appelèrent *kiökkenmöddings*.

On possède aujourd'hui un grand nombre de documents préhistoriques. La plupart ont été trouvés dans l'Europe occidentale, et notamment en France, à Saint-Acheul, près d'Amiens, à Chelles (Seine-et-Marne), au Moustier (Dordogne), à Solutré (Saône-et-Loire), dans les grottes de la Madeleine et de Cro-Magnon (Dordogne), dans les Causses, les Alpes et les Pyrénées, au pied des mégalithes bretons. Mais on en a aussi recueilli beaucoup hors d'Europe, en Algérie, en Egypte, en Syrie, dans l'Hindoustan, aux États-Unis, au Mexique.

La diversité et le grand nombre de ces documents ont permis d'essayer d'établir une chronologie préhistorique, c'est-à-dire de fixer approximativement les stades successifs de civilisation qu'a parcourus l'humanité primitive.

Principales phases de l'histoire de l'homme. — Avant l'époque historique, il s'est écoulé un espace de temps certainement très long dans lequel on distingue quatre périodes principales qui se succèdent les unes aux autres par degrés insensibles : c'est la préhistoire.

La première période est la *période de Saint-Acheul et de Chelles*. L'absence du moindre ossement humain datant de la première époque oblige à ne rien préjuger sur les caractères physiques de l'homme chelléen. Au contraire, les restes de son industrie sont abondants. Ce sont des outils en pierre, généralement en silex, qu'on fabriquait en frappant un caillou à petits coups répétés avec un second caillou qui en détachait des éclats.

La seconde période, ou *période du Moustier*, fut signalée par un abaissement de la température, au moins dans nos régions. L'homme souffrant du froid dut chercher un abri dans les cavernes qu'ils durent disputer aux bêtes féroces. Les outils de cette période sont plus perfectionnés : ce sont des racloirs, des perçoirs, des couteaux en pierre, des os de cheval, des bois de cerf affilés et épointés. Un grand progrès est accompli, mais l'homme reste misérable. Les ossements et les crânes humains datant de cette époque nous montrent des types physiques très imparfaits : taille au-dessus de la moyenne, muscles très vigoureux s'insérant sur une charpente osseuse très forte, jambes courtes, genoux restant fléchis quand il se tient immobile, tête large, longue, aplatie avec d'énormes arcades sourcilières ; front et menton fuyants, occiput très développé, pommettes saillantes, nez large et court, mâchoires proéminentes.

La troisième période, ou *période de Solutré*, marque une nouvelle étape. Le type physique s'améliore, le front s'élargit, les arcades sourcilières deviennent moins bestiales, le nez devient saillant et relevé du bout. L'homme est devenu très habile; dans le silex il taille des pointes de lances et des têtes de flèches barbelées; il fabrique en silex ou en os une foule d'instruments divers et jusqu'à des sifflets. Son genre de vie s'est modifié : sans cesser d'habiter les cavernes, il campe probablement aussi en plein air, dans des huttes qu'il a appris à bâtir.

La quatrième période, ou *période de la Madeleine* et *de Cro-*

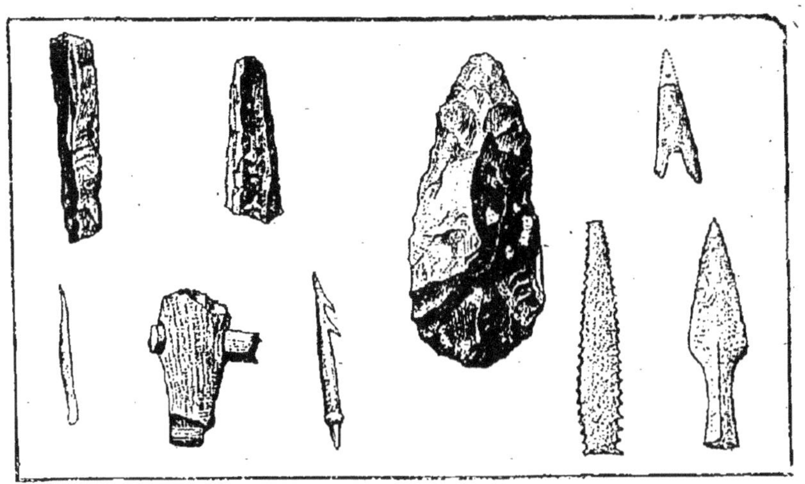

OUTILS ET ARMES PRÉHISTORIQUES.

Les hommes primitifs confectionnèrent les outils et les armes dont ils avaient besoin avec des pierres ou silex qu'ils faisaient éclater et qu'ils taillaient grossièrement en pointes ou en scies ; plus tard, ils se servirent d'os et de bois de cerfs affilés et épointés.

Magnon, est l'apogée de cette époque primitive. La race en est majestueuse et forte : le crâne est allongé, le nez étroit, le front bien ouvert. Ses os et ses bois sont façonnés en pointes de lances, en flèches barbelées, en poignards, poissons, tissoirs, aiguilles. Cette race a la passion de l'art. Sur des plaques de roches, on a trouvé des dessins d'animaux, des scènes de chasse, des figures humaines datant de cette époque.

Après ces quatre périodes primitives se produisirent les premières grandes migrations connues. Ce fut le point de départ de nouveaux progrès bien plus rapides, semble-t-il, que les précédents. A l'âge de la pierre taillée succéda bientôt celui de la pierre polie. Puis vint l'âge des métaux, l'âge du cuivre d'abord, et, après la découverte du feu, l'âge du bronze et l'âge du fer.

Les plus grands progrès datent de l'âge des métaux. C'est le désir de trouver des métaux qui stimula les découvertes géographiques, qui poussa les hommes (en particulier les Grecs, les Phéniciens et les Carthaginois) à sortir de chez eux, à entreprendre au loin des conquêtes et des voyages. Le métal, pourrait-on dire, a fait la civilisation en provoquant le mélange des hommes et des idées.

Comme la terre, l'homme n'a cessé d'évoluer depuis le début

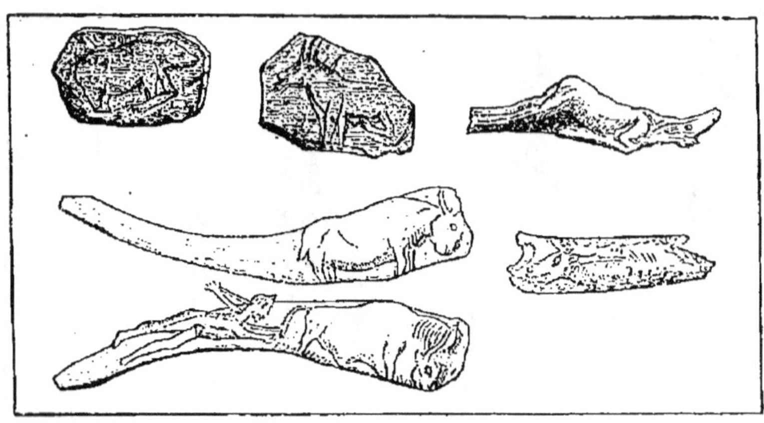

ARMES OUVRAGÉES ET DESSINS PRÉHISTORIQUES.

Les armes fabriquées par les premiers hommes furent très rudimentaires. Mais, dès l'époque de la préhistoire, on les ouvragea. Des périodes dites de la Madeleine et de Cro-Magnon datent des armes à manches artistiques et des plaques de roches représentant des animaux, des scènes de chasse, des figures humaines.

de son existence. Avec le temps, il s'est transformé complètement. Il y a un abîme entre l'homme de Chelles, pauvre être isolé et bestial, à la merci de la nature, et l'homme civilisé moderne, organisé en sociétés, faisant servir la nature à ses fins, sachant dégager les forces latentes que recélait la matière, et ayant par ce moyen centuplé et au delà ses forces naturelles. L'homme est véritablement devenu un être nouveau : de l'homme primitif à un Français ou à un Anglais contemporains, la distance n'est pas moindre que de l'informe bloc de marbre à la statue qu'en tire un artiste.

2. — LES HOMMES
LEUR NOMBRE, LEUR RÉPARTITION SUR LA TERRE

SOMMAIRE

I. On évalue à 1 600 millions, soit 11 à 12 habitants en moyenne par kilomètre carré, le nombre des habitants de la terre.

II. Deux causes font varier la population terrestre : 1° la natalité, qui semble atteindre son maximum d'importance dans les pays moyennement civilisés ; 2° la mortalité, qui semble être plus faible dans les pays civilisés que dans les pays restés primitifs. — L'accroissement de la population du globe paraît être rapide, malgré les désastres causés par des révolutions naturelles, par les pestes et les maladies, les famines, les guerres et les cruautés humaines : le nombre des hommes aurait plus que doublé pendant le dernier siècle.

III. Certains États envoient des populations au dehors (Angleterre, Allemagne, Italie) : ce sont les pays d'émigration. Certains autres reçoivent ces émigrants (États-Unis, Amérique du Sud, Australie) : ce sont les pays d'immigration. Les premiers sont des pays trop peuplés pour leurs ressources si grandes qu'elles soient ; les seconds sont des pays neufs et riches.

IV. La répartition des hommes est réglée par les considérations naturelles qui déterminent l'abondance plus ou moins grande des ressources diverses ; elle dépend du relief, du climat, de la végétation, des aptitudes industrielles. Il y a quatre principaux centres de peuplement sur le globe : la Chine, l'Inde, l'Europe occidentale, les États-Unis de l'est. Les régions les moins peuplées sont les régions polaires, les grands plateaux et les hautes montagnes, les déserts. Des lois analogues expliquent que, dans une région donnée, certaines agglomérations ont prospéré et sont devenues les centres de la vie à l'exclusion des autres.

Développement.

Recensements et évaluations. — C'est de nos jours seulement que l'exploration complète de la terre a permis de donner de la population du globe une estimation sérieuse, raisonnée. Mais jusqu'à quel point pouvons-nous nous flatter de connaître exactement le nombre des hommes qui peuplent notre globe ?

Les pays civilisés ont des *recensements périodiques*. A certaines époques on dénombre tous les habitants qui vivent dans chaque ville, chaque bourg, chaque commune du pays ; l'addition de ces dénombrements partiels donne le chiffre total de la population de l'État. Sans doute, il se produit dans ces dénombrements des erreurs, omissions, doubles emplois ; mais ces inexactitudes sont relativement peu importantes, et l'on peut dire que ces recensements donnent, à très peu de chose près, la population exacte du pays. La comparaison des recensements périodiques fournit des indications utiles sur le mouvement de la population, en particulier sur l'importance de son accroissement.

La plupart des pays européens ont des recensements périodiques. On en fait tous les cinq ans en France (1906, 1911), en Allemagne (1905, 1910), en Belgique ; — tous les dix ans, dans le Royaume-Uni de Grande-Bretagne et d'Irlande (1900, 1910), en Autriche-Hongrie (1900, 1910), en Italie (1911), ainsi qu'en Suisse, en Hollande, en Danemark, dans la Suède-Norvège. Certains pays ont des recensements réguliers mais non périodiques, par exemple la plupart des États des Balkans, l'Espagne et le Portugal. Jusqu'à ce jour la Russie n'a eu qu'un seul recensement régulier, en 1897. On connaît donc avec une exactitude très approchée la population totale de l'Europe.

En dehors de l'Europe, nous sommes moins bien partagés, sauf pour l'Amérique, où la plupart des républiques de l'Amérique centrale, de l'Amérique du Sud ont des recensements, où les États-Unis en possèdent des décennaux très remarquables (1900, 1910). En Asie, en Afrique et en Océanie, à part le Japon et une partie des possessions européennes (qui sont d'ailleurs nombreuses), les recensements réguliers sont rares ; la Chine en a, mais les résultats en sont très suspects.

Les *évaluations* remplacent les recensements pour les pays non civilisés. Mais ces évaluations peuvent varier beaucoup, suivant le hasard des itinéraires suivis et suivant la justesse d'appréciation des informateurs. Avant qu'un recensement précis eût fixé à 2.505.000 habitants la population de Madagascar, on l'évaluait diversement de 1 million à 6 millions. Pour le Maroc, les évaluations varient de même de 3 millions à 15 millions d'habitants, c'est-à-dire énormément. On citerait de nombreux exemples de différences aussi importantes.

On voit quelles réserves il faut apporter aux indications en chiffres qui vont être données dans ce qui suit.

Population du globe. — On évalue à un peu plus de 1600 millions le nombre des hommes qui vivent actuellement sur la terre.

Cette population totale est répartie à peu près ainsi entre les cinq parties du monde (dans le tableau ci-dessous on a joint l'Archipel asiatique ou Insulinde, c'est-à-dire la Malaisie, Bornéo et les Philippines, non à l'Océanie, mais à l'Asie) :

	population totale	par kilom. carré
Europe	420 millions	42
Asie	905 —	20
Afrique	150 —	5
Amérique	170 —	4
Océanie	7 —	1

Si la population de la terre était également distribuée sur toutes les parties de sa surface, il y aurait à peu près 11 a 12 habitants par kilomètre carré d'étendue.

Natalité et mortalité. — Chaque jour le nombre des habitants du globe varie; il augmente par les naissances, il diminue par les décès.

La *natalité* ne peut être appréciée avec quelque exactitude

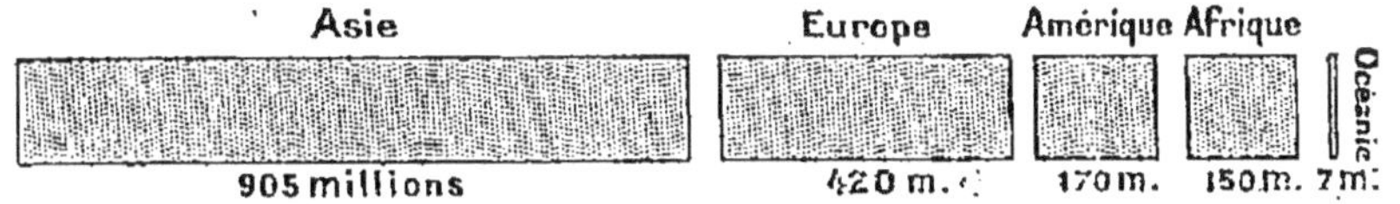

POPULATION COMPARÉE DES DIVERSES PARTIES DU MONDE.

La population du monde est inégalement répartie entre les diverses parties qu'on y distingue. L'Asie vient en tête; l'Europe est loin derrière au second rang; puis viennent l'Afrique et l'Amérique, qui se peuplent lentement; l'Océanie est de beaucoup la moins peuplée de toutes. Les proportions sont Asie, 54 pour 100 de la population du globe; Europe, 26 pour 100; Amérique, 10 pour 100; Afrique, 9 pour 100; Océanie, 1 pour 100. (Rapprocher ces chiffres des étendues comparées : Asie, 32 pour 100 de la surface du globe; Europe, 7 pour 100; Afrique, 22 pour 100; Amérique, 31 pour 100; Océanie, 8 pour 100. On en conclut que si l'Europe est moins peuplée que l'Asie d'une manière absolue, elle l'est beaucoup plus relativement à son étendue.)

que dans les pays où il existe des recensements réguliers : on en évalue le taux d'après le nombre des naissances par 1000 habitants. En Europe, ce taux varie de 22 à 48 ou 49 pour 1000, c'est-à-dire que chaque année on compte, suivant les pays, autant

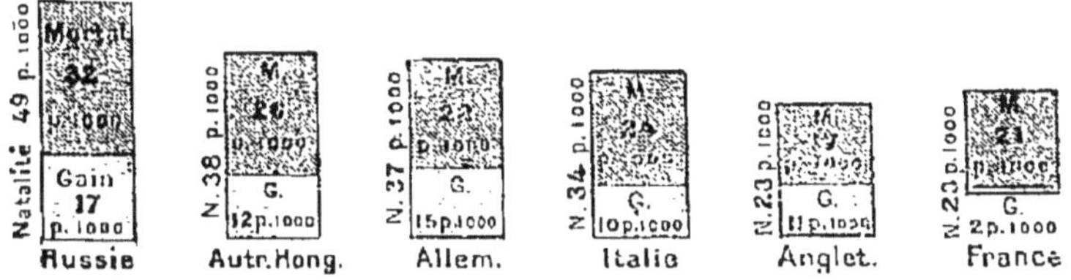

NATALITÉ ET MORTALITÉ DANS QUELQUES PAYS DU MONDE.

La population de la plupart des pays augmente surtout par les naissances et diminue surtout par les décès. L'accroissement ou gain, figuré ci-dessus en grisé clair, résulte de la différence entre la natalité et la mortalité. On voit combien est faible l'accroissement de la France relativement à celui des autres grands pays européens. La France gagne chaque année en moyenne 2 habitants par 1000; l'Allemagne en gagne 15 par 1000.

de fois de 22 à 49 naissances qu'ils comptent de fois 1000 habitants. Pour les principaux pays européens, les chiffres sont les suivants : Russie, 49 pour 1000; Autriche-Hongrie, 38; Allemagne, 37; Italie, 34; Royaume-Uni de Grande-Bretagne et d'Irlande, 28; France, 23. Dans les États-Unis d'Amérique, le taux des naissances est en moyenne de 32 à 33 pour 1000, dont 37 pour 1000 pour la population noire et seulement 30 pour 1000 pour la population blanche. Dans le Japon, il est d'environ 34 pour 1000.

On peut dire, d'une manière générale, que l'importance de la natalité est en relation avec l'état de la civilisation. On compte plus de naissances dans les pays encore incomplètement civilisés que dans les pays très civilisés et aussi que dans les pays restés à l'état primitif.

La *mortalité* varie de même beaucoup d'un pays à un autre. En Europe, elle varie de 17 à 32 pour 1000 pour les principaux États, c'est-à-dire que, suivant les États, on enregistre chaque année en moyenne autant de fois de 17 à 32 décès qu'ils comptent de fois 1000 habitants. La mortalité est de 17 décès pour 1000 habitants en Angleterre, de 21 pour 1000 en France, de 22 en Allemagne, de 24 en Italie, de 26 en Autriche-Hongrie, de 32 pour 1000 en Russie. Aux États-Unis, elle

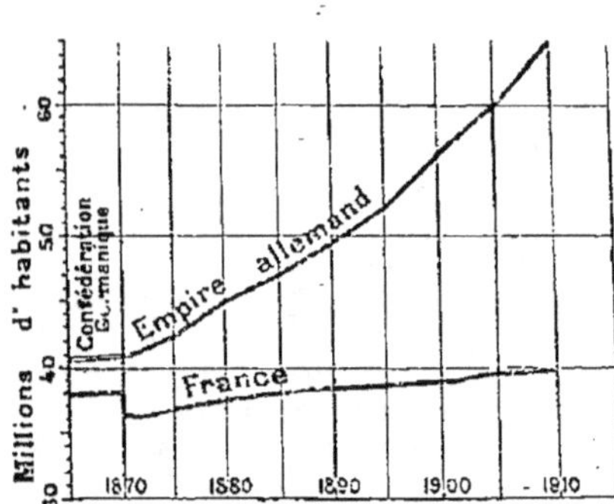

ACCROISSEMENT COMPARÉ
DES POPULATIONS DE L'ALLEMAGNE
ET DE LA FRANCE.

La population de l'Allemagne croît beaucoup plus vite que celle de la France. En 1871, les deux États avaient respectivement 41 et 36 millions d'habitants, différence relativement minime; en 1910, la population de l'Allemagne (65 millions) est très supérieure à celle de la France (39 millions).

est de 18 pour 1000 savoir 17 pour 1000 pour la population blanche et 21 pour 1000 pour la population noire. Au Japon elle est de 23 pour 1000.

En général, la mortalité est plus faible dans les pays civilisés que dans les pays restés primitifs, parce que l'on y est moins exposé aux ravages des grands fléaux de dépopulation, mortalité infantile, pestes, famines désastreuses, qui font périr parfois, en quelques semaines, des millions d'êtres humains.

L'accroissement de la population du globe résulte de la supériorité du nombre des naissances sur celui des décès. Il est actuellement très rapide : de 1890 à 1900, l'Europe n'a pas gagné moins de 33 millions d'habitants, l'Amérique en a gagné 22, le Japon 4. Bien qu'on n'ait sur ce sujet que des données incomplètes, on estime que, dans le cours du dernier siècle, la population du globe a plus que doublé. Au reste, l'accroissement a été très inégalement rapide dans les divers pays. Pour ne considérer que l'Europe, il a été aussi rapide en Russie, en Allemagne et en Angleterre, que lent en France. Notre pays qui, en 1800, était, pour la population, au second rang des pays européens, ne vient plus qu'au cinquième rang en 1900.

Émigration et immigration. — D'autres causes que la natalité et la mortalité interviennent pour modifier la population des régions terrestres : c'est l'émigration et l'immigration qui, comme des courants, enlèvent ou amènent des hommes, suivant les pays et suivant les moments.

Certains États trop peuplés suffisent imparfaitement à l'entretien de leur population. Une partie de cette population *émigre* donc, c'est-à-dire qu'elle va chercher sa vie en d'autres pays plus riches ou moins peuplés. Les principaux foyers d'émigration sont, à notre époque, l'*Angleterre*, l'*Allemagne* et l'*Italie*.

D'autres États, au contraire, sont encore peu peuplés et renferment de nombreuses richesses inutilisées; ils attirent les émigrants : ce sont les pays où l'on *immigre*. Les principaux centres d'immigration sont les *États-Unis*, l'*Amérique du Sud* (Brésil, Uruguay, République Argentine), l'*Australie*, l'*Afrique australe*.

Il y a quelques années, un grand mouvement d'émigration s'est produit parmi les Chinois. Ce mouvement était tellement fort et inquiétant, que plusieurs gouvernements, entre autres les États-Unis, ont pris des mesures contre l'immigration des Chinois sur leur territoire, sans du reste l'arrêter complètement. Les Japonais émigrent aussi beaucoup depuis quelque temps.

Ainsi, non seulement la population du globe varie sans cesse, mais encore sa répartition à la surface des terres immergées se modifie chaque jour et d'une manière sensible.

Combien le globe peut-il nourrir d'hommes ? — C'est par centaines de mille et même par millions que certains fléaux font périr les hommes. Les révolutions du globe occasionnent ainsi de terribles désastres : tel raz de marée au Japon ou dans l'Inde, tel tremblement de terre ou éruption volcanique, a tué cent ou deux cent mille personnes en une nuit. En 1887, le Hoang-Ho ou Fleuve-Jaune, en Chine, perça ses digues et se fraya un lit nouveau, et cette fantaisie coûta la vie, dit-on, à 2 millions d'hommes. Les maladies des enfants, les épidémies comme le choléra et la peste, ne sont pas moins meurtrières. Les famines qui sévissent parfois dans l'Inde ou la Chine, déciment

des provinces entières, et, rien que dans l'Inde, des statistiques dignes
de foi, établissent que, de 1896 à 1900, on n'aurait pas compté moins
de 19 millions de morts par la faim. A ces fléaux naturels de dépopulation, il faut joindre ceux qui proviennent du fait des hommes, les
guerres, les persécutions et les massacres, le cannibalisme. Qui pourrait dire le nombre des victimes des guerres civiles ou internationales
dans le monde pendant le cours du XIXe siècle ?

Malgré ces causes de dépopulation, le nombre des habitants du globe
augmente rapidement : on l'évaluait à 680 millions en 1810, et il dépasse
aujourd'hui 1600 millions. Cet accroissement ne saurait se poursuivre
indéfiniment, et c'est une question souvent posée de savoir quel est
le chiffre maximum d'habitants que la terre peut nourrir ?

A cette question, on ne saurait prétendre à répondre avec précision.
On peut dire seulement, d'une part, que le nombre des hommes est
limité par les ressources de la planète lesquelles sont limitées elles-
mêmes ; d'autre part, qu'il reste à la surface du globe de vastes espaces
qui n'ont point encore été mis en culture et qui pourront quelque jour,
quand ils auront été appropriés, recevoir des établissements humains
nombreux et prospères. En Amérique, il n'est point de pays dont la
population ne puisse être au moins doublée et triplée, sans excéder les
ressources naturelles. En Océanie, le continent australien pourrait
nourrir au moins dix fois plus d'hommes qu'il n'en a. L'Afrique a des
ressources suffisantes pour alimenter cinq ou six fois plus d'habitants.
En Asie, si l'Inde, la Chine et le Japon paraissent suffisamment peuplés, il reste à peupler les immenses espaces de la Sibérie centrale
et méridionale, les steppes du Turkestan que l'irrigation gagnerait à
la culture, etc. Même en Europe, plus d'un pays, en particulier la
France, pourrait nourrir une population bien plus forte que sa population actuelle.

Il est difficile de donner des chiffres en pareille matière ; mais il
paraît indiscutable que le globe, bien aménagé, pourrait nourrir une
population d'au moins trois à quatre milliards d'hommes. D'ailleurs,
à mesure que l'homme gagne un pays à la culture et que, par le progrès de la science, il apprend à tirer meilleur parti du sol et à augmenter son rendement, il élève par là même le nombre maximum
d'habitants que la terre peut recevoir.

**Répartition des hommes sur le globe et principaux
centres de peuplement.** — On a vu que la densité moyenne
de la population du globe est de 11 à 12 habitants par kilomètre
carré. Mais la répartition des hommes sur la terre est loin
d'avoir cette régularité. Certaines régions sont beaucoup plus
peuplées que la moyenne ; d'autres le sont beaucoup moins.

Il existe quatre régions terrestres très peuplées : la *Chine*,
l'*Inde*, l'*Europe occidentale* et la *région des États-Unis qui
avoisine l'Atlantique* : ce sont là les quatre principales four-
milières humaines du globe. Certaines provinces de la Chine
ont plus de 200 habitants par kilomètre carré, et la Chine tout

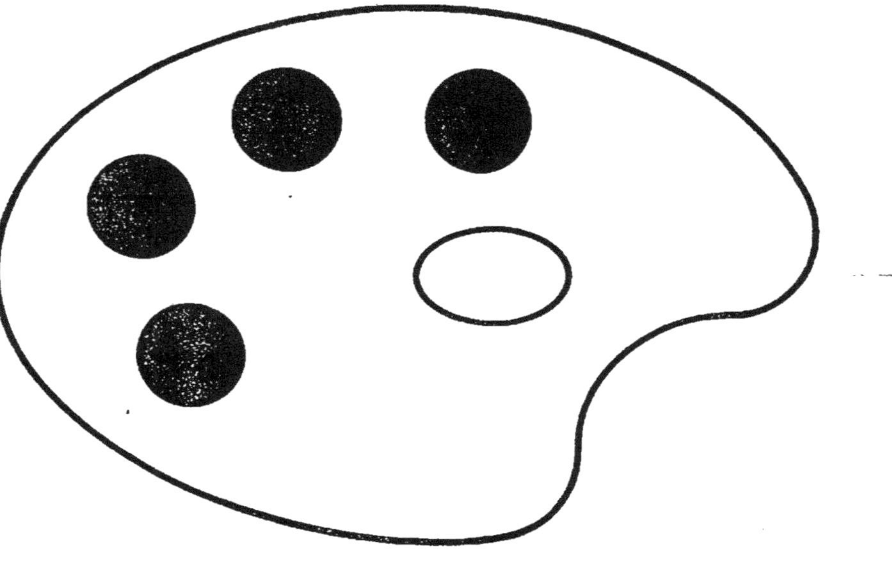

Original en couleur

NF Z 43-120-8

RÉPARTITION DES HOMMES A LA SURFACE DU GLOBE.

On voit qu'il y a sur la terre quatre centres de peuplement, Extrême-Orient, Inde, Europe occidentale, Etats-Unis de l'Atlantique. Les régions peu peuplées sont les régions polaires et les régions désertiques des zones subtropicales.

entière en a plus de 100 en moyenne. L'Inde en compte
en moyenne près de 80, la densité y atteint 180 dans les
provinces du Nord-Est. L'Europe occidentale a une densité
moyenne supérieure à 60 habitants, mais les chiffres sont
bien plus élevés dans certains pays, en particulier dans les pays
industriels, Belgique, Angleterre, Saxe, pays du Rhin. Dans les
États-Unis de l'Atlantique, la densité moyenne varie de 35 à 130.

Les régions terrestres les moins peuplées sont les régions
polaires, la grande plaine sibérienne et les plateaux de l'Asie, le
centre australien, la région du Sahara, la grande forêt amazonienne, etc. Dans la plupart de ces pays on ne trouve pas 1 habitant par kilomètre carré d'étendue.

Les raisons de la répartition des hommes sur la terre sont
faciles à saisir. Être composé d'un corps et soumis aux besoins
de tous les êtres vivants, astreint pour vivre à respirer de l'air,
à boire, à manger, l'homme ne peut subsister ni dans la mer ni
sur les hautes montagnes, où l'air est trop raréfié; il vit, mais
exceptionnellement, sans pouvoir y former de grandes sociétés,
dans les déserts où, faute d'eau, la végétation est nulle, ainsi que
dans les régions polaires, où l'air est glacé et le sol infertile; il
est rare également sur les hauts plateaux, dont les ressources
sont limitées. En un mot, son existence est liée aux lois qui
règlent le relief, le climat, la répartition des ressources diverses,
animales, végétales, minérales. Il faut noter toutefois que nulle
part l'homme ne manque tout à fait, car la souplesse de son
organisme et la supériorité de son intelligence lui donnent une
faculté d'adaptation qu'aucun autre être ne possède à un égal
degré.

Les régions où les hommes se pressent sont celles où les cultures, et principalement les cultures vivrières, sont faciles et
rémunératrices, où des conditions diverses et particulièrement
favorables ont amené la concentration d'industries variées et
prospères.

Points de groupement des populations. — Les hommes
vivent en des habitations dispersées dans les campagnes ou agglomérées
en hameaux, bourgs, villes. Or, ni les maisons isolées ne se sont établies au hasard, ni les agglomérations qui ont acquis de l'importance
n'ont prospéré au hasard. Il est facile de trouver l'explication de leur
emplacement et de leur fortune dans des raisons naturelles et géographiques.

Pour établir sa maison, l'homme recherche un endroit de préférence
sain et abrité, à proximité de son champ ou de son travail, à proxi-

mité des sources ou de l'eau courante indispensables à son alimentation, ainsi qu'à celle de son troupeau, à son ménage, à ses besoins de tous les instants. Sur nos côtes atlantiques, le pêcheur tourne sa maison vers l'est, à l'encontre des vents violents; ailleurs, c'est vers le midi, vers le soleil. Dans la montagne, il l'établit souvent à mi-côte, au-dessus du torrent dévastateur et au-dessus des parties encaissées où le soleil ne plonge pas, où séjournent les brouillards. Dans les pays humides où les sources et les ruisselets abondent, comme la Bretagne et le Limousin, on rencontre des fermes isolées à chaque pas. Au contraire dans les pays secs, les habitants se groupent autour des sources, suivant les lignes des niveaux d'eau. Les cartes qu'on a données précédemment (voir pages 112 et 113) sont très expressives sur ce point.

De même pour les agglomérations qui ont prospéré : si, très humbles à l'origine, elles se sont développées parfois d'une manière considérable, tandis que d'autres créées en même temps qu'elles, sont restées petites et sans importance, c'est qu'elles se trouvaient placées dans des conditions naturelles plus favorables, sur des voies ou à des points d'échanges, à des carrefours de routes, à proximité de gisements miniers favorables à la création d'établissements industriels.

On peut préciser sur cette question un certain nombre de points, faciles à vérifier par des exemples.

Dans une grande région montagneuse où, dans son encadrement de roches et de neiges, chaque vallée forme un petit monde isolé, ne communiquant avec l'extérieur que par le sentier qui accompagne le torrent, les agglomérations notables se trouvent : 1° au débouché des cols qui mènent sur le versant opposé des monts; 2° aux confluents des cours d'eau, c'est-à-dire aux points de convergence de plusieurs vallées. Ces diverses agglomérations augmentent d'importance à mesure que l'on descend vers la plaine et que les vallées confluentes sont plus longues, plus larges, plus tièdes, plus fertiles. Ainsi, dans les Alpes françaises, *Modane* et *Bourg-Saint-Maurice* marquent le débouché dans la vallée des routes du Mont-Cenis et du Petit-Saint-Bernard; *Moutiers* et *Albertville*, marquent les confluents de petites rivières torrentielles dans l'Isère, en même temps que des points de changements de direction de l'Isère elle-même; *Chambéry* commande le passage déprimé qui, par le lac du Bourget, mène de la vallée de l'Isère dans celle du Rhône; *Grenoble* est la plus importante de toutes ces villes parce que, bâtie à une altitude déjà faible, c'est-à-dire dans un climat relativement tiède, elle marque le confluent de l'Isère, qui vient de traverser la riche vallée du Graisivaudan, et du Drac, principal affluent de l'Isère; elle se trouve, pour ainsi dire, au point de convergence des principales vallées dauphinoises.

Dans les plaines, si l'on excepte les villes qui se sont développées à côté d'un centre minier et qui possédaient par là des aptitudes industrielles particulières, les villes principales s'élèvent sur les rivières et les fleuves qui furent longtemps les seules voies de circulation et d'échanges, et autour desquels les intérêts économiques s'étaient si bien groupés qu'ensuite les routes, comme les voies ferrées, ont dû s'établir près d'eux sans songer à déplacer les courants commerciaux. Sur les fleuves et les rivières eux-mêmes, certains points sont parti-

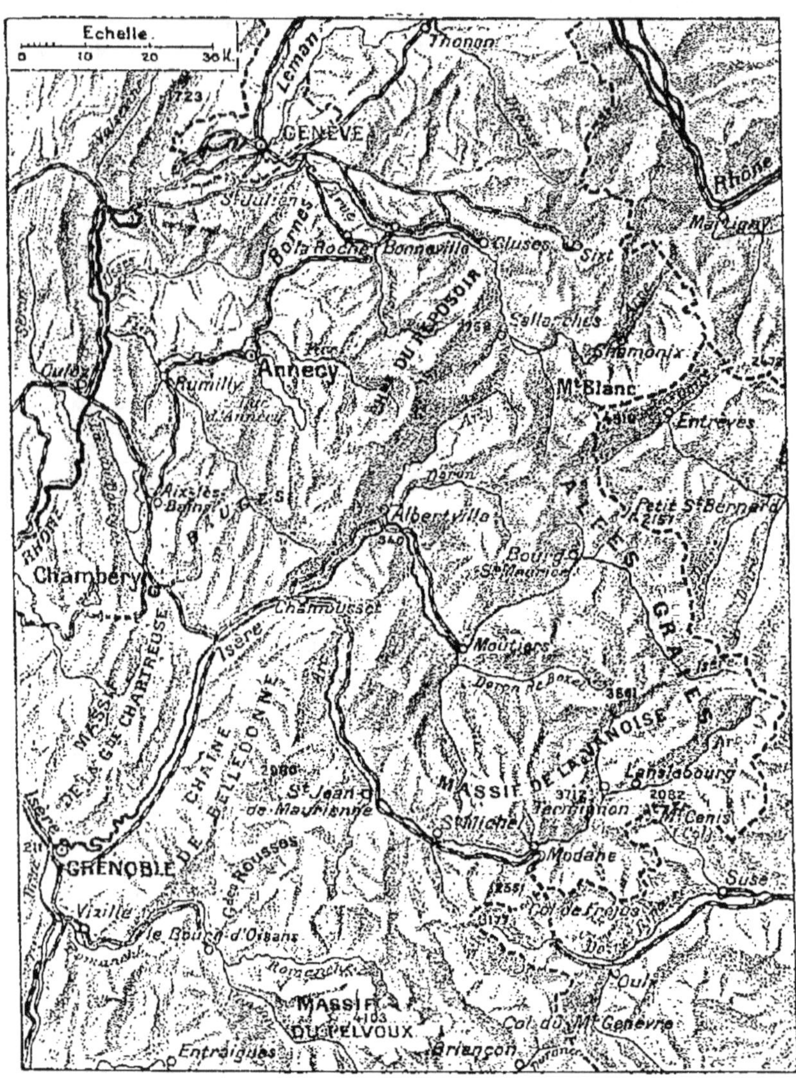

POINTS DE GROUPEMENT DE LA POPULATION DANS LES ALPES FRANÇAISES.

Dans les montagnes, les principales agglomérations, bourgs et villes, sont situées : 1° au débouché des cols où l'on franchit la chaîne; 2° aux confluents des rivières et des vallées. Ainsi, dans les Alpes Françaises, Modane et Bourg-Saint-Maurice marquent les débouchés dans la vallée des routes du Mont-Cenis et du Petit-Saint-Bernard; Chambéry commande le passage qui, entre le massif des Bauges et celui de la Grande-Chartreuse, mène de la vallée du Rhône dans celle de l'Isère et qui est suivi aujourd'hui par la grande ligne de Paris à Turin; Moutiers et Albertville marquent les confluents de l'Isère avec le Doron de Bozel et l'Arly; Grenoble marque celui de l'Isère avec son gros affluent,
e Drac.

culièrement favorables, par exemple, les confluents, les endroits où le
fleuve se rapproche le plus des bassins fluviaux voisins, l'embouchure.
Ainsi, le long de la Loire, *Nevers* commande le confluent de la Loire
supérieure et de l'Allier ; *Orléans*, au sommet du grand coude septentrional de la Loire, marque le point où la Loire est le plus rapprochée
de la Seine ; *Tours*, près des confluents du Cher, de l'Indre et de la

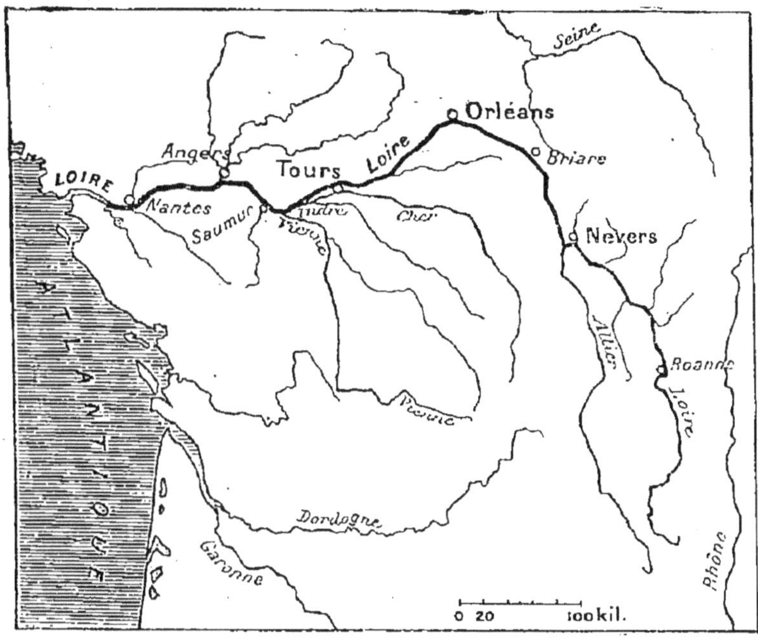

SITUATION DES VILLES DE LA LOIRE MOYENNE.

*Sur les fleuves, les villes s'établissent de préférence aux confluents, à l'embou-
chure, ou aux points par lesquels le fleuve se rapproche le plus des bassins
fluviaux voisins. Ainsi, sur la Loire, Nevers commande le confluent de la
Loire supérieure et de l'Allier ; Orléans marque le point où la Loire se rapproche le plus de la Seine et de Paris ; Tours, près des confluents du Cher, de
l'Indre et de la Vienne, marque aussi le point où la route de la France du sud-
ouest quitte la Loire pour gagner Poitiers, Angoulême et Bordeaux par le
seuil du Poitou.*

Vienne, marque le point où la route de la France méridionale quitte la
Loire pour gagner Bordeaux par le seuil du Poitou.

    Sur les côtes, les points où s'élèvent les principales villes sont les
baies bien abritées, faciles à défendre, profondes ; les extrémités des
presqu'îles avancées, et, au contraire, le fond des baies qui mordent
profondément le continent, les embouchures des grands fleuves qui
mènent dans l'intérieur de l'arrière-pays ; enfin les points les plus
rapprochés des pays étrangers : ce sont là, en effet, des points particulièrement avantagés pour le commerce. Ainsi, en France, *Boulogne*

et *Calais* ont dû leur fortune à leur situation voisine de l'Angleterre; *Rouen* et le *Havre*, *Nantes* et *Saint-Nazaire*, *Bordeaux*, *Marseille*, ont dû la leur à leur situation sur les fleuves ou près des fleuves qui font communiquer les grandes plaines de l'intérieur avec le dehors; *Brest* et *Toulon*, ont dû leur importance à leur situation sur des rades profondes, sûres, où les navires se trouvaient protégés à la fois contre la houle ou les tempêtes du large et contre les attaques des flottes ennemies ; enfin *Cherbourg* marque l'extrémité d'une péninsule avancée qui se rapproche de l'Angleterre et qui s'offre comme une escale naturelle pour les navires.

3. — RACES, LANGUES ET RELIGIONS

SOMMAIRE

I. On classe généralement les hommes en quatre races principales qui sont ; 1° la *race blanche*, Europe, Asie occidentale, Amérique, Australie ; 2° la *race jaune*, Asie centrale et orientale, terres du Pacifique ; 3° la *race noire*, Afrique équatoriale et australe, Amérique tropicale ; 4° la *race rouge*, Amérique, du reste peu nombreuse et en voie de disparition. — Ces races se sont souvent mêlées ; une partie de la population du globe se compose de métis provenant du croisement des différentes races.

II. Les hommes diffèrent par les idiomes qu'ils parlent, les affinités de langage permettant de conclure sinon à une même origine des peuples qui les emploient, du moins à l'existence de rapports qui les auraient unis dans le passé. On distingue principalement : 1° les *langues indo-européennes* (langues celtiques, romanes, germaniques, slaves) ; 2° les *langues sémitiques*, hébreu, arabe, etc. ; 3° la *langue chinoise* et certaines langues parentes, thibétain, etc. ; 4° les *langues nègres* d'Afrique et d'Océanie, etc. — Certaines langues tendent à devenir des langues universelles, anglais, espagnol, français, allemand, russe.

III. Les hommes pratiquent de nombreuses religions dont les principales sont : 1° le *christianisme*, catholicisme romain, église orthodoxe, protestantisme ; 2° le *judaïsme* et le *mahométisme*, religions monothéistes comme le christianisme, et nés, comme lui, dans l'Asie occidentale ; 3° le *brahmanisme* (Inde) et le *bouddhisme* (Chine, Japon, Thibet qui se partagent l'Asie centrale et orientale ; 4° des *cultes idolâtriques* et *fétichistes* (Afrique, Australie), pratiqués par des populations restées primitives.

Développement.

Les races humaines. — Les savants discutent encore pour décider si les hommes appartiennent à une ou à plusieurs espèces originelles. Les *monogénistes* prétendent que tous les groupes humains seraient issus d'un type unique ; les *polygénistes* pensent, au contraire, qu'ils descendraient de plusieurs espèces apparues simultanément sur plusieurs points du globe.

Un fait certain, c'est que, malgré les mélanges qui se sont opérés entre tous les hommes, l'espèce humaine présente plusieurs types assez différents. Les principaux traits qui permettent de les distinguer sont : la *couleur de la peau*, qui est blanche, jaune, noire, rouge ou cuivrée; les *cheveux*, qui sont droits, bouclés ou laineux, tantôt ronds et tantôt ovales; la *forme du crâne*, qui est allongé chez les dolichocéphales et arrondi chez les brachycéphales; les *yeux*, qui sont bridés et fendus en

IMPORTANCE NUMÉRIQUE COMPARÉE DES GRANDES RACES HUMAINES.

La race blanche est la plus nombreuse des quatre grandes races humaines; elle comprend 47 pour 100 de la population totale du globe. Vient ensuite la race jaune qui en comprend 41 pour 100. La race noire (9 pour 100) et la race rouge (0,6 pour 100 seulement, et du reste en voie de disparition) sont beaucoup moins importantes.

amandes; le *nez*, qui est droit, busqué ou aplati; le *menton*, les *pommettes*, etc.

On distingue généralement quatre grandes races humaines, la race blanche ou caucasique, la race jaune ou mongole, la race noire, la race rouge. Ces différentes races se sont, du reste, croisées diversement.

1° La **race blanche** ou **caucasique** a pour caractéristiques un teint clair, un visage ovale, des cheveux souples, une barbe fournie, un nez étroit et saillant, une bouche fine. La couleur des cheveux et de la barbe varie du blond clair au noir : les yeux sont noirs, bruns, gris ou bleus. Cette race se fait remarquer par son activité intellectuelle.

On divise les peuples qui composent la race blanche en deux groupes principaux : 1° le *groupe aryen* ou *indo-européen*, qui comprend les Hindous, les Persans, les Celtes, les Latins, les Germains, les Slaves; 2° le *groupe sémitique*, qui comprend les Arabes, les Juifs, les Berbères et Kabyles.

La race blanche est la plus nombreuse de toutes; elle compterait environ 830 millions d'hommes. Elle occupe l'Europe presque tout entière, la moitié occidentale de l'Asie, l'Afrique du Nord, et les parties de l'Amérique, de l'Afrique australe et de l'Océanie, que les Européens ont colonisées.

2° La **race jaune** ou **mongole** a la peau diversement colorée, depuis le blanc mat de l'ivoire jusqu'au jaune foncé ; elle a les pommettes saillantes, une face aplatie, un nez déprimé, des yeux bridés et relevés vers les tempes, la barbe rare. Au moral, les hommes de la race jaune se distinguent souvent par une aptitude remarquable, sinon à l'invention, du moins à l'assimilation, par leur endurance au travail, par une patience et une persévérance inépuisables.

Elle comprend environ 650 millions d'individus. Les principaux peuples qui en font partie sont les Chinois, les Japonais, les Barmans, les Thibétains, les Mongols, etc. ; elle occupe donc principalement l'Asie orientale. Elle est représentée en Europe par quelques peuples peu nombreux, Lapons, Finnois, Magyars. Avec les Chinois et les Japonais elle s'est répandue dans les pays du Pacifique, îles de la Sonde, Australie, Pérou, Californie.

TYPES DE RACE BLANCHE.

Ces deux Serbes présentent les traits caractéristiques des races blanches, teint clair, visage ovale, cheveux souples, nez étroit et saillant, bouche fine.

3° La **race noire** est caractérisée par la couleur foncée de sa peau, qui varie du brun fortement enfumé au noir de corbeau ; la chevelure est laineuse, le nez épaté, les pommettes saillantes, les lèvres retroussées ou très épaisses, la barbe rare.

Elle comprend environ 150 millions d'hommes, répartis en deux groupes : le *groupe occidental*, qui comprend les nègres de l'Afrique équatoriale et australe, au sud du Sahara, et, en outre, ceux que la traite a dispersés dans les États sud des États-Unis, ainsi que dans les Antilles, les Guyanes, la région atlantique du Brésil : le *groupe oriental*, beaucoup moins im-

TYPES DE RACE JAUNE.

La race jaune est caractérisée par la couleur du teint, par l'aplatissement de la face, la saillie des pommettes, un nez déprimé, des yeux bridés, la barbe rare.

portant, qui comprend les Papous et les Mélanésiens de l'Insulinde, les Australiens et diverses populations de l'Océanie.

4° La **race rouge** ou **américaine** a le teint brun ou cuivré avec des nuances parfois rougeâtres, la face large, le nez gros et proéminent, la bouche grande et épaisse, la barbe rare.

Cette race comprend : dans l'Amérique du Nord, les tribu *athabasques* de la région arctique; les *Algonquins*, les *Mohicans* les *Iroquois*, les *Sioux*, pour la plupart en voie de disparaître, les *Aztèques* du Mexique et les autres populations mexicaines; — dans l'Amérique du Sud, les *Chibcha* et les *Quichua*, des plateaux andins, ainsi que les *Araucans* du Chili méridional. On estime qu'en tout ils ne sont pas plus de 10 millions. Confinée en Amérique, cette race a été considérablement réduite par les luttes trop inégales qu'elle a soutenues contre les blancs. Autrefois assez compacte et résistante, elle n'existe plus qu'à l'état de faibles îlots, destinés à disparaître dans un avenir plus ou moins éloigné, sauf dans l'Amérique latine, où les Européens se sont, dans une mesure, fondus avec la race indigène.

5° A ces races principales il conviendrait d'ajouter un grand nombre de catégories secondaires, de races mixtes provenant de la fusion de ces groupes principaux par suite des migrations, des guerres, des relations commerciales. Une bonne partie de la population de la terre se compose de métis ou sang-mêlé. Tels les *mulâtres*, métis de Blancs et de Nègres, les *cholos*, métis de Blancs et d'Indiens, les *zambos*, métis de Nègres et d'Indiens, etc.

TYPES DE RACE NOIRE.

La race noire est caractérisée par les traits suivants : couleur de la peau foncée, chevelure laineuse; nez épaté, lèvres retroussées et très épaisses, barbe rare.

Ainsi tendent à s'atténuer, par le mélange incessant de ces races entre elles, les différences caractéristiques de chacune. Aujourd'hui, plus que jamais, ce mélange est facilité par le développement considérable des moyens de locomotion, des échanges commerciaux et par l'expansion coloniale.

Les langues humaines. — Les hommes diffèrent par les idiomes dont ils se servent pour exprimer leurs idées.

La comparaison des diverses langues humaines a permis, avec les progrès de la linguistique, de les classer en plusieurs groupes distincts. On a pu en conclure que les peuples qui par-

TYPES DE RACE ROUGE.

La race rouge ou américaine a le teint brun ou cuivré avec des nuances parfois rougeâtres, la face large, le nez gros et proéminent, la bouche grande et épaisse, la barbe peu fournie.

laient des langues-sœurs, s'ils n'avaient point la même origine, avaient dû être au moins rapprochés et unis à quelque moment de leur développement historique. Aussi classe-t-on parfois les peuples d'après les langues qu'ils parlent.

Les principaux groupes auxquels on peut ramener les langues humaines sont les langues *indo-européennes, sémitiques, chinoise, nègres, américaines.*

1º Les **langues indo-européennes**, issues d'une source commune qu'on n'a pas encore retrouvée dans son état primitif, sont des langues à flexion, c'est-à-dire que les mots sont formés de racines dont on modifie le sens par des adjonctions de mots ou de désinences spéciales. Telles sont : les *langues celtiques*, gaélique d'Écosse, gallois du Pays de Galles, erse d'Irlande, bas-breton de la Bretagne française ; les *langues latines* ou *romanes*, dérivées du latin, italien, espagnol, portugais, français, roumain ; les *langues germaniques*, allemand, anglais, danois, norvégien, suédois ; les *langues slaves*, russe, polonais, tchèque ; l'*arménien*, le *persan* et les autres langues iraniennes, enfin l'*indoustani*, qui tend à devenir d'un usage général dans l'Inde.

Les langues indo-européennes sont les plus parlées dans le monde. Elles sont usitées dans toute l'Europe et dans une grande partie de l'Asie méridionale et occidentale. Les Européens les ont introduites et les ont fait dominer dans les grands pays qu'ils ont colonisés à travers le monde.

2º Les **langues sémitiques** sont également des langues à flexion. Les plus répandues sont l'*hébreu*, l'*arabe*, le *syriaque*, ainsi que différents dialectes indigènes qui sont parlés dans l'Afrique du Nord jusqu'au Soudan.

3º La **langue chinoise**, à laquelle sont apparentés le *thibétain* et divers *idiomes indo-chinois*, est une langue monosyllabique, formée de racines isolées, sans modification de mots, sans déclinaison ni conjugaison.

4º Les **langues nègres** sont des langues agglutinantes, où les mots sont faits de divers éléments agglutinés, dont l'un sert de racine et les autres de préfixes et de suffixes : tels sont les *idiomes soudaniens* ; les langues *bantou* parlées dans l'Afrique centrale et australe, depuis le Congo jusqu'au Natal ; les *langues australiennes* et *de la Nouvelle-Guinée*, etc.

5º Les *langues américaines*, au nombre de plus de 200, sont encore usitées dans quelques régions incomplètement connues ou rarement visitées des deux Amériques, mais elles tendent à disparaître.

Quelques langues, toutes du groupe indo-européen, se sont répandues dans presque toutes les parties du monde où elles tendent à prévaloir sur les langues indigènes et à devenir des langues universelles. Les principales sont : l'*anglais*, que les Anglais ont introduit avec eux dans tous les pays du monde comme langue du commerce, et qui est devenu la langue courante dans le Canada, les États-Unis, l'Australie, etc. ; — l'*espagnol*, qui est resté usité dans les anciennes colonies espagnoles,

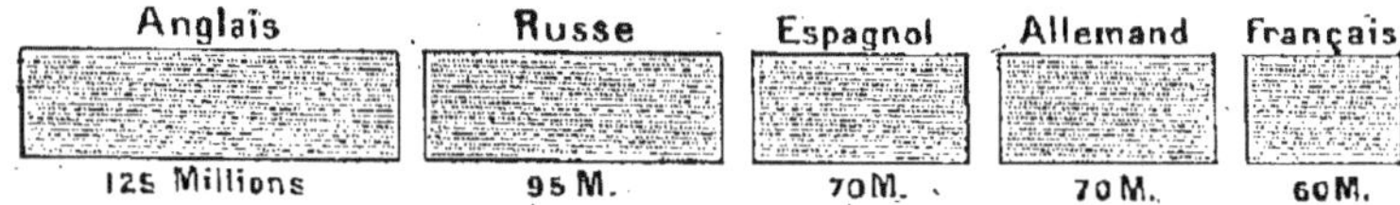

IMPORTANCE NUMÉRIQUE COMPARÉE DES PRINCIPALES LANGUES EUROPÉENNES.

Cinq langues européennes sont particulièrement répandues dans le monde : l'anglais, le russe, l'espagnol, l'allemand et le français. Dans les chiffres ci-dessus sont compris naturellement les habitants de la métropole ; il faut comprendre dans les 70 millions d'hommes qui parlent l'allemand presque tous les 60 millions d'Allemands qui vivent en Allemagne.

Mexique, Amérique centrale et Amérique du Sud, Brésil excepté, bien que ces pays aient cessé de dépendre de l'Espagne ; — le *français,* qui est la langue la plus usitée par la diplomatie, et qu'on parle dans les cercles les plus civilisés de tous les pays ; c'est, en outre, la langue de la moitié des Belges, d'une partie des Suisses, des Canadiens français, etc. ; — l'*allemand* et le *russe,* qui se répandent à mesure que les peuples allemand et russe s'étendent par le commerce et prennent de l'importance dans le monde des affaires.

L'importance numérique des principales langues indo-européennes ressort du tableau suivant :

Anglais.	125 millions.
Russe.	95 —
Espagnol.	70 —
Allemand.	70 —
Français	50 —

Les religions humaines. — Les hommes pratiquent des religions nombreuses, mais les principales sont : le *christia-*

IMPORTANCE NUMÉRIQUE COMPARÉE DES PRINCIPALES RELIGIONS HUMAINES.

Deux religions sont particulièrement pratiquées dans le monde : le christianisme, religion des peuples européens sous ses différentes formes, qui compte parmi ses fidèles 35 pour 100 des populations du globe, et le bouddhisme, religion des populations mongoles, 31 pour 100. Viennent ensuite le brahmanisme, religion des Hindous (13 pour 100) et le mahométisme (12 pour 100). Le reste des hommes, environ 9 pour 100, pratiquent encore le fétichisme et le culte des idoles.

nisme, sous ses trois formes, catholicisme romain, église orthodoxe, protestantisme ; le *judaïsme* et le *mahométisme* ; le *brah-*

manisme et le *bouddhisme*, enfin les *religions idolâtres* ou *féti-chistes.*

L'importance numérique des principales religions humaines peut être évaluée à peu près comme il suit :

Christianisme.	580 millions.	
Catholiques. 270		
Orthodoxes. 120		
Protestants. 190		
Judaïsme.	10	—
Mahométisme.	230	—
Brahmanisme.	210	—
Bouddhisme	500	—
Fétichisme.	100	—

1° Le **christianisme**, sous ses trois formes, domine en Europe et dans les pays colonisés par les Européens, savoir : le *catholicisme romain*, dont la capitale est à Rome, dans l'Europe du sud et du sud-ouest, ainsi que dans l'Amérique latine ; l'*église orthodoxe*, en Russie et dans la péninsule des Balkans, au sud-est de l'Europe ; le *protestantisme*, dans l'Europe du nord et du nord-ouest, ainsi que dans l'Amérique anglo-saxonne (États-Unis, Canada anglais).

On trouve également dans l'Asie occidentale et dans l'Afrique orientale quelques groupes chrétiens qui pratiquent le christianisme suivant des rites particuliers, rite copte, rite arménien, rite abyssin, etc. Enfin, de nombreuses missions ont fait pénétrer plus ou moins le christianisme dans presque tous les pays du globe.

2° Le **judaïsme** est une religion monothéiste, comme le christianisme. Il est disséminé à travers le monde comme le peuple juif lui-même.

A elle seule, l'Europe renferme 7 900 000 Juifs, (72 pour 100 des juifs du monde entier), dont 4 500 000 en Russie.

3° Le **mahométisme**, issu de la même région que le christianisme et le judaïsme, est également, comme eux, une religion monothéiste. Il règne dans la bande de pays secs qui traverse tout l'Ancien Monde dans l'hémisphère boréal. On le trouve dans l'Afrique du Nord depuis la Méditerranée jusqu'au Soudan et même jusqu'à Zanzibar ; dans l'Asie occidentale, en Arabie, en Asie Mineure et même dans la Turquie d'Europe, dans l'Iran. L'Inde, la Chine, la Malaisie renferment des groupes musulmans très importants.

La ville sainte des Mahométans est *la Mecque*, près de la mer Rouge, en Arabie : tout bon musulman doit s'y rendre en pèlerinage au moins une fois en sa vie.

4° Le **brahmanisme**, religion polythéiste, est répandu presque exclusivement dans l'Inde septentrionale, d'un bout à l'autre de la plaine située au pied de l'Himalaya.

La ville sainte des brahmanistes est *Bénarés*; elle est bâtie sur le Gange, qui est leur fleuve sacré.

5° Le **bouddhisme**, dérivation du brahmanisme, est originaire de l'Inde, mais il n'y est plus pratiqué. Il domine dans toute l'Asie orientale, Thibet, Indo-Chine, Chine, Japon, mêlé, il est vrai, à diverses religions nationales, *confucianisme* et *taoïsme* en Chine, *sintoïsme* au Japon.

La métropole du bouddhisme est *Lhassa*, dans le Thibet, à plus de 3000 mètres d'altitude.

6° Le **fétichisme** est l'adoration des forces de la nature, mer, astres, éclairs et tonnerre, animaux, ou l'adoration d'idoles fabriquées qu'on nomme *fétiches*; c'est la religion des peuples les moins civilisés qui, attribuant à ces êtres ou à ces phénomènes une puissance particulière, essaient de se les concilier en les adorant.

Le nombre des fétichistes décroît peu à peu, mais le fétichisme est encore professé par les populations arriérées de l'Afrique intérieure, par les indigènes de l'Australie, ainsi que par les habitants de la plupart des îles océaniennes.

IDOLE OU FÉTICHE
ADORÉ
DANS LE CENTRE
DE L'AFRIQUE.

Les populations arriérées de l'Afrique intérieure, de l'Australie et de l'Océanie sont encore fétichistes; elles adorent, soit les forces de la nature, soit de grossières idoles, comme celle qui est représentée ci-dessus.

4. — PAYS ARRIÉRÉS ET PAYS CIVILISÉS

SOMMAIRE

I. On peut distinguer trois phases principales dans l'histoire du développement humain : 1° La phase primitive, où l'homme est dans une dépendance étroite de la nature ; 2° la phase de demi-civilisation ; 3° la phase de pleine civilisation où, sans cesser de dépendre toujours de la nature pour une large part, l'homme arrive à transformer singulièrement ses conditions naturelles.

II. Il existe encore des peuples très arriérés, restés à la phase primitive : ce sont les Australiens, les peuples peu nombreux de la région polaire arctique, les nègres africains, les indigènes de l'Océanie. On peut, du reste, relever des différences dans leur état de civilisation rudimentaire. Les Australiens paraissent occuper le degré le plus bas de l'humanité.

III. Les peuples les plus civilisés habitent tous la zone tempérée du globe, qui est de beaucoup la plus favorable au développement humain : ce sont, avec des degrés divers, les peuples Européens, en Asie les Hindous et les Chinois, en Amérique les habitants des États-Unis. Ce sont ces peuples qui occupent sans contredit la tête de l'humanité pour la civilisation.

Développement.

Principales phases du développement humain. — L'homme est un être essentiellement perfectible. Les progrès qu'il a accomplis depuis les âges reculés de l'histoire de la terre en ont fait un être presque nouveau. On peut distinguer dans le développement des peuples civilisés trois phases principales.

1° La **phase primitive** : L'homme était faible, isolé, vivant au jour le jour, peu différent des animaux auxquels il avait à disputer son existence. Ce fut la condition des hommes pendant l'époque de la préhistoire. Ils vivaient dans les cavernes des montagnes ou dans des maisons bâties sur pilotis au bord des lacs. Ils se nourrissaient de glands, de baies, de racines, qu'ils n'avaient qu'à cueillir autour d'eux, de poissons et de viandes animales qu'ils firent cuire lorsqu'ils connurent le feu. Leurs premières armes furent des branches d'arbres et des pierres taillées plus ou moins grossièrement. Pour vêtements, quand ils en portaient, ils se contentaient des dépouilles d'animaux.

Dans cette phase, l'homme est dans la dépendance étroite de la nature : les Allemands appellent *Naturvölker*, ou peuples à l'état naturel, les peuples qui en sont à cette phase de développement.

2° La **phase de demi-civilisation** : les hommes vivent en sociétés plus ou moins étendues, et le groupement des forces individuelles leur a donné la force de surmonter des obstacles jusque-là invincibles. Ils ont appris à se servir du feu et des ressources naturelles placées à leur portée. Avec les pierres et les bois, ils se construisent des habitations; avec les fibres de certaines plantes ou la dépouille des animaux, ils se confectionnent des vêtements ; ils pratiquent l'élevage d'une manière raisonnée, et cultivent le sol pour lui faire produire, dans la mesure du possible, les aliments ou les objets dont ils ont besoin. En un mot, en s'aidant de forces naturelles, comme l'eau et le vent, qu'ils trouvent en action autour d'eux, ils savent transformer les produits naturels pour les rendre d'un usage plus commode et plus approprié à leurs besoins.

Mais si l'homme, dans cette nouvelle phase, dépend moins étroitement de la nature, il lui reste néanmoins subordonné. Que le vent cesse et que le cours d'eau tarisse, l'homme doit suspendre son travail. En outre, l'action individuelle est restreinte, localisée, s'exerce sur un étroit espace.

3° La **phase de pleine civilisation** : l'homme a appris à dégager les forces invisibles de la matière, à les contraindre à l'action ; non seulement il dispose de forces considérables, mais il en dispose à volonté, où et quand il lui plaît. Sa puissance ne connaît presque plus d'obstacles. Il transforme la nature à l'aide de ses inventions mécaniques, rectifie et corrige les fleuves irréguliers, unit par des canaux artificiels des bassins fluviaux différents, perce les montagnes par des tunnels, traverse les mers à toute vapeur, supprime ou du moins réduit considérablement l'espace et le temps. Par le progrès de la science agricole, il surprend les secrets de la fécondité terrestre, refait les sols épuisés, améliore les sols pauvres. Par le progrès des sciences mécaniques, physiques et chimiques, il arrive à produire les objets par masses et très vite.

C'est alors qu'assuré de son existence matérielle, l'homme a le loisir de réfléchir, de penser. Il crée l'art, la science, la civilisation. Les peuples sont alors les *Kulturvölker*, les peuples civilisés. Toutefois l'homme ne pourra jamais s'affranchir entièrement de la nature, parce qu'il est un être vivant qui ne saurait se passer de tout ce qui est indispensable à la vie animale, air, chaleur, lumière, eau, nourriture. Le développement de la civilisation lui permet d'élargir de plus en plus ses conditions d'existence, mais l'homme reste et restera toujours dépendant, pour une large part, de la nature.

Peuples arriérés. — A ses débuts, l'humanité tout entière était à l'état de nature. On trouve encore des peuples à l'état primitif en quelques contrées du globe, notamment : *dans les contrées équatoriales* (Afrique centrale, plaine de l'Amazone) où les hommes sont comme perdus au milieu des forêts ; *dans les déserts* (Sahara, Kalahari, désert de Gobi, Australie centrale, désert mexicain) où il n'y a point de ressources ; *dans les contrées glacées de la zone polaire* (Esquimaux, Lapons, etc.), également pauvres et désolées ; *dans les îles restées longtemps isolées* (Océanie) dont les habitants n'ont pu profiter des inventions et du commerce des autres hommes.

Dans tous ces pays les hommes sont caractérisés par une grande faiblesse vis-à-vis de la nature.

Les **nègres australiens** représentent assurément le peuple le plus arriéré qui existe sur le globe. Habitants d'une région désertique presque dépourvue de ressources, isolés du reste du monde par de vastes étendues marines, ils n'ont trouvé, ni dans leur pays stérile, ni dans un contact avec des pays voisins plus favorisés, des éléments de développement et de progrès. Leur type physique paraît bestial, avec son front bas, ses arcades

LA VIE SAUVAGE EN AUSTRALIE.

Les nègres australiens représentent le dernier degré de l'humanité dans l'échelle de la civilisation : type physique bestial, armes et outils rappelant ceux de l'époque préhistorique, dessins primitifs et grossiers qui sont même inférieurs à ceux des époques de la Madeleine et de Cro-Magnon. Beaucoup de nègres australiens n'ont point de huttes et s'abritent derrière les buissons.

sourcilières proéminentes, son nez court et aplati, ses lèvres épaisses et souvent saillantes. Ils vivent par petits groupes de quinze à vingt individus, abrités dans des huttes grossières ou simplement, le climat étant sec, derrière des buissons. Leur organisation sociale et leur industrie sont restées primitives; ils ne savent point cultiver le sol, même d'une manière rudimentaire; ils ne pratiquent même pas l'élevage; ils vivent de fruits, de racines, des produits de la chasse et de la pêche. Les armes dont ils se servent, harpons, lances, haches et couteaux en pierre, rappellent celles des époques préhistoriques.

Quelques bijoux assez grossiers, quelques peintures et gravures des plus primitives représentant surtout des animaux, tels sont les seuls soucis artistiques qu'ils manifestent. Ils ont toutefois une arme curieuse, le *boumerang* : c'est une sorte de palette courbe qui se dirige vers le but en tourbillonnant avec un mouvement d'hélice, puis, après avoir atteint le but, revient vers celui qui l'a lancée.

Les **peuples de la région polaire arctique**, *Esquimaux, Samoyèdes, Koriaks, Youkaghirs*, vivent aussi principalement de chasse et de pêche; ils ne pratiquent que l'élevage du renne. Toutefois ils sont dans un état de civilisation bien moins rudimentaire que les nègres australiens. Leur outillage de chasse et de pêche est assez développé ; ils savent confectionner pour leurs voyages des traîneaux et des canots primitifs, ou *kayaks*, faits de peaux de phoques tendues sur une légère carcasse en os. Ils habitent, en été, des tentes formées de peaux cousues ensemble et soutenues par des perches ou des os de cétacés; en hiver, des cabanes en terre et en pierres, à demi enfoncées dans le sol, où l'on accède par un couloir percé sous la neige et dans lequel on s'avance en se traînant sur les mains et sur les genoux.

Les **nègres africains** sont également très arriérés. Ils sont fétichistes. La préoccupation principale de leur existence est d'assurer leur vie quotidienne; ils chassent. prennent tous les gibiers qui se rencontrent, sauterelles, papillons, larves, rats, chenilles, et les fument pour les manger; quand cela ne suffit pas, ils deviennent anthropophages. Leurs maisons sont des huttes en bois rondes ou carrées. Ils n'ont point de vêtements; leurs armes ne sont que des arcs et des flèches.

Tous les nègres d'Afrique ne sont pas restés aussi primitifs. Quelques-uns d'entre eux recouvrent leurs huttes de naïfs dessins en couleur. Beaucoup pratiquent l'élevage et même une culture rudimentaire, consistant à gratter la surface du sol, où l'on fait pousser ensuite des tubercules comme le manioc, l'igname et la patate, ou des céréales comme le millet, le sorgho, le doura. Enfin, il en est même qui savent forger, travailler les métaux et tisser sommairement des étoffes. Il est très difficile de fixer la limite entre les peuples arriérés et les demi-civilisés : on passe d'un groupe à l'autre par transitions insensibles.

Peuples très civilisés. — Les peuples les plus civilisés habitent les zones tempérées du globe. On peut citer parmi eux les peuples européens, les habitants des États-Unis, ceux de l'Inde, de la Chine et du Japon. A des degrés divers et de manières diverses, ces différents peuples représentent la fraction la plus avancée de l'humanité. Ce sont ceux qui savent tirer le meilleur parti de leurs sols et des ressources qu'ils renferment, qui ont le développement industriel le plus intense. La plupart des grandes inventions leur sont dues. Ils sont à la tête du mouvement littéraire, scientifique, artistique, et ils font rayonner leurs idées dans le monde entier par suite de l'extension de leur puissance.

Les plus importants de ces États ont ainsi formé de véritables empires, qui s'étendent sur deux ou plusieurs parties du monde. Les quatre principaux États européens, *Angleterre*, *France*, *Allemagne*, *Russie*, avec

LA VIE CIVILISÉE

1. MAISON DE CAMPAGNE A BORDIGHERA.

Les hommes civilisés habitent dans des villes aux rues larges et régulières, bordées de hautes maisons, éclairées à l'électricité, sillonnées d'omnibus et de tramways électriques. Leurs maisons sont architecturales et aménagées avec tout le confort possible.

2. UNE RUE DE CHICAGO.

3. UN SALON PARISIEN.

les *États-Unis d'Amérique*, renferment sur leur territoire et dans leurs dépendances une population de 750 millions d'habitants, soit la moitié de la population totale du globe. En outre, ces États font plus des quatre cinquièmes des échanges commerciaux qui ont lieu à la surface du globe; leurs langues, leurs religions se répandent de plus en plus et tendent à envahir toute l'étendue des terres émergées.

Les zones terrestres et la civilisation. — D'une manière générale, les régions tempérées sont celles qui conviennent le mieux à l'homme; c'est là qu'il peut le mieux se développer par un travail régulier et par l'exercice de ses facultés.

Les *régions polaires* se prêtent peu au développement de la civilisation. L'homme y a beau faire effort pour forcer la nature, celle-ci, avare et sévère, résiste à toutes les tentatives, et c'est à peine si, par un travail opiniâtre, il parvient à se procurer une misérable nourriture qui l'empêche de mourir de faim et de misère pendant les longs hivers de son désert glacé. Nul groupement nombreux, nul développement supérieur n'est possible dans des conditions aussi défavorables. Et c'est pourquoi les rares habitants de la région polaire arctique sont restés aux degrés inférieurs de l'humanité.

De son côté, la *zone torride* est trop chaude et trop humide; sa végétation est trop puissante. L'homme est comme perdu au milieu

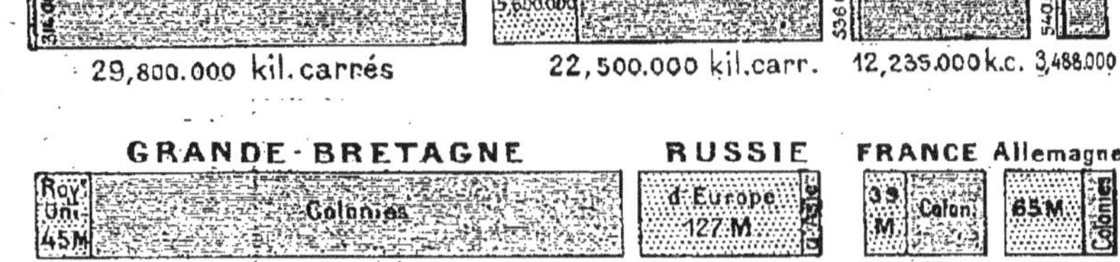

PRINCIPAUX ÉTATS EUROPÉENS AVEC LEURS EMPIRES COLONIAUX.

Quatre États européens ont acquis, en dehors de l'Europe, de vastes territoires, beaucoup plus étendus et plus peuplés qu'ils ne le sont eux-mêmes en général. Ces quatre États sont la Grande-Bretagne, la Russie, la France et l'Allemagne. Avec les États-Unis, ils couvrent 75 millions de kilomètres carrés, soit 55 pour 100 de la surface du globe, et comptent 750 millions d'habitants, soit 47 pour 100 de sa population.

des immenses forêts, au sol marécageux, aux arbres pressés et débordants de sève, qu'on ne peut songer à détruire par l'incendie, et qui repoussent d'ailleurs bientôt avec une incomparable vigueur. La nature tropicale isole et amollit: chez l'homme tropical la vie du corps l'emporte sur celle de l'esprit, les instincts physiques sur les facultés supérieures, les facultés passives, passions et sentiments, sur les facultés actives, intelligence et raison.

Quelques groupes humains ont, dans cette zone, atteint une civilisation assez brillante: les Hindous de l'Inde, les Chinois, les Fellahs d'Egypte. Mais développés de bonne heure, avant les autres peuples, ils sont restés stationnaires. L'isolement de la Chine que des déserts et de très hautes montagnes séparent du reste de l'Asie, l'isolement analogue de l'Inde entre ses mers et la haute barrière de l'Himalaya, l'impossibilité pour l'Egypte de communiquer facilement avec les pays à travers les vastes déserts qui l'entourent, expliquent en partie que ces pays aient peu progressé après s'être d'abord civilisés si vite. Peut-être aussi, en rendant la prévoyance presque inutile, le retour périodique des inondations bienfaisantes du Nil ou celui de la mousson, véhicule des pluies fécondes, a-t-il contribué aussi à ce résultat: la régularité du climat n'y excitait point à ce concours de l'intelligence avec la nature qui détermine le progrès.

Au contraire, *dans les climats tempérés*, tout est activité, mouvement. Les alternatives de chaud et de froid, les changements des saisons, un air plus frais et plus tonique, excitent l'homme à un travail constant, à la prévoyance, au déploiement de toutes ses facultés. La nature n'y donne rien sans peine; tout don de sa part est la récompense d'un effort. Moins vigoureuse, moins gigantesque, tout en invitant l'homme à la lutte, elle lui laisse l'espérance d'une victoire. C'est dans la zone tempérée que se sont formés les plus grands empires de l'antiquité comme des temps modernes; c'est là que s'étendent les pays qui ont été, depuis les débuts de l'âge historique, le centre de la civilisation, Perse, Grèce, Rome, pays européens, États-Unis d'Amérique.

5. — L'HOMME ET LA NATURE

SOMMAIRE

I. L'influence de la nature sur l'homme se manifeste de plusieurs manières : 1° sur la *répartition des hommes* : les régions de chaleur et d'humidité moyennes, les régions de cultures intensives, et notamment les terres de lœss, de formation volcanique et d'alluvion, sont celles où se concentrent en majorité les hommes ; 2° sur l'*habitat humain* : site des agglomérations et des maisons déterminé par le relief, le climat, la présence de l'eau potable ; forme de la maison, ouvertures, toit ; nature des matériaux employés, bois, pierre, etc. ; 3° sur le *genre de vie et les mœurs* : occupations ordinaires, régime de vie, costumes et coutumes, mœurs et caractère.

II. L'homme transforme les conditions naturelles, celles résultant de la configuration générale des continents (percements d'isthmes), du relief (tunnels et canaux de jonction), du climat (déboisement et desséchement), de la valeur naturelle des cours d'eau. Il a changé du tout au tout la répartition primitive des espèces végétales et animales. Enfin, il empêche les agents externes d'érosion de poursuivre leur œuvre naturelle, chaque fois que son intérêt est en jeu. Si certaines de ces transformations ont produit des résultats regrettables, la plupart d'entre elles ont contribué plutôt à améliorer la nature.

Développement.

Influence de la nature sur l'homme. — Dès l'antiquité, quelques philosophes grecs, Hippocrate en particulier, reconnurent que l'homme se trouvait, en grande partie, sous l'influence directe du sol qu'il habite, du climat et de la composition géologique du terrain sur lequel il vit. Depuis le xvi° siècle, cette opinion a été souvent reprise. Mais c'est au xix° siècle surtout que divers savants, entre autres Karl Ritter et Frédéric Ratzel, lui ont donné une forme vraiment scientifique

La nature influe notamment sur la répartition des hommes à la surface du globe, sur la distribution des agglomérations et de l'habitat dans chaque région, sur le type des habitations, le genre de vie et les mœurs des hommes.

On a déjà, dans l'étude de la géographie physique, fait des allusions plus ou moins longues à ces influences qu'on va ici présenter d'ensemble.

Influence de la nature sur la répartition des hommes.

— Les hommes sont très inégalement répartis sur le globe; cer-

RÉPARTITION DE LA POPULATION AU MEXIQUE.

Au Mexique, comme dans la plupart des régions à grand relief de la zone équatoriale, la densité de la population est beaucoup plus forte sur les plateaux, terres tempérées ou relativement fraîches, que dans les plaines, qui sont à la fois brûlantes et humides, c'est-à-dire malsaines.

taines régions sont presque désertes; d'autres renferment, au contraire, un nombre parfois considérable d'habitants. C'est le résultat de causes naturelles, climat, relief, ressources.

1° Le **climat** exerce une action importante sur la répartition des hommes, parce que l'homme ne peut vivre sans une certaine quantité de chaleur et d'humidité. Là où l'eau manque, là où la chaleur est insuffisante, il peut séjourner temporairement, mais il ne saurait fonder d'établissements durables. Partout ailleurs, les différentes races d'hommes peuvent avoir plus ou moins de

difficulté à s'acclimater : les habitants de l'Europe septentrionale
et centrale, qui s'acclimatent bien et vite dans les pays subtropicaux, ne peuvent s'établir que temporairement dans les régions

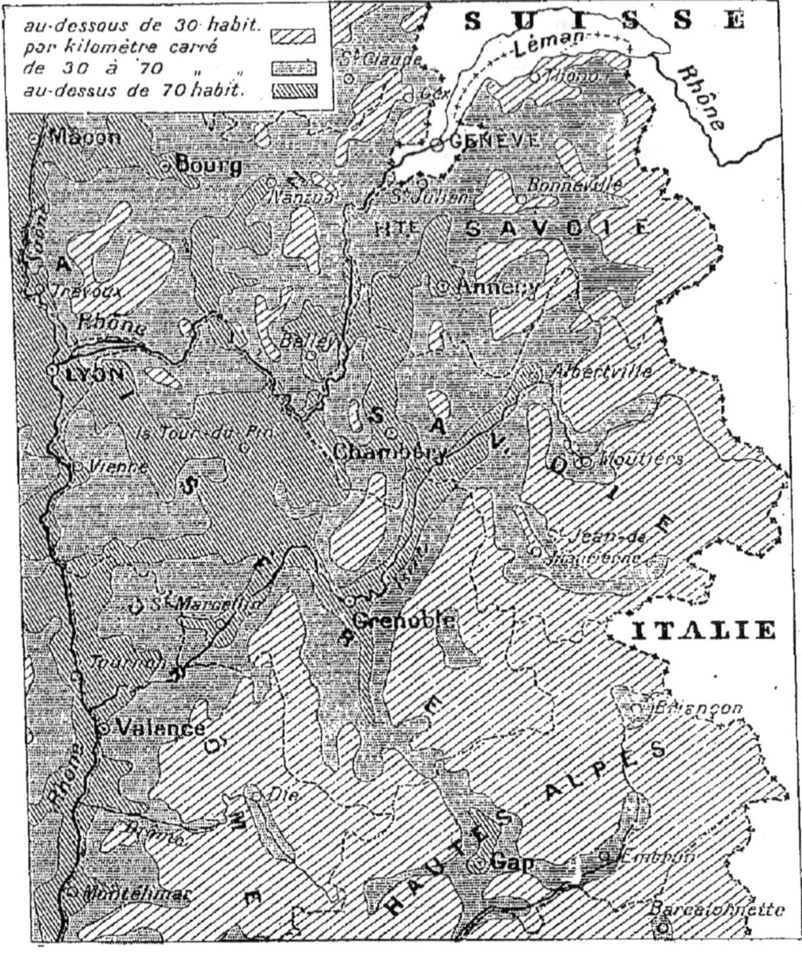

RÉPARTITION DE LA POPULATION DANS LES ALPES FRANÇAISES.

*Dans les Alpes françaises, comme dans la plupart des pays de montagnes des
régions tempérées, les hauts sommets et les pentes élevées n'ont qu'une population des plus restreintes ; le climat est rude, l'air raréfié, la terre végétale
maigre. C'est dans les vallées plus abritées, plus tièdes, au sol plus meuble,
que vivent presque toutes les populations.*

équatoriales, chaudes et humides, dont les habitants de l'Europe
méridionale, Espagnols, Portugais, Italiens, s'accommodent
beaucoup mieux, et où la race nègre s'épanouit librement. Du
moins, la vie humaine y est-elle possible. L'homme peut pros-

pérer et se bien porter dans les conditions de chaleur et d'humidité les plus diverses, pourvu qu'elles soient suffisantes.

Toutefois, l'étude de la densité de la population humaine montre que l'homme prospère le mieux dans des conditions de chaleur et d'humidité moyennes. La zone tempérée, qui réunit ces conditions, est de beaucoup la plus peuplée des zones terrestres. Dans la zone équatoriale, les plateaux, terres tempérées ou relativement froides, sont plus peuplées que les plaines chaudes et humides, et que les hautes régions montagneuses qui sont glacées : c'est sur les plateaux des Andes et du Brésil que réside la majeure partie des habitants de l'Amérique du Sud équatoriale. Les climats d'humidité moyenne, uniformément frais, ou chauds seulement par intervalles et caractérisés par de fortes variations de température, semblent être ceux qui conviennent le mieux à l'établissement humain.

2° Le **relief** influe sur la répartition des hommes par les modifications qu'il exerce sur le climat, en même temps que par les variations de la pression atmosphérique suivant l'altitude.

L'air, pour être respirable, a besoin d'une certaine densité. A cause de la raréfaction de l'air, les régions élevées ne se prêtent pas à l'établissement permanent de l'homme. Les habitations permanentes les plus élevées qu'il y ait sur le globe se trouvent à 5 000 mètres d'altitude, dans la région des sources de l'Indus. Dans les Alpes, il n'existe guère d'agglomérations permanentes au delà de 2000 mètres, mais c'est parce qu'au delà la température moyenne est trop basse : question de climat plus que de relief.

3° Les **ressources naturelles** exercent une grande influence sur le nombre des habitants qu'une région peut recevoir. La connexion de l'homme avec la flore et la faune est évidente. L'homme, à côté de l'eau qui lui est indispensable, a besoin, pour se nourrir, de matières animales et végétales, dont la diffusion sur la surface du globe dépend du climat et du sol.

Les forêts ne fournissent à l'homme que les ressources alimentaires provenant de la chasse ; aussi ne peuvent-elles nourrir une population nombreuse. La pêche, étant données les grandes quantités de poissons qui vivent dans la mer, constitue une source plus abondante d'alimentation ; mais ce n'est que sur la côte elle-même ou dans ses abords immédiats qu'elle réussit à provoquer une concentration importante de population. Les champs de glace, les rochers, les sables mouvants, impropres à toute végétation, ne nourrissent point d'hommes.

Les meilleures terres pour le peuplement, sont celles qui conviennent le mieux à l'agriculture, car elles peuvent produire la plus grande somme d'aliments dans un espace donné. Les terrains où se rencontrent les densités supérieures de population sont : les *terres de lœss* ou de *limon*, qui sont faciles à travailler et très productives quand elles sont bien arrosées; les *terres d'alluvions*, où l'eau potable et l'eau d'irrigation se trouvent presque toujours sans difficulté; les *terres volcaniques*, qui produisent sans engrais des moissons extraordinairement opulentes : c'est à leur nature volcanique que Java, le Japon, les hauts plateaux du Mexique, du Guatemala, de l'Équateur, doivent la densité de leur population.

Les pays riches en mines et favorables au développement de l'industrie concentrent aussi les populations, même s'ils ont peu de ressources agricoles. Les hommes de ces pays trouvent dans les voies de communication le moyen d'échanger leurs produits industriels contre un excédent d'aliments récoltés ailleurs.

On peut dire que, dans des conditions de climat et de relief également favorables, la densité de la population d'un pays est proportionnelle à la somme de ses ressources naturelles.

Aptitudes diverses des terres de lœss, alluviales et volcaniques. —Le *lœss* est une sorte de limon calcaire, caractérisé par sa couleur jaune clair, sa composition friable et pulvérulente, sa tendance à se découper par pans verticaux permettant, comme en Chine, d'y creuser des demeures. On s'accorde le plus souvent à y voir des amas de poussières formés par les vents.

Ces terrains ont leurs égaux et même leurs supérieurs en fertilité, mais dans son remarquable *Tableau de la géographie de la France*[1], M. Vidal de la Blache a montré comment, dans l'Europe occidentale, ils ont fourni les premières voies de civilisation, grâce aux conditions particulièrement favorables qu'ils offraient aux débuts de l'agriculture. « Partout aujourd'hui ils se montrent sous l'aspect de campagnes découvertes. La sécheresse, entretenue à la surface par la perméabilité du sol, favorise plutôt la croissance des céréales que des arbres, et ceux-ci, d'ailleurs, trouvant peu de prise sur ces couches friables, n'opposaient que peu de résistance au défrichement. La charrue se promène à l'aise sur ces plateaux ou ces molles ondulations naturellement drainées et préservées par leur hauteur moyenne des dangers d'inondation qui menacent les vallées. Dans l'apprentissage agricole que la nature de l'Europe impose à l'homme, ces régions étaient les

---

1. Vidal de la Blache, *Tableau de la géographie de la France*, p. 35 (t. I de l'Histoire de France, par E. Lavisse, chez Hachette et Cᵉ).

moins revêches.... C'est encore par la salubrité qu'y furent attirés les établissements humains : le soleil et la lumière avaient libre jeu, sur ces surfaces découvertes, pour écarter les exhalaisons malsaines entretenues ailleurs par l'épaisseur des forêts. •

Les *terres de formation volcanique* sont les plus riches de toutes. Abondantes en acide phosphorique et en potasse, elles ont une fécondité rare et peuvent, pendant de nombreuses années consécutives, porter des moissons diverses sans avoir besoin d'engrais. Si la couche de formation volcanique est mince sur un sous-sol favorable, elle est éminemment propre à l'arboriculture ; si elle est très épaisse, les arbres viennent difficilement en raison de la porosité du sol ; mais, dans tous les cas, les riches cultures y prospèrent. Aussi les agglomérations humaines se concentrent-elles sur les sols volcaniques, et souvent elles y forment comme des ilots de population très dense au milieu des pays moins habités de constitution différente. En beaucoup de pays, les limites entre les terrains volcaniques et non volcaniques constituent également des lignes de démarcation entre des régions de peuplement très dense et de peuplement moins dense.

Les *terres d'alluvions* sont moins fertiles que les terres de formation volcanique ; leur composition chimique n'offre pas les mêmes avantages. Toutefois, l'abondance de l'eau y favorise la culture. La population n'y est clairsemée que si le climat est par trop humide, avec des tendances à développer des marécages, dans des conditions sanitaires défavorables, comme c'est le cas dans les pays chauds, lorsque la végétation est par trop sauvage et par trop luxuriante. Par contre, dans les climats secs des zones tempérées les terres d'alluvion ont souvent une population extrêmement dense.

Influence de la nature sur l'habitat humain. — La nature influe beaucoup sur l'habitat humain, sur l'établissement des habitations, sur leur forme, sur la nature des matériaux dont elles sont faites.

1° Le climat et le relief influent de mille manières *sur le site* des agglomérations et des maisons particulières. Dans les pays chauds et humides où les plaines sont baignées d'une chaleur continue très déprimante. l'homme établit de préférence sa résidence sur des plateaux élevés et sur les flancs des montagnes, où l'air est à la fois plus frais et plus salubre. Dans les pays méditerranéens, où les marécages sont nombreux le long des côtes, les villages se sont campés de même sur les éminences pour échapper à la malaria. Dans les pays montagneux, les cultures et les hameaux s'étagent à *l'adroit*, sur le flanc ensoleillé qui regarde le sud et l'ouest, laissant à la forêt *l'ubac*, le côté d'ombre.

Dans nos campagnes de France, la plupart des maisons ont de même leur ouverture au midi, vers le soleil. Sur les bords de la mer, le pêcheur tourne en général sa maison à l'encontre des vents violents ou dominants.

On a déjà indiqué le rôle prépondérant que joue l'eau en cette matière. C'est une nécessité pour l'homme d'avoir à proximité l'eau indispensable à son alimentation, ainsi qu'à celle de son troupeau, à son ménage, à ses besoins de tous les instants. Dans

LE BOURG ET LA VALLÉE D'ÉVOLÈNE (VALAIS SUISSE)

Les bourgs des montagnes s'établissent au fond des vallées, où les terres sont plus meubles et les communications plus faciles ; dans la vallée, ils choisissent de préférence le côté de l'adroit, c'est-à-dire le flanc ensoleillé qui regarde le sud et l'ouest : des forêts couvrent le flanc opposé, ou ubac. Sur cette photographie, les montagnes occupent la direction du sud.

un pays où l'eau se rencontre partout, comme la Bretagne ou le Limousin, des fermes isolées apparaissent à chaque pas, tandis que dans un pays sec et aux sources abondantes mais rares, comme la Champagne, elles se groupent en hameaux le long des rivières et sur la ligne des sources (voir cartes, p. 112-113). Dans les régions désertiques, toute la vie se concentre de même près des sources et des puits.

Enfin, si la plupart des villes s'élèvent sur la rive d'une rivière ou d'un fleuve, n'est-ce pas que les cours d'eau furent longtemps les seules voies par lesquelles circulèrent les hommes? On a noté précédemment les points des cours fluviaux où se développent les agglomérations principales (voir p. 190).

2° Le climat influe *sur la forme* de la maison, ouvertures, forme du toit, etc.

La maison des pays chauds, en particulier celle des régions méditerranéennes, n'a souvent que peu d'ouvertures, afin d'être mieux gardée contre la chaleur; les fenêtres sont munies de persiennes dont on n'ouvre presque jamais que la partie inférieure, du moins pendant la sai-

1. CHALET EN SUÈDE.

En Suède, pays de forêts, la maison est en bois, exhaussée au-dessus du sol à cause des neiges qui le recouvrent pendant l'hiver sur une grande épaisseur; le toit est incliné pour faciliter l'écoulement des neiges et des pluies qui sont fréquentes et abondantes. En Algérie, pays chaud et sec, la maison a peu d'ouvertures, afin que la chaleur ne puisse y pénétrer; les fenêtres restent presque toujours fermées pour la même raison; les toits sont plats et forment terrasses.

2. MAISONS D'ALGÉRIE

son chaude. La maison des pays septentrionaux, la maison russe, par exemple, est munie de doubles fenêtres qui garantissent mieux du froid. En Italie, en Grèce, où une grande partie de la vie se passe au dehors, la maison est généralement d'un ameublement assez sommaire : dans les pays du Nord, plus humides et plus froids, la maison devient le *home* qu'on tâche de rendre le plus confortable possible parce qu'on y vit beaucoup.

En Algérie, en Égypte, en Syrie, et, d'une manière générale, dans toute la zone chaude et sèche qui est placée vers les tropiques, les toits sont plats; il n'est pas nécessaire de les incliner pour faciliter l'écoulement des pluies qui sont très rares; en outre, ces toits plats forment des terrasses où, le soleil couché, on va goûter après une journée brûlante la fraîcheur du soir et de la nuit. Dans les pays de montagnes, comme notre Massif Central et nos Vosges, ainsi que dans les régions du nord de

CAMPEMENT ARABE EN ALGÉRIE.

Dans les régions désertiques, où il ne pleut jamais, et où la vie est nomade, la maison est une tente facile à installer, facile à déplacer.

l'Europe, on les incline beaucoup afin de mieux assurer l'écoulement des pluies abondantes et d'empêcher les neiges d'y former des couches trop épaisses et trop lourdes.

Dans les régions désertiques, où il ne pleut jamais et où la vie nomade est une nécessité, la maison est une tente, facile à transporter, facile à installer, qu'on pose directement sur le sol toujours sec. Dans les régions de neiges, montagnes ou pays septentrionaux, la maison, généralement un chalet en bois, est posée sur des piliers de 1 mètre ou plus qui la maintiennent exhaussée au-dessus de la terre humide.

3° Les *matériaux* dont sont faites les habitations, et qui donnent à un pays une partie de son caractère spécial, sont en relation directe avec la nature avoisinante. L'homme emploie naturellement pour les construire les éléments qu'il trouve près de lui, sous sa main.

Dans les régions boisées, les habitations sont de bois : ainsi dans les Alpes et dans la plupart des régions montagneuses. En Bretagne, région de schistes et de granits, les maisons sont de granits ou de schistes, d'où leur aspect lourd, massif, mais singulièrement solide. Dans les pays de limon et d'argile, où manque la pierre à bâtir, les habitations sont de pauvres maisonnettes, faites d'un *torchis*, qu'on forme en gâchant de l'ar-

TYPES DE MAISONS.

1. UNE MAISON BRETONNE.

Les hommes bâtissent leurs habitations avec les matériaux qu'ils trouvent autour d'eux. En Bretagne, pays de roches granitiques, roches dures mais difficiles à travailler, les maisons et les enclos sont faits de pierres sèches ou de blocs superposés qu'on réunit avec de la chaux et du ciment, ou qu'on revêt d'un enduit de chaux : dans la maison bretonne représentée ci-dessus, le mur où est percée la fenêtre laisse voir les pierres unies entre elles par des joints en chaux; le mur où s'ouvre la porte est recouvert complètement d'un enduit de chaux. En Berry, où manque la bonne pierre de construction, on fait d'abord une charpente de bois, puis on plaque dessus un mélange d'argile ou de boue; on n'obtient ainsi que des murs peu solides et peu résistants.

2. UNE FERME DU BERRY.

gile avec de la paille pour augmenter sa cohésion, et qu'on plaque sur une charpente en bois : dans ces pays, on construit aussi des habitations en briques.

Dans les pays calcaires ou crayeux, la bonne pierre à bâtir ne manque pas, et comme cette pierre est facile à travailler, une sorte de coquetterie architecturale apparaît parfois dans les détails des maisons. Il n'est pas rare, non plus, d'y rencontrer des habitations souterraines, excavations naturelles ou grottes taillées de main d'homme, analogues à celles qui abritèrent les hommes aux premiers âges de l'humanité, et dont on s'est borné à murer l'ouverture pour y ménager des portes et des fenêtres. Il existe des habitations de ce genre dans nombre de régions

HABITATIONS SOUTERRAINES A BOURRÉ (LOIR-ET-CHER).

Dans les pays calcaires ou crayeux, où les grottes naturelles sont fréquentes, il n'est pas rare de voir des familles établies dans ces grottes dont on n'a eu qu'à murer l'ouverture pour en faire une véritable maison ; on nomme troglodytes les habitants de ces habitations souterraines. On trouve de ces maisons dans plusieurs régions de la France, près de Mantes, aux environs de Vendôme, en Touraine, etc.

françaises, par exemple, dans la vallée de la Seine, en aval de Mantes, dans la vallée de l'Oise, dans les environs de Vendôme sur les bords du Loir, en Touraine.

Influence de la nature sur le genre de vie et les mœurs. — Obligé de s'accommoder au milieu particulier où il se développe, l'homme en subit nécessairement plus ou moins l'empreinte ; il façonne son genre de vie et ses habitudes d'après les conditions extérieures que ce milieu lui impose.

14

Ici, il vit de pêche : là, il vit de la chasse. Les pays de steppes, insuffisamment ou irrégulièrement arrosés, le contraignent à la vie nomade; tandis que les régions à climat plus tempéré sollicitent l'agriculture et la vie sédentaire. En un mot, l'homme cherche naturellement à tirer parti de la nature qui l'environne, à lui emprunter ses ressources, ses outils, ses instruments de travail. De là, déterminées par le cadre géographique, des habitudes que l'hérédité accentue et qui constituent à la longue **la caractéristique marquée des différents groupes humains**.

Les hommes sont modelés, pour ainsi dire, par une série d'actions répétées un nombre indéfini de fois. Le régime de vie, les coutumes et jusqu'aux actions les plus simples sont modifiées par les circonstances naturelles. L'influence de la nature va jusqu'à peser sur le caractère et les mœurs. L'homme des plateaux infertiles, condamné à arracher au prix d'efforts son existence à une nature marâtre, est généralement plus rude, plus opiniâtre, plus tenace, et aussi plus âpre au gain, que l'homme des grasses plaines, envers qui la nature se montre prodigue. La psychologie du terrien n'est pas celle du marin. L'homme du Sud et l'homme du Nord ont des besoins différents, partant des mœurs différentes. Le Grec vit de rien, d'eau claire, d'un fruit, d'un laitage; une cabane lui suffit pour s'abriter sous un ciel presque toujours serein. A ce régime, un homme du Nord succomberait vite: pour combattre l'effet d'un climat humide et froid, il lui faut une nourriture abondante, surtout animale; il lui faut, pour s'abriter, non quelques planches mal jointes, mais une demeure aux murs épais, bien close et bien chaude, où il brave les brouillards et le froid; le travail et la prévoyance sont pour lui une nécessité, travail pour construire et s'entretenir, prévoyance pour amasser dans la belle saison les vivres nécessaires en vue de la saison glacée où la terre durcie ne produit plus rien. Il est difficile parfois de préciser au juste ces influences de la nature sur l'homme; mais elles sont incontestables.

Tout le développement de la civilisation tend, du reste, à atténuer, sinon à faire disparaître, cette empreinte dont la nature a marqué profondément l'humanité primitive.

Action de l'homme sur la nature. — Si la nature influe sur l'homme, de son côté, l'homme agit sur la nature, et son action peut se résumer ainsi : transformation, appropriation ou détérioration des conditions naturelles.

L'homme transforme la nature, surtout depuis que les progrès des sciences physiques, chimiques et mécaniques ont mis entre ses mains des forces considérables. Les effets provenant de la *disposition naturelle* des continents et des océans ont été modifiés par le percement de canaux interocéaniques, comme le canal de Suez et comme bientôt le canal de Panama, ainsi que par la construction de grandes voies ferrées transcontinentales. L'importance naturelle du *relief* s'est trouvée atténuée grandement par l'ouverture de tunnels à travers les hauts massifs montagneux, et par celle de canaux de jonction entre les bassins fluviaux diffé-

TRAVAUX DE CORRECTION DES TORRENTS.

1. TORRENT DU RIOU-BOURDOUX.

L'homme transforme la nature; souvent il la détériore (déboisement et ses conséquences), mais parfois il l'améliore. C'est ainsi qu'il a corrigé la torrentialité des cours d'eau alpestres, qui ravageaient leurs rives, par la construction de barrages en clayonnage ou en maçonnerie qui modèrent la pente et brisent la force de l'eau.

2. TORRENT DE LA GROLLAZ.
(RÉGION DE BARCELONNETTE, ALPES FRANÇAISES.)

rents. Le *climat* est modifié par le déboisement et le reboisement, par le desséchement des marais; les *cours d'eau,* par des travaux de régularisation ou d'approfondissement; la *fécondité naturelle du sol,* par des amendements ou des engrais appropriés. Dans ses voyages sur le globe, l'homme a changé du tout au tout la répartition primitive des espèces animales et végétales : presque tous les arbres fruitiers de l'Europe sont originaires de l'Asie occidentale, d'où l'homme les a rapportés ; la pomme de terre et le maïs sont originaires d'Amérique, le blé de la Mésopotamie, le riz de l'Asie orientale ; la plupart des espèces animales qui caractérisaient la faune américaine ont disparu, les bisons par exemple, et les animaux qui les ont remplacés viennent d'Europe. L'extension de la colonisation, par le progrès des cultures aux dépens des forêts et des steppes, a changé la face de la terre.

L'homme est ainsi un *agent géologique* dont l'action est considérable. Chaque fois que son intérêt est en jeu, il entreprend de lutter contre l'évolution naturelle des choses. Les eaux folles de la montagne font crouler la terre végétale des pentes, mais l'homme, à chaque printemps, les remonte sur son dos pour conserver son champ. Le cours d'eau corrode ses rives, mais l'homme les défend par des perrés ou des enrochements protecteurs, parce qu'elles portent sa propriété. Le vent pousse les dunes sur les cultures, l'homme les a consolidées par des plantations. La mer mine les falaises sur lesquelles l'homme a établi sa maison et il les consolide par des murs en maçonnerie pour en éviter l'éboulement. C'est ainsi entre lui et la nature une lutte de tous les instants à laquelle son intérêt le stimule.

Certaines de ces transformations, accomplies dans un intérêt immédiat ou particulier, ont détérioré la nature. Le déboisement inconsidéré a déterminé la dénudation et le ravinement des pentes, une recrudescence de la torrentialité des cours d'eau, et par suite le déséquilibrement de certains fleuves, l'envasement des embouchures, la détérioration partielle des climats. Le reboisement et la correction des torrents des montagnes sont aujourd'hui à l'ordre du jour dans tous les pays.

Mais la plupart de ces transformations ont plutôt amélioré les conditions primitives. Partout où l'homme a compris nettement son rôle, il s'est attaché à approprier la nature à ses besoins généraux, suivant la science et la raison. La vraie civilisation est celle qui se développe en harmonie et conformité avec les lois qui régissent la planète.

6. — LA TERRE, CHAMP DE L'ACTIVITÉ HUMAINE

SOMMAIRE

I. On peut distinguer parmi les régions terrestres certaines régions qui semblent solliciter les hommes, et d'autres qui semblent, au contraire les repousser. Chaque pays a une valeur propre dépendant de ses ressources, et les hommes se portent naturellement des pays les moins favorisés vers les pays les plus favorisés.

II. Il y a des pays en voie de décadence, d'autres pays en voie de progrès; certaines villes gagnent en importance alors que d'autres déclinent. La raison de cette instabilité réside dans ce que la valeur relative des divers pays terrestres ne cesse de changer. Tous les facteurs qui déterminent cette valeur, en effet, sont variables. L'importance de la situation dépend de la direction des courants commerciaux que l'ouverture d'une nouvelle route d'échange suffit à dévier. Les formes de relief sont loin d'avoir même importance pendant les époques de tranquillité et pendant les époques d'agitation, de guerres. Avec leurs aptitudes fort différentes au point de vue agricole et au point de vue industriel, les divers terrains ont eu une importance fort variable dans le passé et aujourd'hui. En résumé, les groupements humains sont, comme les formes de la nature physique, dans un état de perpétuel devenir.

Développement.

Régions attractives et régions répulsives. — En 1841,

deux savants français, Dufrénoy et Elie de Beaumont, dans leur *Explication de la carte géologique de la France,* fondèrent leur division du sol français sur l'opposition de deux régions de caractères absolument contraires, le Massif Central et le Bassin Parisien. Ils nommèrent le premier *pôle divergent et négatif* de la France, tandis qu'ils appelaient le second son *pôle positif et convergent.*

Visant à rendre compte de la structure générale de notre pays, cette division péchait par insuffisance. La France forme, en réalité, un ensemble beaucoup plus complexe. Ce n'est pas un, mais plusieurs pôles négatifs qu'elle renferme, car les Alpes, les Pyrénées, le Jura, la Bretagne présentent, à des degrés divers, les mêmes caractères généraux que le Massif Central. De même, à côté du Bassin Parisien, nos divers bassins fluviaux constituent autant de pôles attractifs dont l'action se fait sentir sur leurs alentours avec plus ou moins de force et plus ou moins loin.

Toutefois, envisagée comme principe général d'une classification des régions terrestres, la distinction établie par Dufrénoy et Elie de Beaumont était fort suggestive. Laissons de côté, en effet, la question de degré, de plus ou moins. Considérées relativement à l'homme, les diverses régions terrestres se ramènent à deux types généraux.

Les unes semblent repousser l'homme qui n'y constitue ni grandes nations, ni grands Etats; les êtres humains qui y vivent y végètent, parfois nomades, toujours rares et clairsemés, pauvres sinon misérables, l'esprit borné au souci de l'existence matérielle. Elles apparaissent comme des régions *répulsives*, pour ainsi dire. Ce sont les pays qu'une situation excentrique, un relief excessif, un climat glacé ou invariablement sec, un sol pauvre et ingrat, condamnent à la stérilité, à la désolation.

Les autres, tout au contraire, semblent solliciter la vie humaine ; les hommes y affluent de toutes parts, comme le sang des extrémités au cœur ; ils s'y pressent en d'immenses et riches cités ; les puissants États s'y édifient, et les brillantes civilisations s'y développent. Elles apparaissent comme des régions *attractives*. Ce sont des pays admirablement doués pour l'agriculture, l'industrie ou le commerce. L'homme se porte des régions les moins favorisées vers celles qui, par leurs richesses, semblent lui promettre la satisfaction la plus complète de ses besoins au prix de la moindre somme relative d'efforts.

Quatre facteurs naturels déterminent principalement la richesse d'un pays : sa *situation*, qui, maritime ou continentale, centrale ou excentrique, favorise ou contrarie ses relations avec le reste du monde ; son *relief*, qui facilite plus ou moins les relations commerciales intérieures et l'exploitation des richesses du sol ; la *nature de ses terrains*, plus ou moins bons pour la culture, plus ou moins riches en minerais ; son *climat*, qui est salubre ou malsain, d'un degré de chaleur et d'humidité qui influe sur la fertilité du sol, sur la nature de ses productions. On pourrait définir un pays « le produit de quatre facteurs variables : situation, relief, nature du sol, climat ».

Déplacement des centres d'activité et de peuplement.

— Depuis plusieurs siècles, c'est l'Europe occidentale qui forme la partie attractive par excellence du monde entier. Il n'en a pas été toujours ainsi. L'histoire nous montre la Grèce, l'Égypte, la Chaldée, jouant ce rôle quand l'Europe occidentale était encore sauvage ; nos grandes capitales modernes, Paris et Londres, n'existaient point ou n'étaient que d'humbles bourgades, alors que des villes aujourd'hui en ruines ou même disparues, Thèbes, Memphis, Ninive, Babylone, groupaient des millions d'habitants. Et de même aujourd'hui, il semble que les États-Unis, dont la population s'est élevée de 4 millions à 76 millions en un siècle, supplanteront peut-être l'Europe un jour à la tête de la civilisation générale. Ainsi donc, telle contrée, aujourd'hui attractive, ne l'a pas toujours été et peut encore cesser de l'être ; telle région, où les hommes sont des plus rares maintenant, pourra devenir quelque jour le siège d'une activité intense.

Sans embrasser les fluctuations de l'histoire générale, rien qu'à considérer le développement intérieur de quelques pays, on trouverait maint exemple de déplacements analogues, provinces qui ont cédé le pas à d'autres, villes historiques décapitées au profit d'agglomérations nées d'hier et subitement accrues, dépeuplement des campagnes au profit des villes.

Tous ces faits s'expliquent logiquement. Les facteurs naturels qui déterminent la valeur d'un pays ont une importance qui varie suivant les besoins du moment et suivant l'état général de

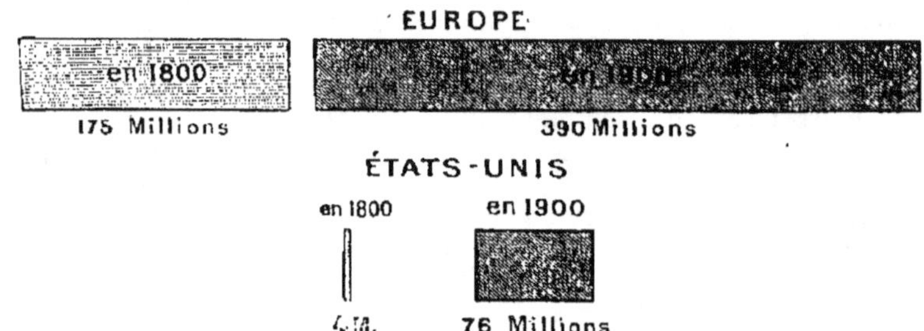

AUGMENTATION COMPARÉE DES POPULATIONS DE L'EUROPE ET DES ÉTATS-UNIS.

La population de l'Europe a beaucoup augmenté dans le cours du dix-neuvième siècle; elle est passée de 175 millions à 390 millions; elle s'est donc accrue dans la proportion de 122 pour 100. Cet accroissement est pourtant relativement faible comparé à celui des États-Unis dont la population, accrue par une immigration incessante venue surtout d'Europe, s'est élevée dans le même temps de 4 millions à 76 millions, soit de 1800 pour 100.

la civilisation. Il n'y a, pour s'en rendre compte, qu'à les examiner un à un.

1° **L'importance de la situation** est essentiellement changeante. A chaque isthme creusé, à chaque tunnel ouvert, à chaque nouveau canal ou chemin de fer, les grands courants commerciaux se trouvent déviés. La route fréquentée la veille devient presque déserte le lendemain et réciproquement. Tels pays qui s'applaudissaient de leur situation la déplorent maintenant, comme, dans les villes en transformation, les boutiques d'une ancienne grande rue qui voient le mouvement et la vie s'éloigner vers une artère nouvelle. On en citerait cent preuves.

L'ouverture du tunnel du Saint-Gothard a diminué Marseille au profit de Gênes, tandis que l'amélioration de la navigation de l'Elbe et de l'Oder a fait de Hambourg le grand marché de l'Allemagne centrale, un port de jour en jour plus actif.

L'ouverture du canal de Suez a diminué des neuf dixièmes l'importance du commerce qui se faisait par le Cap entre l'Europe et l'Inde ; par contre, elle a rendu à la Méditerranée, désertée comme impasse depuis le XVIᵉ siècle, la grande route de l'Afrique orientale, de l'Inde et de l'Extrême-Orient.

Jadis les grands ports d'échanges s'établissaient de préférence sur les fleuves principaux, assez avant dans l'intérieur : ils y trouvaient double avantage, sécurité plus grande contre les pirates ou les ennemis du dehors, voisinage plus immédiat de l'intérieur. De nos jours, la nécessité d'aller vite et l'augmentation du tonnage des navires ont concouru à annihiler les avantages d'autrefois : Rouen a cédé une partie de son commerce au Havre, Nantes à Saint-Nazaire ; Bordeaux est peut-être en train de perdre sa situation au profit de Pauillac.

2° **L'importance du relief** a varié de même aux diverses époques de l'histoire.

La colline et la petite montagne semblent avoir été les premiers lieux habités par l'homme : c'est dans les avant-monts des Pyrénées et des Alpes, dans les plateaux calcaires moyennement élevés du Massif Central, dans les faibles hauteurs du Charolais et de Picardie, qu'on a trouvé, en France, les plus anciennes traces d'occupation humaine. Et cela se conçoit : le ruisseau naissant, la source vive, la colline légèrement ondulée, sont des formes naturelles adoucies, avec lesquelles l'homme individuel peut entrer en rapport immédiat sans un excessif déploiement de forces. Au contraire, avec ses

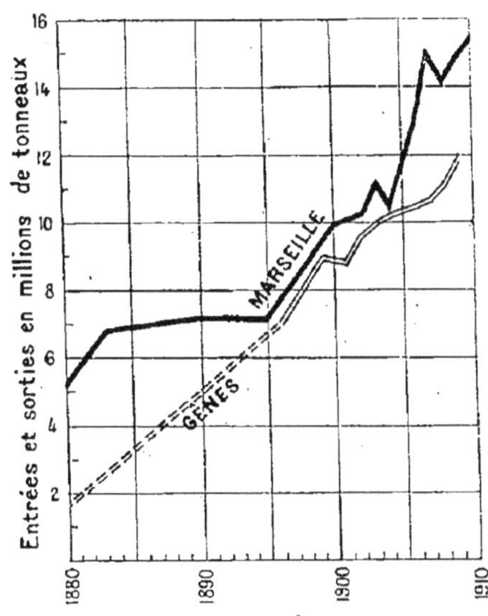

PROGRÈS COMPARÉS
DES PORTS DE MARSEILLE ET DE GÊNES
DEPUIS 1880.

Ces deux grands ports méditerranéens se sont beaucoup développés depuis 1880, mais Gênes plus que Marseille. En 1880, le port de Gênes avait un trafic inférieur de plus de moitié à celui de Marseille ; aujourd'hui, il a un trafic presque égal. Ces progrès énormes de Gênes sont dus à l'ouverture, en 1883, du tunnel du Saint-Gothard pour une voie ferrée reliant directement Bâle et Zurich à Milan et à Gênes. Cette voie ferrée a transféré à Gênes le trafic de la Suisse et de l'Allemagne du Sud avec la Méditerranée.

pentes indécises qui favorisaient la stagnation et le croupisse-
ment des eaux, la plaine humide exigeait un travail d'aménagement excédant les pouvoirs de l'humanité primitive, et possible seulement après la constitution de collectivités organisées
et solidarisées. La plaine n'est donc devenue accessible à
l'homme qu'après la colline. Seulement, une fois drainée, assai-
nie, cultivée, avec ses terres plus meubles, sa composition
chimique plus variée, ses fleuves ramifiés qui offraient des routes
naturelles de communication, la plaine est devenue le centre
attractif par excellence.

Chaque forme de relief a sa valeur propre qui varie d'une
époque de civilisation à une autre. La colline, obstacle pour le
laboureur et le commerçant, est l'auxiliaire de l'industriel par la
force motrice qu'engendrent ses cours d'eau. La plaine, admirablement disposée pour les relations pacifiques, n'offre qu'un faible
abri dans les époques de guerre.

3° **L'importance de la nature du sol** appelle des constata-
tions analogues.

Jadis, quand les ressources agricoles constituaient pour l'homme
la principale et presque l'unique source de richesse, tout l'avantage était aux terres qui se laissent travailler facilement, conser-
vent l'humidité sans entraver l'infiltration, et contiennent les éléments principaux de la fécondité. Aujourd'hui, la constitution
géologique naturelle du sol ne règle plus souverainement la valeur
agricole d'une région. L'analyse chimique permet de corriger la
nature. Il n'est point de sol, si ingrat par lui-même, dont on ne
puisse avoir raison par des amendements ou des engrais appropriés. Le marnage a permis de transformer les arènes argileuses
de la Sologne qui manquaient de calcaire, ainsi que les craies de
la Champagne Pouilleuse qui manquaient de consistance. Les
terres granitiques du Limousin et de la Bretagne, riches en potasse, mais pauvres en chaux et en acide phosphorique, ont été
améliorées par les amendements calcaires.

Outre leurs ressources agricoles, les différents terrains offrent
des ressources minérales diverses, et il n'existe aucune connexité
entre les unes et les autres. Les terrains anciens, les plus riches
en minerais et en houille, sont en général peu favorisés au point
de vue agricole. Au contraire, les terrains récents qui portent les
cultures les plus rémunératrices sont presque totalement dépourvus de minerais.

On comprend dès lors la révolution que provoqua le progrès

scientifique moderne, en faisant passer la prépondérance économique des aptitudes agricoles aux aptitudes minérales et industrielles. Tout l'équilibre des régions terrestres s'en trouva dérangé. Des pays de roches anciennes, longtemps délaissés pour leurs landes, se peuplèrent en un clin d'œil, parce qu'ils recélaient le « diamant noir ». De riches contrées agricoles, jadis les centres principaux de la vie, se trouvèrent reléguées au second rang.

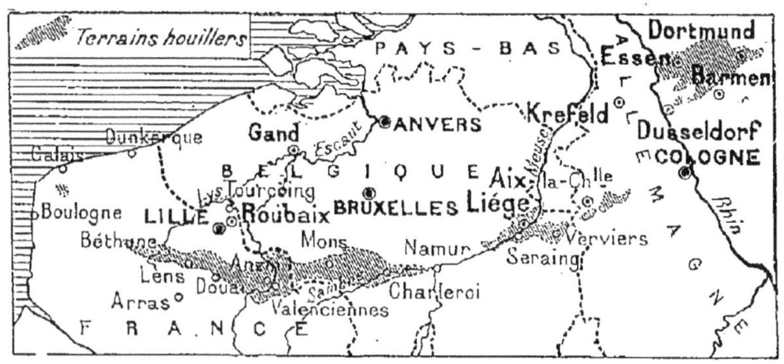

LA RÉGION HOUILLÈRE DU NORD-OUEST DE L'EUROPE.

Une zone de dépôts houillers importants s'étend dans le nord-ouest de l'Europe, depuis le Pas-de-Calais jusque dans la vallée de la Ruhr, au delà du Rhin, en Allemagne. Cette région renferme des mines de houille abondantes. Aussi, des industries multiples sont-elles venues s'y établir partout, à proximité de cette grande source de force, et toute la région houillère, avec ses abords, n'est qu'une longue suite de villes actives et peuplées.

C'est là une des raisons qui ont provoqué le dépeuplement des campagnes au profit des agglomérations industrielles.

4° *En résumé*, l'homme recherche de préférence les régions qui possèdent les ressources les plus nombreuses et les plus propres à satisfaire ses besoins; mais ceux-ci se modifient de siècle en siècle, suivant ses goûts et suivant son degré de civilisation, et, au fur et à mesure de ces changements, l'émigration déplace les centres de peuplement de l'humanité.

Que la science apprenne à utiliser une matière longtemps réputée sans valeur, des hommes accourront pour l'exploiter. Qu'on découvre dans un désert des mines précieuses, et bientôt des villes florissantes s'y établiront aux dépens des anciennes régions de peuplement. L'avenir des pays terrestres, quels qu'ils soient, est à la merci de la découverte ou d'une adaptation nouvelle de quelque propriété de la matière. Ce qui semble n'être qu'une recherche de laboratoire bouleversera peut-être l'équilibre matériel et moral du monde.

Exemples de déplacement des centres de peuplement et d'importance. — L'étude raisonnée du sol, considéré dans son rapport avec les conditions scientifiques, historiques et sociales successives de l'homme, donne la clef de nombreux déplacements des centres d'importance et de peuplement à travers les siècles.

La civilisation est née, elle est restée pendant l'antiquité et le moyen âge, sur les bords de la Méditerranée qui fut longtemps le centre du monde, le monde entier pour ainsi dire : fermée comme un lac, semée d'îles et de péninsules, c'était la mer idéale pour favoriser les premiers essors d'une navigation hésitante. Survient la découverte de la boussole : plus audacieux, les marins s'aventurent vers le large ; ils trouvent la route maritime de l'Extrême-Orient en même temps qu'ils découvrent l'Amérique. Du coup, le centre du monde se déplace ; la Méditerranée, impasse sans issue vers ces pays nouveaux, est désertée pour l'Atlantique ; la prépondérance passe des pays méridionaux de l'Europe aux pays occidentaux, Espagne et Portugal, puis France, Angleterre, Hollande.

Plus tard, l'isthme de Suez est percé ; l'invention des paquebots à vapeur met l'Amérique ou la Chine à quelques jours ou quelques semaines de l'Europe : des voies ferrées de plus en plus nombreuses envahissent tous les pays, tous les continents, et la vie, concentrée un moment dans l'Europe occidentale, se diffuse. L'Atlantique, devenu de plus en plus actif dans sa partie boréale entre l'Europe et les Etats-Unis, perd, dans sa partie australe, le transit des Indes et de la Chine que recouvre la Méditerranée, au grand profit de l'Europe méridionale. A côté de l'Angleterre et de la France surgit rapidement l'Allemage unifiée. Des pays à peine connus ou même ignorés il y a deux siècles s'initient rapidement à notre civilisation au point d'inquiéter l'avenir de l'Europe.

En France, que de changements, moindres sans doute, mais caractéristiques, il serait facile de noter ! La plupart des villes s'y composent de deux agglomérations : en haut, sur la colline, autour du château féodal qui en occupe le point le plus élevé, c'est la vieille ville, maisons sombres et antiques, ruelles étroites, tristes et solitaires ; en bas, près de la rivière et du canal qu'est venue doubler une voie ferrée, c'est la ville nouvelle, maisons modernes sans caractère mais bien ouvertes sur le dehors, rues larges, paysage vivant qu'anime le passage des voitures, des trains ou des bateaux. Ce qui fit la fortune de l'ancienne ville cause aujourd'hui son abandon, et réciproquement. Aux époques de paix, de travail et de commerce, ne conviennent pas les mêmes besoins qu'aux époques des guerres civiles.

Les Etats-Unis ne datent, pour ainsi dire, que d'hier, et déjà ils ont vu de multiples déplacements de ce genre. Nulle part les villes n'ont une existence plus mobile. Une région nouvelle vient de s'ouvrir à la culture ; un gisement minier a été découvert ; aussitôt les spéculateurs se précipitent ; on trace des rues, on bâtit des maisons, des magasins, des boutiques. Au bout de six semaines, les premiers rails courent sur la prairie éclairée la nuit de hauts réverbères électriques ;

dix ans après, si la ville fait fortune, elle sera, avec ses 300000 habitants, comparable à telle de nos vieilles cités européennes : ce sont là les *villes-champignons*, ainsi que les appellent les Américains. Mais il arrive que la cité improvisée s'évanouit comme elle s'était créée. Le

L'ANGLETERRE VERS 1700.

Vers 1700, la grande évolution industrielle de l'Angleterre ne s'était pas encore produite. Les villes plus importantes étaient sans contredit celles de la grande plaine de l'Est, en particulier celles du bassin de Londres, la région agricole par excellence. Au contraire, dans la région de l'ouest et du nord-ouest qui est montagneuse et formée de terrains anciens, médiocres pour l'agriculture, les villes étaient peu nombreuses et petites.

chemin de fer s'est porté plus loin, la mine d'or ou d'argent s'est épuisée, on a signalé plus loin d'autres terrains plus fertiles : la ville se vide en un clin d'œil, et la solitude recommence à régner sur la prairie, troublée un instant par le tumulte désordonné des grandes agglomérations.

Toutefois, c'est peut-être l'Angleterre qui a vu s'accomplir la révolution de ce genre la plus complète. Le progrès industriel en a modifié radicalement la face. L'ancienne Angleterre, l'Angleterre historique, était celle de l'est, riche et prospère avec ses prairies, ses

L'ANGLETERRE EN 1900.

Pendant le dix-huitième et pendant le dix-neuvième siècle, l'Angleterre est devenue le premier pays industriel du monde entier, grâce surtout aux mines de houille que recèlent les pays de l'ouest et du nord-ouest, couverts de landes ou de marécages à la surface. Les grandes villes de l'Angleterre, Londres exceptée, sont presque toutes groupées aujourd'hui dans les régions jadis désertes : là sont Liverpool, Manchester, Birmingham, établies à proximité des houillères ; les grandes villes de 100 000 habitants sont rares dans la région de l'est, et, en tout cas, ne sont pas comparables aux villes industrielles précitées.

champs, ses cultures, ses troupeaux. Là s'établirent les Romains, là se fondèrent les puissants évêchés, là se constituèrent les royaumes saxons, là se livrèrent, autour des grandes villes d'alors, les principaux combats de la guerre des Deux-Roses et de la guerre civile, là enfin s'élevèrent les beaux châteaux et les cathédrales gothiques, tandis que les comtés de l'ouest, Pays de Galles, Lancashire, montueux, froids, humides, formés de sols ingrats, n'avaient que des landes et des marécages. On ignorait alors l'art d'utiliser les ressources combustibles dont ils regorgent.

Aujourd'hui, tout cela est renversé. Mortes, les anciennes villes de l'est, endormies au milieu de leurs souvenirs, Alnwich et son château des comtés de Northumberlánd, Hexham et ses restes de mur romain, York qui fut la seconde ville de l'Angleterre, Beverley et son antique monastère, Durham, Ripon, Lincoln, Peterborough, Ely, Colchester. Une vie intense, au contraire, anime les villes nouvelles de l'ouest; Sheffield, Leeds, Birmingham, Manchester, Liverpool, pauvres bourgades en 1700, renferment des centaines de milliers d'habitants. Le Lancashire, alors presque désert, compte une population moyenne de 800 habitants par kilomètre carré, l'une des plus denses de la terre entière.

Il n'est pas une région dont on puisse dire qu'elle ne sera jamais rien; il n'est pas un pays qui puisse se croire au-dessus d'un revirement de fortune. Le désert le plus aride se peuplera demain, comme la Californie, l'Australie, le Transvaal, l'Alaska, si l'on y découvre une paillette d'or ou de diamant. La contrée la plus prospère déclinera s'il se découvre à proximité une source plus importante de richesse.

Les groupements humains sont, comme les formes de la nature physique, en état d'évolution ininterrompue. Des villes grandissent auprès d'autres villes qui se vident; des pays s'élèvent et d'autres déclinent. Tout, sur notre terre, est dans un perpétuel devenir.

TROISIÈME PARTIE
GRANDS TRAITS
DE LA GÉOGRAPHIE ÉCONOMIQUE
DU GLOBE

I. — LES CULTURES VIVRIÈRES

SOMMAIRE

I. On nomme cultures vivrières celles qui fournissent les produits alimentaires qui constituent le fond de l'alimentation humaine, par exemple le blé et les céréales secondaires (avoine, orge, seigle, blé noir, maïs), le riz et la pomme de terre.

II. Le *blé* est la céréale des races blanches : 1° Conditions de culture : le blé aime les terres moyennement fortes, assez profondes et perméables ; s'il ne craint pas les hivers longs et rudes, il préfère les hivers doux et humides, les printemps frais et assez humides, les étés qui s'établissent graduellement pour être finalement chauds et secs ; 2° principaux pays producteurs : ils sont situés dans la zone tempérée ; ce sont surtout les États-Unis, la Russie et la France. Les deux premiers de ces trois pays exportent une grande partie des blés qu'ils produisent. Parmi les autres pays exportateurs on peut citer l'Inde, la Hongrie, le Canada, la République Argentine : si les rendements y sont relativement faibles, l'étendue cultivable est considérable et la population peu nombreuse ; il reste alors un stock pour l'exportation.

III. Parmi les céréales secondaires, on peut citer : 1° l'*avoine*, qui est produite surtout aux États-Unis ; 2° l'*orge*, plante très rustique qu'on rencontre dans les pays les plus différents de sol et de climat, et qu'on cultive principalement en Russie, aux États-Unis, en Allemagne ; 3° le *seigle*, qui est également très rustique et dont la Russie est également le principal pays producteur ; 4° le *sarrasin* ou *blé noir*, produit surtout en Russie et en France ; 5° le *maïs*, qui exige beaucoup de chaleur mais pas de sécheresse : les États-Unis produisent, à eux seuls, les neuf dixièmes de la production mondiale du maïs.

IV. Le *riz* est la céréale des races jaunes : 1° Conditions de culture : beaucoup de chaleur et surtout beaucoup d'humidité ; pour croître comme il faut, il doit être à plusieurs reprises submergé plus ou moins complètement. — 2° **Pays producteurs** : il prospère particulièrement dans les pays à moussons (Inde, Barmanie, Indo-Chine, Chine, Japon) : la plupart de ces pays, si abondante que soit leur production, la consomment entièrement et même doivent importer du riz. Les deux principaux pays exportateurs de riz sont la Barmanie et la Cochinchine française, régions deltaïques aux habitants relativement peu nombreux.

V. La **pomme de terre**, originaire d'Amérique, s'est répandue dans tous es pays tempérés, sans humidité ni chaleur excessives. Les principaux pays producteurs sont l'Allemagne, la Russie, l'Autriche-Hongrie, la France. Elle sert à l'alimentation des hommes et du bétail, ainsi qu'à divers usages industriels (production de la fécule et de l'alcool).

Développement.

Principales cultures vivrières. — D'une manière géné-rale, on nomme *cultures alimentaires* toutes les cultures qui pro-duisent des matières servant à l'alimentation humaine. Mais parmi ces matières, il est facile de distinguer deux catégories · celles qui sont indispensables, fondamentales, blé, riz; celles qui constituent un accessoire, un superflu, un luxe, sucre, vin, café, thé. On nomme *cultures vivrières* les cultures qui produisent les matières alimentaires fondamentales.

Les cultures vivrières ne sont pas les mêmes dans tous les pays. Le *mil* ou *millet*, le *sorgho* ou *doura*, constituent le fond de l'alimentation des habitants de certaines contrées de l'Inde et de l'Afrique septentrionale. Le *seigle*, l'*orge*, le *blé noir*, l'*avoine*, le *maïs*, ont de même une importance plus ou moins grande suivant les régions. On peut dire toutefois qu'il existe trois cultures vivrières principales : ce sont celles du *blé*, du *riz* et de la *pomme de terre*. Ces trois produits constituent le fond de l'alimentation de plus des trois quarts de l'humanité.

Le froment ou blé. — Le blé paraît être originaire de la Mésopotamie. Quoi qu'il en soit, sa culture s'était étendue beau-coup dès la préhistoire : on a trouvé des grains de blé dans d'anciennes stations lacustres, notamment en Suisse, ainsi que dans des tombeaux égyptiens de date très lointaine : le blé est mentionné dans les plus vieilles histoires chinoises ou hindoues.

1° **Conditions de la culture et extension.** La culture du blé, comme celle de toutes les plantes, est limitée par des con-ditions de sol et de climat.

Comme sol, les meilleures terres à froment sont les terres moyennement argileuses, assez profondes et perméables. En général, les craies sèches, les terrains sablonneux trop légers, les terrains granitiques sans consistance, les sols trop humides, lui conviennent mal. Les terres alluviales, les débris volcaniques, les dépôts glaciaires, les terres de lœss ou de limon lui conviennent particulièrement bien. Les progrès de la chimie agricole ont, du reste, appris à corriger par des amendements ou des engrais appropriés les défectuosités naturelles de certains terrains; par le drainage on peut, de même, rendre des terres trop humides aptes à la culture du blé.

Au point de vue du climat, le blé est une plante rustique. Il exige, pour mûrir, une température assez élevée, soit une somme d'environ 2100 degrés en additionnant les températures moyennes quotidiennes depuis le moment où le blé est levé; mais, par contre, il résiste à des hivers longs et très rigoureux, surtout si le sol est couvert de neige; de même, il peut supporter sans trop de peine des étés très chauds et secs. Le climat idéal pour le blé comporte des hivers longs et plutôt humides sans alternances répétées et brusques de gel et de dégel, puis un printemps frais et assez humide, se transformant graduellement en un été de plus en plus chaud et sec. L'importance du rendement dépend en grande partie du climat, principalement pendant la saison du printemps : les rendements les plus forts correspondent aux printemps longs, tièdes et assez humides; les rendements sont bien moindres quand le printemps est chaud, sec, rapide. De même, la qualité du grain dépend beaucoup du climat : les meilleurs blés sont produits dans les climats brillants et ensoleillés, Californie, Égypte, Afrique du Nord, pays méditerranéens.

La *zone d'extension du blé*, par suite de ces conditions générales, est considérable. Dans l'Amérique du Nord, en Russie et dans la Sibérie occidentale, il croît et mûrit jusqu'à 60 degrés et même un peu au delà; on le trouve en Norvège jusqu'à 65 degrés.

Au sud de cette limite extrême, le blé pousse sous toutes les latitudes, dans les régions tempérées et dans les régions chaudes, même sous l'équateur, partout où l'altitude corrige les effets d'une latitude trop méridionale.

En altitude, la limite supérieure du blé est d'au moins 3200 mètres sous l'équateur; dans les Alpes françaises, il existe des champs de blé jusqu'à 1050 mètres; mais, à cette hauteur, il lui faut seize mois pour parvenir à maturité, et le blé semé en avril n'y est récolté que l'année suivante, vers juillet ou août; en Norvège, le blé ne croît que dans les plaines basses jusque vers 5o mètres d'altitude.

2° **Principaux pays producteurs.** En 1896, une étude très sérieuse permettait d'évaluer l'étendue cultivée en blé sur la terre entière à 725 000 kilomètres carrés, et le rendement moyen annuel pour la production mondiale à 789 millions d'hectolitres. Depuis lors, la culture du blé n'a cessé de gagner du terrain dans un grand nombre de pays neufs, Canada, États-Unis, Argentine, Russie, Sibérie; aussi, bien qu'elle recule dans quelques pays de l'Europe occidentale, Angleterre, Belgique, Danemark, on peut évaluer aujourd'hui l'étendue cultivée en blé à

RUSSIE	ÉTATS-UNIS	FRANCE	INDE
240 millions d'hectolitres	225 millions	114 millions	112 millions

PRINCIPAUX PAYS PRODUCTEURS DE BLÉ (1907-1911).

Les trois pays qui produisent le plus de blé sont : les États-Unis, qui disposent d'immenses étendues ; la Russie, qui possède les riches régions de la Terre Noire, au sud-ouest, et la France, où la culture du blé est partout répandue. Mais alors que les États-Unis, qui sont relativement peu peuplés, et que la Russie, dont les habitants mangent surtout du seigle, ont un stock énorme de blé disponible pour l'exportation, la France, dont la population se nourrit beaucoup de pain de froment, consomme tout le blé qu'elle produit et même celui-ci ne lui suffit pas toujours.

780 000 kilomètres carrés et le rendement annuel à près de 1500 millions d'hectolitres, pesant environ 104 millions de tonnes.

Les principaux pays producteurs de blé sont les suivants (1911) :

Iles Britanniques.	21	millions d'hectolitres.
République Argentine . . .	46	—
Allemagne.	5o	—
Espagne.	5o	—
Italie	65	—
Canada	68	—
Autriche-Hongrie	83	—
France	108	—
Inde.	135	—
Russie	212	—
États-Unis.	212	—

Il va sans dire que ces chiffres varient beaucoup d'une année à l'autre, suivant que le temps a favorisé ou non la récolte. D'une manière générale, c'est l'*Europe* qui produit de beaucoup le plus de blé (57 pour 100 de la production mondiale) ; l'*Amérique du Nord* vient ensuite (22 pour 100), mais la culture du blé s'y étend rapidement d'année en année ; l'*Amérique du Sud*, où elle progresse aussi, ne représente pas, à l'heure actuelle, plus de 5 pour 100 de la production totale.

Une comparaison entre les étendues cultivées en blé et la production moyenne annuelle dans les divers pays montre que les rendements peuvent varier beaucoup d'un pays à un autre.

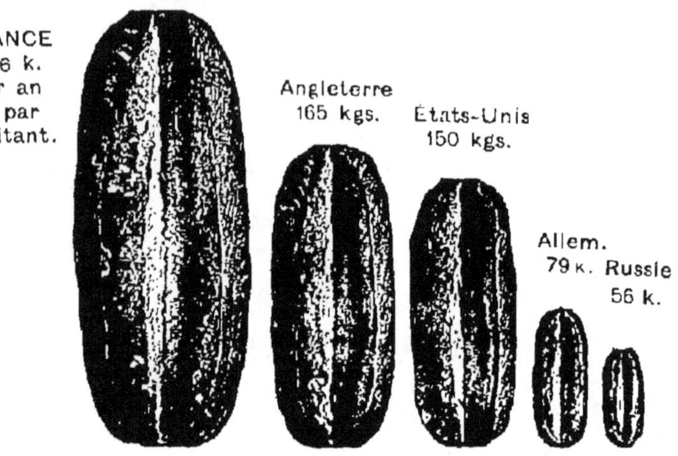

CONSOMMATION COMPARÉE DU BLÉ DANS QUELQUES PAYS.

Les pays producteurs de blé ne sont pas nécessairement des pays exportateurs de blé ; il faut pour qu'ils le soient, que la consommation du blé dans le pays laisse dans la production un stock disponible pour l'exportation. Ainsi, la France produit beaucoup de blé ; mais le pain de froment forme une partie très importante de l'alimentation populaire ; aucun grand pays n'en consomme une aussi grande quantité en moyenne : par suite, la France consomme tout le blé qu'elle produit, et elle est même souvent obligée d'en importer.

En Angleterre et en Belgique, où la culture du blé ne cesse de diminuer pour des raisons économiques, mais où elle se fait d'une manière intensive, scientifiquement et avec un outillage perfectionné, le rendement moyen est de 23 à 24 hectolitres à l'hectare ; en Russie et dans l'Inde, où la culture est primitive, il ne dépasse pas 6 à 8 hectolitres. En France, où il était de 10,22 hectolitres en 1820, de 14 hectolitres en 1860, il s'élève aujourd'hui à 17 hectolitres.

3° **Principaux pays exportateurs.** Les principaux pays producteurs de blé ne sont pas nécessairement les principaux pays exportateurs de blé. Certains pays consomment tout le blé qu'ils produisent ; c'est le cas de la France, où le **pain de fro-**

ment est devenu d'un usage si général, que, dans les bonnes années, la récolte du blé suffit juste à la consommation nationale, et que, dans les mauvaises années, il est nécessaire d'importer des blés étrangers. Au contraire, d'autres pays, médiocres producteurs de blé, mais en même temps peuplés médiocrement ou peuplés d'habitants qui se nourrissent d'autre chose que de pain de froment, peuvent fournir à l'exportation une notable quantité de blé[1] : c'est le cas du Canada, qui est peu peuplé ; c'est le cas de la Russie, dont les habitants se nourrissent principalement de seigle et vendent presque tout leur blé.

Les principaux pays exportateurs de blé sont : en Europe, la *Russie*, qui fait par Odessa un commerce de blé considérable ; la *Roumanie* et la *Hongrie*, qui exportent leurs blés principalement par la voie du Danube ; — en Amérique, les *États-Unis*, dont le stock disponible pour l'exportation diminue d'année en année, encore que considérable, par suite de l'accroissement continu de la population ; le *Canada*, qui exporte les trois quarts au moins de sa production, et la *République Argentine*, dont l'exportation grandit d'année en année ; — en Asie, l'*Inde,* dont l'importance diminue, d'abord parce que la culture du blé y est en recul, ensuite parce que l'usage du blé s'y répand de plus en plus parmi les populations hindoues.

Parmi les principaux pays tributaires de l'étranger pour le blé et les farines de froment, on peut citer : les *Iles Britanniques*, qui, bien qu'ayant les rendements les plus élevés à l'hectare, trouvent plus d'avantage à faire venir son blé du dehors, principalement des États-Unis, et à exploiter son sol sous la forme de pâturages et de prairies d'élevage : de 1878 à 1895, l'étendue cultivée en blé y a diminué de 56 pour 100 ; — la *Belgique*, autre pays industriel, surpeuplé, où la culture du blé recule aussi très rapidement ; — l'*Allemagne*, où la culture du blé est peu étendue et en même temps peu avancée ; — le *Danemark*, où, comme en Angleterre, le blé cède progressivement la place aux pâturages et aux prairies.

---

1. En France, chaque habitant consommerait en moyenne 246 kilogrammes de pain de froment par an ; dans un seul pays d'Europe (Bulgarie, 250 kgr.) la consommation serait plus élevée. En Belgique, elle est de 238 kilogrammes, en Angleterre de 165, aux États-Unis de 150, en Allemagne de 79, en Russie de 56. En Allemagne, le seigle comme en Russie, et la pomme de terre forment une part importante de l'alimentation.

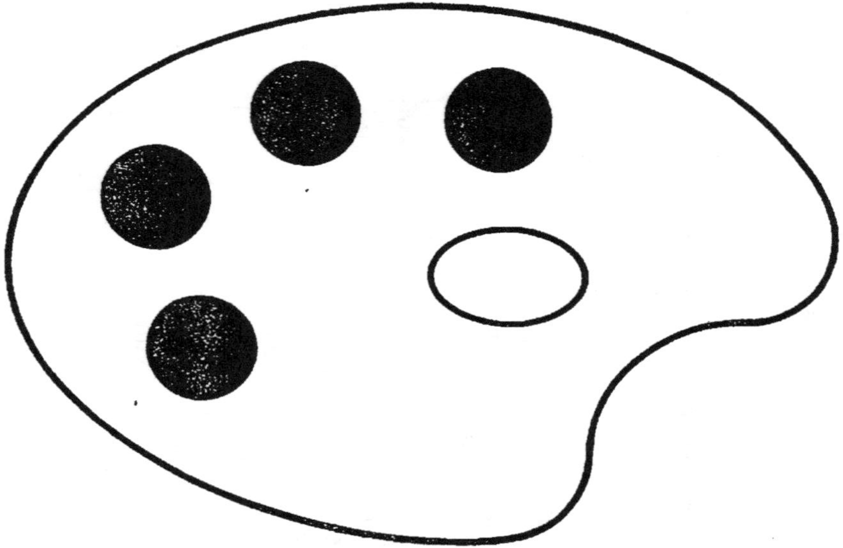

Original en couleur
NF Z 43-120-8

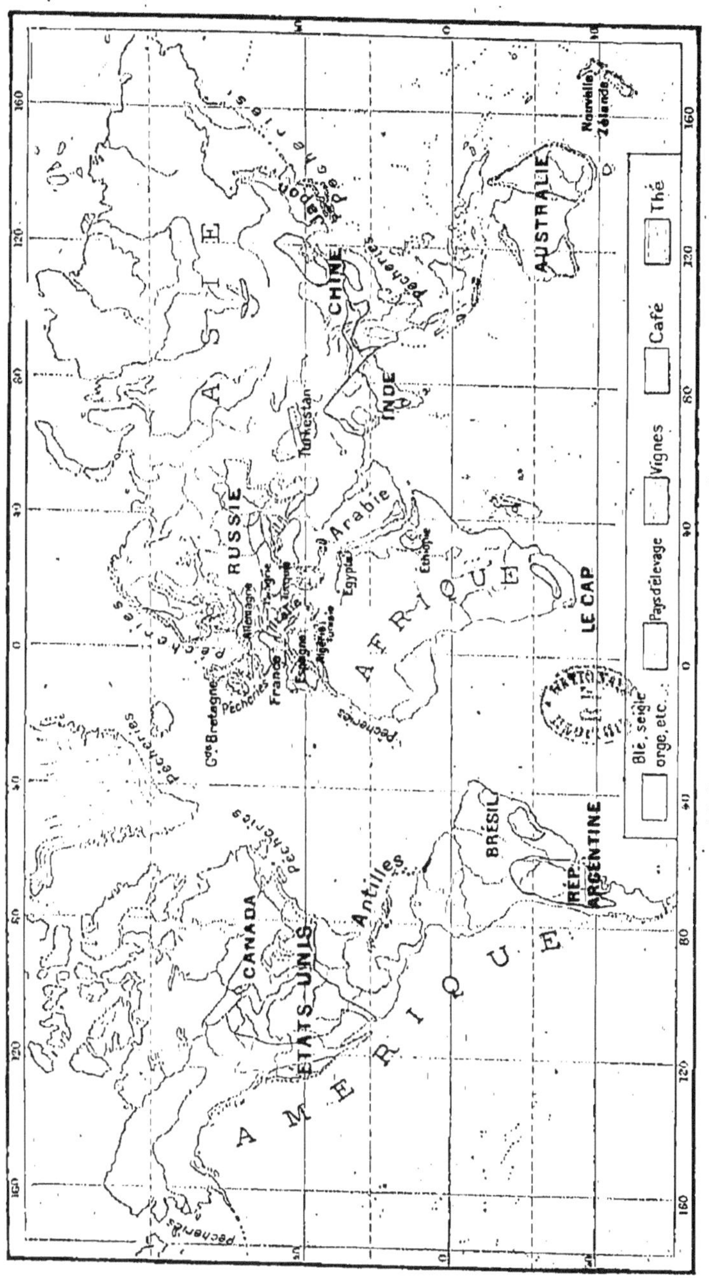

PRINCIPALES CULTURES ALIMENTAIRES.

Les cultures vivrières, blé, seigle, orge, riz, et les pays d'élevage se trouvent principalement dans les zones tempérées (États-Unis et Canada, Europe occidentale, Inde, Chine, Japon, Argentine, Australie); la vigne est limitée à la zone chaude modérément humide qui se trouve vers les 40° et 45° degrés de latitude; le café et le thé sont presque entièrement des produits de la zone intertropicale et des régions de la zone tempérée qui l'avoisinent.

Culture intensive et culture extensive. — Dans les pays très peuplés, comme l'Europe occidentale, la terre est chère, la main-d'œuvre élevée. Par suite, il est nécessaire de faire rendre au sol tout ce qu'il peut donner. Par le perfectionnement des méthodes de culture, par l'emploi des engrais et des amendements, phosphates, superphosphates, nitrates, on est arrivé à obtenir des rendements de plus en plus élevés : c'est la culture *intensive*. C'est ainsi qu'en Angleterre et en Belgique, le rendement moyen du blé à l'hectare est monté jusqu'à 23 ou 24 hectolitres. En France, dans le département du Nord, où l'agriculture est pratiquée d'une manière scientifique, on

LA RÉCOLTE DU BLÉ AUX ÉTATS-UNIS.

Aux États-Unis, la culture du blé se fait d'une manière extensive; tout se fait par machines, le semage, la moisson, l'engrangement. Les rendements sont assez faibles, mais les frais sont peu élevés et l'étendue cultivée est telle que le blé des États-Unis peut venir concurrencer le blé de nos pays sur nos propres marchés.

obtient jusqu'à 25 hectolitres et plus à l'hectare, mais d'autres régions françaises n'en donnent guère que 10 ou 12, en sorte que la moyenne ne dépasse pas 17 hectolitres. Les procédés de la culture intensive n'ont pas seulement permis de faire rendre à la terre des récoltes plus abondantes; ils permettent encore d'obtenir du même sol plusieurs récoltes par an. Une récolte faite, le sol est retourné, fumé, semé, et la terre, qui vient de produire du blé, aura encore le temps de produire des légumes variés ou quelque autre récolte avant la mauvaise saison. Grâce à l'alternance bien combinée des cultures, la terre ne se repose presque jamais.

Dans les pays neufs, comme le Canada, la Sibérie, l'Australie, où les habitants sont peu nombreux pour l'étendue considérable dee terres cultivables, on pratique la *culture extensive*. Dans ces terrains neufs, on ne fume pas; tout se fait par machines, le semage, la mois-son, l'engrangement. Les frais sont peu élevés, mais les rendements sont aussi très faibles, 8 ou 10 hectolitres à l'hectare, parfois moins. On ensemence la même terre pendant plusieurs années consécutives sans lui donner le moindre engrais ; puis, quand le rendement devient si faible qu'il n'y a plus aucun profit sérieux à attendre de la culture, on abandonne la terre à elle-même pendant cinq, dix ans au plus, pour cultiver d'autres étendues vierges.

Aux Etats-Unis, où du reste la culture intensive gagne de plus en plus, c'est la culture extensive qui domine encore ; le rendement moyen du blé n'y dépasse pas 11 hectolitres à l'hectare ; mais l'étendue des terres cultivables est si considérable que, malgré l'accroissement rapide de leur population, les Etats-Unis restent le plus grand pays exportateur de céréales. Les économistes pensaient jadis que le blé des Etats-Unis ne viendrait jamais concurrencer en Europe le blé européen ; l'élévation des prix de transport d'Amérique en Europe devait suffire, pensaient-ils, à compenser la différence des prix de revient des blés d'Amérique et d'Europe. L'événement leur a donné tort. La grande production du blé en Amérique a amené une série de perfectionnements dans le régime des transports en ce pays. De 1859 à 1893, le prix de transport du blé sur chemin de fer, par tonne et par mille, s'est abaissé de 3 c. 006 à 0 c. 797 : les transports par eau ont baissé dans la même proportion : de New-York à Londres, le transport d'une tonne de blé ne dépasse pas 9 à 10 francs, ce qui n'augmente pas le prix de l'hectolitre de plus de 0 fr. 75.

Aussi presque tous les pays sont-ils, à des degrés divers, tributaires du blé des Etats-Unis : en première ligne, l'Angleterre, l'Allemagne, la Belgique, l'Afrique australe anglaise : puis la Chine, le Japon, le Brésil, Cuba et même la France. Le grain fourni par le battage à vapeur est emmagasiné dans des *elevators*, grandes constructions en fer à plusieurs étages où il est nettoyé par divers procédés mécaniques et d'où on le vide, toujours mécaniquement, dans des wagons ou sur des bateaux d'un type spécial, qui le transportent à nu vers New-York, d'où il est transporté en Europe : on ne met jamais ce blé en sac, ce qui nécessiterait beaucoup de main-d'œuvre et élèverait le prix de revient. Chicago, sur le lac Michigan, et Duluth, sur le lac Supérieur, sont les deux centres principaux d'où le blé est expédié vers New-York.

Les céréales secondaires. — Plusieurs céréales, sans avoir l'importance du blé, contribuent dans une mesure appréciable à l'alimentation humaine. On peut citer, par exemple, l'avoine, l'orge, le seigle, le blé noir et le maïs.

1° **L'avoine** est chez nous employée surtout à la nourriture des chevaux, mais on l'emploie comme aliment dans quelques contrées de l'Europe occidentale, notamment en Irlande et en Ecosse.

L'avoine peut être cultivée avantageusement sur une plus grande étendue en latitude et sur une plus grande variété de sols que le blé. Toutefois les climats qui lui conviennent le mieux sont les climats aux étés humides et frais; le grain y est plus lourd et de meilleure qualité.

Les *États-Unis*, avec leur immense étendue de champs et de terres cultivables, viennent, pour l'avoine comme pour le blé, en tête des pays producteurs. Les pays les plus importants sont ensuite la *Russie*, la *France*, l'*Allemagne*, les *Iles-Britanniques*. L'avoine est cultivée également dans la Suède, la Norvège et le Danemark; sa culture se répand de plus en plus dans le Canada

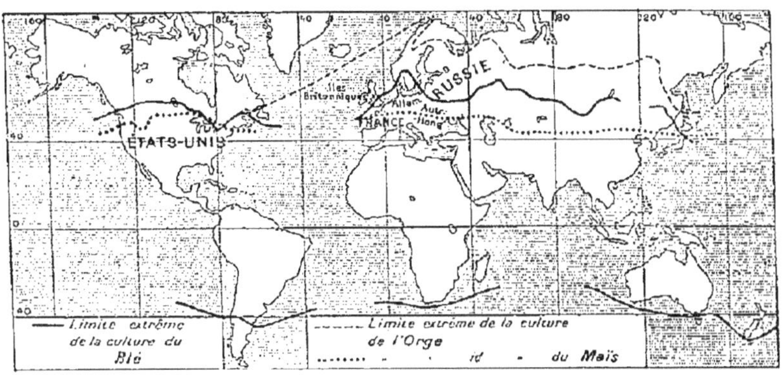

LIMITES DE LA CULTURE DE QUELQUES CÉRÉALES.

Les trois céréales principales sont actuellement le blé, le maïs et l'orge. Le maïs, qui exige beaucoup de chaleur, est la céréale des pays chauds; le blé, qui a besoin de plus de chaleur que l'orge, croît moins haut en latitude. On remarquera qu'en Europe le blé et l'orge s'étendent vers le nord beaucoup plus qu'en Asie ou en Amérique : c'est la conséquence du climat plus tiède de l'Europe et des influences maritimes qui règnent sur ses côtes occidentales.

qui tend à devenir un pays agricole de première importance, comme les États-Unis, et malgré le désavantage d'une situation trop septentrionale.

2° L'**orge** serait, d'après certains savants, la plus anciennement cultivée de toutes les céréales. Ce fut en tout cas celle qui entra pour la plus grande part dans l'alimentation des anciens Hébreux, des Grecs et des Romains. Le pain d'orge est encore fort commun en Écosse, en Scandinavie; l'orge sert aussi dans les mêmes pays à l'alimentation des animaux. Toutefois c'est surtout pour la production du malt de bière qu'on le cultive aujourd'hui.

Aucune céréale n'est plus résistante, plus rustique. Elle s'accommode de toutes les variétés de sol, des conditions de température et d'humidité les plus diverses; l'orge prospère à la fois dans des climats très froids et dans des climats très chauds, dans des climats humides et dans des climats secs. Aussi sa zone d'extension est-elle plus considérable que celle de toutes les autres céréales. En Norvège, on le cultive jusqu'au 70° de latitude, c'est-à-dire presque jusqu'au cap Nord. Dans l'Europe septentrionale, trop froide pour le blé, on le trouve côte à côte avec l'avoine; dans certaines contrées méditerranéennes, trop sèches en été pour le maïs, on le trouve côte à côte avec le blé (Asie Mineure, Syrie, Algérie).

Les pays qui produisent le plus d'orge sont : la *Russie*, qui occupe sans contredit le premier rang ; les *États-Unis*, qui cultivent l'orge surtout en Californie, dont le climat ne convient ni au maïs ni à l'avoine; l'*Allemagne*, pays de bière, produit presque autant d'orge que de blé ; les *Îles-Britanniques* et l'*Autriche-Hongrie*, autres pays où la bière est en honneur : les orges d'Autriche sont, dit-on, les meilleures pour la brasserie. — La France produit peu d'orge et importe une grande partie de celui qu'elle consomme.

3° Le **seigle** est, comme l'orge, une céréale très rustique. Il croît sur les sols les plus pauvres, dans les climats les moins hospitaliers. Doué de faibles qualités nutritives, d'ailleurs, le seigle est la céréale des contrées primaires, des pays de montagnes, des régions septentrionales. En France, on le cultive surtout dans les terrains de gneiss et de granits, Bretagne, Limousin, Morvan. Dans l'Europe centrale, il prospère dans la large étendue de terrains sablonneux maigres qui va de la Holande jusqu'à la Russie centrale à travers l'Allemagne du Nord. Dans les Alpes, on le trouve dans le massif du Pelvoux jusqu'à 1 800 mètres d'altitude.

Le principal pays producteur de seigle est : la *Russie*, où il est de beaucoup la céréale la plus répandue, la principale source de l'alimentation, utilisée en outre pour la fabrication de diverses boissons, entre autres de la *vodka*; c'est le grand rôle joué par le seigle dans l'alimentation du peuple russe qui permet à la Russie d'exporter une grande partie du blé qu'elle produit. Ensuite viennent l'*Allemagne* et l'*Autriche-Hongrie*, où le seigle est l'objet d'une grande culture. Les États-Unis, qui produisent en grandes quantités la plupart des céréales, n'ont presque pas de seigle; on l'y fait servir principalement à la fabrication du whisky.

4° Le **sarrasin** ou **blé noir** serait originaire de l'Asie orientale et on ne le cultiverait en Eurôpe que depuis le xv° siè cie. Son désavantage est d'avoir un rendement très variable et très incertain. Par contre, il a l'avantage de croître, presque sans culture, comme le seigle, sur les sols les plus pauvres, en particulier sur les terrains sablonneux et légers; de plus, comme il se sème tardivement, il peut remplacer une culture plus précoce qui n'a pas réussi.

Les deux principaux pays producteurs sont la *Russie* et la *France* : dans ce dernier pays, le sarrasin est cultivé dans les « Terres Froides », Bretagne, Morvan, Limousin.

5° Le **maïs** est la seule céréale que le Nouveau-Monde ait fournie à l'Ancien; de l'Europe où il fut cultivé après la découverte de l'Amérique, il s'est répandu dans le Levant, l'Extrême-Orient et l'Afrique. On s'en sert comme aliment et pour l'engraissement du bétail, surtout des porcs et des volailles.

Le maïs est exigeant pour le climat. Il demande principalement de longs étés de cinq à six mois, sans gelée, beaucoup de soleil et de chaleur; il demande pour mûrir environ 2 700 degrés de chaleur, soit au moins 400 ou 500 degrés de plus que le blé; mais il a besoin en même temps, pendant la période des chaleurs, de pluies suffisantes et tombant à des intervalles assez rapprochés pour que, sans être humide, le sol soit toujours humecté : sans ces pluies d'été, auxquelles on peut suppléer par l'irrigation, le maïs ne peut réussir. Aussi réussit-il mal dans la plupart des pays méditerranéens ainsi que dans la Californie, pays aux étés chauds mais secs. Il prospère principalement aux États-Unis, au sud de la région des Grands Lacs, dans le sud-ouest et l'est de la France, en Lombardie, dans la Hongrie du Sud, en Roumanie, dans la Russie méridionale.

Le grand pays producteur de maïs, ce sont les *États-Unis* ; ils fournissent, à eux seuls, les neuf dixièmes de la production mondiale. On n'exporte guère le maïs qui, valant peu pour un poids assez lourd, ne pourrait supporter des prix de transport coûteux. On l'utilise sur place pour l'alimentation humaine, surtout pour celle des nègres. Mais son principal usage est de servir à l'engraissement des porcs et des bœufs, et c'est sous forme de viandes, de conserves, de salaisons, que le maïs est exporté en Europe.

Le riz. — Le riz est la céréale des races jaunes. C'est une graminée, plante annuelle par conséquent, haute de 70 centimètres à 1^m,80. On la produit par repiquage, en semant une certaine quantité de riz dans un espace restreint, puis, quand la plante est levée, en repiquant les pieds par touffes distantes de 3o à 40 centimètres dans l'endroit qui doit servir de rizière. Le riz demande ainsi des soins constants ; il exige une main-d'œuvre experte et abondante. On en distingue deux espèces principales :

UNE RIZIÈRE EN CHINE.

Pour pouvoir inonder facilement les rizières, il faut que le sol soit nivelé d'où, dans les pays de rizières, une physionomie particulière, caractérisée par la rareté des pentes douces. Les fonds des vallées, au lieu de s'élever graduellement, montent par ressauts verticaux, semblables à des marches d'escalier.

le riz de montagne, qui peut se cultiver dans des terres non inondées, et le riz aquatique, qui exige au contraire une grande quantité d'eau. Cette dernière espèce est de beaucoup la plus répandue.

1° **Conditions de la culture et extension.** Comme conditions naturelles, le riz ordinaire exige beaucoup de chaleur et surtout beaucoup d'humidité.

Il exige *beaucoup de chaleur* ; mais comme c'est une plante annuelle qu'on sème au printemps et qui mûrit pendant l'été, peu lui importe la froidure des hivers, pourvu que l'été soit chaud. Aussi trouve-t-on des rizières dans la zone tempérée, en Lombardie par exemple, où les hivers sont rigoureux.

Il exige surtout *beaucoup d'humidité*. Pour faire germer le grain, il faut le planter dans une boue, et c'est dans une boue qu'on le repique : les rizières ne peuvent donc être établies que dans des terrains qui sont naturellement arrosés par des pluies abondantes ou qu'il est facile d'irriguer. Pendant toute la croissance de la plante, il faut d'ailleurs que celle-ci reste dans une

LE REPIQUAGE DU RIZ AU TONKIN.

Le riz ordinaire a besoin d'humidité. Pour faire germer le grain, il faut le planter dans la boue liquide. Quand les grains ont germé, on prend les pieds et on les repique également dans un terrain inondé. C'est seulement quand le riz arrive à maturité qu'il n'a plus besoin d'eau et qu'on vide les rizières.

eau non saumâtre, pouvant se renouveler, sans du reste être courante

C'est seulement quand le riz arrive à maturité qu'il n'a plus besoin d'eau ; on vide alors les rizières ; jusque-là sa culture en réclame en abondance. Le riz ne peut donc prospérer que dans les pays aux étés humides, comme les pays à moussons, ainsi que dans des pays aux étés chauds, qui peuvent pratiquer l'irrigation, comme la Lombardie et l'Égypte. Les rizières doivent être endiguées pour retenir l'eau aussi longtemps qu'il est nécessaire ; si le sol n'est pas naturellement assez horizontal, il doit être soigneusement nivelé. Les pays de rizières ont par suite une physionomie très particulière, caractérisée par la rareté des pentes douces ; les fonds de vallée, au lieu de s'élever graduellement, montent par ressauts verticaux, semblables à des marches d'escaliers que séparent des espaces rigoureusement horizontaux ; les collines rocheuses sortent par escarpements brusques du milieu de la plaine noyée.

En raison de ces conditions, la culture de riz prospère dans toute la zone intertropicale et, en outre, dans quelques régions tempérées chaudes. Les deltas des grands fleuves, les vallées submersibles et les basses plaines littorales sont, dans la zone du riz, les régions qui conviennent le mieux à sa culture.

2° **Pays producteurs et pays exportateurs.** Il est difficile d'évaluer avec précision l'ensemble de la production mondiale du riz, mais elle est certainement considérable. 450 millions d'hommes au moins font du riz la base de leur alimentation.

Les principaux pays producteurs sont les pays à moussons de l'Asie du sud-est : l'*Inde*, qui possède d'immenses rizières dans le Bengale (régions deltaïques du Gange et du Brahmapoutra) ainsi que sur la côte orientale du Dekkan ; la *Barmanie*, qui est couverte de rizières dans les deltas de l'Irraouaddi et de la Salouen ; l'*Indo-Chine française*, qui en a de très vastes dans les deltas du Mékong et du Song-Koï ; la *Chine*, où le riz est cultivé dans toute la moitié méridionale, non seulement dans les plaines alluviales, mais encore sur les pentes des montagnes où l'irrigation est possible ; le *Japon*, où le riz est de beaucoup la plus importante des cultures ; les *îles de la Sonde*, et en particulier Java.

On trouve encore des rizières en quelques autres pays : en Afrique, à *Madagascar* (littoral oriental, plateaux intérieurs), en *Égypte* (vallée du Nil) et dans le *Soudan* (vallée du Niger) ; — en Asie, dans le *Turkestan* (vallées du Syr-Daria et de l'Amou-Daria) ; — en Europe, dans la *Lombardie*, où la production s'élèverait à 6 millions d'hectolitres ; — en Amérique, aux *États-Unis* (Caroline, Louisiane), où sa culture décline, et au *Brésil*, où l'on rencontre quelques rizières sur la côte septentrionale. Le riz est avant tout une céréale asiatique.

Le riz sert à l'alimentation, soit qu'on l'emploie comme nourriture, soit qu'on s'en serve pour fabriquer un alcool de riz ou le vin de riz qu'au Japon on nomme le *saké*. Quelques-uns des pays producteurs consomment ainsi tout le riz qu'ils produisent : tels l'Inde, la Chine, le Japon, Java. D'autres consomment la majeure partie de leur production et ne peuvent en exporter qu'une quantité médiocre : ainsi le Siam et le Tonkin dont la population est dense.

Les deux grands pays exportateurs de riz sont : la *Barmanie* qui, par Rangoun, exporte plus de 1 200 000 tonnes de riz, surtout en Europe et en Chine, et la *Cochinchine française* qui, par Saïgon, exporte en moyenne près de 800 000 tonnes, principalement en Chine. Relativement à l'importance de sa consommation dans le monde, le riz n'entre que pour une part relativement minime dans le commerce général du monde, parce qu'il est consommé principalement sur place.

Influence de la culture du riz sur la géographie humaine. — La culture du riz réclame une série d'opérations longues : préparation de la rizière sur un terrain plat, bordé de petits talus de 30 ou 40 centimètres qui servent de chaussées ; labourages préparatoires et hersage pour égaliser la vase du fond, repiquage, surveillance continue pour maintenir la rizière inondée par les eaux au niveau convenable ; puis vidage des rizières après la formation de l'épi, moissonnage à la faucille, décorticage du *paddy* pour extraire le grain de l'enveloppe qui le contenait, labours pour remettre la rizière en son état primitif. En un mot, il faut pour cette culture une surveillance incessante, une main-d'œuvre abondante.

Par contre, le riz est un produit d'un excellent rapport. Au Japon, le rendement moyen est de 26 hectolitres à l'hectare ; pour le monde entier, on l'évalue à 20 hectolitres, rendement bien supérieur à celui du blé. Aussi les pays où règne la culture du riz peuvent-ils nourrir une population beaucoup plus dense que les autres, et ce n'est pas un hasard que, partout où domine le riz, la population soit nombreuse. Mais parfois les pluies sont trop faibles ou arrivent en retard, la récolte du riz manque partiellement ; il se produit alors des famines qui, parmi ces populations pressées, font d'effroyables ravages. C'est par centaines de milliers que les hommes meurent de la famine en Chine dans les années de sécheresse. De 1896 à 1900, une série continue d'années mauvaises aurait causé dans l'Inde 19 millions de morts par la faim.

La pomme de terre. — La pomme de terre est originaire des pays andins de l'Amérique du Sud, d'où les Espagnols l'ont rapportée en Europe au xvi⁰ siècle. Depuis la fin du xviii⁰ siècle, grâce surtout à Parmentier, elle est devenue un produit alimentaire de plus en plus répandu. Aujourd'hui, elle ne sert pas seulement à l'alimentation humaine, ainsi qu'à l'engraissement du bétail, en particulier des porcs ; on l'emploie aussi à des usages industriels pour la féculerie et la production de l'alcool.

1⁰ **Conditions de la culture et extension.** La pomme de terre est une plante annuelle qui accomplit toute sa végétation du printemps à l'automne, à laquelle, par conséquent, les hivers exceptionnellement longs et froids, comme ceux de la Russie et du Canada, sont indifférents. Durant la période de croissance et de maturation, elle ne redoute guère, au point de vue du climat, que des chaleurs ou une humidité excessives, encore que ces anomalies n'aient souvent d'autre effet que de modifier son volume et son poids. Pour le sol, les terres légères et amendées, bien ameublies et perméables, sont celles qui lui conviennent le mieux.

La pomme de terre réussit particulièrement bien dans la zone tempérée; on la cultive avec succès aux États-Unis et dans le Canada méridional, dans toute l'Europe occidentale et centrale ainsi que dans une partie de la Russie, dans la Sibérie méridionale, dans la République Argentine, l'Afrique australe et l'Australie du sud-est.

Le naturaliste Grisebach lui assigne la latitude de 30 degrés comme frontière méridionale dans l'hémisphère nord; c'est là une affirmation un peu rigide. On a introduit et acclimaté la pomme de terre dans certaines contrées des zones tropicales et même de la zone équatoriale, dans le Mexique et aux Antilles, dans l'Inde et la Malaisie, sur le plateau des grands lacs africains. Toutefois, les plantes à tubercules qui dominent dans les régions intertropicales, sont : 1° la *patate* ou *batate*, qui redoute les froids, même modérés; 2° les *ignames*, qu'on ne trouve guère au delà du 20ᵉ degré de latitude nord et sud; 3° le *manioc*, originaire du Brésil, mais répandu aujourd'hui dans la plupart des pays de la zone intertropicale (Mexique, Antilles, Sénégal, Indo-Chine) : du manioc, on tire le tapioca.

2° **Pays producteurs**. C'est surtout dans l'Europe occidentale et centrale qu'on cultive la pomme de terre.

Les principaux producteurs sont l'*Allemagne*, où la pomme de terre occupe plus de 3 millions d'hectares et où la production s'élève à près de 500 millions de quintaux; on la cultive surtout pour l'alimentation dans le Brandebourg, la Silésie et les anciennes provinces polonaises, pour les applications industrielles dans la Saxe et les provinces rhénanes; — la *Russie*, dont on évalue la production à 200 millions de quintaux, récoltés surtout dans les provinces baltiques et, au sud, dans la région de la Terre-Noire; — l'*Autriche-Hongrie*, où on la cultive pour l'alimentation (Haute-Autriche, Galicie, Bukovine) et pour l'industrie (Bohême) : la production totale s'y élèverait à 140 millions environ de quintaux; — la *France* (120 millions de quintaux), où elle est cultivée surtout comme primeurs (Seine, Var), pour l'alimentation humaine ou animale (Bretagne, pourtour du Massif Central), en vue de l'élevage et de l'industrie (Vosges et région du Nord).

Viennent ensuite : les *Iles Britanniques*, et en particulier l'Irlande, où la pomme de terre fut longtemps le produit alimentaire essentiel, mais où elle a perdu du terrain surtout par suite de l'extension des prairies d'élevage et de certaines cultures d'alimentation, légumes, céréales : la décroissance notable du nombre des porcs en Irlande et l'augmentation de celui des bêtes à cornes sont en relation directe avec ces transformations agricoles ; — les *États-Unis*, où les centres principaux de cette culture sont les parties les plus anciennement peuplées du Nord-Atlantique, le Centre-Nord et certains cantons montagneux du Nord-Ouest ; les fécules étant fournies en abondance par les céréales, la pomme de terre n'est guère, aux États-Unis, qu'une denrée d'élevage et de consommation.

La pomme de terre est consommée pour la plus grande partie sur le lieu même de la production ; elle ne donne lieu qu'à un faible commerce d'exportation.

La culture de la pomme de terre. — Pour la culture de la pomme de terre, il faut distinguer deux catégories de contrées. Dans les pays moins transformés par l'homme (Autriche-Hongrie, États-

RENDEMENT DE LA POMME DE TERRE A L'HECTARE.

En France, la culture de la pomme de terre rend 7 300 kilogrammes environ a l'hectare ; en Allemagne, elle en rend en moyenne le double, soit 15 000 kilogrammes ; dans la province allemande de Saxe, où le sol est excellent et la culture remarquablement entendue, elle rend même jusqu'à 32 000 kilogrammes à l'hectare.

Unis, Irlande, Russie), la culture de la pomme de terre est extensive et unie à des conditions souvent médiocres de sol, de climat, d'agriculture et de peuplement. Dans les autres pays (Angleterre, Allemagne, France, Belgique, Hollande), la culture tend à devenir de plus en plus scientifique ou raisonnée, de plus en plus intensive.

L'Allemagne est sans contredit le pays du monde où la culture de la pomme de terre, faite d'après des méthodes rationnelles et scientifiques, est le plus remarquablement développée. On ne la trouve pas partout ; elle est exclue des régions les plus élevées et des *marchen* du nord-ouest et du centre, dont le sol marécageux ne convient guère qu'aux prairies et à l'élevage. En revanche, elle prospère dans les sables du Brandebourg, ainsi que dans les terroirs marneux de l'Allemagne du Sud ou des provinces rhénanes, fort différentes d'ailleurs comme climat, comme groupement et besoins de la population, comme état de la science agricole. Nulle part, on n'obtient des rendements aussi élevés que dans certaines provinces de l'Allemagne. En France

PRODUCTION DE LA CULTURE DE LA POMME DE TERRE EN FRANCE.

La pomme de terre est cultivée dans une grande partie de la France, et sa production y représente une valeur de 550 millions de francs, ce qui paraît être et ce qui est une valeur importante. Toutefois, le rendement de cette culture est relativement faible, si on le compare à celui qu'on obtient en d'autres pays, et on a calculé qu'entendue d'une manière plus scientifique, comme en Allemagne par exemple, et notamment en Saxe, il serait possible de tripler la valeur de ce produit.

le rendement moyen s'élèverait à 7300 kilogrammes environ à l'hectare, et, dans les régions où la culture est le mieux entendue, il ne dépasserait pas 14500 kilogrammes, aux environs de Paris. En Allemagne, le rendement moyen s'élève à 15.000 kilogrammes pour l'ensemble du pays, et, en Saxe, où la culture est remarquablement faite, surtout en vue de l'industrie, on obtient jusqu'à 30000 et 32000 kilogrammes de rendement à l'hectare. Dans un grand nombre de provinces de l'Allemagne, notamment en Sibérie et en Posnanie, la pomme de terre constitue une portion importante de l'alimentation populaire, et supplée partiellement à l'insuffisance de la production du blé. Des famines s'y sont produites à plusieurs reprises, en des années où la récolte de la pomme de terre avait été insuffisante ou même avait manqué.

2. — AUTRES CULTURES ALIMENTAIRES

SOMMAIRE

I. La *vigne* réussit particulièrement bien dans les pays à climats peu humides et chauds, comme les régions méditerranéennes. La France est le premier pays vignoble du monde : elle fournit 2/5 de la production totale du vin ; l'Italie et l'Espagne viennent ensuite et produisent, à eux deux, environ 2/5 également.

II. La *canne à sucre* est une plante des pays chauds et humides, où elle réussit surtout dans les terres riches comme les terrains d'alluvions et es terrains volcaniques. On la cultive principalement dans les pays à moussons de l'Asie du Sud-Est (Inde, Indo-Chine, Chine méridionale, Philippines, Java), dans les parties chaudes et humides de l'Australie, dans la zone chaude et humide de l'Amérique (Louisiane, Cuba et Antilles, Guyanes, Brésil, nord de l'Argentine). Les principaux pays exportateurs de sucre de canne sont Java, les îles Hawaï et Cuba.

III. La **betterave sucrière** est une plante des pays tempérés et humides, il lui faut des terres meubles, bien travaillées, riches. Les principaux pays producteurs sont l'Allemagne, l'Autriche, la France et la Russie. Aujourd'hui, sur une consommation totale annuelle de 10 millions de tonnes de sucre, le monde consomme 6 millions de tonnes de sucre de betterave et 3 millions de tonnes de sucre de cannes.

IV. Le **café** est un arbre tropical, exigeant une chaleur assez égale et une humidité régulière. On le cultive dans la zone tropicale, en général sur les pentes moyennement élevées, et dans les terres riches en acide phosphorique et en potasse, meubles et profondes. Le Brésil est de beaucoup le premier pays producteur de café; plus des 2/3 de la production totale du monde en viennent. Les plus importants ensuite sont les pays de l'Amérique centrale (Guatémala, Venezuelua, Colombie, Antilles, Mexique), les Indes néerlandaises (Java), l'Inde et Ceylan, l'Arabie, etc. Les trois pays qui consomment le plus de café sont les États-Unis, l'Allemagne et la France.

V. Le **thé** prospère dans les pays chauds et humides, au terrain bien drainé et au sol profond. La Chine est le principal pays producteur (3/5 de la production totale); ensuite viennent l'Inde anglaise, Ceylan, le Japon Les trois pays qui consomment le plus de thé dans le monde sont l'Angleerre, les États-Unis et la Russie.

Développement.

Parmi les autres cultures alimentaires, on peut ranger la *vigne*, la *canne à sucre* et la *betterave sucrière*, le *café*, le *thé*. Leurs produits, vin, sucre, café, thé, n'ont pas, à vrai dire, un caractère essentiel comme le froment, le riz ou la pomme de terre; on pourrait s'en passer, ils n'ont guère que la valeur de superfluités agréables. Toutefois ils ont pris et ils prennent de plus en plus une part importante dans l'alimentation générale des peuples civilisés, et, à cause de cela, ils donnent lieu à des transactions commerciales qui sont considérables.

La vigne. — La vigne est originaire de l'Asie occidentale ou de l'Europe du sud-est, d'où elle s'est graduellement répandue dans un grand nombre de pays. On l'a trouvée également, à l'état sauvage, sur plusieurs points du continent américain : au moyen âge les navigateurs scandinaves, ayant abordé sur la côte orientale de l'Amérique du Nord, probablement vers le Massachusetts actuel, nommèrent ce pays *Vinland*, ou pays de la vigne, parce qu'ils y trouvèrent cette plante poussant spontanément. Quoi qu'il en soit, par le vin et les alcools qu'on en tire, la vigne constitue aujourd'hui une culture d'une grande importance pour la géographie économique du monde.

1° **Conditions de la culture**. La culture de la vigne est assez délicate. Pour le sol, la vigne est peu exigeante; elle croît sur presque tous les terrains, à l'exception des terres trop mouillées et salées; la nature du sol n'influe que sur la qualité du produit, couleur ou bouquet.

Pour le climat, la vigne est bien plus difficile. Bien qu'elle

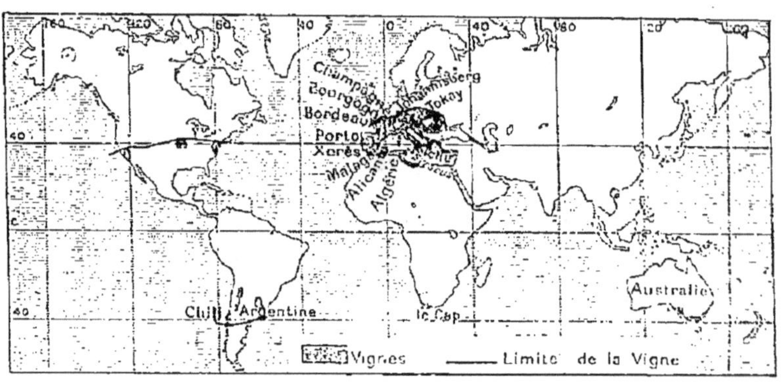

LIMITE DE LA CULTURE DE LA VIGNE.

La vigne n'est pas exigeante pour le terrain; mais elle aime la chaleur et le soleil, surtout au printemps et en été, et elle craint l'excès d'humidité qui détermine des maladies cryptogamiques sur ses feuilles et sur ses fruits. Aussi la trouve-t-on principalement dans la région méditerranéenne et dans les pays qui ont un climat analogue, Californie, Chili, Argentine, Australie. Son domaine comprend les deux zones chaudes et plutôt sèches qui bordent les régions subtropicales, du 30° au 45° environ de latitude. On voit, du reste, par la carte ci-dessus, que la vigne n'occupe que des étendues bien restreintes en dehors de l'Europe méridionale, occidentale et centrale.

préfère les hivers doux, elle peut supporter sans mal des froids de — 15 ou — 20 degrés; il est seulement prudent de recouvrir alors les pieds d'une couche de terre suffisante pour protéger les racines contre les fortes gelées. Mais, la germination commencée, la vigne est très sensible aux gelées printanières, **aux** inégalités de température pendant l'été, et surtout aux excès d'humidité. La vigne craint peu la sécheresse, parce que ses racines s'enfoncent profondément dans le sol; elle souffre, au contraire, beaucoup des temps trop humides, qui développent sur ses feuilles ou sur ses fruits des maladies cryptogamiques pernicieuses, comme le *mildew* ou l'*oïdium*. Les étés qui conviennent le mieux à la vigne sont des étés longs terminés par de beaux automnes, plutôt chauds et plutôt secs : pour que la vigne donne un vin potable, il faut qu'après la période de l'apparition des graines il y ait un mois d'une température moyenne d'au moins 19 degrés.

2° **Extension**. En vertu de ces conditions, la vigne croît plutôt dans les pays à climat continental que dans les pays à climat maritime. On ne la rencontre ni dans les régions équatoriales ou

VIGNOBLE A SAINT-JEAN DE BRAYE (LOIRE).

La vigne est une des principales richesses de la France, et notamment dans le Bordelais, la Bourgogne, la Champagne, le Languedoc et le Roussillon, la région de la Loire, etc. Dans les vignobles modernes, les pieds de vignes sont disposés en longues rangées parallèles, assez distantes (1ᵐ,25 à 1ᵐ,40) pour qu'on puisse labourer à la charrue. La vigne, liane flexible, est attachée à des fils de fer soutenus par des pieux de distance en distance.

les pays à moussons, qui sont trop humides, ni dans les régions septentrionales, qui sont trop froides.

Son domaine principal est la zone chaude et sèche, à climat brillant, qui est située dans les deux hémisphères du 30° au 45° degré environ de latitude. La limite de la vigne est, du reste, très variable en latitude. Elle traverse la France en biais, du sud-ouest au nord-est, de l'embouchure de la Loire (47° 1/2 latitude nord) à Givet (50° de latitude) ; en Allemagne, elle s'avance plus loin vers le nord que partout ailleurs (52° 1/2 latit. dans la province de Posen) ; en Russie, la limite de la vigne peut être fixée approximativement au 49° de latitude nord. Aux États-Unis, la limite de la vigne est à peu près le 37° en Californie ; elle s'élève jusqu'au 42° à l'intérieur du continent, dans la province canadienne de l'Ontario, puis redescend légèrement vers les côtes de l'Atlantique. Dans l'hémisphère sud, plus froid que l'hémisphère nord, la vigne ne dépasse guère le 40° degré.

Il convient d'ajouter une remarque. A la rigueur, la vigne pourrait être cultivée dans les limites précédentes qui résultent des conditions de climat ; mais le commerce lui en assigne d'autres. Pour qu'un pays devienne une contrée vinicole, il ne suffit pas que la vigne y croisse et y donne des fruits ; il faut encore que le produit soit de qualité suffisante pour avoir une valeur commerciale. Jadis, quand les relations de pays à pays étaient limitées, l'Angleterre eut des vignobles dans la vallée de la Severn et dans le comté de Kent ; il en exista de même jusque sur les rives orientales de la Baltique, en Courlande. Mais le rapport en était si incertain, le vin produit était si inférieur, que la culture de la vigne y fut délaissée lorsque le développement du commerce permit d'y faire venir à bon marché les vins produits en des régions plus favorables à cette culture.

3° **Principaux pays producteurs**. La production du vin varie beaucoup d'une année à l'autre, suivant la manière dont la température se comporte dans les divers pays producteurs. Pour le monde entier, on peut l'évaluer, année moyenne, à 150 millions d'hectolitres.

On peut fixer ainsi en moyenne la liste et l'importance relative des principaux pays vinicoles :

France.	60	millions d'hectolitres.
Italie.	35	—
Espagne	18	—
Portugal.	6	—
Algérie.	6	—
Roumanie	4	—
Allemagne	2.4	—

La **France** est de beaucoup au premier rang des pays producteurs de vin, non seulement pour la quantité produite, mais encore pour la qualité et le renom de ses principaux crus : les *vins de Bordeaux, de Bourgogne* et *de Champagne* sont partout connus ; ils doivent leur réputation à leur bouquet qui les rend agréables, et à leur légèreté qui les rend sains et digestifs. Le cultivateur français est, du reste, fort habile dans l'art délicat de faire et de conserver le vin.

L'*Italie*, l'*Espagne* et le *Portugal* produisent surtout des vins hauts en couleur et forts en alcool, parfumés : vins de Marsala et de Syracuse, en Sicile ; vins mousseux d'Asti, dans l'Italie du Nord ; vins de Xérès, d'Alicante et de Malaga, en Espagne ; vins de Porto, en Portugal. L'*Allemagne* produit surtout les vins du Rhin.

On peut citer encore les vins de Tokay, en Hongrie, et les vins de Constance, au Cap. En Algérie et en Roumanie, la culture

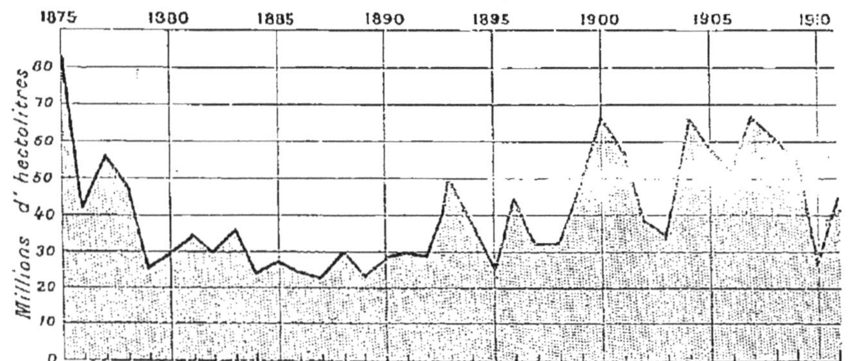

PRODUCTION DU VIN EN FRANCE DEPUIS 1875.

La production du vin, l'une des principales sources de richesse de la France, se trouva grandement menacée, principalement de 1880 à 1890, par les ravages du phylloxéra. Après avoir dépassé 80 millions d'hectolitres en 1875, elle tomba à 23 millions d'hectolitres en 1887. On a réussi à reconstituer le vignoble français et la production est redevenue presque égale à ce qu'elle était jadis. Les différences qu'on constate d'une année à l'autre sont dues à la manière dont la saison s'est comportée pendant le printemps et la période de la maturation.

de la vigne est récente, ainsi que dans certains pays de l'Amérique du Sud, Chili, Argentine. La vigne a été introduite aussi dans l'Australie du sud-est (Victoria et Nouvelle-Galles du Sud) ; elle y donnerait des vins agréables, mais de conservation difficile.

La vigne en France. — La vigne est, pour ainsi dire, la culture la plus personnelle de notre pays ; elle y était florissante dès l'antiquité. Les vins qu'elle donnait sont depuis longtemps renommés, et, au moyen âge, les ducs de Bourgogne aimaient à s'intituler « seigneurs des meilleurs vins de la chrétienté ». A la veille de la Révolution, on évaluait la superficie plantée en vignes à 1.546.000 hectares. Pendant le XIXe siècle, la vigne ne cessa de gagner du terrain. En 1875, l'étendue du vignoble s'élevait à 2,420.000 hectares ; la production, qui atteignit cette année-là son maximum, monta à 83 millions d'hectolitres.

C'est alors que commencèrent à devenir très sensibles les dégâts causés par un insecte invisible, mais se développant à l'infini, le *phylloxéra*, qui s'attaquait aux racines et les dévorait, tuant la plante dans son essence vitale. Les premiers ravages du phylloxéra furent constatés en 1865, dans le Gard. Ils s'étendirent lentement de proche en proche, dans le Midi, le Bordelais, les Charentes, le Centre, la Bourgogne. Vers 1890, l'étendue du vignoble fut réduite à 1.800.000 hectares, et la production tomba à 23 millions d'hectolitres. La reconstitution des plantations à l'aide des plants français greffés sur racines américaines a rendu à la France son ancienne richesse. Depuis quelques années, la production s'est relevée à peu près au même niveau qu'avant le phylloxéra : 67 millions d'hectolitres en 1900, 58 en 1901, 30 en 1902, 35 en 1903, enfin 72 en 1904. Ces variations de rendement d'une année à l'autre, pour une même étendue plantée, montrent suffisamment l'influence que la température peut exercer sur cette source de richesse.

Les vins de France sont consommés en grande partie dans le pays. On en exporte aussi beaucoup à l'étranger, particulièrement les vins fins, bordeaux, bourgogne, champagne. L'Angleterre, les pays de l'Europe septentrionale, l'Amérique sont nos principaux clients ; la France vend des vins à l'étranger pour 200 à 300 millions de francs annuellement. L'Italie en exporte pour 60 à 70 millions, l'Espagne pour 40 à 50 millions.

La canne à sucre. — La canne à sucre semble originaire de l'Asie orientale, de la vallée du Gange ou de l'Indo-Chine ; c'est de là qu'elle a pénétré en Chine et dans l'Insulinde, dans le bassin de la Méditerranée, en Amérique et en Australie. C'est une graminée vivace, pouvant monter jusqu'à 10 ou 15 pieds ; on en coupe les tiges chaque année un peu avant la floraison, et on en recueille la sève ; mais les racines subsistent et poussent de nouvelles tiges chaque année en quantité suffisante pour que la plante soit rémunératrice pendant trente ans au moins. De la sève on tire le sucre, le rhum, le tafia, des mélasses.

1° **Conditions de la culture et extension** La canne à sucre pousse très rapidement et elle épuise le sol.

Comme sol, elle exige donc des terres riches, dont il faut refaire continuellement la fécondité par des fumures abondantes ; pour cette raison, les terrains d'alluvions et les terrains volcaniques lui conviennent particulièrement bien.

Comme climat, la canne à sucre demande à la fois chaleur et humidité. Elle ne supporte pas le froid et vient mal dans les pays où la température s'abaisse au-dessous de 10 degrés ; il lui faut une moyenne d'environ 20 degrés. L'humidité lui est également

nécessaire, comme à toutes les plantes qui poussent vite ; elle a
besoin de pluies abondantes pendant toute la période de la pousse ;
par contre, au moment de la maturité, pendant l'élaboration du
sucre, il lui faut une sécheresse relative pour que le rendement
en sucre ne soit pas trop pauvre. Les pays à moussons ont le
climat favorable par excellence à la canne à sucre.

La *zone de la canne à sucre est la zone équatoriale.* D'aprÀ

CHAMP DE CANNES A SUCRE EN LOUISIANE.

*La canne à sucre est une graminée vivace pouvant monter jusqu'à 10 et 15
pieds ; un champ de cannes à sucre est comme un épais fourré où les hommes
disparaissent. Chaque année, au moment où la floraison va se produire, on
en coupe les tiges et on recueille la sève dont on tire le sucre, le rhum, le
tafia, les mélasses ; mais les racines subsistent et elles pousseront de nouvelles
tiges l'année suivante.*

le naturaliste Engelbrecht, la limite de la canne à sucre coïnci-
derait avec la ligne isotherme de 20 degrés : c'est une limitation
un peu trop sommaire. La limite nord traverse les États-Unis à
la hauteur de la ville de Cairo, sur le Mississippi moyen ; dans
l'Ancien Monde, elle englobe le sud de l'Espagne, la Sicile, le
nord de la Perse, l'Inde, la Chine méridionale et l'île Kiou-Siou,
la plus méridionale des quatre grandes terres japonaises. Dans
l'hémisphère sud, elle englobe le Chili septentrional et la partie
septentrionale de l'Argentine, l'Afrique australe jusqu'au Natal
inclusivement, la moitié septentrionale de Madagascar, les Masca-

reignes, et enfin, dans l'Australie, orientale, le Queensland et le nord de la Nouvelle-Galles du Sud.

2° Principaux pays producteurs La production du sucre de canne a beaucoup augmenté pendant le cours du dernier siècle : on l'évaluait à 1 100 000 tonnes en 1840 et à 1 200 000 tonnes en 1850 : elle dépasse actuellement 8 millions de tonnes.

Les principaux pays où l'on cultive la canne à sucre sont :

a. Les pays à moussons de l'Asie du sud-est et de l'archipel asiatique : c'est-à-dire l'*Inde*, où elle prospère dans le Pandjab, les provinces du Nord-Ouest, le Bengale, et sur la côte de Madras : l'*Indo-Chine*, où sa culture tend à se développer beau-

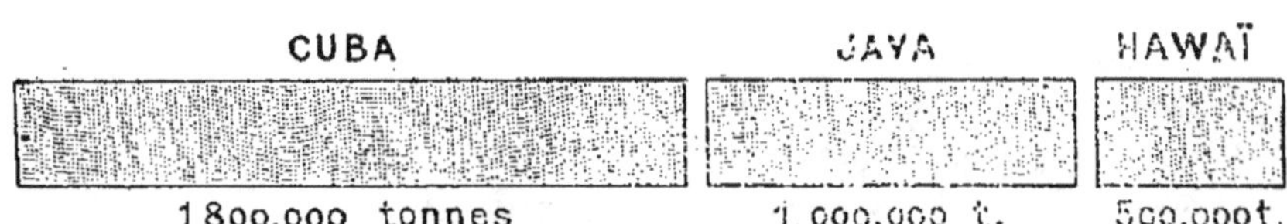

PRINCIPAUX PAYS PRODUCTEURS DU SUCRE DE CANNE.

Trois pays produisent principalement le sucre de canne : 1° l'île de Cuba, dans les Antilles, que les États-Unis tiennent dans une sorte de dépendance économique ; 2° Java, dans les Indes néerlandaises ; 3° les îles Hawaï, dans l'Océanie, dont les États-Unis ont fait une immense sucrerie, du reste remarquablement organisée. — Ces trois pays produisent plus des deux tiers de la production totale du monde en sucre de canne.

coup ; la *Chine méridionale*, jusqu'à la vallée du Yang-tsé ; le *Japon*, où elle réussit dans Formose et Kiou-Siou ; les *Philippines* et *Java*, où elle s'est étendue principalement dans les parties centrales et orientales ;

b. La plupart des îles océaniennes, et notamment la *partie nord-est de l'Australie* (Queensland et Nouvelle-Galles du Sud septentrionale), ainsi que les îles *Sandwich* ou *Hawaï*, où les États-Unis, maîtres de l'île, l'ont développée considérablement :

c. La zone chaude et humide de l'Amérique centrale, c'est-à-dire les *États-Unis du Sud* (Texas, Louisiane) ; *Cuba*, qui est avec Java l'un des principaux centres de production, et *la plupart des Antilles*, Porto-Rico, la Jamaïque, la Trinité, la Barbade, la Martinique et la Guadeloupe ; le *Mexique*, dans les Terres Chaudes, et dans l'État de Morelos, sur le plateau ; les *Guyanes*, le *Pérou*, le *Brésil*, surtout dans les provinces septentrionales de Para et de Pernambouc ; enfin la *République Argentine* dans ses parties septentrionales (province de Tucuman).

d. Certaines contrées méditerranéennes : l'*Espagne*, quelques cantons, comme les environs de Motril et de Malaga où les

Arabes l'avaient introduite, et l'*Égypte*, où les travaux d'irrigation entrepris par les Anglais lui ont permis de se développer, mais où son extension est bornée par la concurrence de la culture cotonnière ;

e. En Afrique, le *Natal* et quelques-unes des îles de l'océan Indien, notamment Madagascar, où du reste la culture est encore fort peu développée.

3° **Pays exportateurs**. Dans quelques-uns de ces pays, la plus grande partie ou même la totalité du sucre produit est consommée sur place : il en est ainsi dans l'Inde qui, malgré une production importante, doit en acheter un peu au dehors ; de même au Japon, en Chine, dans les États-Unis, etc.

Les principaux pays exportateurs de sucre de canne sont : *Cuba*, dont la production, qui était légèrement inférieure à 1 million de tonnes avant l'affranchissement de l'île, s'élève aujourd'hui à 1 300 000 tonnes ; *Java*, où elle a plus que doublé depuis 1890 et atteint 1 million de tonnes ; les îles *Hawaï* (370 000 tonnes) dont les États-Unis ont fait une immense sucrerie.

Les États-Unis et l'Angleterre sont les deux pays qui importent la plus grande partie du sucre de canne.

La betterave sucrière. — La betterave sucrière est une plante bisannuelle : en réalité, on la coupe tous les ans, mais sa vie normale est de deux ans. Quand on la récolte à la fin de la première année, elle est en pleine croissance ; laissée à elle-même, elle passerait l'hiver pour produire la seconde année des graines et des fruits. Sa culture n'a commencé à se développer qu'après l'établissement du blocus continental qui empêcha l'accès du sucre de canne en Europe ; ses progrès les plus considérables datent du dernier tiers du dernier siècle ; aujourd'hui, la betterave contribue plus que la canne à l'alimentation sucrière du monde.

1° **Conditions de la culture et extension.** La betterave est essentiellement une plante des climats tempérés et humides ; elle s'accommode mal des longues sécheresses. En outre, il lui faut des terres bien meubles, profondes, tenues constamment propres par des binages répétés : elle demande beaucoup de main-d'œuvre. Enfin, les terres à betteraves doivent être abondamment fumées ; plus on fume, plus la betterave est riche : « la betterave, dit-on, paie son fumier ».

La zone de la betterave comprend donc essentiellement les pays tempérés de l'Europe et de l'Amérique.

2° Principaux pays producteurs. La production du sucre de betteraves a été en progrès croissant pendant le dernier siècle. En 1840, elle n'allait pas au total de 50 000 tonnes ; en 1860, elle s'élevait à 400 000 tonnes ; en 1872, elle dépassa 1 million de tonnes. Elle est aujourd'hui de 6 millions 1/2 de tonnes.

Les principaux pays producteurs sont les suivants :

Allemagne.	2 .00 000 tonnes.
Autriche	1 500 000 —
Russie	1 500 000 —
France	800 000 —
États-Unis	350 000 —
Belgique	200 000 —

L'*Allemagne* a le premier rang : c'est que la culture y est pratiquée, comme celle de la pomme de terre, d'une manière

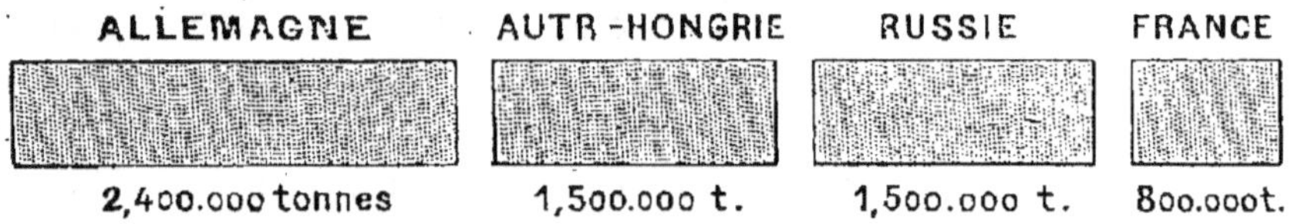

PRINCIPAUX PAYS PRODUCTEURS DU SUCRE DE BETTERAVES.

La betterave sucrière est une plante des pays tempérés aux sols riches ; elle croît principalement dans les riches terres à limons de la France du Nord et de la Belgique, en Saxe, en Bohême et en Moravie, dans la zone russe de la Terre-Noire. Principaux pays producteurs, l'Allemagne, l'Autriche-Hongrie, la Russie, la France.

toute scientifique. La culture y est localisée en deux grandes régions : la première comprend, au nord de Halle, la Saxe prussienne autour de Magdebourg, le Hanovre, le Brunswick et l'Anhalt ; la betterave y forme la culture dominante ; la seconde région, moins importante, comprend la Silésie et la Posnanie.

L'*Autriche* cultive la betterave surtout dans ses provinces septentrionales de Bohême, de Moravie et de Silésie autrichienne. La culture des betteraves se fait aussi en Hongrie, mais ce dernier pays est trop sec pour qu'elle y prospère bien.

En *France*, la région de la betterave est celle du nord (Ile de France, Picardie, Artois, Flandre), dont le sol est formé de riches terres à limon. En *Russie*, on la cultive en Pologne et surtout dans la zone de la Terre-Noire ou Tchernoziom, au sud. En France comme en Russie, la culture de la betterave est associée à celle du blé.

Hors d'Europe, la betterave a été introduite aux *États-Unis*, où elle réussit principalement en Californie, dans la *République Argentine* et en *Égypte*. Ce qui gênera, semble-t-il, le développement rapide de cette culture aux États-Unis, c'est·le manque de main-d'œuvre. La·culture de la betterave est une culture savante qui exige des soins nombreux et une main-d'œuvre abondante : en Allemagne, où celle-ci fait défaut, on fait venir des Galiciens, surtout des femmes, pour le travail des champs de betteraves.; en France, on fait venir des Belges qui sont occupés constamment, pendant neuf mois de l'année, à sarcler et à tenir les champs propres.

Sucre de betterave et sucre de canne. — Le sucre était inconnu des peuples de l'antiquité; aujourd'hui, non seulement c'est le moins cher de tous les produits alimentaires de luxe, mais encore il est devenu d'un usage si courant qu'il doit être presque regardé comme une nécessité de la vie, même pour les moins riches. L'accroissement continu de la production du sucre de canne et du sucre de betterave a produit ce résultat. Toutefois l'accroissement de ces deux variétés de sucre n'a pas marché du même pas.

Si l'on compare le sucre de canne et le sucre de betterave, on peut faire les observations suivantes.

D'une part, la canne à sucre a sur la betterave l'avantage d'une culture plus facile et d'une plus grande richesse sucrière; en outre, poussant dans les pays tropicaux ou subtropicaux, où la main-d'œuvre est à bas prix, elle est d'une culture plus économique. On a vu que la betterave exige beaucoup de travail, des fumures abondantes, une main-d'œuvre nombreuse et relativement chère, si on la compare au prix de celle des pays où croît la canne.

D'autre part, la betterave a sur la canne à sucre le grand avantage de croître en des pays de population dense, donc à proximité des marchés et des lieux de consommation, dans des régions où les fumures sont obtenues en abondance, dans des contrées où des capitaux nombreux permettent la création d'un outillage excellent. La betterave donne d'ailleurs — autre gros avantage — d'autres produits que le sucre. Une fois dépouillée de son jus sucré, la canne ne peut guère servir que comme combustible, tandis que le résidu de la betterave, la pulpe, constitue une nourriture de valeur pour le bétail. Près de Mersebourg, avec les résidus de 5000 tonnes de betteraves, un domaine peut nourrir 30 chevaux, 100 bœufs, 50 vaches laitières, 140 porcs, 1600 moutons; il y a là un surcroît de revenu important. Aussi, le sucre de betterave a-t-il pu lutter sans désavantage dès le début contre le sucre de canne ; et même a-t-il triomphé dans la lutte, après que la suppression de l'esclavage dans les pays chauds où l'on cultivait la canne à sucre y eut fait hausser le prix de la main-d'œuvre.

Jusqu'en 1870, la plus grande partie du sucre produit dans le monde provenait sans comparaison de la canne à sucre ; en 1880, on comptait encore 1 860 000 tonnes de sucre de canne contre 1 810 000 tonnes de sucre de betterave. Leur production fut sensiblement égale vers 1887.

Depuis lors, le sucre de betterave a pris la première place. Aujourd'hui, sur une production totale de près de 17 millions de tonnes, le sucre de canne compte pour 8 millions de tonnes, le sucre de betterave pour 9 millions de tonnes.

La consommation du sucre est devenue considérable. On calcule que, par tête d'habitant et par an, elle est en moyenne de 42 kilogrammes en Angleterre, de 30 aux États-Unis, de 17 en France, de 16 en Alle-

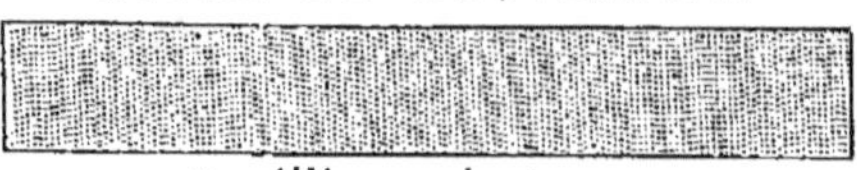

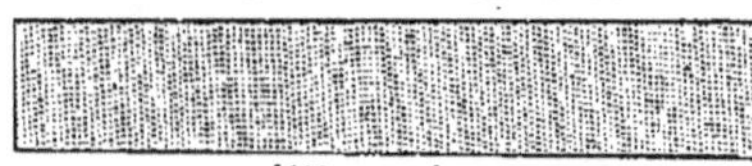

SUCRE DE BETTERAVE ET SUCRE DE CANNE.

Avant le dix-neuvième siècle, on ne connaissait que le sucre de canne; en 1887, la production du sucre de betterave et celle du sucre de canne étaient sensiblement équivalentes; mais, depuis lors, la production du sucre de betterave a pris peu à peu le pas sur celle du sucre de canne, malgré les progrès de cette dernière culture.

magne, de 8 en Autriche, de 7 en Russie, de 3 en Italie. D'une manière générale, la consommation est beaucoup plus élevée dans les pays septentrionaux que dans les pays méridionaux.

Le café. — Le café est, semble-t-il, originaire de l'Abyssinie et de l'Afrique tropicale où on le rencontre à l'état spontané. Il fut transporté d'Éthiopie en Arabie vers le XIIIe siècle, et, depuis lors, son usage est devenu de plus en plus répandu et de plus en plus commun.

1° **Conditions de la culture et extension.** Il existe de nombreuses espèces de caféiers, et ces espèces sont assez notablement différentes. L'une des plus connues, le *caféier d'Arabie*, est un arbuste pouvant atteindre 8 ou 9 mètres de hauteur et ressemblant assez, quand il est couvert de ses fruits, à un cerisier. Une autre espèce, comme le *caféier de Libéria*, est un arbre véritable, à la forme pyramidale, au tronc droit, aux rameaux noueux, aux feuilles coriaces. Le caféier d'Arabie donne la qualité de café la plus appréciée : celui de Libéria est plus généreux et donne plus de fruits. Ceux-ci sont enfermés dans une sorte de cerise, d'un rouge jaunâtre, qui en contient généralement deux.

Arbre tropical, le caféier pousse dans les régions où l'écart moyen de température est de 15 à 25 degrés; toutefois on peut le cultiver dans des régions plus chaudes, en ayant soin de le préserver du soleil. Il lui faut de plus une humidité régulière, et il ne peut s'accommoder d'un climat aux saisons très tranchées. Plante délicate, il craint la gelée et les grands vents.

Pour toutes ces raisons, le caféier ne prospère que dans la zone tropicale, et presque toujours à une certaine altitude d'autant plus élevée qu'on se rapproche plus de l'Équateur. On le trouve à Java, près de l'Équateur, de 700 à 1300 mètres d'altitude, et même dans l'Inde méridionale, également près de l'Équateur, jusqu'à 1600 et 1800 mètres; il pousse dans le Guatémala de 700 à 1000 mètres, au Mexique de 300 à 500 mètres. au Brésil de 250 à 300 mètres.

Dans ces régions, les meilleurs sols sont les sols riches en acide phosphorique, en potasse et en azote. Les terrains volcaniques (Java, Amérique centrale) conviennent parfaitement au caféier. Au Brésil, sa terre d'élection

PLANTATIONS DE CAFÉIERS A CUI
(NOUVELLE-CALÉDONIE).

Les caféiers poussent dans les pays chauds où ils ont l'apparence d'arbustes hauts de 8 à 10 mètres. Quand la température est trop élevée dans un pays, ou quand les vents y sont trop souvent violents, on abrite les plantations sous des ombrages de grands arbres : c'est le cas dans la gravure ci-dessus. Le café a été introduit à la Nouvelle-Calédonie par des colons français ; il y réussit bien ; malheureusement, faute de communications suffisantes, on écoule assez difficilement le café produit dans de bonnes conditions.

est la *terra roxa*, terrain d'origine dioritique, d'une coloration violet foncé, contenant en abondance de l'oxyde de fer et du rubidium. Les terres trop riches en calcaire ne lui conviennent pas. Enfin, le caféier, dont les racines sont très pénétrantes, ne réussit bien que dans les terres meubles et profondes.

2° Principaux pays producteurs. La production du café dans le monde est en voie d'accroissement rapide. Elle a passé de 250 000 tonnes en 1850, à 500 000 tonnes en 1880, et à 1 300 000 tonnes environ en 1909. Les principaux pays producteurs sont les suivants :

	tonnes.		tonnes.
Brésil.	630 000	Mexique.	15 000
Amérique centrale.	56 000	Inde et Ceylan.	14 000
Venezuela et Colombie.	54 000	Éthiopie et Arabie.	13 000
Antilles	52 000	Libéria	12 000
Indes néerlandaises	50 000	Autres pays.	5 000

Le *Brésil* est le grand pays producteur de café; il fournit, à lui seul, plus des deux tiers de la production mondiale. La

PRINCIPAUX PAYS PRODUCTEURS DU CAFÉ.

Plus des deux tiers du café consommé dans le monde viennent du Brésil qui est ainsi le producteur de café le plus important de beaucoup entre tous les pays. L'Amérique centrale et le Mexique, les Indes néerlandaises viennent ensuite pour la production. Quant à l'Arabie, où se trouve la ville de Moka, elle donne des cafés renommés, mais en quantité relativement très faible. On peut presque dire que le Brésil a le monopole de cette production.

grande région où on le cultive est située à peu près entre les 21° et 24° latitude sud, et est divisée en deux zones, l'une traversée par un système de voies ferrées qui aboutissent à Rio de Janeiro, l'autre aboutissant au port un peu plus méridional de Santos. Les deux ports de Santos et de Rio de Janeiro sont les deux plus grands ports exportateurs de café.

Si les cafés du Brésil sont de beaucoup les plus abondants, les plus renommés sont ceux d'*Arabie* et de *Java*, qui passent pour les meilleurs et les plus aromatiques. Ceux du *Mexique* et du *Guatémala* sont également très appréciés, ainsi que ceux des *Antilles*.

Ceylan fut jadis un des principaux pays producteurs de café; de 1860 à 1870, il venait au premier rang, et exportait annuellement une moyenne de plus de 50 000 tonnes. C'est alors, en 1869, qu'apparut dans l'île un champignon, l'*hemiliia*, qui se formait sur les feuilles du caféier : les feuilles tombaient, et l'arbre dépouillé dépérissait, mourait, ou en tous cas cessait presque complètement de produire. Les plantations furent dévastées en peu de temps. Désespérant de lutter avec succès contre le fléau, les planteurs de Ceylan transformèrent leurs plantations de café en plantations de thé. La surface plantée en café qui s'élevait à 110 000 hectares dans Ceylan en 1872, n'est plus aujourd'hui

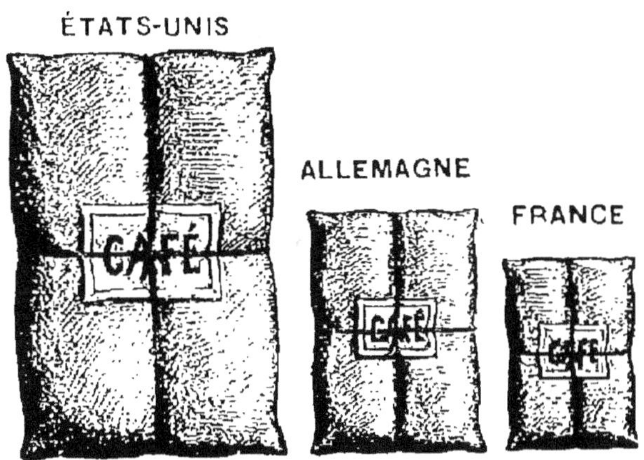

CONSOMMATION DU CAFÉ DANS QUELQUES PAYS.

Parmi les grands pays, les trois qui consomment le plus de café sont les États-Unis (plus de 4 kilogrammes en moyenne par an et par habitant), l'Allemagne (près de 2 kilogr. 1/2) et la France (environ 2 kilogr.). Ces pays sont surtout des buveurs de café ; la Russie et l'Angleterre sont, au contraire, des buveurs de thé.

que de 10 000 hectares environ, et l'exportation ne dépasse pas 2000 à 3000 tonnes. Le même champignon a causé des ravages notables à Java.

3° **Pays consommateurs**. Il y a trois grands pays consommateurs de café : les *États-Unis*, qui achètent 318 000 tonnes, soit plus du tiers de la production totale du globe ; l'*Allemagne*, qui en achète environ 136 600 tonnes ; puis la *France*, 77 000 tonnes. — En Angleterre et en Russie, la consommation du thé nuit à celle du café, qui y est insignifiante.

Quoique la consommation du café ait presque quadruplé aux États-Unis depuis 1850 et qu'elle ne cesse de s'accroître, quoique moins rapidement, dans les autres pays, elle a augmenté moins vite que la production. Alors que la production atteint 900 000 tonnes, la consommation ne dépasse guère 650 000 ou 700 000 tonnes

Il en est résulté pour les pays du café, et surtout pour le Brésil, dont c'est presque la seule culture et la seule richesse, une crise très grave, provenant de la difficulté de la vente et de l'emmagasinement des marchandises. Il a fallu restreindre la culture, réglementer la production, demander aux pays européens d'abaisser les droits de douane très élevés qu'ils avaient établis sur le café.

LA CUEILLETTE DU CAFÉ.

On a vu plus haut une plantation de café placée à l'ombrage de grands arbres; on verra mieux ici l'apparence d'un arbre à café. La cueillette du café est très simple. Quand le fruit est mûr, le travailleur passe la branche de l'arbuste entre le pouce et l'index; il la secoue et fait tomber les grains à terre ou dans une corbeille. On les fait alors sécher, puis on les trie à l'aide de machines ou à la main.

Le café au Brésil. — Le caféier a été introduit dans les provinces septentrionales du Brésil dans les premières années du XVIIIe siècle; de ces provinces septentrionales il a été répandu, une cinquantaine d'années plus tard, dans les provinces centrales où il a prospéré et dont il constitue la fortune.

Le succès y tient aux terres spéciales où on le cultive, les *terras roxas*, comme on les nomme: ce sont des terrains d'une coloration violet foncé, très meubles et d'une grande fertilité. Le caféier prospère, du reste, sur d'autres terres, extrêmement fertiles, connues sous le nom de *massépé*, dont le fond est une argile grasse spéciale, et qui sont recouvertes d'une épaisse couche d'humus. Dans les terras roxas, le caféier est en plein rapport au bout de quatre ans; il fournit alors 2 kilogrammes en moyenne par pied. La durée moyenne de la production des arbres est de 20 ans; quelques caféiers peuvent atteindre et dépasser 40 ans. Les principales variétés cultivées sont le caféier d'Arabie, le Bourbon, et une variété indigène, le maragogipe, qui a des grains énormes, mais ne mûrit que très inégalement et rend peu.

La cueillette s'opère fin mai ou commencement de juin, dans la première moitié de la saison sèche. Cette cueillette est très simple ; le travailleur passe la branche de l'arbuste entre le pouce et l'index, et il fait tomber les grains à terre ou dans une corbeille. Après la récolte, le café est séché, généralement au soleil, sur les *terreiros*, ou aires en briques bien cuites présentant une inclinaison destinée à assurer l'écoulement des eaux en cas de pluie. La dessiccation demande cinq à six jours pour le café sec, et jusqu'à quinze jours pour le café humide ; si le soleil vient à manquer, on recourt à des séchoirs artificiels, grands cylindres tournant constamment sur eux-mêmes et chauffés extérieurement par une enveloppe de tubes où circule de la vapeur, tandis qu'un courant d'eau chaude est lancé à l'intérieur par un ventilateur. Transporté dans le magasin, le café est alors dépulpé, c'est-à-dire débarrassé de son enveloppe rouge, puis ventilé, et séparé, à l'aide d'une machine à trous, en cinq variétés suivant la grosseur. Pour les cafés de luxe, on trie les grains à la main afin d'éliminer tous ceux qui sont irréguliers et de vilaine apparence ; ici, la machine ne peut intervenir ; d'où cherté des cafés si soigneusement triés.

A l'époque où l'esclavage fournissait une main-d'œuvre peu onéreuse, les plantations du Brésil, pourtant mal cultivées, produisaient des revenus considérables à leurs propriétaires. Mais l'émancipation des esclaves, en 1888, produisit une véritable révolution dans laquelle sombrèrent beaucoup de grosses fortunes. Les noirs ont peu à peu abandonné la culture du café ; on travaille aujourd'hui les plantations avec des émigrants européens, surtout des Italiens, et pour parer à l'enchérissement de la main-d'œuvre, les propriétaires ont dû recourir à une culture intensive, fondée sur des procédés scientifiques et sur l'emploi rationnel des machines modernes.

Le thé. — Le thé est une boisson faite avec les feuilles desséchées d'un arbuste appartenant à la famille des camélias. L'arbre à thé semble être originaire de l'Inde, où il croît à l'état spontané dans la région montagneuse de l'Assam. Toutefois c'est en Chine que les Européens l'ont connu. A l'état sauvage, l'arbre à thé a les dimensions d'un arbre véritable ; il s'élève jusqu'à 6 ou 8 mètres ; on en trouve dans l'Assam qui atteignent 20 mètres. Celui qu'on cultive a plutôt l'apparence d'un arbrisseau toujours vert, ne dépassant guère 1ᵐ,80 ou 2 mètres, et assez semblable au myrte.

1° **Conditions de la culture et extension** : Peu de plantes sont plus robustes que l'arbre à thé. Les froids rigoureux arrêtent sa croissance, diminuent sa production, mais ne tuent pas la plante elle-même. Aussi l'aire du théier est-elle fort étendue en latitude : on le trouve sous l'Équateur, à Java ; il prospère, dans l'hémisphère Nord, en Chine jusqu'au 32° latitude, et au Japon jusqu'au 40° latitude ; dans l'hémisphère Sud, il réussit à Madagascar, à la Réunion, dans le Natal, au Brésil, jusqu'au 30° latitude. Toutefois, le climat qui lui convient le mieux est un climat à la fois chaud et humide, sans écarts trop sensibles entre les températures des saisons extrêmes.

Le théier exige, en outre, une humidité continuelle pendant

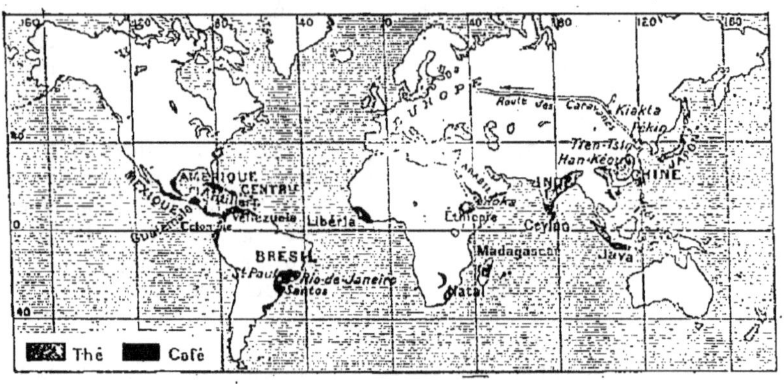

EXTENSION DES CULTURES DU CAFÉ ET DU THÉ.

Le café et le thé sont deux plantes qui aiment à la fois la chaleur et une certaine humidité. Ils croissent donc l'un et l'autre dans la région avoisinant l'équateur : le café dans le Brésil, l'Amérique centrale, l'Ethiopie et l'Arabie méridionale, Madagascar, les Indes néerlandaises ; le thé, en Chine, au Japon, dans l'Inde, à Ceylan, et aussi dans les Indes néerlandaises à côté du café.

l'été, sous la réserve que ses racines ne baignent pas dans l'eau ; le terrain où il croît doit être toujours soigneusement drainé. Pour cette double raison, les versants montagneux des régions tropicales et subtropicales lui conviennent tout à fait ; c'est sur ces pentes qu'on trouve les plus beaux jardins de thé, à une altitude qui varie suivant la latitude, jusqu'à près de 2000 mètres dans Ceylan et l'Inde méridionale, jusqu'à 1200 mètres environ dans l'Inde septentrionale et la Chine. La richesse des feuilles en arome et en goût est en raison inverse de la chaleur et de la rapidité de la végétation : le meilleur thé est celui qui croît aux plus grandes altitudes.

Quant à la nature du sol, le théier n'est pas exigeant. Il s'accommode des terrains les plus divers, gneiss, roches volcaniques, pourvu qu'ils soient pauvres en chaux et riches en potasse ; le théier réussit particulièrement bien dans les terres riches en oxyde de fer. Il a besoin d'un sol profond.

La production du thé ne dépend pas seulement de ces conditions naturelles. Avant de devenir un objet de commerce, la feuille du théier nécessite une préparation manuelle longue et minutieuse, cueillette, triage, séchage, roulage. La production du thé n'est rémunératrice, et par suite possible, que dans les pays qui, outre de bonnes conditions naturelles, possèdent une main-d'œuvre abondante et économique.

2° **Principaux pays producteurs** : La production totale du thé dans le monde peut être évaluée à 5oo millions de kilogrammes; elle augmente lentement.

Les principaux pays producteurs sont les suivants :

Chine.	300 000 tonnes.
Indes.	120 000 —
Ceylan	80 000 —
Japon.	30 000 —
Java.	12 000 —

La *Chine* fut longtemps le seul grand pays producteur de thé. Le théier y croît dans toute la Chine méridionale, même dans les contrées montagneuses du Sé-tchouen et du Yunnan; mais les provinces du Fou-kien et du Tché-kiang y constituent le pays du thé par excellence. La ville de Hankéou, sur le Yang-tsé, est le grand marché chinois du thé.

L'*Inde anglaise* et *Ceylan* font aujourd'hui une grande concurrence à la Chine. Dans l'Inde, les principaux jardins de thé se rencontrent dans l'Assam, sur les pentes de l'Himalaya, dans le Bengale, et sur les pentes élevées des Nilghiri, au sud de l'Inde. A Ceylan, le thé a remplacé le café. Au *Japon*, le thé est cultivé surtout à Formose, où il est, du reste, d'introduction assez récente, dans Sikok et Kiou-Siou, ainsi que dans les deux tiers méridionaux de Hondo. A *Java*, le thé tend à remplacer le café, dont les plantations sont ravagées comme celles de Ceylan.

Le théier a été introduit avec succès dans divers pays, notamment dans l'Annam, dans l'île Maurice, à Madagascar, dans le Natal, au Brésil : mais la production est encore peu importante. Le théier, cultivé aux États-Unis dans la Caroline du Sud, y a bien réussi; mais l'élévation du prix de la main-d'œuvre semble devoir y entraver le développement de l'industrie du thé, et par suite celle de la culture.

3° Pays consommateurs : Les grands pays consommateurs de thé sont au nombre de trois : l'*Angleterre*, à laquelle il faut joindre les colonies britanniques, Australie, Canada, Afrique Australe ; chaque anglais consomme en moyenne 2^{kg},65 de thé par an ; la consommation totale en Angleterre s'élève à 110 millions de kilogrammes ; la *Russie*, qui en consomme 40 millions de kilogrammes ; les *États-Unis*, qui sont à la fois grands buveurs de café et de thé.

Les Hollandais, qui ont introduit le thé en Europe, en consomment encore une grande quantité eu égard au chiffre de la population. En France, où la consommation du thé a décuplé depuis quatre-vingts ans et dépasse 1 100 000 kilogrammes, l'importation est relativement faible : les Français sont des buveurs de café, au contraire des Anglais qui sont des buveurs de thé.

Le thé en Chine. — Dans son ouvrage sur la *Chine*, le professeur Douglas donne les détails suivants sur la culture du théier et sur la préparation du thé dans ce pays.

L'arbre à thé vient d'une graine, à peu près grosse comme une noisette, qu'on recueille en hiver et qu'on fait sécher au soleil. « Au commencement du printemps suivant, ces graines sont mouillées, puis séchées de nouveau jusqu'à ce qu'elles commencent à germer. On les recouvre alors légèrement de terre. Quand les pousses ont 4 à 5 pouces de long, on transplante les pieds dans les plantations où on les dispose en longues rangées, à un intervalle de 2 ou 3 pieds (ordinairement sur les pentes montagneuses tournées au sud). Il n'est point nécessaire de fumer ; le sol doit être débarrassé soigneusement de toute mauvaise herbe. La fleur du théier est blanche et présente quelque ressemblance avec la fleur d'oranger ; elle fleurit en novembre. On laisse la plante grandir jusqu'à une hauteur variable ; sur les pentes élevées et exposées au vent, on maintient la plante basse, tandis qu'on la laisse croître parfois jusqu'à 6 et 8 pieds dans les endroits bien abrités. On commence à récolter les feuilles à la fin de la troisième année, mais cette première récolte doit être modérée pour ne pas épuiser la plante. On enlève les feuilles trois fois par an, en mars, en mai, en juin. Les feuilles les plus tendres sont les meilleures ; la première récolte donne donc les produits les plus appréciés. La cueillette est faite principalement par les femmes et les enfants. On fait alors sécher les feuilles au soleil, puis des hommes, pieds nus, les foulent pour en briser les fibres et en extraire toute l'humidité. Les feuilles sont ensuite disposées en tas, exposées à la chaleur jusqu'à ce qu'elles prennent une couleur rouge brun. On les roule alors à la main, puis on les fait sécher lentement, soit au soleil, soit au moyen de feux de charbon. » Les feuilles sont alors bonnes pour la vente et passent des mains du producteur dans celles des marchands indigènes. Ceux-ci les trient soigneusement une à une, et les classent en tas suivant leur grandeur et leur âge. Les feuilles abimées sont mises à l'écart ».

On distingue trois sortes de thé : le *thé noir*, qui est séché au soleil ; le *thé vert*, qui est passé à la poêle et qui, en outre, est frotté à la main au lieu d'être foulé aux pieds, et le *thé en briques*, qui est de qualité inférieure, parce qu'on le fait avec les feuilles de la dernière cueillette, et aussi parce que ces briques sont fabriquées à

CUEILLETTE DU THÉ A CEYLAN.

Les jardins de thé sont une des richesses de Ceylan où l'arbre à thé couvre jusqu'à près de 2 000 mètres les pentes des montagnes. La cueillette et la manipulation du thé exigent un grand nombre de travailleurs : aussi la culture du thé n'est-elle possible, d'une manière rémunératrice, que dans les pays où la main-d'œuvre est abondante et économique.

l'aide de presses à vapeur et que le passage de la vapeur sur les feuilles de thé, si rapide qu'il soit, leur enlève une partie de leur parfum : le thé en briques, appelé aussi thé de la caravane, se fabrique presque exclusivement à Han-Kéou.

Le commerce du thé. — Une grande partie du thé est consommée dans les pays qui le produisent : en Chine, par exemple, il ne reste guère pour l'exportation que le quart environ de la production chinoise ; et, bien que de beaucoup supérieure à l'Inde et à Ceylan comme pays producteur, la Chine n'a pas beaucoup plus d'importance, comme pays exportateur, que chacun de ces deux pays pris isolément.

L'usage du thé ne fut connu en Europe qu'au XVII° siècle. On raconte qu'en 1664, la Compagnie anglaise des Indes orientales, pour faire présent de thé au roi d'Angleterre, Charles II, dut en acheter une petite quantité aux Hollandais qui l'achetèrent eux-mêmes en Malaisie à des négociants chinois : la livre de thé se vendait alors 3 livres sterling (75 francs). Depuis lors, et surtout depuis le XIX° siècle, l'usage du thé s'est beaucoup répandu en Europe et dans les pays colonisés par les Européens; il a décuplé depuis un siècle.

Le thé chinois passe pour le meilleur de tous; il a plus de finesse et d'arome. A part quelques marques de choix, le thé indien et de Ceylan renferme trop de tanin; il est plus âcre, mais donne une infusion plus foncée et coûte meilleur marché : de là sa vogue; il s'exporte beaucoup en Angleterre où il a supplanté presque entièrement le thé chinois. Le thé japonais est le plus âcre de tous; il a, en outre, l'inconvénient de se conserver difficilement au bout d'un an : il s'exporte pour la plus grande partie aux États-Unis.

Le thé s'est exporté jusqu'à ce jour soit par la voie de mer, soit par caravanes et la voie de terre à travers la Sibérie. C'est le thé en briques qui empruntait principalement cette dernière route. De Han-Kéou, il était dirigé par bateaux jusqu'à Tien-Tsin, puis par jonques sur le Peï-Ho aussi loin que possible. A Kalgan, au pied de la Grande Muraille, on le chargeait sur des chameaux à destination de Kiakta sur la frontière sibérienne. Voyage très long et dispendieux : le thé, récolté au printemps, n'arrivait guère à Kiakta qu'en novembre ou décembre, dans la Russie d'Europe qu'un an après avoir été cueilli. Il est vraisemblable que le Transsibérien deviendra la route du thé et que les conditions du commerce se trouveront ainsi entièrement modifiées.

3. — LES TEXTILES D'ORIGINE VÉGÉTALE

SOMMAIRE

I. Le *lin* vient dans les pays humides, qu'ils soient chauds comme l'Inde ou froids comme la Russie et l'Irlande. Dans les pays chauds on le cultive surtout pour la graine, et dans les pays froids pour la fibre. La Russie est de beaucoup le premier pays producteur de lin. L'industrie linière est développée en Russie, en France, en Irlande, en Belgique.

Analogue au lin, le *chanvre* est cultivé surtout en Russie ; en France, sa culture tend à diminuer, comme du reste celle du lin, par suite de la concurrence du coton. L'industrie du chanvre est en décadence.

II. Le *coton* comporte plusieurs espèces, cotonnier d'Asie, cotonnier d'Amérique, mais toutes ces espèces aiment la chaleur et l'humidité sans excès : on ne trouve guère le coton au delà du 37° latitude. Le principal pays producteur est la région méridionale des États-Unis (66 pour 100 de la production totale) : ensuite viennent l'Inde, l'Egypte, la Chine : le coton d'Egypte est le plus estimé. L'Angleterre a le premier rang dans l'industrie cotonnière ; les États-Unis, qui ont fait d'énormes progrès dans cette voie, viennent ensuite ; on peut citer encore l'Allemagne, la France, l'Inde qui commence à travailler une partie du coton qu'elle produit, le Japon qui a des industries cotonnières actives, etc.

III. On peut citer quelques autres textiles végétaux : le *jute*, qui est produit dans l'Inde ; la *ramie*, qui croît dans toute l'Asie du sud-est, de l'Insulinde au Japon ; l'*abaca*, ou chanvre de Manille ; le *henequen*, ou coton du Yucatan. Ces divers végétaux donnent des fibres utilisées pour la confection de cordages ou d'étoffes grossières.

Développement.

Principaux textiles d'origine végétale. — Un certain nombre de plantes fournissent des fibres, plus ou moins longues, plus ou moins solides, plus ou moins soyeuses, qui, manipulées et tissées, servent à confectionner des étoffes diverses.

On peut citer parmi les principales de ces plantes : le *lin* et le *chanvre*, qui sont très anciennement connus; le *cotonnier*, dont les fibres servent à confectionner des étoffes de coton, d'un usage aujourd'hui partout répandu; le *jute*, la *ramie*, l'*abaca* ou *chanvre de Manille*, et le *henequen* du Yucatan qui, sans avoir l'importance des plantes précédentes, rendent néanmoins des services fort appréciables.

Le lin. — Le lin est une plante remarquable par le grand nombre de produits utiles qu'il fournit, en même temps que par le grand nombre des usages auxquels ces produits peuvent servir : aussi le nom que les botanistes lui ont donné est-il celui de *linum usitatissimum*, c'est-à-dire lin très utile et très utilisé. Le lin produit une fibre dont on se sert depuis longtemps pour la filature et le tissage : on a trouvé des étoffes de lin dans les habitations lacustres préhistoriques de la Suisse, ainsi qu'au'our des plus vieilles momies égyptiennes ; aujourd'hui on en fait des toiles ordinaires, des linons, des batistes. La graine fournit une huile très employée en peinture et dans la fabrication des vernis. Les fibres les plus petites forment l'étoupe et servent à fabriquer des cordes.

1° **Conditions de culture**. Le lin s'accommode de climats très divers. Il prospère dans des pays chauds et humides, comme l'Inde ; il réussit également dans des pays beaucoup plus froids, comme la Russie et l'Irlande. Dans les premiers, on le cultive surtout pour la graine, et dans les seconds pour la fibre. Les meilleurs sols sont les terrains profonds, frais et peu consistants comme les terrains de transport.

D'autres conditions que ces nécessités naturelles règlent le développement de la culture du lin. Le lin exige beaucoup de main-d'œuvre, et il n'a point de débouché s'il n'est bien préparé. On ne le coupe pas, il faut le déraciner ; on le peigne ensuite, c'est-à-dire qu'on lui enlève ses graines : on le fait rouir, c'est-à-dire macérer dans l'eau, pour en adoucir la tige ; on procède ensuite au teillage, c'est-à-dire à la séparation des fibres et de la tige. Ces travaux très longs doivent se faire en juillet et en août, à un moment où les occupations des fermes sont particulièrement nombreuses et absorbantes. Aussi la culture du lin est-elle loin d'être entreprise dans tous les pays dont le climat et le sol lui conviendraient.

2° **Pays producteurs**. Les principaux pays où l'on cultive le lin sont :

En Europe, la *Russie* (région de la Baltique, bassin de Moscou et limite méridionale de la zone des forêts) ; la *France* (région du Nord, de Rouen à la Belgique) ; l'*Irlande* (principalement l'Ulster, au nord-est) ; la *Belgique* (vallée de la Lys), l'*Autriche-Hongrie* (Bohême), et l'*Italie* (région de Bologne).

Sur 2 500 000 hectares qui seraient consacrés à la culture du lin en Europe, la Russie en posséderait 2 100 000 hectares : c'est-à-dire que la Russie a presque un monopole pour cette culture et pour ce produit. En France, et dans la plupart des autres pays européens, la culture du lin recule par suite du progrès des étoffes de coton : elle se faisait sur 60 000 hectares en France vers 1850 ; elle n'en occupe plus que 20 000 aujourd'hui.

En dehors de l'Europe, les pays producteurs sont l'*Inde*, les *États-Unis* et la *République Argentine*, qui cultivent le lin principalement pour la graine.

3° **Utilisation industrielle.** La culture du lin est en recul presque partout, les toiles de lin ayant été presque partout remplacées dans l'usage par des toiles de coton qui sont beaucoup moins chères. L'industrie du lin existe toujours, et fabrique des toiles de lin, des mouchoirs, des dentelles, des batistes, des linons.

Les principaux pays où l'on travaille le lin sont : la *Russie* (Pologne et région de Moscou, grand centre de la production); la *France* (Lille, Roubaix, etc.,) qui importe une grande partie des lins de Russie, de l'Argentine et des Indes; l'*Irlande*, où l'industrie manufacturière est concentrée à Belfast, principale ville de l'Ulster; enfin, la *Belgique*, où elle est encore active dans la Flandre.

Le chanvre. — Le chanvre est une plante qui donne une fibre analogue à celle du lin, seulement plus grossière et plus forte. On s'en sert principalement pour fabriquer des toiles à voiles et des cordages. Les espèces les plus fines sont utilisées pour la fabrication de certaines toiles. La graine, ou chènevis, est employée pour nourrir les animaux de basse-cour.

1° **Conditions de culture.** Le chanvre croît à peu près dans les mêmes conditions que le lin; il prospère dans des pays très différents. Toutefois il réussit le mieux dans les climats de chaleur tempérée et d'humidité normale, sans périodes de sécheresse trop prolongées. Il lui faut un sol profond et bien fumé. Enfin comme le lin, il demande une manipulation assez longue, arrachage, peignage, rouissage et teillage.

2° **Pays producteurs.** Le principal pays producteur de chanvre est la *Russie*, où on le cultive dans les mêmes régions que le lin, un peu moins au nord cependant; la Russie produirait environ la moitié de tout le chanvre produit dans le monde; — ensuite viennent l'*Italie*, dont le chanvre, principalement celui du Bolonnais, passe pour être le plus fin et le plus soyeux qu'il y ait; l'*Autriche-Hongrie*, qui cultive surtout le lin dans la région située au nord et à l'est des Karpates; la *Roumanie*, au sud des Karpates.

En *France*, on cultive le chanvre surtout dans l'ouest (Anjou, Maine, Bretagne) ; du reste, sa culture ne cesse de reculer ; elle occupait 50 000 hectares en 1889, et seulement 26 000 en 1900.

3° **Utilisation industrielle**. L'industrie du chanvre est en décadence comme celle du lin. Elle existe encore principalement en Russie, en France, en Grande-Bretagne, aux Etats-Unis.

A part la Russie, qui est le grand pays producteur de chanvre, tous doivent importer de l'étranger la plus grande partie de la matière première qu'ils travaillent.

Le coton. — Le coton est une espèce de touffe floconneuse produite par un arbuste, le cotonnier. Dans chaque fleur se développe une gousse qui grossit en mûrissant et qui finit par éclater, laissant apparaître une boule de neige blanche, de la grosseur d'une pomme, et des graines de la grosseur de petits pois. Les emplois du coton sont, du reste, fort anciennement connus ; il en est fait mention dans des livres hindous écrits plus de huit cents ans avant notre ère ; Hérodote le mentionne comme l'une des curiosités de l'Inde. Quand les Européens découvrirent l'Amérique, ils trouvèrent le coton déjà répandu dans toute la zone où il prospère aujourd'hui.

Le coton ne sert pas seulement à fabriquer des étoffes ; la graine, raffinée, sert à fabriquer de l'huile ; en tourteaux, cette graine sert à la nourriture du bétail.

1° **Conditions de la culture et extension** : Il existe plusieurs espèces de cotonniers différentes par la taille, la couleur de leurs fleurs, et surtout par la longueur, la force et la finesse de leurs fibres. Les principales espèces sont le *cotonnier d'Asie* et le *cotonnier d'Amérique* ; c'est ce dernier qui possède les fibres les plus longues, les plus fines, les plus fortes, et qui présente en masse la plus belle apparence.

Quelle que soit l'espèce, le cotonnier est une plante des pays chauds. Il lui faut à la fois de la chaleur et de l'humidité, mais sans excès : trop de chaleur grille la plante ; trop d'humidité, surtout après la période de croissance, fait pourrir la gousse : le sol doit être humide tandis que la tige reste sèche. Par suite, les meilleurs sols pour le cotonnier sont ceux qui retiennent toujours un peu d'humidité, les sols moyennement argileux, par exemple, et les alluvions.

En raison des conditions de climat qu'il exige, l'arbre à coton ne dépasse pas le 40° degré de latitude dans l'un et l'autre hémi-

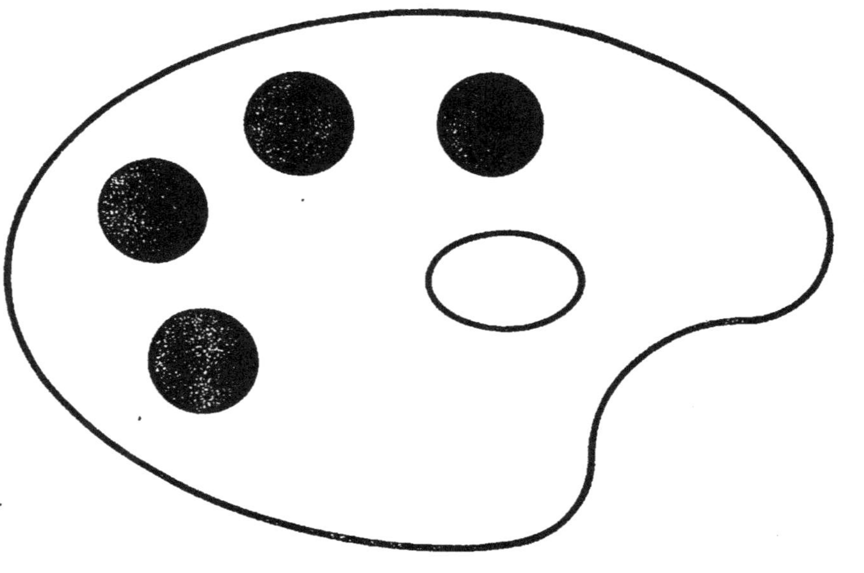

Original en couleur
NF Z 43-120-8

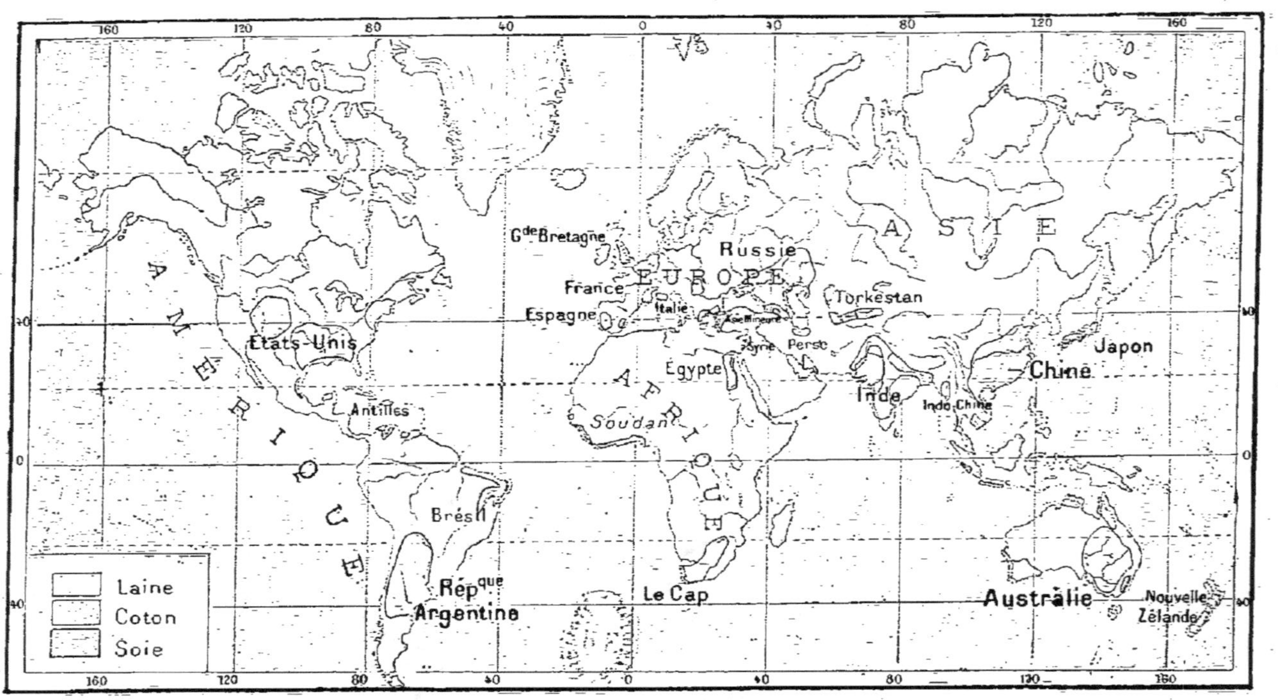

PRINCIPAUX TEXTILES.

Le coton est produit surtout par les Etats-Unis, la Chine, l'Inde et l'Egypte, pays chauds et humides, soit que les pluies y soient abondantes, soit qu'un fleuve puissant les humecte. La laine vient principalement de l'Australie et de la République Argentine; la région du Cap, les Etats-Unis et l'Europe occidentale en produisent également. La soie est produite surtout dans l'Extrême-Orient (Chine et Japon), mais il en vient aussi de plusieurs régions méditerranéennes (Asie Mineure, Italie, France du Sud-Est).

sphère : au delà de cette limite soufflent des vents froids, qu'on appelle *killing frosts* dans le bassin du Mississippi, et qui sont mortels au coton. La culture n'est même considérée comme rémunératrice que jusqu'au 37° degré dans l'hémisphère nord et jusqu'au 35° degré au plus dans l'hémisphère austral. D'une manière générale, la culture du coton s'est déplacée vers le nord. Originaire des tropiques, le cotonnier s'est étendu jusqu'à la limite des régions tempérées ; il a disparu des Indes occiden-

CHAMP DE COTONNIERS DANS LA LOUISIANE.

Le coton est une espèce de touffe floconneuse produite par un arbuste haut de 1 à 2 mètres, le cotonnier. Dans chaque fleur se développe une gousse qui grossit en mûrissant et qui éclate, laissant apparaître une boule de neige de la grosseur d'une pomme. La Louisiane, sur le golfe du Mexique, est un des principaux États cotonniers des États-Unis, qui sont eux-mêmes le premier pays producteur de coton du monde entier.

tales, a pris possession du delta du Nil, en Égypte, et du Turkestan russe qui est encore plus septentrional.

2° **Principaux pays producteurs** : La production totale du coton dans le monde s'élève à 20 millions de balles de 225 kilogrammes, soit à 4 500 000 tonnes environ.

Les principaux pays producteurs sont les suivants :

États-Unis	3 000 000 tonnes	66	pour 100
Inde	700 000	—	15	—
Égypte	270 000	—	5	—
Chine	270 000	—	5	—
Turkestan	55 000	—	1,2	—

Les *États-Unis* sont de beaucoup le premier pays du monde pour la production du coton. Il y est cultivé dans toute leur partie méridionale jusqu'au 36° ou 37° degré de latitude : au delà l'hiver est trop long, l'été trop sec ou trop frais. Certaines régions ont un sol particulièrement favorable : les alluvions du Mississipi sont excellentes ; on trouve dans le Texas, l'Alabama et la Géorgie, une sorte de terre noire, épaisse et grasse, due à la décomposition de marnes rougeâtres mêlées de débris

PRINCIPAUX PAYS PRODUCTEURS DE COTON.

Les États-Unis sont sans contredit le principal pays pour la production du coton, puisqu'ils produisent près des trois cinquièmes de ce qui est récolté annuellement dans le monde, et que leur production augmente d'année en année : ce coton est, du reste, de très bonne qualité. Au contraire, la production diminue dans les Indes. Viennent ensuite, l'Égypte, qui produit d'excellent coton, et la Chine. La production du Turkestan est médiocre comparée aux précédentes ; mais elle n'en constitue pas moins une bonne fortune pour la Russie.

organiques. On l'appelle *cotton-soil*, ou terre à coton ; les récoltes y sont plus abondantes que partout ailleurs sans qu'il y ait besoin de fumer la terre. Il faut ajouter que les Américains ont su fortifier ces avantages naturels par la perfection qu'ils ont atteinte dans l'art de cultiver le coton, de le nettoyer et de l'approprier. Aussi, la production du coton augmente-t-elle d'année en année aux États-Unis ; et ce coton, aux fibres longues et soyeuses, est d'excellente qualité.

L'*Inde* vient au second rang. Le coton y croît principalement dans la région nord-ouest du Dekkan, entre la Tapti et les sources du Godavéry, à l'est de Bombay qui est le grand port d'exportation ; le climat n'y est pas très humide, mais le sol, le *regur*, est une excellente terre noire formée par la décomposition de roches basaltiques et très fertile. Le coton croît, en outre, dans les alluvions du Gange moyen et du Bengale; mais les qualités qu'on y récolte sont médiocrement estimées.

La culture du coton est plutôt en décadence dans l'Inde, et pour plusieurs raisons : le coton de l'Inde est moins soyeux, plus cassant, a des fibres plus courtes que celui d'Amérique; les méthodes de culture y sont arriérées et les rendements restent très inférieurs à ceux d'Amérique.

L'*Égypte* ne cultive le coton que depuis 1838, époque à laquelle le Français Jumel l'y introduisit. La culture en a remarquablement réussi dans les alluvions du delta, et elle ne cesse de s'étendre. Le coton d'Égypte représente du reste la meilleure qualité des cotons; en outre, nulle part le rendement à l'hectare n'est si élevé (Inde 45 kilogr. à l'hectare, États-Unis 120 kilogr., Égypte 280 kilogr.).

L'*Asie orientale* produit du coton en Chine, au Japon, en Corée, en Indo-Chine. On le trouve surtout : en Chine, dans la région du bas Yang-tsé, où il rencontre à la fois un climat chaud et humide avec de riches terres alluviales; au Japon, dans l'île de Hondo ou Nippon; en Indo-Chine, dans les alluvions du Mékong.

Le *Turkestan* ne produit du coton que depuis peu; ce sont les Russes qui l'y ont introduit vers 1880. Il y a parfaitement réussi, notamment dans les riches terres bien arrosées du Ferghana, que les Russes appellent volontiers « l'Égypte russe »; le coton produit est d'excellente qualité.

3° **Principaux pays manufacturiers** : Le coton alimente une industrie très compliquée dont les principales opérations sont : le *battage*, pour nettoyer les fibres, en éliminer les poussières et les impuretés diverses; le *cardage*, qui en supprime les nœuds, les inégalités; le *laminage*, le *filage*, etc. L'importance des divers établissements industriels occupés à ce travail se mesure au nombre de broches qu'ils emploient. On évalue à 113 millions le nombre des broches en activité dans le monde pour le travail du coton.

Les principaux pays manufacturiers sont les suivants par ordre d'importance relative :

Royaume-Uni. . . .	48	millions de broches	42	pour 100
États-Unis	23	—	20	—
Allemagne	10	—	9	—
France	5	—	4	—

Reste de l'Europe.	17	—	15 pour 100
Inde.	5	—	4 —
Japon	1,5	—	
Chine	0,6	—	
Canada.	0,7	—	
Mexique	0,5	—	
Brésil	0,3	—	

Le *Royaume-Uni* eut longtemps presque le monopole de la fabrication des cotonnades. Le Lancashire, avec Liverpool et Manchester, y forme le principal centre de cette industrie. Malgré les progrès réalisés depuis trente ans par plusieurs autres pays, l'Angleterre reste encore nettement au premier rang ; elle importe à elle seule la moitié environ de la production cotonnière du monde.

Les *États-Unis*, longtemps très inférieurs à l'Angleterre, s'en rapprochent rapidement depuis quelques années. Le nombre de broches s'y est élevé de 11 millions en 1880 à 14 millions en 1890 et à 23 millions en 1906 ; il a donc doublé en 25 ans, et il augmente encore. L'industrie cotonnière, jadis concentrée presque tout entière dans la Nouvelle-Angleterre, aux environs de Providence, s'est étendue vers le sud-est, dans les pays producteurs de coton où elle se développe rapidement.

L'*Allemagne* a, pour le coton, trois centres manufacturiers principaux : l'Alsace et surtout Mulhouse, la Prusse rhénane avec Elberfeld et Düsseldorf, enfin la Saxe avec Zwickau et Chemnitz ; en *France*, les principales régions où l'on travaille le coton sont la Flandre au nord, Rouen et sa banlieue au nord-ouest, la région des Vosges à l'est, Roanne au centre ; — le *Japon* à Osaka, la *Chine* à Chang-Haï, l'*Inde* à Bombay, Madras, dans le Pandjab et le Bengale, se sont mis récemment à travailler le coton, et leurs progrès sont déjà sensibles. Peu d'industries se sont plus développées en ces dernières années que l'industrie du coton.

La question du coton. — En 1880, on évaluait à 80 millions le nombre des broches en activité dans le monde ; en 1897, il était de 96 millions ; il s'élève aujourd'hui à 113 millions. L'industrie cotonnière s'est donc accrue en un quart de siècle environ de 41 pour 100. Cet accroissement est moins le résultat des progrès de l'industrie cotonnière dans les anciens pays manufacturiers que de la formation de centres industriels nouveaux. La Chine, le Japon, le Canada ont pris rang parmi les pays qui travaillent le coton. Les États-Unis et l'Inde, qui produisent le coton mais ne le travaillaient pas ou ne le travaillaient que peu, ont commencé à pratiquer l'industrie cotonnière et occupent déjà, à eux deux, près du quart des broches en activité dans le monde.

Ces faits, et notamment les progrès des États-Unis et de l'Inde, sont gros de conséquences pour le Royaume-Uni et les pays européens qui, ne produisant pas de coton, se trouveraient privés de la matière première nécessaire, si l'industrie cotonnière se développait assez aux États-Unis et dans l'Inde pour consommer tout le coton qu'ils produisent.

Pour parer à cette éventualité ruineuse, le Royaume-Uni s'est préoccupé et se préoccupe encore activement d'étendre les plantations de coton existant dans ses colonies ou d'en créer de nouvelles ; de même, l'Allemagne et la France. Celle-ci a fait des essais au Tonkin, en Algérie, au Soudan. Au Tonkin, les essais de culture, tentés avec des cotons américains, ont complètement échoué, et la raison en est, semble-t-il, que le coton américain ou égyptien exige un climat à saisons très tranchées et surtout une saison sèche sans aucune pluie, qui n'existe pas au Tonkin. En Algérie, le climat est trop sec. Au contraire, le coton trouve au Sénégal et au Soudan des conditions très favorables ; il y croît déjà à l'état indigène, donnant une qualité intermédiaire entre le coton américain et le coton indien ; il semble qu'il sera facile d'étendre les centres de culture et d'en améliorer les espèces suivant les suggestions de l'expérience. Des essais très sérieux ont été tentés depuis 1903 dans la vallée du Niger, de Bammako à Ségou-Sikoro, et les premiers résultats sont favorables. Les sauterelles sont, dans cette région, le grand fléau à redouter : on a vu une culture de 100 hectares de cotonniers dévastée complètement par les sauterelles en quelques heures.

Autres textiles d'origine végétale. — Les autres textiles d'origine végétale, jute, ramie, abaca, henequen, ont moins d'importance que le lin, le chanvre et le coton.

1° Le *jute* est une spécialité du Bengale qui en a presque le monopole : c'est la fibre d'une plante annuelle, haute de 3 à 4 mètres, qui croît principalement sur les rives alluviales des rivières ; on l'utilise pour fabriquer des tissus grossiers, toiles d'emballage, sacs, cordages.

On commença de l'exporter en 1835 vers le port écossais de Dundee ; la guerre de Crimée en développa l'exportation, tandis qu'elle réduisait celle du chanvre russe. Aujourd'hui on le travaille un peu partout, en Écosse, aux États-Unis, en France où cette industrie s'est beaucoup développée depuis peu ; mais c'est l'Inde qui en tisse directement la majeure partie à Calcutta et à Bombay.

2° La *ramie*, ou *ortie de Chine*, croît principalement dans les pays à mousson de l'Asie du sud-est, Insulinde, Indo-Chine, Chine, Japon ; elle donne une fibre forte, fine et brillante, dont on fabrique des tissus analogues aux tissus de soie : en Chine, elle sert surtout à confectionner les vêtements d'été.

La ramie a été introduite avec succès en quelques pays ; on la cultive notamment dans l'Afrique du Nord, dans certaines contrées de l'Europe méridionale et centrale, et même en France (Normandie).

3° L'*abaca*, ou *chanvre de Manille*, est extrait des longues feuilles d'une sorte de bananier qu'on trouve à l'état sauvage dans les Moluques et les Philippines, et qu'on cultive maintenant dans le dernier de ces deux archipels. La fibre a 2 ou 3 mètres de long ; elle est grossière, difficile à travailler, mais revient à très bon compte. Elle est particulièrement bonne pour faire des cordages d'une très grande solidité et d'une grande durée. Les indigènes des Philippines en fabriquent aussi quelques étoffes grossières, couvertures, etc.

La Grande-Bretagne et les États-Unis importent la majeure partie du chanvre de Manille pour en faire des cordages.

4° Le *henequen*, ou *coton du Yucatan*, est une plante ayant la forme d'un énorme artichaut et ressemblant à l'aloès. Il fournit une fibre d'un blanc brillant, très forte, ne pourrissant et ne gelant jamais. Dédaigneux des terres fertiles, le henequen vit et prospère dans les terres pétrées de la péninsule yucatèque, dont il a fait la fortune. Il pourrait être introduit avec succès dans les terrains pauvres de l'Algérie et de la Corse.

On l'utilise surtout pour faire des sacs à coton, et ce sont les États-Unis qui en achètent la plus grande partie.

4. — LES TEXTILES D'ORIGINE ANIMALE

SOMMAIRE

I. La *laine* est fournie principalement par le mouton ; la plus fine est celle des moutons mérinos. L'Australie et l'Argentine sont les premiers pays pour la production de la laine ; ensuite viennent les États-Unis, qui du reste n'en produisent pas assez pour leur consommation. En Europe, le nombre des moutons tend plutôt à diminuer, et les grands pays manufacturiers, Angleterre, France, Allemagne, doivent importer la majeure partie des laines qu'ils travaillent.

Les laines ou poils de la chèvre (Kachmir et Thibet), du lama, de la vigogne et de l'alpaca (plateaux andins), servent également à fabriquer des étoffes plus ou moins grossières ; de même le poil de chameau.

II. La **soie** est sécrétée par un ver, le ver à soie, qui se nourrit avec des feuilles de mûrier ; ce ver construit le cocon avec un fil très ténu qu'on dévide, qu'on transforme en soie grège, et qui peut être ensuite filé et tissé. La préparation de la soie grège nécessite des manipulations nombreuses et délicates qui empêchent l'élevage du ver à soie d'être praticable dans tous les pays où le mûrier prospère. Le Japon, la Chine et l'Italie sont les premiers pays pour la production de la soie. La France produit de la soie grège, mais en petite quantité, ce qui ne l'empêche pas d'avoir incontestablement le premier rang dans le monde pour l'industrie des soieries.

Des soies sauvages sont produites par des vers vivant sur d'autres arbres, chênes, frênes, etc. ; elles sont moins fines que la soie produite par le bombyx du mûrier. On fabrique aussi des soies artificielles par la transformation chimique de la pulpe de certains bois tendres, peupliers, trembles, sapins.

Développement.

Les deux plus importants textiles d'origine animale sont la laine et la soie.

La laine. — La laine provient de la toison dont est couvert le corps de certains mammifères, entre autres le *mouton*, la *chèvre*, le *moufflon*, le *lama*, la *vigogne*, l'*alpaca*, etc.

Les laines fournies par ces animaux sont de couleurs diverses, et, en outre, plus ou moins longues, plus ou moins fines, plus ou moins souples et brillantes. Leur nature résulte en partie du climat : dans les pays humides, la laine des animaux est en général grasse, épaisse, grossière ; les laines les plus fines sont obtenues dans les pays modérément humides, comme les pays méditerranéens ou l'Australie. Le meilleur climat pour l'élevage du mouton, au point de vue de la laine, est un climat relativement égal et sec, sans froids extrêmes.

La laine la plus renommée est celle qui est fournie par le mouton, et notamment par le *mouton mérinos :* cette race, originaire de l'Afrique du nord, fut introduite de là en Espagne, vers le milieu du XIVe siècle ; elle a été répandue ensuite dans la plupart des pays européens et extra-européens, comme les États-Unis, la République Argentine, l'Australie, l'Afrique australe.

1° **Principaux pays producteurs** : La production de la laine dépend principalement du nombre des moutons, et le nombre des moutons peut varier beaucoup d'une année à une autre. Dans les pays secs, à climat presque désertique, il arrive que des sécheresses trop continues déciment cruellement parfois les

troupeaux : c'est ainsi qu'en Algérie, les années exceptionnellement sèches de 1868-1869 et 1882 firent périr la moitié des moutons ; il fallut ensuite plusieurs années pour reconstituer les
troupeaux dans leur état antérieur.

UN TROUPEAU DE MOUTONS DANS LA CHAMPAGNE POUILLEUSE.

*La laine provient de la toison de certains mammifères, et en particulier du
mouton. Le mouton est un animal très sobre qui peut vivre dans les pays
secs : en France, on le trouve surtout dans les pays calcaires, ou champagnes,
tels que le Berry, la Beauce, la Champagne proprement dite. Mais les moutons
qui produisent la laine la plus fine et la plus estimée sont les moutons mérinos
dont la race, originaire d'Espagne, a été introduite avec succès dans l'Australie
et dans la République Argentine, les deux grands pays actuellement producteurs de laine.*

On peut résumer ainsi la production de la laine dans les principaux pays où l'on élève le mouton :

Australasie.	370 000	tonnes.
Argentine.	190 000	—
Etats-Unis.	140 000	—
Russie.	130 000	—
Iles Britanniques.	60 000	—
France.	40 000	—
Afrique Australe	35 000	—

L'Europe eut longtemps le premier rang pour la production
de la laine. Les principaux pays producteurs étaient l'*Espagne*,
où le mouton prospère sur les hauts plateaux castillans ; le
Royaume-Uni, où on l'élève principalement dans l'Angleterre

orientale, dans les monts Cheviot, ainsi que dans l'Écosse méridionale; l'*Allemagne*, où on en trouve d'importants troupeaux en Saxe et en Silésie; la *France*, où le mouton est l'une des ressources principales de ces pays secs qu'on nomme champagnes, et dont les plus connus sont la Champagne proprement dite, le Berry, la Beauce, etc. Aujourd'hui, le nombre de moutons tend plutôt à diminuer en Europe, et, par suite, la production de la laine diminue également.

Les principaux pays producteurs de laine sont aujourd'hui

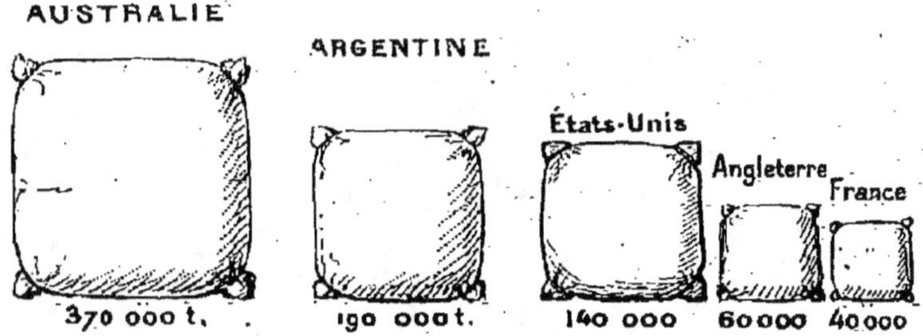

PRINCIPAUX PAYS PRODUCTEURS DE LAINE.

Les principaux pays producteurs de laine sont : 1° l'Australie, qui se livre en grand à l'élevage du mouton mérinos; 2° la République Argentine, où la production de la laine a augmenté considérablement depuis peu; 3° les États-Unis, qui ont fait des lois importantes pour favoriser le développement de l'élevage du mouton, afin de n'avoir plus à acheter de laine à l'étranger. — Les deux principaux pays lainiers manufacturiers, l'Angleterre et la France, n'ont qu'une production de laine assez faible, et ils doivent importer la majeure partie de celle qu'ils travaillent.

trois pays extra-européens, l'Australasie, les États-Unis, l'Argentine.

L'*Australasie* comprend à la fois l'Australie et la Nouvelle-Zélande. Le mérinos, introduit en Australie au commencement du XIXᵉ siècle, y a très bien réussi : on y comptait déjà 237 000 moutons en 1825, et près de 5 millions en 1842. Leur nombre s'est élevé à plus de 100 millions; réduit par une série de sécheresses, il est actuellement de 92 millions, dont 46 millions dans l'État de la Nouvelle-Galles du Sud. Dans la Nouvelle-Zélande, qui a un climat plus humide, les sécheresses n'exercent point de semblables ravages, et le nombre des moutons n'a cessé de croître : il dépasse aujourd'hui 19 millions.

Aucun pays ne possède autant de moutons et ne produit plus de laine : la production lainière de l'Australie est d'environ 370 000 tonnes valant 700 millions de francs.

La *République Argentine,* et, d'une manière générale, les États de la Plata, s'adonnent avec succès à l'élevage du mouton.

On n'en compte pas actuellement moins de 67 millions dans la République Argentine ; la production lainière y dépasse en moyenne 180000 tonnes, et augmente chaque année.

Les *États-Unis* tendent à devenir un gros pays producteur de laine. L'élevage du mouton s'y fait principalement dans les régions montagneuses de l'Ouest, ainsi que dans la moitié occidentale de la plaine centrale. Pour le développer, des droits protecteurs très élevés ont été établis, depuis 1890, sur les laines étrangères. Depuis lors, le nombre des moutons s'est accru ; il est maintenant de 55 millions environ ; on en évalue la production à 140000 tonnes de laine, production d'ailleurs insuffisante encore pour les besoins de l'industrie lainière des États-Unis.

L'*Afrique australe,* et surtout la colonie du Cap, possède un climat très propre à l'élevage du mouton, principalement sur les plateaux secs du Karrou ; aussi devient-elle importante à cet égard.

2° **Principaux pays manufacturiers** : La laine donne lieu à un commerce très actif ; en Europe, Londres en est le principal entrepôt, et c'est là que vont s'approvisionner les grands centres industriels ; les autres marchés principaux de la laine sont Anvers, Dunkerque et le Havre, Hambourg et Marseille.

L'*Angleterre* est au premier rang des pays qui travaillent la laine ; le centre principal de cette industrie est le *West-Riding,* c'est-à-dire le pays compris entre Hull et Liverpool : Leeds fabrique des draps, Halifax des flanelles, Bradford des tissus mêlés.

La *France* vient ensuite, malgré la nécessité où elle se trouve d'importer du dehors, principalement de l'Argentine, les trois quarts des laines qu'elle manufacture, jusqu'au jour où elle songera à les produire en Algérie, où le mouton prospérerait avec un meilleur aménagement de l'eau. C'est dans le nord de la France que l'industrie lainière est surtout développée : Roubaix, Tourcoing, Lille, Sedan, Reims, Elbeuf et Louviers, sont les villes les plus importantes comme centres lainiers. La France a surtout la spécialité des draps fins.

En Europe, les autres pays qui travaillent la laine sont : l'*Allemagne,* en Saxe et en Silésie, pays d'élevage de moutons ; la

Belgique et la *Russie*, dans la région de Moscou et en Pologne.

Les *États-Unis* travaillent aussi la laine; mais, dans cette branche, leurs progrès ont été beaucoup moins rapides que dans presque toutes les autres industries. La plupart des manufactures où l'on fabrique les lainages sont situées dans la région de l'Atlantique nord, principalement autour de New-York et de Philadelphie.

3° D'autres laines que celles du mouton alimentent l'industrie des lainages. On peut citer la *laine* ou *poil de chèvre* : on distingue celui des chèvres du Kachmir et du Thibet, qui sert à la fabrication des châles, et celui des chèvres d'Angora; ces dernières, au reste, sont rares en Asie-Mineure, leur patrie d'origine, et c'est surtout au Cap qu'on les élève aujourd'hui; leur poil sert à fabriquer des tapis en Asie Mineure et en Angleterre (Bradford); — la *laine du lama* et de la *vigogne* : ces animaux vivent sur les plateaux des Andes, en Bolivie et dans le Pérou, et leur laine est utilisée pour la fabrication des tapis et des couvertures; — la *laine de l'alpaca*, autre animal de la région andine, qui sert à fabriquer les tissus légers connus sous le nom d'alpaga.

Le *poil de chameau* ne servait autrefois qu'à fabriquer les brosses des peintres; on l'emploie maintenant pour faire des toiles de tente, des tapis, des couvertures grossières; on s'en sert le plus souvent en le mêlant avec d'autres poils ou laines : il est devenu un article d'exportation assez important dans quelques ports de la Chine septentrionale.

L'élevage du mouton en Australie. — L'Australie renferme une grande étendue de pâturages secs qui favorisent, d'une manière toute particulière, l'élevage du mouton à laine fine. Le mouton mérinos, qui y fut introduit d'Espagne en 1797, y a prospéré; un premier envoi de laine australienne fut fait à Londres en 1803; et la laine avait de telles qualités que l'élevage du mouton commença à se faire en grand dans toute l'Australie du Sud-Est et de l'Est. C'est dans la Nouvelle-Galles du Sud que les premiers moutons avaient été élevés; l'élevage se répandit alors dans l'Etat de Victoria et même dans celui de Queensland. De grands éleveurs, ou *squatters*, établirent d'immenses exploitations sur le versant oriental des Alpes australiennes ainsi que dans les vastes plaines herbeuses du Darling. Les meilleurs conditions s'y trouvaient réunies : un climat chaud et sec, point de froidures extrêmes, des herbes fines, des pâturages légèrement salés. Longtemps l'élevage des moutons et l'exportation de la laine constituèrent la principale, presque l'unique richesse de l'Australie.

Cette richesse est du reste assez incertaine. A plusieurs reprises, des épidémies ont dévasté les troupeaux australiens. En particulier, les sécheresses prolongées ont eu parfois des conséquences désastreuses, entraînant la destruction d'un tiers ou même de la moitié des têtes de moutons. Vers 1890, on évaluait à 120 millions le nombre des moutons australiens; une série d'années sèches, qui se succédèrent de 1891 à 1899, réduisirent ce nombre à moins de 60 millions. Pour remédier à ces malheurs ruineux, les éleveurs ont fait de grands travaux pour l'aménagement des eaux; ils ont construit des barrages sur les rivières, foré des puits, établi des points d'eau de distance en distance. Les lapins multipliés à l'infini, constituent un autre fléau pour l'élevage du mouton, parce qu'ils détruisent toute la végétation herbacée, c'est-à-dire la matière alimentaire des moutons, et les colons australiens se sont ingéniés à chercher les moyens de s'en débarrasser.

La tonte des moutons se faisait jadis à la main; elle exigeait plusieurs opérations auxquelles on procédait avec un ordre systématique. « Les tondeurs sont payés à la tâche, à raison de tant par vingt moutons, écrivait le baron de Hübner en 1884; aussi vont-ils vite : ordinairement, il leur suffit de cinq minutes pour dépouiller un mouton de sa toison. Celle-ci, passant de suite à d'autres mains, est jetée sur une table de façon à y tomber étendue. Puis les toisons sont classées, roulées, déposées sur un casier où elles doivent rester huit à douze heures afin de perdre leur chaleur animale. On les serre alors avec d'autres peaux; on en forme des balles dont chacune est enveloppée d'un morceau de toile forte. » Aujourd'hui, des procédés mécaniques ont partout remplacé les opérations à la main.

La soie. — La soie est, avec la laine, le produit d'origine animale le plus employé dans le tissage. C'est une matière sécrétée par les chenilles de différents insectes, dont le principal est le *bombyx du mûrier*, ou ver à soie proprement dit.

La substance qui forme la soie existe dans le corps du ver à soie sous la forme de deux masses gélatineuses qui se solidifient à l'air. Quand le ver est sur le point de passer à l'état de chrysalide, il secrète cette matière par deux trous très rapprochés et situés à la partie inférieure de la tête; les deux brins se réunissent à la sortie et forment un fil extrêmement fin, que le ver enroule autour de lui et dont il forme un peloton de couleur jaune, verte ou blanche, nommé *cocon* : le fil de soie qui constitue le cocon n'a pas moins de 1 kilomètre de longueur. C'est la soie des cocons qui constitue la soie du commerce, mais le fil d'un seul cocon est beaucoup trop fin pour être filé et tissé; la soie grège, qui sert au tissage, est obtenue en unissant au dévidage les fils de plusieurs cocons, cinq à sept pour les qualités de soies les plus fines, onze à douze, ou même une vingtaine pour les qualités épaisses. Il faut, en moyenne, 11 à 12 kilogrammes de cocons pour obtenir 1 kilogramme de soie grège.

La préparation de la soie nécessite donc plusieurs opérations : le *tirage* ou *dévidage*, qui consiste à dérouler les fils des cocons en en réunissant plusieurs pour former la soie grège; le *moulinage*, qui a pour objet d'augmenter la solidité de la soie grège au moyen d'un moulin à tordre; ces deux opérations constituent, d'une manière générale, la *filature*, c'est-à-dire qu'elles font passer la matière filamenteuse brute à l'état de fil; — alors a lieu le *tissage*, c'est-à-dire la fabrication de tissus divers à

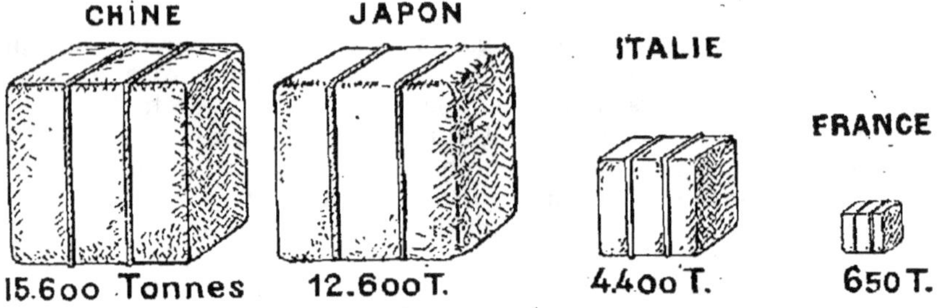

PRINCIPAUX PAYS PRODUCTEURS DE SOIE.

La majeure partie de la soie qui sert à fabriquer les soieries vient des deux grands pays de l'Extrême-Orient, Chine et Japon, où se trouvent réunies les conditions assez délicates, climat propice au mûrier et main-d'œuvre abondante, qu'exige l'élevage du ver à soie. En Europe, l'Italie est le grand pays producteur (région septentrionale); la France produit la soie grège dans toute la région du sud-est (Provence, Languedoc, vallée du Rhône). Les autres pays producteurs sont l'Asie Mineure, le Turkestan, etc.

l'aide des fils : mousselines, tulles, gazes, satins, damas, brocarts, velours.

1° **Principaux pays producteurs de soie grège** : Le ver à soie se nourrit des feuilles du *mûrier*; la production de la soie est donc déterminée par les conditions qui règlent la zone d'extension du mûrier. Or, si le mûrier prospère particulièrement bien dans les régions tempérées chaudes, comme la zone méditerranéenne, il pousse jusqu'à la limite des pays tropicaux, d'une part, et s'avance assez loin vers le Nord, d'autre part; enfin, il s'accommode de toutes les formes de relief et de toutes les variétés de sols, à l'exception des sols compacts et marécageux. La zone climatique qui convient au mûrier et à l'élevage du ver à soie est donc assez étendue.

Toutefois, l'élevage du ver à soie est loin d'être pratiqué dans tous les pays qui ont un climat approprié. En fait, il ne se fait guère que dans l'ancien monde, en Asie et en Europe. C'est que l'éducation du ver à soie, jusqu'au moment où le cocon est formé, et la série d'opérations nécessaires pour préparer la soie grège, demandent non seulement une somme considérable de travail, mais encore un soin et une délicatesse extrêmes; elle n'est possible que dans les pays où la main-d'œuvre est à très bon marché et dont les habitants sont habitués depuis longtemps à ces manipulations soignées et délicates. C'est dans l'Asie orientale que ces conditions sont le mieux réalisées. En Europe, la cherté de la main-d'œuvre est compensée par la proximité plus grande des marchés, ainsi que par une meilleure organisation plus scientifique et plus productive.

On peut évaluer à 35 000 tonnes environ la quantité de soie grège annuellement produite dans le monde. Les principaux pays producteurs sont :

Chine	15 600 tonnes.
Japon	12 600 —
Italie	4 400 —
Turquie d'Asie	1 500 —
France	650 —

Au *Japon*, la production de la soie a fait de très grands progrès au XIXᵉ siècle, et le Japon paraît en voie de devenir le pays du monde qui produit le plus de soie. La soie japonaise vient surtout de l'île de Hondo. Le mûrier réussit encore en Corée et au Tonkin; la culture en est possible dans les Philippines. Mais l'Inde et l'Insulinde ont un climat à la fois trop chaud et trop humide, et la production de la soie y est insignifiante.

La *Chine* a été longtemps le premier pays pour la production de la soie : on l'y connaîtrait depuis 27 siècles avant notre ère. L'élevage du ver à soie y est pratiqué à peu près dans tout l'Empire; mais la grande région chinoise de la sériciculture, c'est la région centrale comprise entre les 30 et 35 degrés de latitude, en particulier le Sé-tchouen, les régions deltaïques du Yang-tsé et du Hoang-Ho, ainsi que la vallée du Si-Kiang. Les deux principaux ports d'exportation sont Chang-Haï et Canton. La production de la soie en Chine tend à diminuer; les vers à soie paraissent dégénérés, plus faibles et plus petits; il y a baisse pour la quantité comme pour la qualité de la soie. C'est ainsi que la Chine ne viendra bientôt plus qu'au second rang des pays producteurs de soie.

L'*Italie* est, sans contredit, le premier pays européen pour la production de la soie grège : c'est dans l'Italie du Nord qu'on élève principalement le ver à soie, et notamment dans la Vénétie, la Lombardie et le Piémont. En *France*, on compte 27 départements producteurs de cocons, tous dans la région du Sud-Est (Gard, Ardèche, Drôme, Vaucluse) et dans celle du Sud-Ouest (Lot-et-Garonne, Haute-Garonne, Gers, Lot); la production française, jadis beaucoup plus importante, a été atteinte par une maladie qui a décimé les vers à soie. L'Espagne et le Portugal, la Grèce et la Turquie méridionale n'ont qu'une faible production.

Parmi les autres pays qui produisent la soie grège, en faibles quantités d'ailleurs, on peut citer l'Asie-Mineure (aux environs de Brousse), la Syrie, la Transcaucasie, le Turkestan et la Perse. Ni l'Australie, ni les États-Unis, ni le Mexique, ni l'Amérique du Sud, ni l'Afrique australe ne récoltent assez de soie pour figurer aux statistiques.

2° **Principaux pays manufacturiers**: La Chine et le Japon, qui produisent beaucoup de soie grège, fabriquent aussi des soieries. Mais l'industrie de la soie y est trop peu développée pour employer toute la soie brute produite, et la majeure partie de celle-ci est exportée en divers pays.

La *France* a, sans contredit, le premier rang dans le monde pour la fabrication des belles étoffes de soie. La région lyonnaise est le principal centre de cette fabrication : Lyon produit les étoffes riches et de fabrication délicate, brocarts, velours, dentelles, satins; Saint-Étienne a la spécialité des rubans. — En Europe, l'industrie de la soie s'est développée en *Italie* (Milan, Turin, Côme, Bergame), en *Suisse* (Zurich), en *Allemagne* (Krefeld); mais les progrès de ces pays n'ont pas été suffisants pour enlever sa prééminence à la France. En Angleterre, l'industrie des soieries est secondaire.

Les *États-Unis* ont fait de grands progrès, depuis un quart de siècle, dans cette industrie. L'État de New-York (et en particulier la ville de Paterson) est le centre où elle s'est principalement développée. Pour les soieries communes, les États-Unis se sont à peu près affranchis de la production étrangère; mais ils doivent toujours acheter à l'Europe, notamment à la France, les belles étoffes de luxe pour la fabrication desquelles Lyon conserve une incontestable supériorité.

Soies sauvages et soies artificielles. — Le bombyx du mûrier donne une soie très fine. Mais il existe d'autres vers, vivant aux dépens de plantes autres que le mûrier, et qui donnent aussi de la soie. On peut citer les bombyx du chêne, du frêne, de l'ailante, etc. En Orient, on recueille ces soies, dites *soies sauvages* : le *ponge*, le *tussah*, qu'on importe en Europe, sont des soies de cette provenance. Leur qualité est inférieure à celle que donne le bombyx du mûrier.

On fabrique aussi aujourd'hui de la *soie artificielle*, différant fort peu de la soie naturelle, du moins au point de vue chimique. On se sert pour cela d'une cellulose extraite des bois tendres (peupliers, trembles, sapins) et transformée par nitrification. On obtient de la sorte une espèce de collodion qui est ensuite filé. Moins brillante, moins résistante et plus inflammable que la soie naturelle, la soie artificielle est employée à la confection des passementeries, des tissus d'ameublement, des vêtements sacerdotaux, et en général des produits où l'on veut unir le brillant au bon marché. Les fabriques de soie artificielle sont encore peu nombreuses; la France en possède d'actives, notamment à Besançon et dans le Jura.

5. — LES COMBUSTIBLES MINÉRAUX

SOMMAIRE

I. Les deux combustibles principaux sont la *houille* et le *pétrole*. Ils ne servent pas seulement au chauffage et à l'éclairage ; ils rendent aussi, surtout la houille, de très grands services à l'industrie.

II. La *houille* est d'un emploi fort ancien ; toutefois sa grande utilisation ne date guère que des progrès industriels du xix⁰ siècle auxquels elle a grandement concouru. Produite par une décomposition lente des végétaux dans des conditions spéciales, la houille forme dans l'intérieur du sol des couches ou bancs d'épaisseur variable. La production de la houille qui, en 1850, était de 90 millions de tonnes, s'élève aujourd'hui à 1098 millions, les trois principaux pays producteurs sont les Etats-Unis, la Grande-Bretagne et l'Allemagne; loin derrière viennent ensuite la France et la Belgique. On commence à exploiter sérieusement la houille au Japon, au Canada, en Australie, dans les Indes. Malgré la consommation et l'exploitation grandissantes de la houille, le monde en est approvisionné pour longtemps encore.

III. Le *pétrole* n'est en usage réellement que depuis 1860 environ, mais depuis lors sa production a considérablement augmenté ; elle est aujourd'hui d'environ 38 millions de tonnes. Plus des neuf dixièmes de cette production totale sont fournis par deux pays, les États-Unis et la Russie; ils en donnent l'un et l'autre une très grande quantité, mais la production des Etats-Unis, bien qu'elle ne soit pas très supérieure en quantité à celle de la Russie, représente par sa qualité supérieure une valeur beaucoup plus grande.

Développement.

Les principaux combustibles et leur utilité générale.
— On a indiqué déjà (page 145) les principaux combustibles
minéraux : ce sont la *houille*, le *lignite*, la *tourbe* et le *pétrole*.
La houille et le pétrole sont de beaucoup les plus importants.

Ces combustibles doivent leurs propriétés particulières à
leur grande richesse en carbone. Alors que le meilleur bois ne
renferme pas plus de 50 pour 100 de carbone, la houille en
contient au moins 80 pour 100. D'autre part, on a calculé qu'une
tonne de pétrole dégagerait autant de chaleur que trois tonnes
de houille.

Houille et pétrole ont une utilité de premier ordre. Ils nous
donnent la chaleur et la lumière, et, par là, constituent l'une
des nécessités essentielles, quotidiennes, de la vie humaine. En
outre, eux seuls ont permis à l'industrie de prendre son mer-
veilleux développement moderne. On a surnommé justement la
houille le *pain de l'industrie*. Dans l'état actuel de la science et
tant qu'on n'aura pas mis en valeur, sous le nom de *houille
blanche* et de *houille verte*, la force motrice produite par les
torrents des montagnes et par les cours d'eau, l'industrie, en
effet, ne saurait se passer de la houille. C'est pour un pays
une fortune sans prix que d'en avoir des gisements. On a pu dire
que ceux-là qui sont riches en houille tiennent le monde ou le
tiendront : la puissance actuelle des grands pays producteurs
de houille, États-Unis, Angleterre, Allemagne, confirme la justesse de cette assertion.

Il faut noter toutefois que les avantages résultant de la possession de houillères sont essentiellement transitoires ; ils sont
à la merci d'un progrès de la science. Qu'on trouve une autre
source d'énergie, donnant une force relativement plus grande
pour un moindre prix, et la houille sera délaissée pour cette
source nouvelle d'énergie. L'équilibre du monde pourrait s'en
trouver bouleversé.

Houille. — La houille est, sans contredit, le plus utile de
tous les combustibles minéraux.

La houille est d'un emploi fort ancien. D'après une tradition
qui a cours, elle n'aurait été employée, dans le nord de la
France et de la Belgique tout au moins, que depuis le xie ou le

xii⁰ siècle, et elle aurait été ainsi nommée d'après un forgeron liégeois du nom de Hulloz, ou Hullioz, qui aurait découvert ses propriétés combustibles. C'est là une pure légende. La houille était connue bien avant le xi⁰ siècle. Des fouilles auraient établi qu'en Grande-Bretagne on l'exploita dès les temps préhistoriques. Aristote et Théophraste parlent de combustibles minéraux en usage chez les Grecs. Les géographes arabes signalent, au x⁰ siècle, les mines de charbon du Turkestan. Marco Polo rapporte qu'il a vu les Chinois brûler en guise de bois une pierre appelée *meï*.

Ce qui est vrai, c'est que pendant longtemps la houille fut employée uniquement pour les usages domestiques, et même non sans répugnance. On lui reprochait de produire trop de fumée. Plusieurs souverains, Édouard IV d'Angleterre au xiv⁰ siècle, Henri II de France au xvi⁰, en défendirent l'emploi, sans succès du reste. Ce ne fut qu'à partir du xviii⁰ siècle, c'est-à-dire du premier essor sérieux de l'industrie, que la houille a obtenu tout à fait droit de cité et que l'extraction en est devenue très active, depuis 1850 notamment. De 1850 à 1900, elle a augmenté dans la proportion de 1 à 8 ; elle s'accroît d'année en année.

1° **Composition et différentes espèces.** La houille a une origine végétale ; elle est due à une décomposition lente des végétaux dans l'eau, à l'abri du contact de l'air. Quand les matières végétales se décomposent à l'air libre, le carbone et l'hydrogène qui entrent dans leur composition disparaissent à l'état d'acide carbonique et d'eau ; mais, à l'abri de l'air, l'oxydation est nécessairement incomplète, car il n'y a pas dans ces matières assez d'oxygène pour brûler tout le carbone et tout l'hydrogène : le résultat de cette décomposition lente est donc un enrichissement progressif en carbone.

D'après les chimistes, la composition de la houille exprimée en centièmes serait la suivante :

Carbone.	80 à 95 pour 100
Hydrogène.	0 à 5 —
Oxygène et azotate.	5 à 15 —

Les différences résultent de la nature des débris qui forment la houille, ainsi que de la décomposition plus ou moins complète de ces débris avant leur enfouissement. On distingue principalement : les *houilles grasses*, qui renferment beaucoup de produits volatils et donnent en brûlant beaucoup de gaz et de

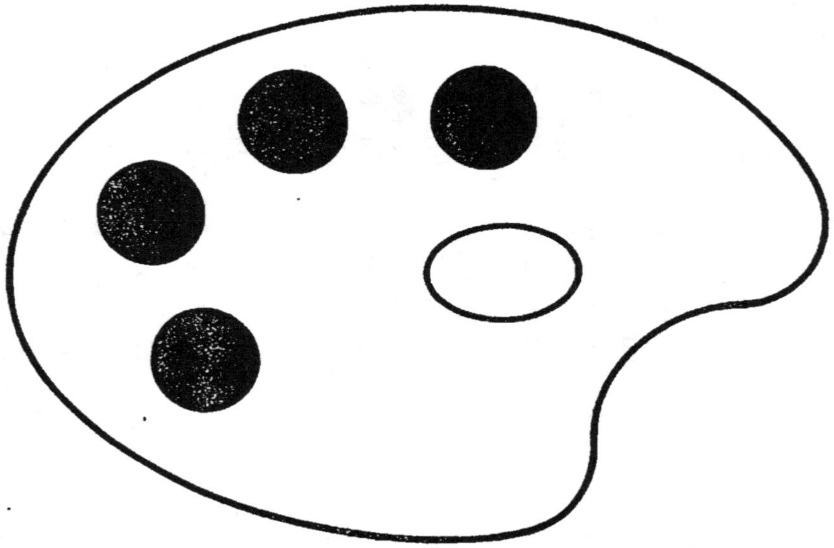

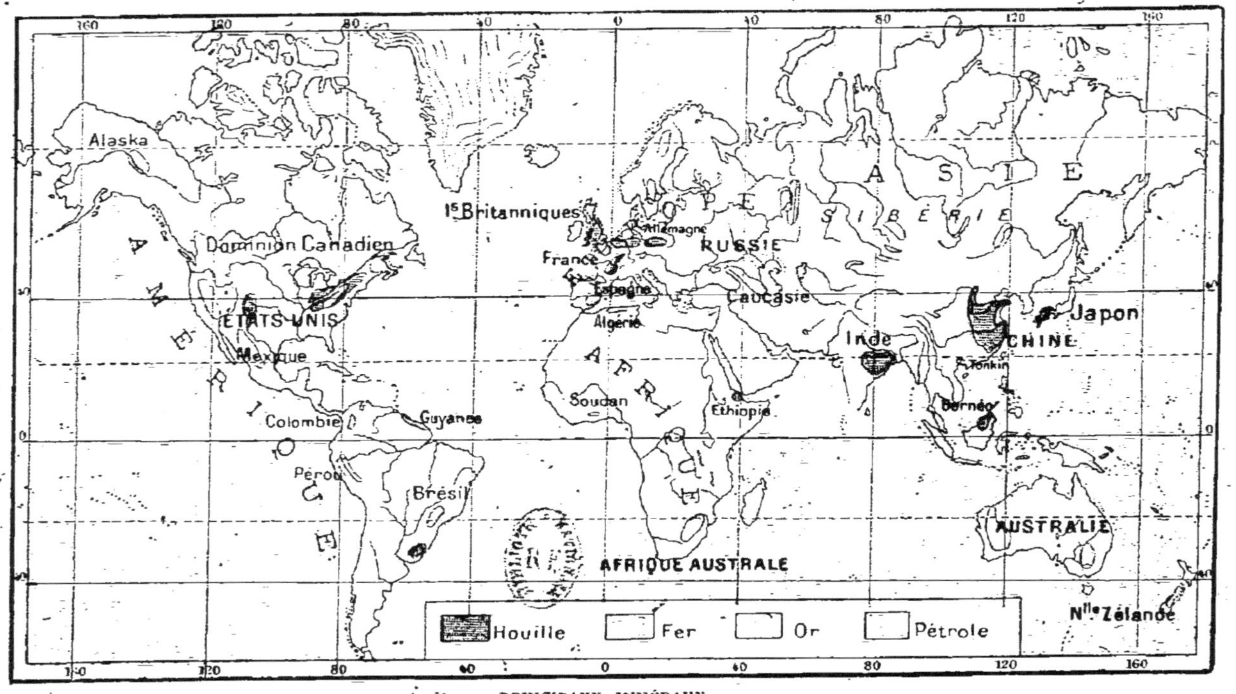

PRINCIPAUX MINÉRAUX.

Les principaux pays miniers sont : en Amérique, les États-Unis, qui ont à la fois de la houille et du pétrole, de l'or et du fer ; en Europe, les Iles Britanniques (houille et fer), l'Allemagne (houille et fer), la Russie (un peu de houille, pétrole, minéraux précieux) ; en Asie, la Sibérie et la Chine, qui recèle d'immenses réserves de minerais divers ; en Afrique, l'Afrique australe (or) ; enfin l'Australie. — La France est relativement mal partagée.

fumée ; ce sont celles qu'on emploie surtout pour la fabrication
du gaz ; les *houilles maigres* ou *sèches,* beaucoup plus pauvres
en produits volatils et brûlant avec peu de flamme : l'anthracite,
qui brûle difficilement, avec une flamme très courte sans fusion
ni odeur, mais en dégageant beaucoup de chaleur, est une variété de houille sèche qui est très riche en carbone.

2° **Disposition et exploitation.** La houille se présente dans le sol sous la forme de couches d'épaisseur variable, intercalées dans des bancs de roches primaires, schistes ou grès, qui forment le terrain carbonifère.

Les couches de houille sont plus ou moins nombreuses et plus ou moins épaisses. Dans le bassin de Mons (Belgique), il existe 156 veines de houille superposées, d'une épaisseur variant de $0^m,10$ à $1^m,60$. Dans

COUPE D'UNE MINE DE HOUILLE.

Les bancs de houille s'étendent parallèlement les uns aux autres, séparés de la surface et entre eux par des couches d'autres terrains. Pour arriver jusqu'à eux, on construit des puits verticaux, puis on les entame par des galeries horizontales. Afin d'éviter les éboulements, on soutient les galeries à l'aide de boiseries. Le charbon abattu est amené jusqu'aux puits par des wagonnets sur rails que poussent des hommes ou que traînent des chevaux. Des bennes remontent le charbon par les puits jusqu'à la surface extérieure de la mine.

le bassin d'Anzin, le nombre des couches est de 70 et ces couches alternent avec des lits d'autres roches qui ont une épaisseur de 10 à 20 mètres ; leur épaisseur varie de quelques centimètres à $1^m,50$ ou même 2 mètres ; on l'évalue en moyenne à
$0^m,78$. L'épaisseur moyenne des couches exploitées serait de $2^m,14$
dans le bassin de la Loire, de $1^m,51$ dans celui du Gard.

Les couches de houille sont presque toujours parallèles, mais, bien qu'elles aient été disposées horizontalement, elles sont rarement horizontales ; des mouvements du sol, postérieurs à leur dépôt, les ont plus ou moins dérangées, inclinées, plissées. Parfois elles sont contournées d'une manière compliquée, ou même redressées presque verticalement (voir gravure, p. 45). Les failles sont également fréquentes dans le terrain houiller ; ce sont des cassures qui produisent des dénivellations plus ou moins considérables des couches ; une couche qui se trouvait à un certain niveau cesse brusquement et on ne la retrouve au-delà qu'à un niveau très inférieur. C'est ainsi que, dans le bassin du Nord et du Pas-de-Calais, les couches de houille disparaissent à l'ouest de Béthune, et on n'en retrouve le prolongement à Hardinghen qu'à 150 mètres environ plus bas.

En certains bassins houillers, les couches de charbon affleurent à la surface ; c'est le cas dans l'Aveyron et à Commentry ; l'exploitation se fait alors à ciel ouvert, comme dans une carrière ordinaire. Mais, le plus souvent, la houille est à une certaine profondeur, séparée de la surface par une couche de terrains d'autre nature qu'on nomme *morts-terrains*. On reconnaît sa présence au moyen de sondages, puis on creuse des puits et des galeries horizontales pour l'exploitation. Plus l'épaisseur des morts-terrains est grande, et plus les puits d'extraction doivent être profonds ; par suite, plus l'extraction doit être coûteuse. En France, la profondeur moyenne des puits est de 315 mètres dans le bassin houiller du Nord et du Pas-de-Calais, de 209 mètres dans celui de la Loire, et de 144 mètres seulement dans celui du Gard.

3° **Production de la houille.** C'est dans le cours du XIXᵉ siècle que l'extraction de la houille a pris véritablement son essor. La plupart des mines qui existaient dans le monde ont été mises en exploitation d'une manière de plus en plus active et suivant des procédés de jour en jour perfectionnés. D'après les statistiques, la production houillère du monde aurait augmenté, depuis 1850, dans la proportion suivante :

1850.	90 millions de tonnes.
1860.	128 —
1870.	203 —
1880.	308 —
1890.	470 —
1900.	695 —
1910.	1098 —

C'est que la houille a des applications de jour en jour plus nombreuses. Ce n'est plus seulement au chauffage domestique et à l'éclairage, aux usines à gaz, aux chemins de fer et à la navigation à vapeur, aux grandes manufactures et aux usines mé-

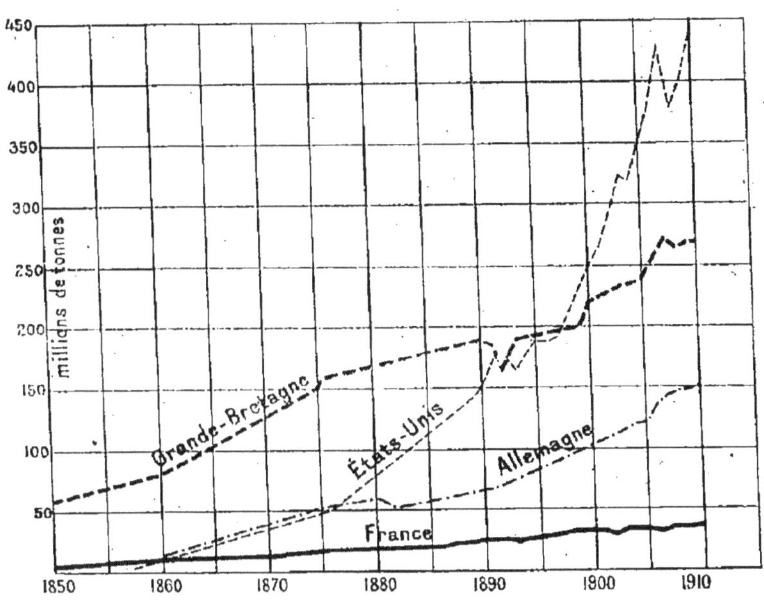

PROGRÈS DE LA PRODUCTION HOUILLÈRE DE 1850 A 1910.

La houille est le pain de l'industrie, aussi sa production dans tous les pays importants qui la possèdent a-t-elle crû beaucoup à mesure des progrès de l'industrie. En 1850, la Grande-Bretagne ne produisait que 58 millions de tonnes; en 1900, elle en produisait 222, près de quatre fois plus. Les États-Unis et l'Allemagne n'en produisaient pas en 1850; ils en produisent aujourd'hui, à eux deux, plus que le double de la Grande-Bretagne, qui a perdu, non seulement le monopole de fait qu'elle avait eu d'abord, mais même la supériorité dans la production. En France, la production a augmenté régulièrement mais lentement. — Depuis 1900, des progrès plus considérables relativement ont encore été réalisés; de 1850 à 1910, la production houillère annuelle du monde s'est élevée de 90 à 1098 millions de tonnes : elle a décuplé.

tallurgiques que la houille est devenue nécessaire. La science est parvenue à en extraire des substances très précieuses pour les services domestiques, pour les arts, la médecine et les industries : ainsi la houille fournit des benzines et paraffines, des sels ammoniacaux, de l'acide phénique, des matières colorantes en nombre indéfini, de la saccharine, même de l'alcool.

Aujourd'hui on commence à utiliser sérieusement, sous le nom de *houille blanche*, la force motrice des chutes d'eau; mais l'exploitation de la houille proprement dite, ou houille noire, n'a point souffert encore de la concurrence.

4° **Principaux pays producteurs.** Jadis la Grande-Bretagne fut le principal pays producteur de houille ; elle était maîtresse du marché, et les autres pays n'apportaient à la production mondiale qu'un appoint relativement secondaire. Aujourd'hui, bien que la production houillère britannique n'ait cessé de s'accroître, la Grande-Bretagne est dépassée, depuis 1899, par les États-Unis ; de son côté, l'Allemagne a fort augmenté sa production et s'approche de la Grande-Bretagne.

Les principaux pays producteurs de houille à l'heure actuelle,

PRINCIPAUX PAYS PRODUCTEURS DE HOUILLE.

Il y a actuellement trois grands pays producteurs de houille : les États-Unis (44 pour 100), l'Angleterre (24 pour 100) qui eut longtemps le premier rang et presque le monopole, l'Allemagne (14 pour 100) qui a fait de grands progrès. Les autres pays, France, Belgique, Russie, Autriche-Hongrie, comptent peu auprès d'eux. Certains pays renferment de très riches gisements houillers, la Chine, par exemple, mais ne les exploitent pas ou les exploitent à peine. Parmi les pays nouveaux dont la production est encore faible, mais n'existait pas du tout il y a dix ans, il faut citer le Japon, le Canada, les Indes et l'Australie.

avec leur importance relative, sont les suivants (les chiffres sont ceux de l'année 1910, non compris le lignite) :

	Production	Part actuelle dans la production mondiale.
États-Unis	441 millions de tonnes	44 0/0
Grande-Bretagne. . . .	268 —	24 —
Allemagne	152 —	14 —
France.	38 —	3,5 —
Belgique.	23 —	2,1 —
Russie.	23 —	2,1 —
Autriche-Hongrie. . . .	15 —	1,3 —
Japon	15 —	1,1 —
Canada	12 —	1,1 —
Indes	12 —	0,9 —
Australie	10 —	1 —

Les *États-Unis* ont le premier rang dans la production mondiale depuis 1899. On y exploite la houille dans trois régions principales, dont la plus importante est le *bassin des Appalaches* qui s'étend sur une longueur de 2000 kilomètres, depuis les monts Alleghanys jusqu'au sud des Grands-Lacs. Les États-Unis possèdent également de la houille dans le Texas et au pied des Montagnes Rocheuses, ainsi que dans les Alleghanys du Sud. 27 États de l'Union sur 47 recèlent de la houille. On évalue à 730 000 kilomètres carrés (soit une fois et demie l'étendue de la France) la superficie des bassins houillers des États-Unis.

Depuis 1895, les États-Unis commencent à exporter du charbon, notamment en Europe, et c'est là un fait très important pour les centres métallurgiques européens qui jusqu'alors étaient tous restés plus ou moins dépendants de la production britannique.

La *Grande-Bretagne* ne vient plus qu'au second rang, mais avec une production toujours considérable. Les bassins houillers sont localisés tous dans les terrains primaires de l'ouest et du nord-ouest. Les principaux sont : le *bassin de la Clyde*, autour de Glasgow, en Écosse; ceux du *Northumberland*, autour de Newcastle, du *Lancashire* (Manchester et Liverpool), du *Yorkshire* (Leeds, Sheffield), du *Staffordshire* (Birmingham) et du *Pays de Galles* (Cardiff).

La majeure partie du charbon produit par la Grande-Bretagne sert à actionner les industries indigènes. Environ un cinquième de cette production est exportée.

L'*Allemagne* possède quatre grands bassins houillers : en Westphalie, le *bassin de la Ruhr* qui fournit, à lui seul, deux cinquièmes environ de la production houillère totale de l'Allemagne; le *bassin de la Sarre*, près des Vosges septentrionales; le *bassin de la Saxe*, au pied de l'Erz-Gebirge; le *bassin de la Haute-Silésie*, situé au nord des Karpates, sur la frontière polonaise de l'Allemagne et de la Russie.

La *France* n'a cessé d'accroître sa production régulièrement, mais lentement. Ses quatre principaux centres houillers sont : le *bassin du Nord et du Pas-de-Calais*, qui donne, à lui seul, trois cinquièmes de la production totale de la France; le *bassin de la Loire*, le *bassin du Creusot* et le *bassin d'Alais*, échelonnés tous trois le long des Cévennes. La France possède, en outre, plusieurs bassins de moindre importance.

Quoique la production houillère de la France ait augmenté,

elle ne suffit pas aux besoins de la consommation du pays ; la France importe annuellement environ 10 millions de tonnes de houilles étrangères.

La *Belgique* a une production qui augmente peu, malgré les abondantes ressources du bassin de Charleroi.

La *Russie* (bassins de la Dombrowa, en Pologne, de Moscou, du Donetz et de l'Oural), l'*Autriche-Hongrie* (bassin de la Bohême), l'*Inde*, le *Japon*, le *Canada*, l'*Australie*, sont des pays tout nouveaux au point de vue de la production houillère.

On commence à exploiter la houille en différents autres pays, notamment en *Chine*, où il existe des gisements d'une incomparable puissance ; au *Tonkin* et sur plusieurs points de l'Indo-Chine ; dans le *Transvaal*, au *Chili*. On pourrait presque dire que, d'année en année, l'activité des exploitations anciennes augmente tandis que de nouvelles concessions entrent en exploitation.

L'avenir de la production houillère. — La houille est actuellement indispensable à l'industrie, et l'on se demande ce qu'il adviendrait si la houille venait à manquer. Sans doute, le monde en renferme-t-il de puissants gisements, dont quelques-uns des plus considérables sont encore aujourd'hui presque intacts. Mais la production de la houille a suivi depuis un quart ou un demi-siècle une progression si rapide qu'on s'est préoccupé de rechercher si les réserves houillères du monde pourraient alimenter l'industrie pendant longtemps encore. On a fait sur ce sujet des calculs très intéressants qui, sans présenter une certitude indiscutable, ont du moins une valeur significative.

D'après des estimations sérieuses et vraisemblables, les houillères de l'Europe occidentale renfermeraient à peu près les quantités de charbon suivantes :

Iles Britanniques. . . .	198	milliards de tonnes.
Allemagne.	112	—
France.	18	—
Autriche-Hongrie. . . .	17	—
Belgique.	15	—

En se basant sur la production actuelle et la progression suivie par cette production, on trouve que, dans quelque cinq cents ans, beaucoup de pays producteurs (Autriche, France, Belgique) auront épuisé leurs réserves. Les Iles Britanniques et l'Allemagne posséderont alors de la houille pour deux à trois siècles encore ; mais il faut noter que les couches qui resteront à exploiter dans ces deux pays seront les couches les plus profondes, et qu'en conséquence l'exploitation se trouvera à la fois plus difficile et plus coûteuse. D'ici sept à huit siècles, l'Europe occidentale n'aura plus de houille. L'Europe orientale en sera également démunie vers le même temps.

Mais la houille n'est pas près de manquer en d'autres pays. Les États-Unis possèdent assez de charbon pour suffire seuls à la consommation totale du monde pendant plusieurs milliers d'années. Aux réserves dont disposent les États-Unis il faut joindre celles de la Chine, qui seraient au moins aussi considérables, d'après le géologue allemand Richthofen : le seul bassin du Se-Tchouen n'aurait pas moins de 25o ooo kilomètres carrés d'étendue. Des centaines de siècles s'écouleront donc avant que le monde manque de houille. D'ailleurs, n'est-il pas vraisemblable que, la houille tendant à devenir rare, l'homme trouverait le moyen d'y suppléer par l'emploi d'autres forces ?

Déjà on commence à utiliser sérieusement dans les Alpes françaises, en Suisse, dans l'Italie du Nord, et même dans les pays les plus riches en charbon comme les États-Unis, la force motrice des chutes d'eau. Il est remarquable, par exemple, de voir le grand nombre d'usines qui, aujourd'hui dans le Dauphiné, sont actionnées par les torrents. Il y a là une ressource incalculable dont l'industrie s'empare de plus en plus et qui lui permettra de dépendre moins de la production houillère. Et il faut ajouter que l'utilisation de la force motrice des cours d'eau n'est qu'un des nombreux procédés qui permettront de se passer de la houille.

Pétrole. — Le pétrole, ou huile de pierre, sert à un très grand nombre d'usages. Il brûle avec une belle flamme qui l'a fait utiliser principalement pour l'éclairage ; mais, comme il développe en même temps un grand pouvoir calorique, il peut servir au chauffage domestique et fournit à l'industrie une source de force motrice. On en tire enfin un grand nombre de produits divers, entre autres la benzine, la paraffine, la vaseline, etc.

1° L'existence du pétrole fut connue dès l'antiquité : Hérodote, Plutarque et Pline la mentionnent. Mais son exploitation en grand est relativement toute récente et ne remonte guère qu'à l'année 1859, où l'on commença l'exploitation des gisements de Pennsylvanie, aux États-Unis. L'abondance des gisements découverts en plusieurs pays, la grande utilité des produits dérivés du pétrole, la facilité avec laquelle il est extrait du sol et transporté au loin, son bas prix relatif, expliquent les rapides progrès de cette exploitation.

Depuis l'époque de la première exploitation moderne, en 1859, les progrès sont attestés par les chiffres suivants :

1859.	318 tonnes.
1880	2 500 000 —
1890.	8 600 000 —
1900	18 100 000 —
1910.	38 000 000 —

Si l'on admet qu'en effet une tonne de pétrole dégage autant de chaleur que trois tonnes de houille, la production pétrolifère du monde équivaudrait à 115 millions de tonnes de houille. On en évalue la valeur à 1100 millions de francs.

2° La production du pétrole dans le monde en 1910 a donné les résultats suivants :

États-Unis.	27 900 000 tonnes valant 678 millions de francs.
Russie.	8 600 000 — — 360 —
Autres pays	2 000 000 —

On peut dire que deux pays se partagent à eux seuls la production pétrolifère du monde : les États-Unis et la Russie. A eux deux, ils donnent 95 pour 100 de la production totale du monde,

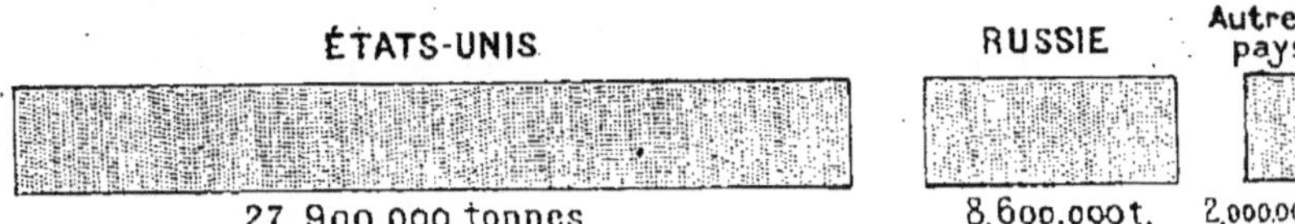

PRINCIPAUX PAYS PRODUCTEURS D'OR (1910).

L'or, qui devient de nos jours beaucoup plus commun qu'il n'était jadis, est fourni principalement par trois pays dont la production est très supérieure à celle de tous les autres et représente les trois quarts environ de la production totale du monde : le Transvaal, les États-Unis et l'Australasie. La Sibérie, qui vient au quatrième rang leur est assez inférieure comme production.

soutenir pendant 25 ou 3o ans une production annuelle de 700 à 800 millions ; après l'épuisement graduel des mines d'affleurement, les gisements profonds, les *deep levels*, alimenteront longtemps encore la production.

Les *États-Unis* renferment de riches gisements d'or dans la région des Rocheuses. Les premiers furent découverts en Californie, en 1848, provoquant un afflux d'hommes de tous les pays ; la *Gold Belt* de Californie, le long du versant occidental de la Sierra Nevada, ne mesure pas moins de 44 000 kilomètres carrés, filons, alluvions récentes et alluvions anciennes. Aujourd'hui, la production de la Californie s'est beaucoup ralentie ; le principal État producteur est celui du Colorado.

L'*Australasie* est également très riche. L'or y fut découvert d'abord, en 1851, dans la Nouvelle-Galles du Sud et dans Victoria, autour de Ballarat et de Bendigo : c'est alors que se produisit le grand *rush* de l'or ; pour l'exploiter, il vint des aventuriers de tous les pays ; la population de l'Australie, carrés ; dans le voisinage de Bakou, on ne compte pas moins de 700 puits de naphte qui ne semblent pas près de se tarir ; et certaines sources ont donné jusqu'à 4800 tonnes de pétrole par jour. Malheureusement, au cours des mouvements politiques qui ont troublé naguère la Russie, on a incendié un certain nombre de puits pétrolifères et, ainsi, nui à la production.

EXPLOITATION
DU
PÉTROLE
EN CAUCASIE.

Le pétrole forme en Caucasie d'immenses nappes souterraines. On le fait jaillir à la surface à l'aide de puits : les jets qu'on obtient ainsi atteignent jusqu'à 20 ou 30 mètres de hauteur. On les capte et on recueille le pétrole dans d'immenses réservoirs, d'où il est transporté dans les autres pays par des navires spéciaux. Il arrive que le jaillissement trop fort ne permet pas d'abord de capter facilement les premiers jets : beaucoup de quantités de pétrole se sont ainsi perdues sans profit : on cite des gisements de pétrole qui se sont ainsi presque complètement vidés avant d'avoir pu être captés

Les autres pays producteurs de pétrole n'ont relativement qu'une importance bien secondaire.

Parmi eux, on peut citer : en Europe, la *Roumanie*, qui a d'importants gisements au pied des Karpates, et dont la production a fait de grands progrès ; l'*Autriche*, la *Hongrie*, l'*Allemagne* et l'*Italie*, qui en donnent une faible quantité ; la *France* même, qui a quelques gisements insignifiants dans les Cévennes méridionales et vers Autun ; — en Asie, l'*Inde*, qui recèle du pétrole dans le Pandjab et en Barmanie ; le *Japon*, qui en a de faibles gisements ; l'île de *Java*, un peu plus importante ; — en Amérique, le *Canada*, qui en possède dans la région comprise entre les lacs Huron et Érié, et la *République Argentine*, qui en a quelques sources dans la province de Mendoza, au pied des Andes.

La production de tous ces pays réunis est, on l'a vu ci-dessus, très inférieure à celle des États-Unis ou de la Russie, et n'entre pas pour un dixième dans la production mondiale.

Pétrole et gisements pétrolifères. — Le pétrole est un assemblage de plusieurs hydrocarbures qui diffèrent les uns des autres par leur poids, leur point d'ébullition et la température à laquelle ils s'enflamment. Selon que les hydrocarbures lourds ou légers dominent, on donne aux huiles minérales les noms d'huiles lourdes ou d'huiles légères.

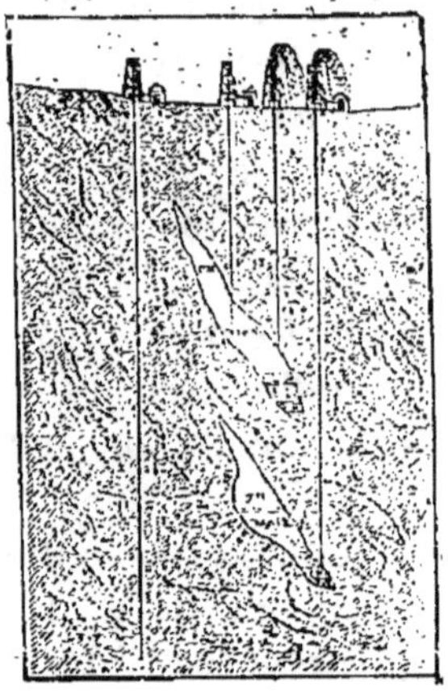

Les huiles minérales se présentent de diverses manières. Parfois on les voit flotter à la surface de l'eau, où elles se distinguent par leur teinte irisée et une odeur particulière. Ailleurs, elles sortent directement du sol comme des sources. Ailleurs encore, elles remplissent, sous forme de dépôts, les poches du sol; on les atteint en faisant des puits de mine ou des trous de sonde; l'huile minérale jaillit par l'ouverture parfois jusqu'à 20 ou même 40 mètres, puis le jaillissement cesse, le liquide se rassemble lentement dans le puits et on l'extrait à l'aide de pompes jusqu'à ce que la poche soit épuisée.

COUPE D'UN TERRAIN PÉTROLIFÈRE.

Les dépôts de pétrole remplissent des poches du sol; on les atteint en faisant des puits de mine ou des trous de sonde. Le pétrole, sous la pression des gaz qui remplissent la partie supérieure de la poche, jaillit par l'ouverture ainsi pratiquée, et on l'y recueille.

Aux États-Unis, l'exploitation du pétrole commença, en 1859, à Oil Creek, en Pennsylvanie, et fournit d'abord 2000 barils de 190 litres. Elle augmenta rapidement. Tout ce pays est imprégné de pétrole. La pression de l'huile est souvent assez forte pour la faire jaillir à plusieurs mètres de hauteur sous forme de fontaines intermittentes. L'une des plus remarquables est celle de Lady-Hunter Well, à 4 kilomètres de Petrolia-City : toutes les demi-heures, le liquide jaillit pendant quelques minutes à une hauteur de 3 mètres; dans les premiers temps, cette fontaine fournissait par jour 4770 hectolitres d'huile. Généralement les puits produisent du pétrole pendant deux ou trois ans. L'exploitation du pétrole a fait surgir un grand nombre de villes dans des régions autrefois désertes. Sur l'emplacement central de Pithole-City, il n'y avait en mai 1865 que deux maisons; au mois d'août de la même année, la ville comptait déjà 14 000 habitants.

L'exploitation des gîtes pétrolifères du Caucase n'a commencé que vers 1872, mais elle a progressé plus rapidement encore qu'aux États-Unis. Le pétrole y occupe des étendues considérables et souvent presque à fleur de sol; il suffit d'y creuser à 40 ou 50 mètres pour rencontrer le pétrole qui jaillit alors sous forme d'un jet plus ou moins puissant. On cite une source qui débita au début 10 000 tonnes

UN TRAIN PÉTROLIER AUX ÉTATS-UNIS.

Les principales régions pétrolifères des États-Unis sont la Pennsylvanie, l'Ohio et l'Indiana, la Californie et le Texas. Le pétrole est amené de ces régions vers les grandes villes et les grands ports d'exportation par voie ferrée dans d'immenses wagons-citernes pouvant contenir 60 à 80 mètres cubes de pétrole.

MINE DE PÉTROLE A BUSTENARI (ROUMANIE).

La Roumanie possède d'importants gisements pétrolifères au pied des Karpates, et, bien que la production en soit encore faible, si on la compare à celle des États-Unis et de la Russie, elle constitue pour la Roumanie une richesse d'avenir. L'intérêt de la vue ci-dessus est de montrer une exploitation pétrolifère dans son ensemble vue à ses débuts.

par jour, rapportant 150 000 francs par jour à son propriétaire. Cet énorme débit ne dura pas, mais en deux mois le puits ne fournit pas moins de 300 000 tonnes. Bakou, devenu le grand entrepôt du pétrole caucasien, a grandi très rapidement. Aujourd'hui, le pétrole russe est exporté vers la Russie méridionale sur des bateaux-citernes qui traversent la Caspienne et remontent la Volga; c'est avec le pétrole qu'on actionne la plupart des bateaux à vapeur, les machines de chemins de fer et les usines de cette région. Une canalisation souterraine a été établie entre Bakou, sur la mer Caspienne, et Poti, sur la mer Noire, pour amener le pétrole de la péninsule d'Apchéron jusque sur les bords de la mer Noire, où il est emmagasiné sur des navires qui le transportent dans toute l'Europe orientale ou méridionale.

6. — LES MINÉRAUX

SOMMAIRE

I. L'*or* existe à l'état de minerai ou à l'état natif; on l'exploite dans les filons de roches ou dans les placers : l'extraction en est du reste assez pénible, du moins quand l'or est à l'état de filons. Les trois principaux pays producteurs sont l'Afrique Australe, l'Australie et les États-Unis; vient ensuite, loin en arrière, la Sibérie.

II. L'*argent* se trouve rarement à l'état natif, presque toujours à l'état de combinaisons. Les deux grands pays producteurs sont le Mexique et les États-Unis; ensuite viennent la Bolivie et le Pérou qui se sont partagé les anciennes mines fameuses du Pérou. L'argent a du reste perdu beaucoup de sa valeur parce qu'il est très abondant.

III. Le *fer* est le plus utile des métaux; il sert à fabriquer la fonte, les fers et les aciers finis. Les pays qui sont les plus riches en minerais de fer sont les États-Unis, la Grande-Bretagne, la Russie, la Suède, la France, l'Espagne, l'Algérie, l'Allemagne : les minerais de fer sont du reste abondants presque partout. Les pays qui ont les industries métallurgiques les plus actives sont, par ordre d'importance, les États-Unis, l'Angleterre, l'Allemagne et la France.

IV. Les autres métaux utiles sont : le *cuivre*, dont les États-Unis produisent près des deux tiers; le *plomb*, qui est fourni par les États-Unis, l'Espagne et l'Allemagne; l'*étain*, dont plus des deux tiers sont fournis par la presqu'île de Malacca et par les îles Banka et Billiton, dans les Indes Néerlandaises; le *zinc*, dont l'Allemagne fournit une bonne partie; le *nickel*, dont les producteurs principaux sont le Canada, la Nouvelle-Calédonie et l'Allemagne; le *mercure*; l'*aluminium*, etc.

Développement.

Minéraux précieux et minéraux utiles. — Nous avons vu qu'il existe dans le sol, sous forme de filons et de gîtes, des métaux divers, les uns à l'état presque pur, les autres à l'état de minerais en combinaison avec l'oxygène, le soufre, l'antimoine, le chlore, l'acide carbonique, etc.

Ces minéraux divers peuvent être répartis en deux groupes principaux : 1° les *minéraux précieux*, comme l'or, l'argent, le platine ; ils sont relativement rares, ont surtout des applications de luxe, servent à la fabrication des bijoux, des monnaies chères ; 2° les *minéraux utiles*, comme le fer, le cuivre, le plomb, l'étain, qui sont surtout employés dans l'industrie et qui rendent, à cet égard, des services tels qu'on peut les considérer comme vraiment aussi précieux que les autres.

L'or. — L'or est un métal jaune, brillant et inaltérable ; il ne se ternit jamais à l'air. Il fut connu et apprécié dès la plus haute antiquité ; on a retrouvé des bijoux en or dans les tombeaux d'Égypte et de Grèce, et il n'a cessé depuis lors d'être fort recherché.

1° **Gisements et extraction** : L'or se présente naturellement sous plusieurs formes. Il existe le plus souvent à l'état de *minerai*, mêlé à la roche dans laquelle il forme des sortes de veines nommées *filons*. Parfois le travail des eaux a brisé et décomposé la roche où l'or était inclus, et celui-ci se trouve pur de tout élément : on dit alors qu'il est à l'*état natif* ; les masses d'or ainsi isolées peuvent avoir l'apparence de blocs assez gros qu'on nomme *pépites*, ou de grains fins mêlés au sable des rivières. Souvent la rivière, qui avait roulé du sable et de l'or, s'est tarie ou a pris une autre route : le sable et l'or demeurés à sec, et parfois recouverts d'une couche de terre végétale, forment ce qu'on appelle un *placer*.

Les procédés et les instruments pour l'extraction de l'or varient avec la nature des gisements.

Quand l'or est à l'état de filons encaissés dans des roches dures, il faut l'en extraire par des procédés très pénibles, mécaniques et chimiques : on commence par broyer et réduire en parcelles les roches encaissantes à l'aide de pilons ; puis on ajoute du mercure. Le mercure dissout l'or et forme avec lui un amalgame, qu'on passe à travers une peau et qu'on distille ensuite de manière à laisser l'or seul : l'or fondu est alors coulé en lingots.

Pour l'or à l'état natif et pour les placers, le travail est beaucoup plus simple. On se servit d'abord d'une sorte de sébile, creusée dans un bloc de bois ; on la remplissait à moitié de

sable aurifère et on la plongeait dans l'eau; le mineur, tenant la
sébile des deux mains, la faisait osciller en différents sens; l'eau
entraînait les matières légères, ne laissant que les matières
lourdes mêlées aux parcelles d'or. Il existe d'autres instruments
analogues à la sébile, comme le pan, le berceau. Quand les
alluvions sont anciennes et dures, on les attaque à l'aide de puissants jets hydrauliques; l'eau joue donc un rôle important dans
le travail de l'extraction de l'or, et dans plusieurs régions

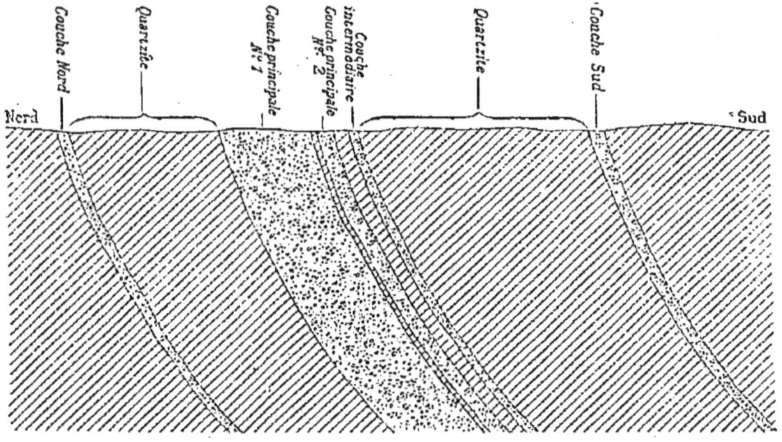

LA RÉGION AURIFÈRE DU TRANSVAAL.

*L'or se trouve dans des couches de conglomérats séparées par des couches de
quartzites stériles. Ces cinq couches, à peu près parallèles les unes aux autres,
s'étendent dans les collines du Witwalersrand sur une étendue d'environ
80 kilomètres. L'épaisseur de chaque couche, la distance qui la sépare des
couches voisines, sa richesse, sont autant d'éléments variables qui rendent
l'exploitation plus ou moins facile et rémunératrice.*

sèches où l'or existe, le plus difficile a été de se la procurer.
Les pépites qu'on obtient ainsi sont généralement d'un volume
inférieur à celui d'un grain de groseille; toutefois, on en a trouvé
de dimensions bien plus considérables pesant 10, 15 et même
40 kilogrammes.

    2° **Principaux pays producteurs** : L'or fut vraiment un métal
rare dans l'antiquité; il n'était fourni que par un petit nombre
de gisements, en particulier par ceux de Thrace et du pays
mystérieux d'Ophir; il en fut de même au moyen âge jusqu'à la
découverte de l'Amérique qui fit connaître l'existence des grandes
mines du Mexique et de l'Amérique du Sud. Depuis lors, de
nouveaux et importants gisements aurifères ont été trouvés sur

plusieurs points, au fur et à mesure de la reconnaissance du globe, et la production de l'or est allée en croissant beaucoup. On l'évalue à 20 ou 25 millions par an pendant le xvi° siècle, à 3o au xvii° siècle, à 6o ou 8o au xviii°. La découverte des placers de l'Australie et de la Californie font monter la production annuelle à plus de 6oo millions de francs de 185o à 187o, puis

CHERCHEURS D'OR AU KLONDYKE (CANADA SEPTENTRIONAL).

Le procédé le plus simple qu'emploient les chercheurs d'or consiste à cribler les sables qu'on suppose aurifères dans une sébile ou une augette. On remplit à moitié cette sébile de sable aurifère et on la plonge dans l'eau; le mineur, tenant la sébile des deux mains, la fait osciller en différents sens; l'eau entraîne les matières légères et ne laisse dans la sébile que les matières lourdes parmi lesquelles les parcelles d'or. Il existe, d'ailleurs, pour la recherche de l'or, d'autres procédés moins primitifs.

elle redescend graduellement jusqu'à 494 millions en 1883, époque à laquelle la découverte des mines du Transvaal, puis celle des mines du Colorado et de l'Australie occidentale commencent à la faire remonter. Depuis 1895, la production annuelle de l'or a dépassé 1 milliard de francs; en 1910, elle s'est élevée à 2444 millions pour 710000 kilogrammes environ.

Les principaux pays producteurs d'or sont en 1909 :

Afrique Australe	996	millions de francs.
États-Unis	497	—
Australasie	328	—
Sibérie	185	—
Mexique	124	—
Canada	52	—

Trois pays viennent au premier rang comme producteurs d'or et produisent, à eux seuls, les trois quarts environ de la production totale du monde : l'Afrique australe, l'Australasie et les États-Unis.

L'*Afrique australe* a le premier rang. L'or y fut découvert en 1885 dans le Witwatersrand, dans le Transvaal. Il s'y trouve, non sous la forme des filons de quartz aurifères, mais sous celle de conglomérats aurifères à galets quartzeux, nommés *reefs*; on y compte les goldfields par centaines. Immédiatement des chercheurs d'or affluèrent de toutes parts, et l'exploitation, un moment arrêtée par la guerre anglo-boer (1899-1901), n'a cessé de se développer. Le Transvaal paraît être en état, dit-on, de

AFRIQUE AUSTRALE   ÉTATS-UNIS   AUSTRALASIE   SIBÉRIE

   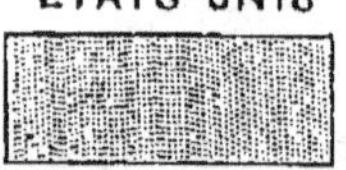   

996 millions de francs   497 millions   328 millions   185 millions

PRINCIPAUX PAYS PRODUCTEURS DE PÉTROLE.

Presque tout le pétrole produit dans le monde vient de deux pays : les États-Unis et la Russie. Naguère encore, la production de ces deux pays était sensiblement la même ; mais, d'une part, outre les anciens gisements de Pennsylvanie et de l'Ohio, on a trouvé, aux États-Unis, de très riches gisements pétrolifères en Californie et dans le Texas; d'autre part, les troubles politiques ont nui à la production pétrolifère.

les États-Unis d'ailleurs en produisent aujourd'hui trois fois plus que la Russie.

Aux *États-Unis*, le pétrole se rencontre surtout en Pennsylvanie, dans toute la région située à l'ouest des Alleghanys : c'est là que se trouve la fameuse vallée de l'Oil Creek. D'autres gisements pétrolifères moins importants existent dans la région des Grands Lacs; depuis 1900, on en a trouvé d'autres très importants dans le Texas et en Californie. Le pétrole de Pennsylvanie est de beaucoup le meilleur; celui des autres gisements, généralement désigné sous le nom de *pétrole de Lima*, est plus lourd, d'une qualité plus irrégulière, et donne une bien plus forte proportion de résidus.

La *Russie* a ses principaux gisements de pétrole dans la région du Caucase, et principalement dans la péninsule d'Apchéron, près de Bakou, sur les bords de la Caspienne : on y trouve deux gisements ayant ensemble une superficie de 8 kilomètres jusqu'alors peu nombreuse, tripla en quelques années. On l'a trouvé ensuite dans le Queensland (gisement du mont Morgan) en 1886, et dans l'Australie occidentale, en 1890. Aujourd'hui, c'est l'Australie occidentale ou Westralie qui produit la plus grande quantité d'or australien, grâce surtout aux districts de Coolgardie et de Kalgoorlie; mais on peut difficilement évaluer quelle durée auront les mines, assez capricieuses, de la Westralie.

Dans le total de la production aurifère de l'Australasie, entre

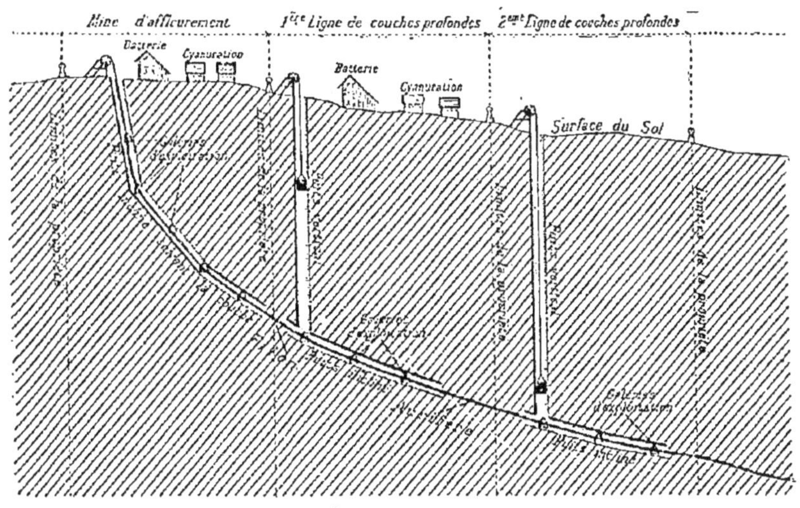

PUITS D'EXPLOITATION DES COUCHES AURIFÈRES AU TRANSVAAL

Ce dessin montre comment on extrait le minerai des mines d'affleurement (ou voisines de la surface) et des mines de niveaux profonds. Les premières sont exploitées par des puits inclinés suivant le sens de la couche et percés dans la couche elle-même; dans les secondes, on fore d'abord des puits verticaux jusqu'au moment où on atteint la couche qu'ensuite on suit avec des puits inclinés comme dans les mines d'affleurement.

pour un dixième environ la production de la Nouvelle-Zélande. La Tasmanie est pauvre en or.

La *Sibérie* fut le principal pays de l'or avant la découverte des gisements de Californie et d'Australie; elle possède des filons ou des placers sur plusieurs points, Oural, bassins du Iénisséï et de la Léna, Transbaïkalie, mines du Haut-Amour, placers de la Zeïa et de la Bouréia; — le *Canada* possède principalement les mines du Klondyke, sur les bords du fleuve Youkon : l'or y fut découvert en 1896, et, bien que le climat soit terrible avec sept à huit mois de gelée qui durcisseut profondément le sol, les hommes y ont vite afflué; déjà pourtant les mines commencent à s'épuiser et la production diminue.

Les autres pays qui produisent de l'or sont : en Europe, l'Autriche-Hongrie (plateau de Transylvanie) et l'Allemagne ; en Asie, l'Inde et l'Indo-Chine française (Annam et Laos); en Amérique, le *Mexique*, les Guyanes, le Brésil, et les pays andins, Équateur, Bolivie, Pérou, Chili. — Leur production globale est peu importante.

Influence géographique de l'or. — L'or a excité de tout temps un attrait considérable sur l'homme, et la découverte de gisements aurifères importants a provoqué maintes fois des déplacements sensibles de population, occasionné de véritables transformations. C'est par centaines de mille que, pendant quelques années, arrivèrent des aventuriers de tous les pays quand furent découvertes les premières pépites d'or de Californie et d'Australie. Le nombre des colons d'Australie, qui ne dépassait pas 300000 en 1851 avant la découverte, tripla en moins de dix ans. Le même phénomène s'est produit au Transvaal à la fin du dernier siècle.

Le Transvaal n'offrait auparavant que peu de ressources, et la population, peu nombreuse et presque uniquement composée de Boers, vivait uniquement de l'élevage; les rares villes n'étaient que de modestes marchés agricoles. La découverte du minerai précieux amena une population nouvelle composée d'aventuriers venus de partout et surtout d'Angleterre. Des villages et des villes s'édifièrent en quelques semaines, en quelques mois, malgré l'absence des ressources et la disette des vivres qu'il fallait faire venir de loin, et même d'Europe, et qu'on payait en conséquence très cher. Le prix de quelques denrées est assez éloquent : le pain coûtait o fr. 60 la livre, le lait o fr. 60 à o fr. 90 le litre, la douzaine d'œufs 3 fr. 75; une maison de 4 chambres se payait 300 francs par mois, plus 25 francs pour l'eau.

Néanmoins, l'abondance des mines a retenu les nouveaux venus, et le pays s'est transformé. Des aqueducs ont amené l'eau des montagnes; les prairies ont été transformées en champs, et des cultures ont pris la place des steppes. Johannesburg, la ville de l'or, est maintenant une ville de 160000 habitants, présentant l'aspect fiévreux et agité des cités américaines, avenues larges, maisons hautes, banques, clubs, foule cosmopolite, pressée et toujours en mouvement. L'un des changements qu'a causés la découverte de l'or a été l'affaiblissement de l'élément boer débordé par le nombre des étrangers venus pour le travail des mines: la mainmise de l'Angleterre sur les deux républiques boers en a été la conséquence.

Sans doute, l'or du Transvaal s'épuisera quelque jour; mais, en attendant, le pays se sera peuplé; ses ressources agricoles auront été mises en valeur; la civilisation aura pris la place de la demi-solitude. Le Transvaal, dépourvu de mines, n'attirera plus d'étrangers, mais une partie des transformations produites par les mines d'or subsistera bien au delà de la disparition du minerai précieux.

L'argent. — L'argent est un métal blanc et brillant. Il fut connu dès l'antiquité. Les Phéniciens l'exploitèrent dans le sud de l'Espagne, et les Grecs dans les mines du Laurion en Attique.

1° **Gisements et exploitation**. L'argent se trouve à l'état natif, mais beaucoup plus rarement que l'or, parce qu'il résiste beaucoup moins aux agents chimiques. On le trouve surtout en combinaison avec le soufre, l'arsenic, l'antimoine et le chlore. Les plus belles masses d'argent natif ont été trouvées à Kongsberg, en Norvège ; certaines pesaient jusqu'à 275 kilogrammes. Les divers minerais argentifères contiennent de 60 à 80 pour 100 d'argent ; le sulfure d'argent, appelé argentite ou argyrose, en renferme 87 pour 100.

L'argent est généralement mêlé dans le minerai à du fer, du plomb, du mercure ou de l'or, dont on doit le séparer par un certain nombre de manipulations.

2° **Principaux pays producteurs**. Au moyen âge, l'argent fut exploité principalement en Allemagne, dans l'Erz-Gebirge, dans le Harz, puis en Bohême : c'était alors un métal rare. Il devint abondant au xvie siècle, après la découverte de l'Amérique. L'argent existe, en effet, en quantités considérables dans la bande montagneuse qui limite le continent américain à l'ouest, c'est-à-dire dans les Montagnes-Rocheuses de l'Amérique du Nord et dans la Cordillère des Andes de l'Amérique du Sud. Aujourd'hui l'argent est très abondant dans le monde ; aussi, tandis que l'or a gardé sa valeur conventionnelle, l'argent a-t-il baissé beaucoup de valeur (222 francs le kilogramme en 1870, et 89 francs seulement en 1910). Les pays qui produisent beaucoup d'argent et très peu d'or ont vu la valeur de leurs mines baisser beaucoup : c'est le cas des États de l'Amérique du Sud et du Mexique.

La production de l'argent dans le monde entier s'élève à 6 200 000 kilogrammes environ, valant 557 millions de francs. Les principaux pays producteurs sont :

Mexique	203 millions de francs.
États-Unis	156 —
Australie	17 —
Pérou	16 —
Bolivie	16 —
Allemagne	14 —
Espagne	12 —

Le *Mexique* est le premier pays du monde pour la production de l'argent; il en eut longtemps presque le monopole. La superficie de la région minière couvre la moitié du pays, soit deux fois l'étendue de la France, et l'on calcule que depuis le xvi° siècle le Mexique n'a pas produit moins de 100 millions de kilogrammes d'argent. Les principaux districts argentifères sont ceux de Guanajuato, de Zacatecas et de San Luis Potosi. La production, un moment ralentie, de 1820 à 1880, par suite des troubles intérieurs presque continus, s'est accrue de nouveau grâce à l'application de procédés nouveaux d'extraction.

Les *États-Unis* renferment des mines d'argent dans les montagnes de l'ouest, principalement dans le Colorado et le Montana; dans la plupart des gisements, l'argent est mêlé au plomb.

La *Bolivie* et le *Pérou* se sont partagé les anciens gisements de Potosi, de Huanchaca et de Cerro de Pasco qui, depuis la conquête espagnole, n'auraient pas fourni pour moins de 6 milliards d'argent, et qui ont valu au Pérou son antique réputation. Cette richesse ne représente plus aujourd'hui qu'une très faible valeur comparée aux mines des deux précédents pays.

Les autres pays producteurs sont : en Europe, l'Allemagne (mines de l'Erz-Gebirge et du Harz), la Norvège (mines de Kongsberg), et l'Espagne (mines de Carthagène et de Linarès); en Asie, la Sibérie et la Chine; en Océanie, l'Australie (district de Broken-Hill, dans la Nouvelle-Galles du Sud).

Le diamant. — Le diamant est un carbone pur, de couleur variable, vert, rose, jaune, rouge, noir; les plus estimés sont incolores. On trouve les diamants dans des terrains d'alluvions récentes, dans les sables et les graviers déposés par les fleuves, ainsi que dans diverses roches dures.

L'*Inde* eut le monopole de la production diamantifère jusqu'au xviii° siècle. On y trouve le diamant dans le Dekkan, où est situé le principal marché, celui de Golconde, près d'Haïderabad. Les mines de l'Inde ne fournissent presque plus de diamants.

Le *Brésil* supplanta l'Inde à partir de 1725. Les deux provinces de Minas-Geraes et de Bahia sont les deux régions du Brésil qui produisent le plus de diamants; le centre de l'exploitation est la ville de Toluco qui a été nommée depuis lors Diamantina.

L'*Afrique australe* est aujourd'hui le principal pays pour la production du diamant. Les gisements y ont été découverts en 1870 dans le Griqualand où leur exploitation a donné naissance à la ville de Kimberley. Ces gisements, d'après les géologues, ne seraient autres que des bouches d'anciens cratères volcaniques que la pression des gaz aurait emplis de terres à diamant jusqu'à l'orifice. Les deux principaux de ces puits diamantifères sont ceux de de Beers et de Kimberley.

De nouveaux gisements extrêmement riches ont été récemment découverts dans le Transvaal, non loin de Johannesburg, où déjà l'or
abonde. Depuis 1867, l'Afrique australe aurait produit des diamants
pour 2800 millions de francs ; la production annuelle a maintenant une
valeur moyenne de 140 à 150 millions.

MINE DE DIAMANTS A WESTELTON (AFRIQUE AUSTRALE)

L'Afrique australe possède les mines de diamants les plus riches du globe. Les gisements, disent les géologues, ne seraient autres que des bouches d'anciens cratères volcaniques que la pression des gaz aurait remplis de terre à diamant jusqu'à l'orifice. De grandes exploitations se sont établies autour des poches diamantifères.

Fer. — Le fer est un métal très tenace et d'un blanc gri-
sâtre. On le trouve sous la forme de minerais divers, oxydes,
carbonates ou sulfures. Parmi les variétés de minerais les plus
riches en fer, on peut citer *l'oxyde de fer magnétique* ou *ai-
mant*, le *fer oligiste*, *l'hématite*, la *sidérose* ou *fer spathique*, et
le *fer sulfuré* ou *pyrite*. Ces divers minerais renferment du fer
en plus ou moins grande quantité et de plus ou moins bonne
qualité.

1° **Principaux pays producteurs.** Le fer existe en grande
abondance dans la plupart des pays ; on le rencontre, en effet,
à toutes les époques géologiques, depuis les temps anciens
jusqu'à nos jours. Toutefois des circonstances diverses en favorisent ou en contrarient l'exploitation : qualité du minerai, situation des gisements, proximité de la mer facilitant l'exploi-

tation, abondance du combustible, bois ou charbon, dans le voisinage, une grande quantité de combustible étant nécessaire pour le traitement du minerai.

Les pays qui produisent le plus de minerai de fer sont : les *États-Unis*, qui en possèdent d'immenses gisements sur les bords du Lac Supérieur, ainsi que dans la Pennsylvanie : la *Grande-Bretagne*, dont les gisements ont l'avantage d'être à la fois près des houillères et près de la mer; la *Russie*, qui a des mines de fer importantes dans

L'INDUSTRIE DU FER.

I. HAUTS FOURNEAUX DANS LE SOUDAN OCCIDENTAL.

L'industrie du fer consiste d'abord dans la production de la fonte qu'on obtient en fondant le minerai de fer dans les hauts fourneaux. Le premiers hauts fourneaux, et il en existe encore de semblables dans les pays peu civilisés, étaient alimentés par du bois et pouvaient produire quelques kilogrammes de fonte par jour. Les hauts fourneaux très perfectionnés qu'on construit aux États-Unis en peuvent produire plus d'un million de tonnes par jour.

2. HAUTS FOURNEAUX A PITTSBURG (ÉTATS-UNIS).

l'Oural, et notamment la montagne de Blagodat, bloc de fer magnétique de 469 mètres d'altitude; la *France*, qui a, surtout dans l'est, des gisements d'une exploitation facile, mais d'un rendement relativement faible; l'*Espagne* (mines de Bilbao); la *Suède*, qui a des montagnes entières formées de fer, comme à Gellivara et à Dannemora; l'*Allemagne*, l'*Autriche-Hongrie*, l'*Algérie*, etc.

Les minerais les plus purs et les plus riches sont ceux de

Suède, de Bilbao, de l'île d'Elbe et de Mokta-el-Hadid, en Algérie.

2° **Principaux pays métallurgiques**. L'industrie du fer, ou industrie métallurgique, comprend la production de la fonte, celle du fer et celle de l'acier.

La *fonte* est obtenue en fondant le minerai de fer dans un haut fourneau. Il y a des fontes de plusieurs espèces : la *fonte grise*, tendre, élastique, pouvant être travaillée, servant à fabriquer des objets moulés, fourneaux, balustrades, etc.; la *fonte blanche*, dure, cassante, servant principalement à la fabrication du fer et de l'acier.

Le *fer* est le résultat de l'affinage de la fonte, opération qui consiste à en éliminer, en le brûlant par l'oxygène, le carbone qui s'y trouve amalgamé. Le fer sert à confectionner presque tous les outils de l'industrie moderne et la plupart des ustensiles de ménage; il fournit aussi la tôle, le fer-blanc, le fer battu, le fil de fer et l'acier.

L'*acier* est un carbure de fer qu'on obtient en travaillant le fer par divers procédés, procédés Bessemer, Thomas, Martin, qui le rendent plus dur, plus léger, plus malléable, plus élastique. L'acier remplace de plus en plus le fer : c'est en acier qu'on fait les locomotives, les rails, la plupart des machines-outils, les armes blanches, les couteaux, les canons, les plaques de blindages, etc. La production métallurgique des pays civilisés va en augmentant d'année en année; et, de plus en plus, on emploie l'acier à des usages d'abord réservés à la fonte ou au fer.

Les principaux pays métallurgiques sont :

	Fonte.	Fers et aciers finis.
États-Unis . .	25 000 000 tonnes.	24 000 000 tonnes.
Allemagne . .	19 000 000 —	11 300 000 —
Angleterre . .	15 000 000 —	5 200 000 —
France	11 000 000 —	2 200 000 —

Naguère encore, vers 1890, l'Angleterre avait le premier rang sans conteste dans l'industrie métallurgique. Les immenses ressources des États-Unis en minerais de fer et en charbon leur ont permis de faire des progrès considérables en quelques années; ils ont presque triplé leur production de fonte et doublé leur production en fers et aciers finis : c'est à eux que le premier rang revient aujourd'hui. De son côté, l'Allemagne a plus que doublé sa production métallurgique depuis 1890 et dépasse l'Angleterre.

La France progresse, mais lentement, et vient assez loin derrière les trois autres puissances.

Le cuivre. — Le cuivre fut exploité dès les temps préhistoriques, en Egypte, dans l'Asie occidentale, en Europe et dans l'Amérique du Nord où l'on a retrouvé, sur les bords du Lac Supérieur, d'anciennes mines avec leurs galeries de soutènement à demi cachées par une couche de terre végétale qui porte des forêts. Son utilisation a pris une grande extension depuis le développement des industries électriques et de la téléphonie. On le trouve à l'état natif et à l'état de combinaisons.

Au premier rang des pays producteurs se placent les *États-Unis* qui fournissent près des deux tiers de la production totale du monde ; le cuivre s'y trouve en abondance sur les bords du Lac Supérieur, ainsi que dans certaines parties de la contrée montagneuse de l'ouest. Les autres pays producteurs sont : l'*Espagne* (mines de Tharsis et de Rio Tinto), le *Japon*, le *Chili*, l'*Allemagne*, le *Canada*, l'*Australie* et le *Mexique*.

Le cuivre brut sert à faire des tubes, des chaudières, des fils conducteurs d'électricité ; uni au zinc et au plomb, il entre dans la composition du laiton ; uni à l'étain, il entre dans celle du bronze. L'industrie du cuivre est presque entièrement concentrée dans cinq pays qui sont, par ordre d'importance, les *États-Unis*, l'*Angleterre*, l'*Allemagne*, la *France* et l'*Autriche-Hongrie*. Il n'y a que deux de ces pays qui recèlent le cuivre. L'Angleterre, la France et l'Autriche-Hongrie doivent importer presque tout le cuivre qu'emploie leur industrie cuprifère.

Le plomb. — Le plomb a été connu aussi de très bonne heure, et on en trouve des vestiges dans les cités lacustres de la Suisse. Le plomb s'altère facilement à l'air, aussi est-il fort rare à l'état natif. Il existe principalement sous forme de minerai : la galène, ou sulfure de plomb, en est le plus important.

Aux premiers rangs des pays producteurs, viennent les *États-Unis*, qui possèdent, dans leur région montagneuse de l'ouest, de très riches gisements de plomb argentifère ; l'*Espagne*, qui a les mines de Linarès, de Carthagène et d'Alméria ; l'*Allemagne* (Prusse rhénane, Westphalie et Silésie). Le Mexique, l'Australie, le Canada, l'Angleterre, l'Italie et la France en produisent une certaine quantité.

Autres métaux. — Parmi les autres métaux utiles on peut citer l'étain, le zinc, le nickel, le mercure, l'aluminium, etc.

L'étain fut un des métaux les plus recherchés dans l'antiquité, parce que, uni au cuivre, il servait à fabriquer le bronze : les Phéniciens vinrent l'exploiter jusque dans les îles Cassitérides, sans doute la Cornouailles actuelle, au sud-ouest de l'Angleterre. Il

UNE MINE D'ÉTAIN EN CORNOUAILLES (ANGLETERRE.)

L'étain provenait jadis pour la plus grande partie de la Cornouailles anglaise, les anciennes îles Cassitérides, au sud-ouest de l'Angleterre. On y exploitait certaines mines jusque sous la mer. Aujourd'hui, la découverte des gisements d'étain de la presqu'île de Malacca (Asie du sud-est) fait paraître la production anglaise presque insignifiante.

entre dans un très grand nombre d'alliages, bronze, fer-blanc, laiton, et rend les plus grands services. On le trouve mêlé à des roches anciennes sous forme de filons, ainsi que dans les alluvions.

Près des deux tiers de l'étain en circulation viennent de la *presqu'île de Malacca*, en Asie. Les îles de *Banka* et de *Billiton*, près de Java, dans les Indes néerlandaises, fournissent la majeure partie du reste. La *Cornouailles britannique*, qui, vers 1860, donnait la moitié de la production universelle, n'a plus aujourd'hui qu'une production très faible.

Le **zinc** joue aujourd'hui un rôle important dans les industries électriques. Les principaux gisements sont : le gisement de la Vieille-Montagne, sur la frontière de la Belgique et de l'Allemagne, et le bassin de la Haute-Silésie. Les États-Unis en possèdent également.

Le **nickel** est de plus en plus employé parce qu'il unit la plupart des propriétés du fer à l'éclat et à l'inaltérabilité de l'argent. Il provient entièrement de trois pays : le Canada, la Nouvelle-Calédonie et l'Allemagne.

Le **mercure** est un métal liquide servant à la fabrication d'instruments de physique, à l'étamage des glaces, à la dorure, etc. Le grand pays producteur fut longtemps l'*Espagne*, qui possède les gisements d'Almaden, dans la Sierra-Morena ; sa production est encore une des plus importantes. Les autres pays qui possèdent du mercure sont les *États-Unis*, qui ont d'importants gisements dans la Sierra-Nevada, en Californie ; l'*Autriche-Hongrie*, qui a les gisements d'Idria, en Carniole ; l'*Italie* ; la *Russie*.

7. — MOYENS ET INSTRUMENTS DE TRANSPORT

SOMMAIRE

I. Les *fleuves* sont les voies de communication les plus naturelles, mais il a fallu les aménager pour la plupart, par la création de barrages-réservoirs destinés à régulariser leur débit, par l'établissement de digues submersibles pour parer à l'insuffisance des basses eaux, par la construction d'épis noyés ou de barrages éclusés. En outre, on les a doublés de canaux latéraux, quand il paraissait impossible de les améliorer eux-mêmes, et on les a reliés les uns aux autres par des canaux de jonction, permettant de passer d'un bassin fluvial à un autre bassin voisin.

II. Les *routes* sont depuis longtemps en usage ; mais, alors qu'autrefois elles dépendaient étroitement du relief et de la nature du sol, elles se sont améliorées, sont devenues partout moins escarpées et plus roulantes.

III. Les *voies ferrées*, qui datent de 1820 à 1830, se sont beaucoup développées depuis lors. Elles évitèrent d'abord les montagnes et les pays de relief difficile. Maintenant on a appris à triompher de toutes les difficultés naturelles par l'établissement de viaducs ou de tunnels ; certaines voies ferrées escaladent même de très hautes montagnes jusqu'à leur sommet (chemins de fer du Gornergat, de la Jungfrau, etc.).

IV. La *navigation* se faisait aux xvie et xviie siècles sur des voiliers jaugeant 100 ou 200 tonneaux : on construit aujourd'hui des navires à voiles jaugeant 5000 et 6000 tonneaux. Mais surtout on construit des navires à vapeur ou steamers, qui vont trois ou quatre fois plus vite que les meilleurs voiliers et qui jaugent 20 000 tonneaux et plus; ce sont de véritables villes flottantes.

V. Parmi les moyens de transport indispensables aujourd'hui, il faut placer les postes, les télégraphes et les téléphones qui permettent de transmettre à distance rapidement, instantanément, des ordres de vente ou d'achat : chaque jour voit se développer le réseau télégraphique et téléphonique qui enserre le globe. Le résultat de tous ces progrès a été de supprimer presque le temps et la distance : on va maintenant plus vite de Paris à Chicago (6000 kil.) qu'il y a un siècle de Paris à Marseille (800 kil.).

Développement.

Le commerce et les voies de communication. — Aucun pays ne produit toutes les matières alimentaires qui sont nécessaires ou utiles à ses habitants; aucun pays ne possède toutes les matières premières ou tous les combustibles dont son industrie a besoin; les grandes régions peuplées et manufacturières doivent donc importer, c'est-à-dire acheter au dehors et faire venir, du blé, du vin, du café, du thé, du sucre, des minerais, de la houille, du coton, de la soie, des laines, suivant la nature de leurs productions agricoles et de leurs industries.

D'autre part, beaucoup de pays produisent certaines matières ou certains articles manufacturés en bien plus grande quantité que leur consommation n'exige. La Russie produit ainsi un excès de blé, la France un excès de vin, le Brésil un excès de café, la Chine et l'Inde un excès de thé, l'Argentine et l'Australie un excès de laine, l'Égypte un excès de coton, la Chine un excès de soie, l'Angleterre un excès de houille, l'Espagne et divers autres pays un excès de minerais divers, fer, cuivre, nickel, etc. Ces pays exportent, c'est-à-dire vendent et expédient au dehors, la partie de leur production qui excède leur consommation.

Pour faire ces échanges en sens inverses qui constituent le commerce, il faut des voies de communication, des moyens et instruments de transport. Plus une région en possède et plus ils sont variés, plus cette région a d'avantages dans les luttes économiques qui sont de plus en plus un des grands facteurs de la richesse et de la puissance.

Parmi les voies de communication, les moyens et instruments de transport, on peut distinguer trois catégories : 1° les *voies d'eau et leur matériel*, fleuves, canaux, bateaux fluviaux, navires de mer; 2° les *voies terrestres*, routes, chemins de fer; 3° les *moyens de correspondance*, poste, télégraphe, téléphone.

Fleuves et canaux. — Les fleuves et rivières sont les voies de communication les plus naturelles; ils servirent de bonne heure aux relations et aux transports. Mais, pour être utilisables, la plupart d'entre eux doivent être aménagés. Les travaux de rectification des fleuves figurent dans presque tous les États civilisés parmi les grandes œuvres d'utilité publique.

On peut résumer ainsi les principaux procédés employés pour régulariser les cours d'eau :

1° Pour remédier aux inégalités du débit, qui peut être tantôt excessif et tantôt insuffisant, suivant la saison de l'année, on établit souvent, dans les parties supérieures des bassins, de grands *barrages-réservoirs* en maçonnerie. Ces barrages-réservoirs emmagasinent une partie des eaux de la saison pluvieuse, et les crues des fleuves sont diminuées d'autant vers l'aval; l'écoulement de ces eaux de retenue pendant la saison riche renforce le débit des basses eaux. Ces barrages-réservoirs jouent, en somme, le même rôle régulateur que les lacs sur certains fleuves, lac Léman sur le Rhône, lac de Constance sur le Rhin, lacs italiens sur les affluents du Pô.

C'est par l'établissement de barrages-réservoirs que les Anglais ont régularisé le débit du Nil; on a projeté de régulariser ainsi notre Loire.

2° On remédie encore à l'insuffisance du débit par la construction dans le lit même du fleuve de *digues submersibles,* parallèles aux rives. Ces digues peu élevées n'empêchent pas le fleuve de couler à pleins bords entre ses rives quand il a beaucoup d'eau ; mais, au temps des basses eaux, elles concentrent le courant dans un chenal rétréci à la moitié, au tiers ou au quart de la largeur du fleuve. On obtient ainsi dans ce chenal rétréci une profondeur d'eau plus grande.

La Loire moyenne, de Briare à Nantes, a été améliorée par l'établissement de digues submersibles qui, du reste, ont été insuffisantes pour assurer toujours aux bateaux le mouillage nécessaire.

3° La profondeur d'un fleuve est parfois très inégale au même moment sur les diverses sections de son cours : à côté de parties très creusés se trouvent des parties très peu profondes. C'est souvent le cas des rivières à fond de sable : presque toutes ces rivières ont un lit beaucoup trop large pour leur débit ordinaire, et leurs eaux divaguent d'une rive à l'autre. La Loire, les fleuves allemands sont des rivières de ce genre;

leur lit se compose d'une série de parties peu profondes ou seuils, alternant avec une série de parties profondes ou mouilles.

On a corrigé ces inégalités sur certains fleuves par la construction d'*épis noyés*, ou murettes de pierres ou de clayonnages, établis perpendiculairement aux rives jusque vers le milieu du lit du fleuve. Ces ouvrages ont pour résultat de concentrer les eaux auparavant éparses dans le milieu du lit ; le courant devenu plus

LES ÉPIS NOYÉS DANS LA BASSE-LOIRE.

Pour améliorer le lit des rivières à fond inégal et obstruées de bancs de sable où les eaux s'éparpillent, on construit parfois des épis noyés, murettes de pierres ou de clayonnages, établis perpendiculairement aux rives jusque vers le milieu du fleuve. Ces épis obligent les eaux, auparavant éparses, à se concentrer vers le milieu du lit, et le courant, devenu plus rapide, se creuse un chenal profond et régulier à travers les sables. La plupart des fleuves de l'Allemagne du Nord ont été améliorés de cette manière. Depuis quelques années, le procédé des épis noyés est appliqué à la Basse-Loire, en aval du confluent de la Maine.

rapide, se creuse dans les sables un chenal plus profond. C'est par l'établissement d'épis noyés que les Allemands ont obtenu sur l'Elbe et sur l'Oder des profondeurs minima uniformes de 60 ou 70 centimètres. Le système, appliqué au Rhône, n'a produit que des résultats incomplets, parce qu'il a accru la vitesse du courant déjà trop forte. Des essais sont tentés actuellement pour améliorer la Basse-Loire d'après ce procédé.

4° Certaines rivières ont été *canalisées*, c'est-à-dire améliorées par l'établissement, de distance en distance, de *barrages* en maçonnerie qui traversent le cours d'eau dans toute sa largeur, d'une rive à l'autre, et le transforment en une sorte d'escalier; des *écluses* permettent de passer d'un palier au palier suivant, d'un bief au bief suivant. La pente et le débit sont ainsi

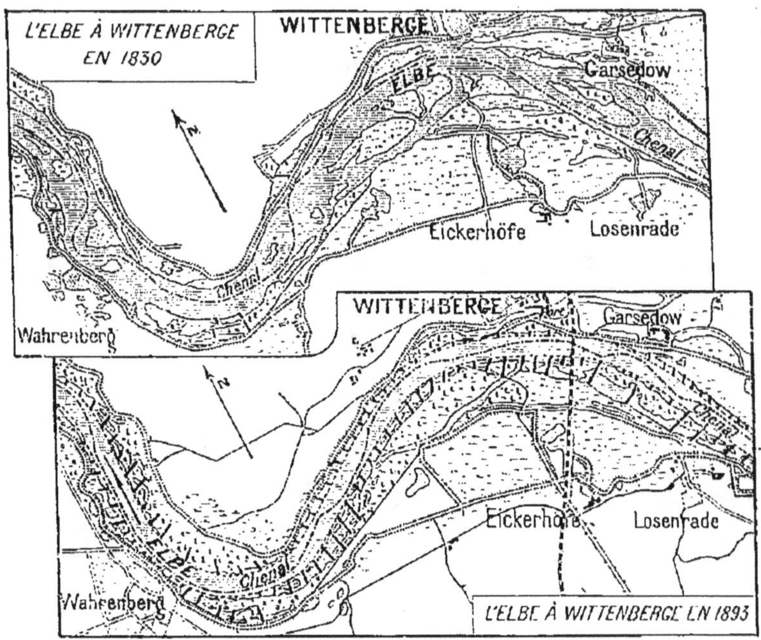

L'ELBE A WITTENBERGE.

En 1830, l'Elbe à Wittenberge avait un chenal très irrégulier et très capricieux parce que le lit du fleuve, trop large pour son débit, était encombré d'îles et de bancs de sable. On a rétréci ce lit par la construction d'épis noyés, et maintenant le chenal est régulier, la profondeur uniforme; l'Elbe, qui ne portait que de petites embarcations, reçoit maintenant des chalands de 300 à 400 tonnes et rend de très grands services au commerce.

régularisés; mais la construction de ces barrages de maçonnerie est très coûteuse quand le cours d'eau est très large.

Parmi les rivières françaises qu'on a canalisées sont la Seine, l'Oise, la Mayenne, la Sarthe, le Cher, le Lot, etc.

5° Les *canaux* sont de grands fossés creusés de mains d'homme, puis remplis d'eau. Ils sont formés de plusieurs biefs, ou paliers horizontaux, reliés par des écluses.

On distingue deux sortes de canaux : les *canaux latéraux*, établis à côté des cours d'eau qu'on ne pouvait améliorer par les procédés qu'on vient d'indiquer : la Garonne est doublée d'un canal latéral de Castets à Toulouse; — les *canaux de jonction*, creusés pour relier deux bassins voisins, tels que le canal du Rhône au Rhin, le canal de la Marne au Rhin, etc. ; on choisit naturellement, pour les faire passer, les points les moins élevés des lignes de partage des eaux.

LA MAYENNE A BOOTZ, PRÈS LAVAL.

Certaines rivières ont été canalisées, c'est-à-dire qu'on a barré leur lit, de distance en distance, par des murs en maçonnerie qui le traversent d'une rive à l'autre. La rivière se trouve ainsi divisée, comme un escalier, en une suite de paliers presque horizontaux séparés par de petites chutes verticales. On passe d'un palier, ou bief, au suivant à l'aide des écluses. Le barrage et l'écluse sont très visibles au milieu et vers la droite de la vue ci-dessus.

Navigation fluviale. — Les voies d'eau servent surtout au transport des marchandises. Les dimensions et le tonnage des embarcations qu'elles portent varient suivant la disposition des rives, la profondeur des eaux, les dimensions des écluses sur les canaux et fleuves éclusés.

Sur les fleuves larges et abondants, circulent des chalands très longs et très creux pouvant porter un tonnage de marchandises considérable. Il existe sur le Rhin inférieur des bateaux en acier mesurant jusqu'à 100 mètres de longueur, larges de 18 mètres, avec 3^m,40 de profondeur, qui portent près de 4000 tonnes. Sur le Rhin moyen, vers Mannheim, certains de ces bateaux, longs de 88 mètres, larges de 12, avec un tirant d'eau de 2^m,66 à pleine charge, portent 2000 tonnes. L'Elbe, qui a beaucoup moins d'eau que le Rhin, porte des bateaux, longs de 68 mètres, larges de 9 mètres, profonds de 60 ou 70 centimètres, d'un tonnage de 400 et 500 tonnes.

Sur les canaux et fleuves éclusés, les dimensions des chalands sont limitées par celles des écluses qui permettent aux embarcations de

LE PONT-CANAL DE BRIARE (LOIRET).

Pour suppléer les rivières impossibles à rendre navigables, ou pour unir deux bassins fluviaux voisins, on construit des canaux, ou rivières artificielles, à pente régulière, à profondeur égale. Ces canaux permettent aux bateaux de passer d'un versant à l'autre d'une chaîne de montagnes. A Briare, grâce à l'établissement d'un pont-canal, les bateaux passent d'une rive à l'autre de la Loire à plusieurs mètres au-dessus du fleuve qui n'est pas navigable : ce pont-canal est situé sur le canal qui unit la Haute-Loire au Loing et à la Seine.

passer d'un bief à l'autre. Leur capacité est moindre en général. Les écluses construites sur les premiers canaux mesuraient 30^m,57 de

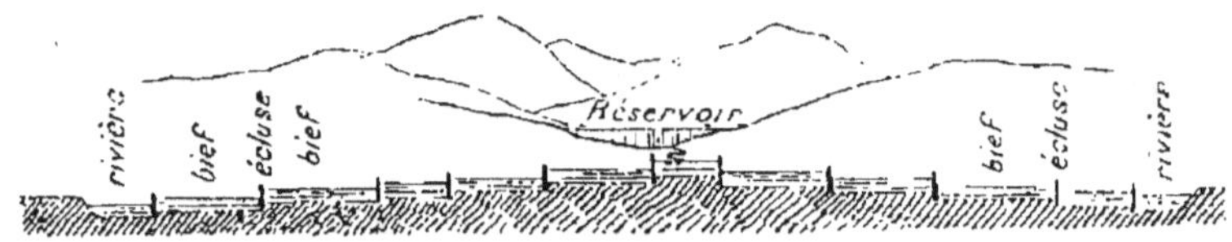

COUPE THÉORIQUE D'UN CANAL DE JONCTION.

Un canal de jonction est une sorte d'escalier hydraulique dont les paliers, ou biefs, communiquent les uns avec les autres par des écluses. Le difficile dans ces canaux, qui permettent aux bateaux de passer d'un bassin fluvial à un autre bassin voisin, est de se procurer de l'eau au bief le plus élevé, ou bief de partage.

long et 4^m,70 de largeur; la profondeur des biefs était de 1^m,20: ces premiers canaux n'admettaient donc au maximum que des bateaux de 30 mètres sur 4^m,50 avec 1 mètre de profondeur et pouvant porter au plus 100 ou 120 tonnes. Aujourd'hui, les écluses ont 38^m,50 de longueur et 5^m,20 de largeur; la profondeur des biefs est de 2^m,20; les péniches et chalands qui y passent transportent 300 tonnes de marchandises et même un peu plus.

A moins d'avoir des écluses considérables, les canaux ne peuvent donc porter des bateaux aussi grands que ceux des fleuves. D'un autre côté, la manœuvre des écluses est longue et occasionne des pertes de temps que les embarcations ne trouvent pas sur les fleuves libres. Ce sont là deux désavantages des canaux sur les cours d'eau ordinaires.

Ces désavantages des canaux sont compensés par des supériorités sur d'autres points : frais de traction sensiblement moindres, le courant étant presque nul sur un canal; sécurité absolue des relations que des crues ou, au contraire, des sécheresses extrêmes peuvent interrompre sur les cours d'eau ordinaires. Sur les canaux, on traîne avec moins de peine de bien plus lourdes charges, et une fois parti, on est toujours assuré d'arriver, ce qui ne se produit pas avec la même certitude sur les rivières non éclusées.

Il importe, en tout cas, pour que la navigation fluviale coûte le moins cher possible, que les bateaux qui vont d'un point à un autre trouvent les mêmes conditions de profondeur et de largeur sur tout leur parcours afin de pouvoir transporter leurs marchandises sans qu'il faille les alléger d'une partie de leur cargaison. Comme un ou deux hommes et une bête de trait suffisent pour tirer un bateau de trois cents tonnes, les transports par eau sont économiques, mais c'est à la condition que les bateaux puissent naviguer à pleine charge et sans supporter de frais de transbordement.

Routes. — Les pays civilisés sont sillonnés depuis longtemps de routes et chemins qui permettent aux piétons et aux voitures d'y circuler. Les meilleures routes sont les routes plates, parce que le tirage et la marche y sont moins pénibles, et les routes bien unies qui sont plus roulantes.

Jadis, les routes dépendaient étroitement du relief et de la nature du sol des régions traversées. D'une part, elles se modelaient sur les pentes, descendaient des sommets jusqu'au fond des vallons pour remonter les versants opposés : dans les pays de montagnes, elles n'étaient souvent qu'une suite de descentes escarpées et de côtes raides. De l'autre, elles étaient plus ou moins dures, suivant la nature du terrain qu'elles traversaient.

Il n'en est plus tout à fait ainsi aujourd'hui. En traçant les routes en lacets sur les montagnes, par la construction de ponts et de viaducs sur les vallées, par le percement de tunnels, on est arrivé à réduire beaucoup les pentes dans les régions montagneuses. On sait aussi empierrer les routes et leur donner une assiette qu'elles ne possédaient pas naturellement. La locomotion sur route a fait ainsi de grands progrès.

Chemins de fer. — Les voies ferrées datent du XIX⁰ siècle. Une première ligne fut inaugurée en Angleterre, près de Newcastle, en 1825 ; la France eut bientôt la sienne, près de Saint-Étienne, en 1828. Mais longtemps encore des idées pré-

ROUTE DU COL DE LUKMANIER.

, e col de Lukmanier, en Suisse, mène de la vallée supérieure du Rhin sur le versant italien, au pied de l'Oberalp et à travers les Alpes Lépontiennes dont les versants sont très escarpés. Pour y faire passer une route, il a fallu tracer celle-ci en lacets très sinueux.

conçues en retardèrent le plein développement. Les grands progrès ne se produisirent qu'à partir de 1840.

Comme les routes, les chemins de fer se modelèrent d'abord étroitement sur le relief. Les premières lignes suivirent les vallées, afin d'éviter le plus possible les pentes un peu fortes et les travaux d'art. On affirma longtemps que l'établissement des voies ferrées était impossible dans les pays de roches dures, comme la Bretagne française, ou dans les pays montagneux, comme les Alpes, les Pyrénées ou le Massif Central. L'emploi de locomotives plus puissantes, les progrès de la science des ingénieurs ont eu raison de ces difficultés, qui avaient paru d'abord insurmontables. On franchit les montagnes sous des tunnels, les vallées sur des viaducs. Les principaux tunnels percés jusqu'à ce jour en Europe sont ceux des Alpes : *tunnel du Mont-Cenis*, 13 kilomètres de longueur ; *tunnel du Saint-Gothard*, 15 kilomètres ; *tunnel du Simplon*, près de 20 kilomètres. Les principaux viaducs sont : le *pont du Forth*, long d'un kilomètre et demi, qui franchit le fond d'un golfe d'Écosse ; le *viaduc de Garabit*, haut de 122 mètres, sur la Truyère, dans le Massif Central, et le *viaduc du Viaur*, dans la même région ; le *viaduc*

LE PONT DU FORTH

Le pont du Forth, près d'Édimbourg, en Écosse, est un des ouvrages modernes les plus audacieux. Tout en fer, il franchit le fond du golfe du Forth, large en cet endroit de un kilomètre et demi.

de Chaumont et le *viaduc de Morlaix*, qui sont tout en maçonnerie.

Avant peu, de très hautes montagnes seront escaladées par des voies ferrées à crémaillères, funiculaires ou à ascenseurs. Une ligne remonte ainsi jusqu'au Gornergrat (3020 m.) au-dessus de Zermatt ; une voie ferrée permet également d'atteindre le sommet de la Jungfrau ; une autre ligne est en construction pour monter au sommet du Mont-Blanc.

Voies fluviales et voies ferrées. — Quand les premiers chemins de fer eurent été établis, beaucoup pensèrent que le temps des rivières navigables et des canaux était passé, et que désormais les voies ferrées auraient le monopole complet des relations et des transports. On proposa même d'utiliser le canal de la Marne au Rhin, en le desséchant et en y établissant des rails, pour y faire passer la grande voie ferrée de Paris à Strasbourg. L'expérience a montré, au contraire, que les chemins de fer et les voies navigables sont également indispensables à un grand pays. Les uns et les autres ont des avantages particuliers qui leur assurent tour à tour la supériorité.

Les chemins de fer sont beaucoup plus rapides et transportent plus vite les marchandises au loin, mais leurs transports sont plus chers.

L'ENTRÉE DU TUNNEL DU MONT-CENIS

Le tunnel du Mont-Cenis, dans les Alpes françaises, entre Modane et Bardonnèches, fut longtemps le plus long des ouvrages de ce genre; il n'a pas moins de 13 kilomètres de longueur. Il a été dépassé depuis par le tunnel du Saint-Gothard et par le tunnel du Simplon.

Ils conviennent donc pour le transport des denrées, des objets fabriqués qui représentent une grande valeur pour un volume relativement mince. Une tonne d'aiguilles, qui vaut plusieurs milliers de francs, peut supporter le prix d'un transport par chemin de fer qui, pour une distance de 400 ou 500 kilomètres, ne dépasse pas 25 à 30 francs; car le prix de ce transport ne représente qu'une très minime fraction de sa valeur. Au contraire, une tonne de houille, qui vaut 10 ou 12 francs sur le carreau de la mine, reviendrait à deux fois plus cher pour peu qu'on la transportât à quelque distance par voie ferrée.

Les transports par eau sont beaucoup plus économiques. Les bateaux de nos canaux portent 300 tonnes et plus de marchandises; un wagon portant 5 tonnes environ de marchandises, la charge d'un bateau équivaut donc à celle de 60 wagons; elle dépasse celle d'un très long train de marchandises. Or, pour traîner un tel bateau, il suffit de deux mariniers, d'un petit cheval ou d'un âne. On calcule que, sur un canal bien réglé, le prix des transports ne dépasse guère 1 centime par tonne et par kilomètre, soit 5 ou 6 fois moins en moyenne que par voie ferrée. Aussi les canaux conviennent-ils tout spécialement au transport des marchandises lourdes et encombrantes, combustibles, pierres, matériaux de construction, matières premières, qui représentent une valeur assez faible pour un gros volume.

LE VIADUC DU VIAUR.

Le Massif Central français est une des régions qui ont nécessité le plus grand nombre de travaux d'art pour les voies ferrées. Non loin du fameux viaduc de Garabit, sur la Truyère, se trouve le viaduc du Viaur (Aveyron); il est placé sur la ligne de Rodez à Albi et mesure 250 mètres de longueur; son tablier est à 114 mètres de hauteur au-dessus du niveau du Viaur.

On dit souvent que les voies ferrées et les voies d'eau se font concurrence; tout au contraire, elles se complètent. Les voies d'eau amènent la houille et les matières brutes; le chemin de fer remporte les objets fabriqués avec ces matières brutes et grâce à cette houille. La région du Nord est celle de France où il y a le plus de canaux, et ces canaux sont les plus actifs de la France entière; c'est en même temps celle qui a le plus grand nombre de voies ferrées prospères.

L'Allemagne, où les voies d'eau ont été l'objet de travaux considérables depuis un demi-siècle, fournirait des exemples remarquables du même fait. En voici un topique. Le commerce total de la ville de Francfort-sur-le Main s'élevait, en 1884-1886, à 1050000 tonnes, dont 898000 par voie ferrée et 152000 par voie d'eau. Les 36 kilomètres de la voie d'eau qui relie Francfort à Mayence furent canalisés, et le mouvement de la batellerie, auparavant languissant, devint aussitôt très actif; il passa, de 1886 à 1893, de 152000 à 1280000 tonnes. Mais cet accroissement ne se fit pas au détriment de la voie ferrée dont l'activité s'accrut également et passa dans le même temps. de 898000 à 1874000 tonnes. Ce fut le commerce total de la ville de Francfort qui y gagna en s'élevant de 1050000 tonnes à 3082000 tonnes : en sept ans, grâce à l'amélioration de la voie, il tripla, ce qui est énorme.

Navigation maritime. — La navigation

CHEMINS DE FER DE MONTAGNE.

1. LE CHEMIN DE FER A CRÉMAILLÈRE DU PILATE (SUISSE).

Les montagnes opposèrent long-temps à l'établissement des voies ferrées un obstacle qui paraissait insurmontable. Aujourd'hui, les voies ferrées les traversent par des tunnels, s'élèvent lentement le long de leurs pentes par des lacets. Certaines d'entre elles sont à crémaillère et escaladent les flancs des montagnes jusqu'au sommet. La voie du Saint-Gothard, en Suisse, est une des voies ferrées sur lesquelles on compte le plus grand nombre de travaux d'art; sur plus de 200 kilomètres, elle forme une succession ininterrompue de lacets superposés, de rampes, de viaducs et de tunnels, dont l'un mesure 14 kilomètres de longueur.

2. LA VOIE FERRÉE DU SAINT-GOTHARD, EN SUISSE.

maritime se fait par des navires à voiles ou par des navires à vapeur.

Jusqu'au milieu du XIXᵉ siècle, les transports par mer se firent principalement par voiliers. Les dimensions de ces voiliers ne cessèrent, du reste, d'augmenter avec le temps. La plus grande des trois caravelles avec lesquelles Colomb découvrit le Nouveau Monde, n'avait pas plus de 175 tonneaux[1]. Les grands progrès datent du XIXe siècle. A partir de 1840, on a construit en Amérique, puis en Europe, des navires allongés, nommés *clippers*, taillés pour couper (*clip*) les flots. Les clippers modernes peuvent effectuer des parcours de 250 ou 300 kilomètres par 24 heures ; les plus grands d'entre eux ont six ou même sept mâts, une coque et des cordages en acier, une surface de voiles qui va jusqu'à 5000 et 6000 mètres carrés ; ils jaugent 5000 tonneaux et plus, soit la charge d'une vingtaine de trains de marchandises.

La navigation à vapeur date du XIXe siècle. Le premier voyage effectué avec succès par un bateau à vapeur fut celui du *Clermont*, sur l'Hudson, de New-York à Albany, en 1807. Depuis, les progrès de la navigation à vapeur ont été ininterrompus : l'hélice a remplacé les roues à aubes : le fer, puis l'acier ont été substitués au bois dans la construction des coques ; la machinerie a gagné en puissance. Aujourd'hui les plus grands steamers mesurent 200 mètres et plus de longueur, une largeur de 20 mètres, un creux de 12 à 13 mètres ; avec ces dimensions colossales ils jaugent 20000 ton-

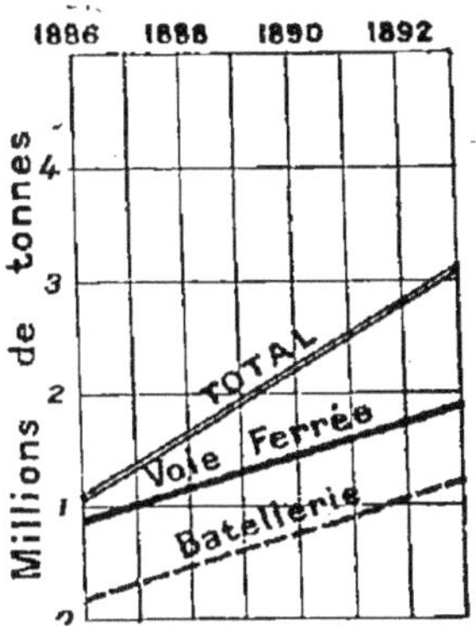

ACCROISSEMENT
DU COMMERCE DE
FRANCFORT-SUR-LE-MAIN
DE 1886 A 1893.

En 1886, la ville de Francfort-sur-le-Main était desservie par des voies ferrées, mais le Main et le Rhin étaient peu navigables ; il était difficile d'y accéder par bateau ; les 6/7 du commerce se faisaient par le chemin de fer. Depuis lors le Rhin et le Main ont été rendus navigables. Conséquence, le commerce par voie fluviale a augmenté dans la proportion de 1 à 8 ; mais en même temps le commerce par voies ferrées a doublé. Les voies fluviales et les voies ferrées ne se font donc pas concurrence ; elles se complètent plutôt et se soutiennent.

neaux et plus. Quant à la vitesse, elle atteint et dépasse 40 kilomètres à l'heure, soit environ 1000 kilomètres par 24 heures. Ces navires immenses, véritables villes flottantes, ne coûtent pas moins de 15 millions de francs.

---

1. Il ne faut pas confondre tonne et tonneau : *tonne* représente une mesure de poids, une tonne vaut 1000 kilogrammes ; *tonneau* représente une mesure métrique.

Actuellement, la flotte mondiale comprendrait :

30 000 voiliers jaugeant un tonnage net de   9 100 000 tonneaux
18 000 steamers   —   —   —   18 900 000   —

Les voiliers représentent donc seulement 32 pour 100 du tonnage total des marines marchandes du globe.

Le développement de la navigation à vapeur a eu pour résultat de diminuer beaucoup la longueur des traversées. La vapeur a

VOILIERS ET STEAMERS.

Jadis la navigation se faisait uniquement par bateaux à voiles; aujourd'hui la navigation à vapeur, beaucoup plus rapide, tend à la remplacer en grande partie. De 1873 à 1906, le tonnage des voiliers en usage dans le monde a diminué de près de moitié; celui des steamers a presque quadruplé.

permis d'obtenir des vitesses plus grandes; en outre, les steamers, n'ayant pas à compter avec le vent, peuvent suivre la route la plus directe, tandis que les anciens voiliers devaient souvent en prendre une plus longue afin de profiter des vents et des courants. Les statistiques montrent que le tonnage des navires en service sur le globe n'a pas augmenté dans une très grande proportion depuis cinquante ans, et il semblerait, à examiner la question d'une manière superficielle, que l'importance des échanges commerciaux n'a pas varié très sensiblement. Mais, si le tonnage total des navires n'a pas varié, la plupart de ces navires, qui étaient jadis des voiliers, sont aujourd'hui des vapeurs,

et il ne faut pas oublier que, à tonnage égal, un steamer effectue
en un an, grâce à sa vitesse plus grande, une somme de transports beaucoup plus considérable, de trois à cinq fois plus, suivant les estimations de ceux qui ont étudié la question.

Postes, télégraphes, téléphones. — Actuellement, il est
indispensable à l'agriculture, à l'industrie et au commerce de pouvoir transmettre rapidement à distance des ordres d'achat ou de
vente. Les postes, les télégraphes et les téléphones constituent
le complément indispensable de l'outillage économique.

Les *postes* ont pris un développement considérable au XIX° siècle; tous les pays civilisés en possèdent un service actif, et
l'Union postale universelle, acceptée par une série de congrès
réunissant les diverses puissances (1874-1876), en a unifié le
fonctionnement d'un bout à l'autre de la terre.

Les *télégraphes* et les *téléphones* se sont considérablement
développés, et des réseaux de plus en plus étendus ont permis
de transmettre en quelques instants des ordres de Londres ou
de Paris jusqu'aux extrémités les plus reculées de la terre. On
compte plus de 1 200 000 kilomètres de lignes télégraphiques
sur le globe. Les différents continents sont reliés par des câbles
sous-marins qui traversent l'océan Atlantique, la Méditerranée,
l'océan Indien, et même l'océan Pacifique. La longueur des câbles sous-marins est d'environ 420 000 kilomètres, dont 270 000 kilomètres appartiennent à l'Angleterre, 70 000 aux États-Unis et
50 000 à la France.

**Progrès dans la rapidité des communications et des
transports.** — On a dit que les découvertes scientifiques avaient,
sinon supprimé, du moins réduit beaucoup le temps et l'espace. Aller
d'Europe en Amérique semble aujourd'hui une entreprise infiniment
plus facile et plus courte que ne l'était, il y a trois ou quatre siècles,
la simple traversée de la France entière.

Les premiers carrosses datent du milieu du XVI° siècle. En 1550, on
n'en comptait pas plus de trois en France ; c'étaient d'énormes
machines, tirées par six ou huit chevaux, qui n'effectuaient pas plus
de 2 ou 3 kilomètres à l'heure. Vers 1660, les premières voitures
publiques firent leur apparition : c'étaient des charrettes assez semblables à celles de nos paysans, longues de 5 à 6 mètres, qu'on remplissait de paille et qu'on couvrait d'une bâche; on s'y entassait,
accroupis sur les planches du fond, ou assis sur les montants ; dans
les côtes tout le monde descendait et poussait aux roues, car les
chemins étaient épouvantables, les chevaux fourbus : on mit alors en
moyenne cinq jours en été, six jours en hiver, pour aller de Paris à

Lyon. Dans la première moitié du XIXe siècle, la diligence, lourde machine pesant chargée 4 500 kilos, ne parcourait pas plus d'une lieue à

Au XVIIe Siècle , 136 heures — 3 kil.727 à l'heure

au XVIIIe Siècle, 100 heures — 5 kil.070 à l'heure

en 1845 41 h^s,11k.244 à l'heure

en 1912, 6 h.13'; 81 k. à l'h. en rapide

PROGRÈS DANS LA RAPIDITÉ DES COMMUNICATIONS DE PARIS A LYON.

Les voyages sont devenus de plus en plus rapides depuis deux siècles. De Paris à Lyon, par voiture, on mettait 136 heures au dix-septième siècle; on ne mettait plus que 100 heures à la fin du dix-huitième siècle, et 45 heures en 1845. Aujourd'hui, par rapide, on ne met pas plus de 7^h 20'; au dix-septième siècle, après 7^h 20' de trajet on n'avait parcouru que 27 ou 28 kilomètres de Paris, soit 1/20 environ du chemin total. La vitesse moyenne, il y a deux cents ans, n'atteignait pas une lieue à l'heure en moyenne (un piéton aurait marché plus vite); elle s'élève aujourd'hui à 81 kilomètres à l'heure.

l'heure en 1810, deux lieues et demie vers 1845. Aujourd'hui, les trains Scott sur route peuvent remorquer des véhicules chargés jusqu'à

UN GRAND TRANSATLANTIQUE MODERNE : LA LORRAINE.

Les grands paquebots modernes sont de véritables villes flottantes. La Lorraine qui fait un service régulier entre le Havre et New-York, mesure 177 mètres de longueur, une largeur de 18 mètres, une profondeur de 14. Avec une vitesse de 37 kilomètres à l'heure, il peut transporter 1500 voyageurs à travers l'Atlantique en 6 jours.

15 000 kilos à une allure de 6 à 7 kilomètres à l'heure; un train Scott de voyageurs marche à une allure de 12 à 16 kilomètres.

Sur les chemins de fer, l'existence de rails, atténuant beaucoup le frottement, a rendu les transports plus faciles et permis d'atteindre des vitesses bien autrement considérables. Dans les pays les plus avancés, comme la France, l'Angleterre, les États-Unis, les trains rapides atteignent une moyenne de 90 à 100 kilomètres à l'heure. On va aujourd'hui en 7 heures de Paris à Londres, en 15 ou 16 jours de Londres ou de Paris à Vladivostok, à l'extrémité orientale de l'Ancien Monde, sur l'océan Pacifique.

Même progrès sur mer. En 1816, la traversée de Liverpool à New-York durait 40 jours à l'aller, et 23 jours seulement au retour parce que, dans ce sens, les vents d'ouest et le courant du Gulf-Stream favorisaient le passage. Aujourd'hui les grands voiliers font le même trajet en 15 ou 20 jours. Mais les steamers vont bien plus vite encore, et ils traversent l'Atlantique, d'Europe en Amérique, en 5 ou 6 jours seulement : au mois d'août 1900, le paquebot *Deutschland* a fait le trajet de New-York en Europe en 5 jours 15 heures. On met moins longtemps aujourd'hui pour aller de Paris à Chicago qu'il y a un siècle pour aller de Marseille à Paris.

Et l'on comprend que toutes les conditions de la vie économique se soient trouvées modifiées par ce progrès si sensible dans les communications. Il est devenu possible à tous les pays du monde d'écouler leurs produits au loin, et les pays neufs, où les matières premières étaient produites en abondance et à bas prix, ont pu concurrencer les anciens pays jusque sur leurs propres marchés : d'où une transformation des cultures. C'est ainsi qu'en Angleterre, on a renoncé à cultiver le blé, qui y revenait plus cher que le blé importé d'Amérique, pour étendre les pâturages et développer l'élevage. Les cultures tendent à se localiser de plus en plus dans les centres de production qui présentent seuls les conditions les plus favorables.

CONCLUSION
LE MONDE ÉCONOMIQUE ACTUEL

SOMMAIRE

I. Il y a sur le globe environ 850 000 kilomètres de chemins de fer en exploitation. Parmi les lignes qui ont une importance générale, on peut citer : en Europe, les lignes qui traversent l'isthme européen Calais a Marseille ; Ostende, Brindisi, Hambourg à Constantinople ; Pétersbourg à Trieste, et celle qui mène de l'Atlantique à la frontière de l'Asie ; — en Asie, le transsibérien, le transcaspien et les amorces des chemins de fer de l'Inde par la Mésopotamie ; — dans le Nouveau Monde, le transcanadien, les quatre grands transcontinentaux qui mènent de New-York à San-Francisco à travers les États-Unis, et le transandin, de Buenos-Aires à Valparaiso.

II. De nombreuses lignes transatlantiques relient les ports européens à ceux de la côte orientale américaine, ainsi qu'aux grands pays de l'Extrême-Orient, Inde, Chine, Japon ; d'autres moins nombreuses vont des ports américains en Extrême-Orient à travers le Pacifique. Deux grandes entreprises ont de nos jours déplacé les anciens courants de circulation maritime sur le globe, savoir : le percement du canal de Suez et celui du canal de Panama.

III. Le commerce se concentre de plus en plus dans un petit nombre de ports qui sont particulièrement bien situés pour les échanges et qu'on a dotés d'un outillage spécial remarquablement conditionné. Ces ports occupent le fond des golfes qui mordent le continent (Gênes, Trieste), le débouché des grands bassins fluviaux (Hambourg, Anvers, Marseille, Chang-Haï), des extrémités continentales où aboutissent de grands réseaux ferrés (Le Cap, Sydney, Melbourne), des points d'escale ou de passage nécessaire (Lisbonne, Copenhague). Les quatre principaux ports du monde sont Londres, New-Nork, Hambourg, Anvers ; Marseille, premier port français, vient, au neuvième rang des ports du monde.

IV. On peut dire qu'il y a actuellement sur le globe cinq puissances économiques principales : l'*Angleterre*, qui est au premier rang ; l'*Allemagne* qui a fait de très grands progrès depuis le dernier quart du XIXᵉ siècle : la *France* qui progresse mais plus lentement ; le *Japon*, qui, jadis presque inconnu, s'est imposé comme une puissance avec laquelle l'Europe devra compter désormais ; les *États-Unis* qui, soutenus par d'immenses ressources de tout genre, affichent ouvertement l'ambition de prendre bientôt le premier rang dans le monde et s'acheminent, en effet, vers ce résultat avec une rapidité remarquable. — On n'aurait pas de peine à prouver, par l'histoire contemporaine de ces divers États, que les questions d'ordre économique ont pris une importance croissante dans la politique générale des États et dans l'humanité.

Développement.

Les grandes voies ferrées transcontinentales. — Il existe encore sur le globe des régions où les moyens de circulation et de transport sont primitifs. Mais des voies ferrées nouvelles se créent tous les jours et facilitent de plus en plus les relations.

Les lignes ferrées actuellement en activité sur le globe ont une longueur totale de 1 102 000 kilomètres, savoir :

Europe	334 000^{km}	1^{km} pour	1197 hab.	3338^m pour 100^{kmq}			
Asie-Insulinde.	102 000^{km}	1^{km} —	8853 —	240 —			
Afrique	37 000^{km}	1^{km} —	4038 —	124 —			
Amérique . . .	598 000^{km}	1$^{k''}$ —	242 —	1466 —			
Océanie. . . .	31 000^{km}	1^{km} —	225 —	270 —			

1° L'**Europe** est aujourd'hui couverte par un réseau de chemins de fer très serré et, peut-on dire, si l'on excepte la Russie, complet. Outre les innombrables voies d'intérêt national dans chaque État, de grandes voies internationales le traversent du nord au sud et de l'ouest à l'est.

Celles du nord au sud sont les plus impor antes ; elles unissent le monde océanique au monde méditerranéen, les États anglo-saxons et germaniques aux États latins et aux marchés orientaux. Ce sont : 1° la *ligne de Calais à Paris, Lyon et Marseille*, qui traverse ce qu'on a appelé justement l'isthme français ; — 2° les *lignes de Calais, d'Ostende, d'Anvers et d'Amsterdam, à Gênes ou à Brindisi*, qui traversent le cœur des Alpes, soit par le Mont-Cenis, soit par le Simplon, soit par le Saint-Gothard ; — 3° la *ligne de Hambourg à Constantinople et à Salonique*, par Berlin, Vienne et la grande voie du Danube ; — 4° la *ligne de Saint-Pétersbourg à Varsovie, Vienne, Trieste et l'Italie*, par la porte morave et les Alpes orientales ; — 5° la *ligne de Saint-Pétersbourg et de Moscou à Odessa et à Sébastopol*, sur la mer Noire, à travers la Russie.

Les lignes d'ouest en est, dont l'importance naguère était moindre, présentent aujourd'hui l'avantage d'unir l'Europe occidentale à l'Extrême-Orient, depuis la construction du transsibérien, ou de mener vers l'Inde. Ce sont : 1° les grandes lignes qui joignent *Cadis et Lisbonne, Londres et Paris, à Berlin, Saint-Pétersbourg et Moscou*, et qui se prolongent par Irkoutsk jusque sur les bords du Pacifique; — 2° la grande ligne qui unit *Londres et Paris à Munich, Vienne, Budapest, Constantinople,*

LE TRANSSIBÉRIEN.

Les terrassements sont rudimentaires, les traverses qui supportent la voie ne sont pas recouvertes de terre, les rails sont médiocres; le transsibérien n'admet guère que des vitesses maxima de 30 à 35 kilomètres. Il faudra refaire peu à peu cette ligne improvisée, et l'on pourra réaliser alors des vitesses bien supérieures à celles d'aujourd'hui. Mais, en attendant, des trains peuvent y circuler et permettent de se rendre en seize ou dix-sept jours d'Europe en Chine, un trajet qui, par caravanes, demandait naguère trois mois.

d'où, de l'autre côté du Bosphore, des amorces partent vers l'Euphrate.

 2° L'**Asie** est loin d'avoir un réseau aussi complet que celui de l'Europe, si l'on excepte certaines parties de l'Inde anglaise. Elle n'en est pas encore à la période des réseaux à mailles serrées, mais à celle des grandes voies transcontinentales. Elle en possède deux complètement achevées : le *transsibérien*, qui traverse la Sibérie méridionale et s'épanouit à l'est en plusieurs

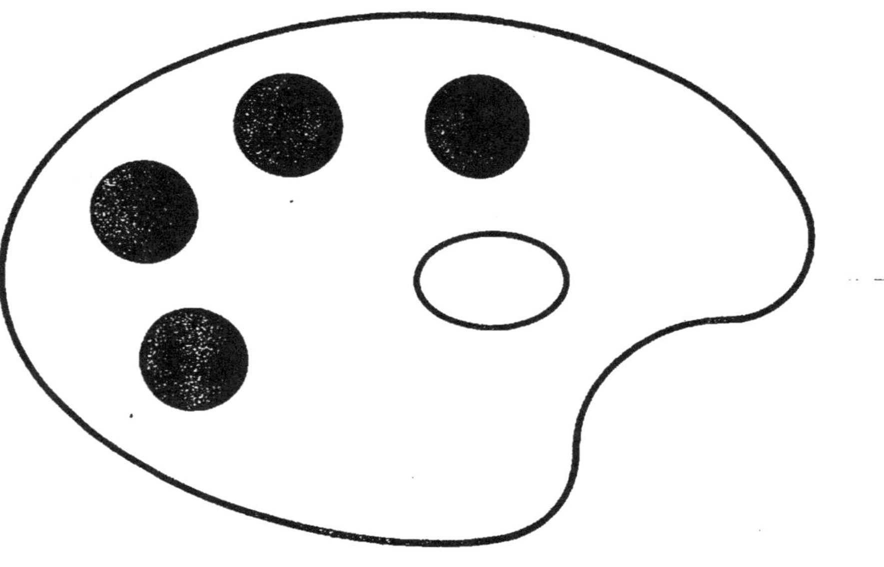

Original en couleur
NF Z 43-120-8

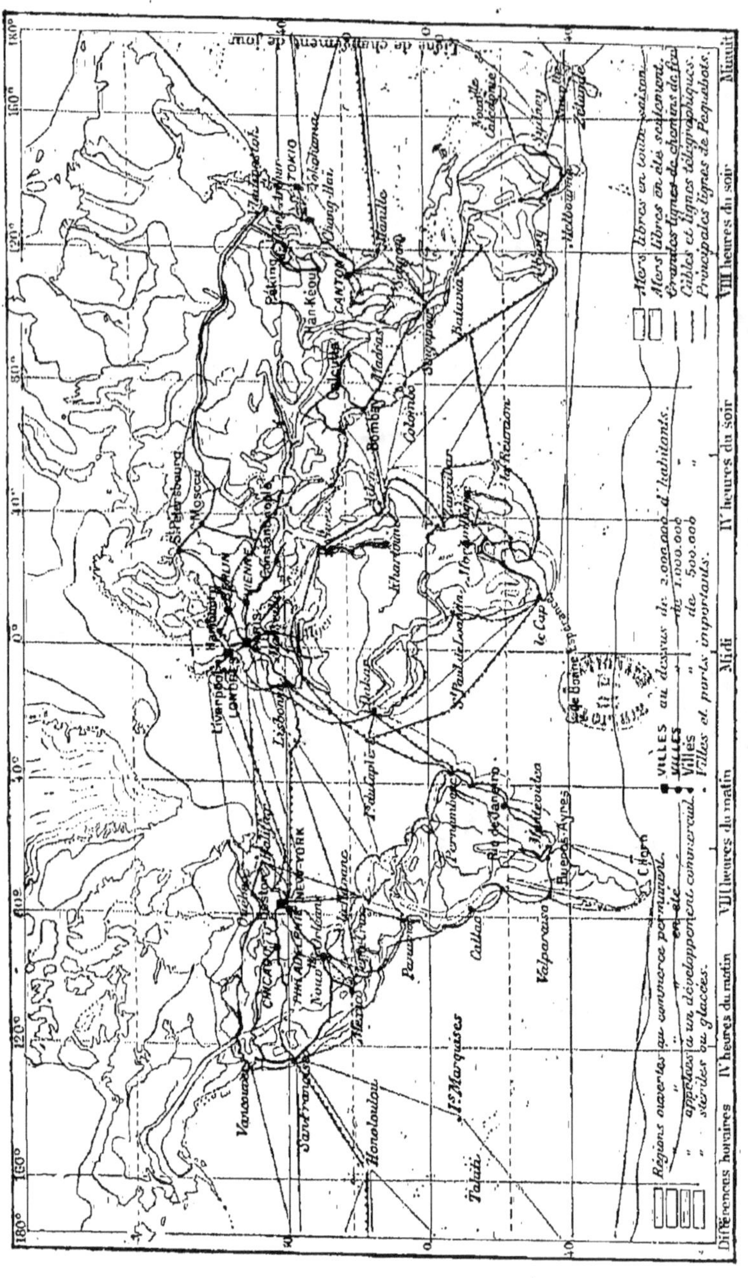

Des voies ferrées transcontinentales, de grandes lignes de navigation, des câbles sous-marins font aujourd'hui le tour du globe; ils sont nombreux surtout dans l'hémisphère nord, le plus continental, le plus peuplé, le plus civilisé.

lignes qui aboutissent à Vladivostok en Sibérie, à Fousan extrémité de la Corée, à Port-Arthur sur la mer Jaune, et à Péking ; grâce au transsibérien, on fait aujourd'hui en 16 ou 17 jours le trajet de Péking à l'Europe que les caravanes mettaient trois mois à accomplir ; — le *transcaspien*, qui unit Krasnovodsk, sur la Caspienne, à Merv, et de là se divise en deux bras, dont l'un tend vers Hérat et l'Inde, et l'autre, par Samarkand et Tachkent, vers la Chine et la Sibérie.

Un *projet de transasiatique*, ayant pour but la jonction de l'Europe et de l'Inde par la Perse, est amorcé grâce à la construction d'une voie ferrée qui unit Smyrne à Koniah, sur le plateau d'Asie Mineure, et tend vers Bagdad : de là, le prolongement vers le golfe Persique s'impose, en attendant le prolongement vers Ispahan et l'Inde. La malle des Indes, qui par Brindisi et la Méditerranée met 14 jours, n'en mettrait que 11 par la voie nouvelle. De plus, une telle ligne réveillerait l'activité commerciale de pays fertiles, comme la Mésopotamie.

3° **L'Afrique** est encore fort pauvre en chemins de fer. Elle n'a que trois réseaux assez développés, en Algérie, en Égypte, et surtout dans l'Afrique australe. Elle n'en est pas encore à l'époque des transcontinentaux, mais seulement à celle des *chemins de fer de pénétration*. Sur tout son pourtour partent de la côte des tronçons de voies ferrées, amorces peut-être des grandes voies de l'avenir, chemins de fer du Sénégal, du Bas-Congo, de Djibouti vers l'Abyssinie, de l'Ouganda vers le Haut-Nil. Mais la plupart des transports se font encore, soit à dos de bêtes de somme (le chameau dans le Sahara), soit même à dos d'hommes (dans presque toute l'Afrique centrale).

On a jeté pourtant les bases de plusieurs voies ferrées transafricaines : 1° un *projet de transsaharien* est proposé pour unir Alger à Tombouctou et à Dakar ou Konakry, à travers le Sahara et le Soudan occidental ; mais les difficultés d'exécution seront grandes, notamment à travers le désert, et les bénéfices peu certains ; — 2° il existe plusieurs projets de lignes transversales unissant le littoral de l'Atlantique à celui de l'océan Indien par l'Afrique équatoriale ; — 3° le projet d'une ligne reliant le *Cap au Caire* est le seul qui soit en voie d'exécution ; au nord, la ligne est construite du Caire à Khartoum ; au sud, elle s'avance du Cap jusqu'au delà du Zambèze ; lorsqu'elle sera achevée, 12 jours suffiront pour traverser du nord au sud toute l'Afrique, l'ancien continent inconnu.

En somme, l'Afrique est, de tous les grands continents, le plus pauvre en voies ferrées; il faut en accuser sa forme massive, la pauvreté de certaines régions du centre, et l'état peu avancé de la colonisation dans tout l'intérieur.

4° L'**Amérique** a un réseau plus long que celui de l'Europe, moindre toutefois si l'on considère le rapport de la longueur de ce réseau avec l'étendue du continent américain. D'ailleurs, les États-Unis renferment, à eux seuls, plus des trois quarts du réseau américain; la région du Saint-Laurent dans le Canada, le plateau du Mexique, le plateau brésilien, la région de a Plata dans l'Argentine et le Chili, absorbent presque tout le reste. Au contraire, l'Amérique possède d'immenses étendues, comme l'Amazonie, sans aucun chemin de fer. De l'Amérique on peut donc dire, comme de l'Asie, qu'elle n'a pas encore atteint la période des réseaux à mailles serrées, et qu'elle en est seulement à celle des transcontinentaux.

L'Amérique du Nord a cinq voies transcontinentales principales unissant l'Atlantique au Pacifique : 1° le *transcanadien*, qui unit Halifax à Québec et à Vancouver, par le Saint-Laurent, le nord des Grands Lacs et les Rocheuses; — 2° quatre lignes traversant les États-Unis, le *Nord-Pacifique*, de New-York à Astoria, par Chicago et Minneapolis; le *Central-Pacifique*, de New-York à San Francisco, par Chicago et le Grand Lac Salé; l'*Atlantique-Pacifique*, de New-York à San Francisco, par Saint-Louis et Santa Fé; le *Sud-Pacifique*, de New-York à San Francisco, par la Nouvelle-Orléans et le Texas. D'autres lignes secondaires existent; d'autres sont en projet ou en voie d'exécution, notamment un second transcanadien, de Québec à Port-Simpson. Actuellement, le Central-Pacifique mène en 96 heures d'un océan à l'autre à travers toute la largeur de l'Amérique du Nord.

Dans l'Amérique centrale, la ligne de *Colon à Panama* traverse l'isthme de Panama, le plus étroit de l'Amérique centrale. Dans l'Amérique du Sud, le *transandin* unit Buenos-Aires à Valparaiso, par Rosario, Mendoza et Santiago; il ne reste à terminer qu'une section de quelques kilomètres dans la traversée des Andes.

On a souvent parlé de la construction d'une grande voie ferrée transaméricaine nord-sud, allant de New-York à Buenos-Aires à travers l'Amérique centrale. D'importants fragments en sont déjà construits, notamment la ligne de New-York à Mexico. Mais l'état de rivalité souvent aiguë de certains pays traversés, notamment dans la partie isthmique qui unit les deux Amériques, retardera sans doute l'exécution de cette voie pendant longtemps encore.

5° L'**Australie** en est comme l'Afrique, à la période des chemins de fer de pénétration. Les deux régions vitales de l'Australie, l'ouest et surtout l'est, possèdent des lignes nombreuses. On projette de construire deux transaustraliens, l'un du nord au sud, l'autre de l'ouest à l'est. Les tronçons extrêmes sont déjà faits. Mais il semble que les parties centrales, qui traverseraient d'immenses déserts, n'ont pas de chances immédiates d'exécution.

Les grandes lignes de navigation. — Le monde moderne possède trois grands foyers de production, trois grands centres de consommation : 1° le *groupe européen*, comprenant surtout les États de l'Europe occidentale et centrale, avec leurs ports principaux : Hambourg, Brême, Londres, Liverpool, Rotterdam, Anvers, le Havre, Lisbonne, Cadiz, Marseille, Gênes ; — 2° le *groupe américain*, avec les deux Amériques et leurs grands ports atlantiques, Halifax, Boston, New-York, Philadelphie, la Nouvelle-Orléans, Vera-Cruz, la Havane, Rio de Janeiro, Montevideo, Buenos-Aires ; — 3° le *groupe d'Extrême-Orient*, Inde, Chine, Japon, Insulinde et Australie, dont les grands entrepôts sont Bombay, Calcutta, Singapour, Hong-Kong, Chang-Haï, Yokohama, Melbourne, Sydney.

Trois groupes de lignes de navigation unissent entre eux ces trois pôles de la vie économique du globe.

1° **Lignes qui unissent l'Europe occidentale à l'Extrême-Orient.** Jadis les communications entre ces divers pays se faisaient, d'une part, par le cap de Bonne-Espérance, au sud de l'Afrique, ce qui obligeait à un détour considérable ; d'autre part, par le détroit de Magellan, au sud de l'Amérique, ce qui obligeait à un détour plus considérable encore. Le percement de l'isthme de Suez a ouvert une route directe entre l'Europe et l'Extrême-Orient.

Le *canal de Suez*, inauguré en 1869, a raccourci considérablement la distance qui existait entre l'Europe, surtout l'Europe méditerranéenne, et l'Inde ou la Chine : la distance qui séparait Marseille de Bombay s'est trouvée abaissée de 5650 lieues à 2374 lieues, soit dans la proportion de 58 pour 100. Sans doute la traversée du canal est lente, bien que l'installation de fanaux électriques permette maintenant d'y naviguer la nuit, et les navires qui y passent doivent acquitter des droits élevés (10 francs par tête de voyageurs et 8 fr. 50 par tonne de mar-

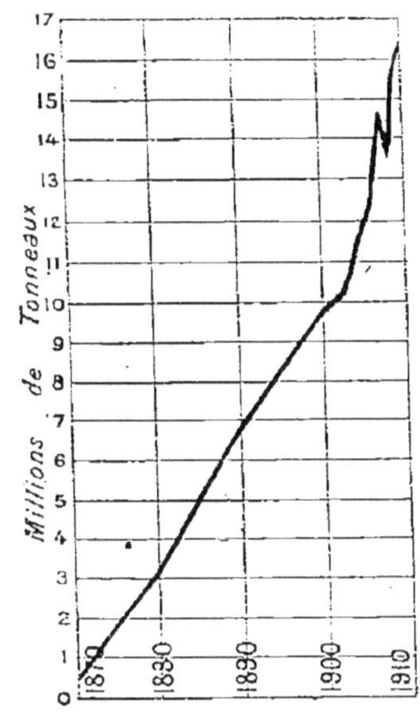

PROGRÈS DE LA NAVIGATION PAR LE CANAL DE SUEZ.

Le canal de Suez a été ouvert en 1869; depuis lors, son importance n'a cessé de s'accroître; le tonnage des navires qui l'ont suivi est passé de 436 000 tonnes en 1870 à 16 600 000 en 1910. Environ 91 pour 100 du commerce entre l'Europe et l'Inde ou l'Extrême-Orient suivent cette voie de préférence à l'ancienne qui doublait l'Afrique par le cap de Bonne-Espérance, au sud.

chandises). Mais l'économie de temps et de combustible, par suite de la diminution du trajet, est telle que les navires ont avantage à emprunter cette voie. Le nombre de navires qui suivent le canal a augmenté d'année en année : 436 000 tonneaux en 1870, 3 057 000 en 1880, 6 890 000 en 1890, 9 738 000 en 1900, 16 600 000 en 1910. Environ 91 pour 100 du commerce total de l'Europe avec l'Extrême-Orient se font par cette voie.

2° **Lignes qui unissent l'Europe occidentale à l'Amérique du Nord.** Ces lignes constituent le plus fort courant commercial du globe avec celui qui passe par le canal de Suez. Entre les États-Unis et le Canada, d'une part, l'Angleterre, la France, l'Allemagne, la Belgique et l'Italie, d'autre part, les échanges de matières premières et de produits manufacturés, ainsi que le transit des voyageurs, sont énormes.

Du côté de l'Amérique, le port de *New-York*, par suite de l'encombrement du Saint-Laurent par les glaces une partie de l'année, et par suite de la concentration des chemins de fer des États-Unis vers ce point, est le grand terminus.

Du côté de l'Europe, les têtes de lignes sont nombreuses : *Hambourg*, qui par l'Elbe et les canaux allemands débouche la majeure partie de l'Europe centrale : *Brême*, également en Allemagne; *Rotterdam* et *Anvers*, débouchés des riches régions industrielles de l'Allemagne rhénane et de Belgique; *Londres* et *Liverpool*, principaux débouchés de l'Angleterre; *le Havre*, le plus grand port de la France sur l'Atlantique; *Marseille* et *Gênes*, les deux principaux ports méditerranéens. Le trajet entre les États-Unis et les ports de l'Europe occidentale dure de six à sept jours, la traversée de l'Océan lui-même durant six jours.

3° **Lignes qui unissent l'Europe à l'Amérique du Sud.** Ce troisième courant est presque aussi important pour la

LE CANAL DE SUEZ.

Long de 160 kilomètres entre la Méditerranée et le fond de la mer Rouge, large de 22 mètres à la surface et de 8 mètres au fond, profond de 9 à 10 mètres, le canal de Suez a ouvert une route directe de communication aux navires qui vont d'Europe en Extrême-Orient, ou réciproquement, et qui devaient autparavant doubler l'Afrique par le cap de Bonne-Espérance. De distance en distance, des gares facilitant le croisement des bateaux qui vont en sens inverse.

valeur et le nombre des marchandises transportées, sinon pour la fréquence des voyages.

Les grandes têtes de lignes en Amérique sont Rio de Janeiro, Montevideo, Buenos-Aires : le port de *Buenos-Aires*, au débouché du Rio de la Plata et des voies ferrées qui rayonnent tout autour, est le grand terminus.

Les têtes de lignes en Europe sont Hambourg, Londres, Bordeaux, Lisbonne, Marseille et Gênes. Il faut en moyenne 21 jours pour se rendre de Bordeaux à Buenos-Aires. Cette ligne se prolonge réellement par le sud de l'Amérique jusqu'à Valparaiso, sur la côte du Chili, le long du Pacifique.

4° Il faut enfin mentionner des groupes de lignes secondaires qui ont aussi leur importance : les lignes qui unissent les ports de l'Amérique du Nord à ceux de l'Amérique centrale et de l'Amérique du Sud; — les lignes qui unissent les ports de l'Europe avec ceux de l'Afrique occidentale, et qui amènent à Bordeaux, Anvers, Rotterdam, Hambourg, Marseille, des pro-

TRAVAUX DU CANAL DE PANAMA.

Le canal de Panama a été conçu pour relier l'Atlantique au Pacifique à travers l'isthme le plus étroit de l'Amérique centrale. Son importance sera grande sans doute, moindre toutefois, semble-t-il, que celle du canal de Suez, parce qu'il unit moins des continents riches et peuplés que des océans vastes et dépourvus de grandes terres, de lieux de production et d'échanges.

duits de plus en plus recherchés : ivoire, caoutchouc, graines oléagineuses; — les *lignes méditerranéennes*, qui se joignent à la grande ligne d'Europe en Extrême-Orient pour faire de la Méditerranée la mer de beaucoup la plus fréquentée du globe : Barcelone, Marseille, Alger, Gênes, Naples, Trieste, Alexandrie, Port-Saïd, les Échelles du Levant, Smyrne, Athènes, Salonique, Constantinople, sont les grands entrepôts de cette mer intérieure que les steamers traversent en vingt-quatre heures de Marseille

Alger, en cinq jours de Marseille à Alexandrie ; — enfin les *lignes du Pacifique*, qui unissent l'Amérique occidentale à l'Extrême-Orient.

En comparaison de l'Atlantique, si fréquenté, le Pacifique apparaît presque vide de navires. De San-Francisco aux Philippines, à la Chine et au Japon, fonctionne le seul trafic qui vaille d'être cité. L'océan Pacifique est trop vaste, trop pauvre en terres et en escales pour qu'un grand courant commercial le traverse. La route vers l'Extrême-Orient par Suez est préférable, bien qu'aussi longue ou plus longue pour les États européens et même pour la région orientale des États-Unis la plus industrielle et la plus commerçante. Les choses seront-elles changées quand l'isthme de Panama sera percé ?

Certes, le *canal de Panama* diminuera de 200 à 300 lieues la distance entre l'Europe occidentale et l'Australie. Mais, la voie nouvelle n'offrant aucune escale après les Antilles et les bords mêmes du canal, il est probable que les bateaux allant d'Europe en Australie préféreront à cette voie déserte l'ancienne voie, plus longue, mais plus fréquentée, où abondent les occasions de commerce. Le canal de Panama servira surtout aux États-Unis dont il rapprochera les côtes occidentale et orientale, ainsi qu'aux régions américaines du Pacifique, Californie, Pérou, Bolivie, Chili, dont l'isolement diminuera. Il ne fera jamais du Pacifique un lieu de passage comme l'Atlantique. Il n'en sera pas moins une route maritime de grande importance.

Canaux transocéaniques et chemins de fer transcontinentaux. — Le canal de Panama établira entre New-York et San-Francisco une route beaucoup plus longue que les voies ferrées qui traversent le continent américain : cette route n'aura pas moins de 9700 kilomètres, presque le double du Central-Pacifique qui ne mesure que 5400 kilomètres. Néanmoins les routes maritimes ont, au point de vue de l'économie, un tel avantage sur les routes terrestres, que les actionnaires des chemins de fer des États-Unis ont été à la tête du parti qui s'est efforcé de faire échouer les projets relatifs au creusement du canal de Panama.

Le canal de Suez et le transsibérien sont encore bien plus en concurrence en ce qui concerne les relations de l'Europe dans l'Extrême-Orient.

Les voyageurs ont un intérêt évident à prendre la voie de terre de préférence à la voie de mer. Il faut aux paquebots les plus rapides 23 jours pour se rendre de Marseille à Saïgon, 25 de Marseille à Hong-Kong, 28 de Marseille à Chang-Haï, 34 de Marseille à Yokohama. Par le transsibérien, avec les vitesses actuelles (32 kilomètres à l'heure) qui pourront être accrues quand la voie aura été améliorée,

Paris est à 20 jours de Saïgon, 18 de Hong-Kong, 15 de Chang-Haï, 15 ou 16 de Yokohama. Et le transsibérien n'est pas seulement la voie la plus courte, c'est aussi la voie la moins chère : le prix d'une place de première classe de Marseille à Hong-Kong, Chang-Haï et Yokohama est uniformément de 1715 francs par bateau ; par le transsibérien, chemin de fer et nourriture compris, il ne dépasse pas 1100 à 1200 francs. La plupart des voyageurs emprunteront donc vraisemblablement cette voie.

Au contraire, la voie de mer, plus économique, gardera vraisemblablement le transport des marchandises. Le fret de Brême à Port-Arthur par bateau du Norddeutscher Lloyd varie de 28 fr. 10 à 40 fr. 60 la tonne : en supposant l'application d'un tarif très peu élevé à peine rémunérateur, soit 2 centimes 1/2 la tonne kilométrique, le même transport de Brême à Vladivostok par le transsibérien coûterait 375 francs. Il est donc permis de penser que, à l'exception de quelques marchandises légères et d'un très haut prix, telles que le thé et la soie, le canal de Suez ne perdra presque rien. Bien plus, il tirera de ces voies ferrées une nouvelle source de prospérité, car elles provoqueront l'éveil d'une activité industrielle et commerciale dont le trafic du canal profitera.

En définitive, ces voies concurrentes se complètent et, en se complétant, elles déterminent un surcroît de vie économique qui peut occasionner des troubles passagers par les modifications de la concurrence, mais qui profite finalement aux unes et aux autres.

Les grands ports. — L'établissement de grandes voies internationales de plus en plus rapides, sur terre et sur mer, et la nécessité de compter avec le temps, ont amené la concentration du commerce dans un certain nombre de places privilégiées où s'entassent, en d'immenses magasins ou dans des docks, les produits manufacturés comme les produits agricoles et les matières premières nécessaires à l'industrie.

Toutes ces places sont des *ports*, parce que la mer est la voie de transport la plus économique, et de plus parce qu'elle permet seule de communiquer avec l'ensemble des continents.

Les dix principaux ports du monde sont : *Londres, New-York, Hambourg, Anvers, Liverpool, Rotterdam, Chang-Haï, Marseille* et *Gênes.* Viennent ensuite les ports de Capetown, Lisbonne, Buenos-Aires, Copenhague, Brême, Melbourne, Sydney, Alexandrie, Barcelone, le Havre, Trieste.

L'examen des emplacements occupés par ces ports montre qu'ils sont situés : 1° au fond de golfes qui mordent profondément le continent, comme Gênes, Trieste, Buenos-Aires ; 2° au débouché de grandes vallées fluviales en relation avec des bassins intérieurs très étendus, très peuplés et très riches, tels Londres, New-York, Hambourg, Anvers, Rotterdam, Chang-

Haï, Marseille, Alexandrie; 3° à des extrémités continentales où aboutissent de grands réseaux ferrés, en l'absence de voies fluviales de pénétration, Capetown, Melbourne, Sidney; 4° à des points d'escale, comme Lisbonne, ou de passage nécessaire, comme Copenhague ou encore Singapour.

Perfectionnement des ports. — D'une manière générale, le nombre des grands ports de premier ordre tend à diminuer ; l'essentiel

LE BASSIN DE LA JOLIETTE, A MARSEILLE.

Marseille est le premier port de commerce de la France et un des grands ports du monde. Dans ses bassins, et en particulier dans celui de la Joliette, qui est aujourd'hui le principal d'entre eux, se pressent toujours de gros navires ; sur les quais, des grues immenses chargent ou déchargent les marchandises qui s'y entassent; une voie ferrée, qui aboutit à la gare, amène des marchandises ou en emporte continuellement. Néanmoins, des travaux incessants sont nécessaires pour mettre le port de Marseille en état de soutenir la concurrence de ses rivaux, entre autres du port italien de Gênes.

est, pour un pays, non de posséder beaucoup de ports, mais d'en avoir d'admirablement outillés et pouvant recevoir les grands navires modernes.

Ces ports doivent être pourvus de bassins à flot avec écluses, où les navires trouvent toujours la profondeur de 8 ou de 10 mètres qui leur permet de rester immergés, au lieu de s'échouer, de se coucher sur le flanc à marée basse. En outre, ces ports doivent être pourvus de quais de déchargement, munis de grues puissantes et de magasins, et communiquant avec les voies ferrées par des lignes de raccordement qui se prolongent le long des bassins afin de recevoir directement du bateau les marchandises à destination de l'intérieur du pays.

Le port de Hambourg, l'un des mieux outillés qu'il y ait, ne renferme pas moins d'une vingtaine de bassins divers, pouvant recevoir des navires calant 7 à 8 mètres, et présentant une superficie totale de plus de 1000 hectares. De nombreuses voies ferrées desservent les quais. Par l'Elbe arrivent des flottilles d'embarcations fluviales qui viennent de l'Elbe supérieure ou moyenne et de l'Oder, chargées de marchandises pour l'exportation, et qui s'en retournent avec des cargaisons de blé, de coton, de laine, destinées à nourrir les popu-

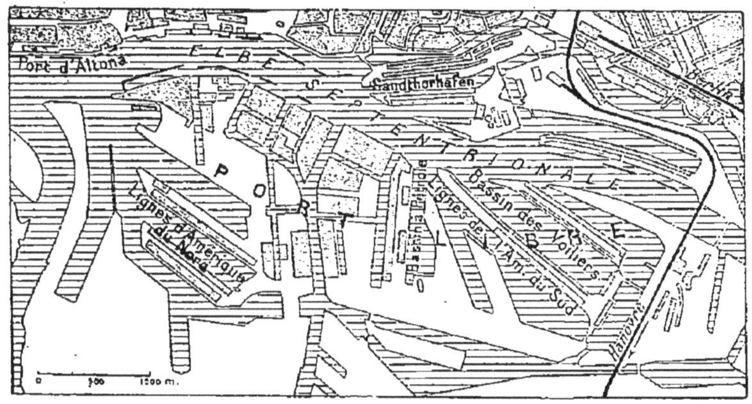

PLAN DU PORT DE HAMBOURG.

Le port de Hambourg est l'un des plus remarquablement outillés. Il renferme une vingtaine de bassins divers, Sandthorhafen, Bassin des Voiliers, Bassin à pétrole. Bassin des paquebols pour l'Amérique du Nord et pour l'Amérique du Sud, etc. Ces bassins ont une superficie totale de plus de 1000 hectares et peuvent recevoir des navires calant 7 à 8 mètres. Par l'Elbe, dont la navigation a été beaucoup améliorée, et par les canaux qui unissent ce fleuve à l'Oder, Hambourg est devenu le port de trois régions industrielles de premier ordre, la Saxe et la Silésie, provinces allemandes, la Bohême, province de l'Autriche-Hongrie.

lations et à alimenter les manufactures de Saxe, de Bohême et de Silésie.

Le port de Londres a des bassins, ou docks, d'une surface totale de 225 hectares d'eau, docks de Sainte-Catherine (commerce de la Méditerranée), docks de Londres (tabac, vins), Commercial Docks (bois de construction et blé), West India Dock (café, sucre, rhum, acajou), East India Docks (huiles, gommes, épices), etc. Ces docks peuvent contenir 400 navires et occupent plus de 16000 ouvriers.

Le port de Marseille, pour lequel on ne cesse, et avec raison, de réclamer des améliorations, possède neuf bassins d'une superficie totale de 183 hectares, bordés d'environ 18 à 19 kilomètres de quais.

Principaux pays industriels et commerçants. — Parmi les nombreux pays du monde, on peut distinguer, d'une manière générale, trois grandes catégories : 1° certains pays sont encore à l'état primitif ou presque primitif; l'industrie y est nulle et le commerce y conserve un caractère local; 2° d'autres pays, encore peu manufacturiers, sont ouverts au commerce extérieur et fournissent à l'exportation un grand nombre de produits alimentaires ou de matières premières brutes qui vont

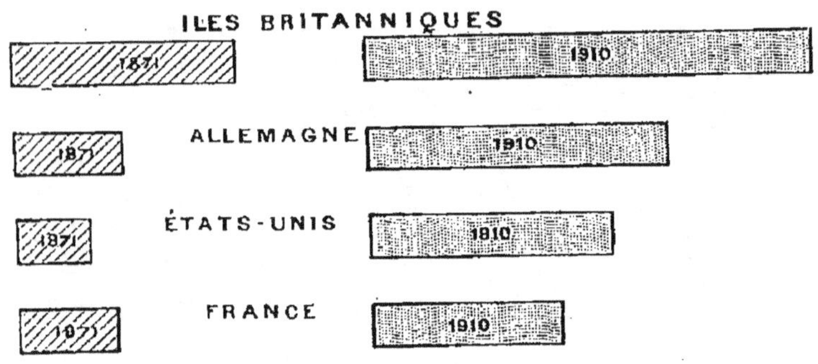

PRINCIPAUX ÉTATS COMMERÇANTS DU GLOBE.

Quatre puissances se partagent aujourd'hui la majeure partie du commerce du globe, les Iles Britanniques, l'Allemagne, les États-Unis et la France. La comparaison de leur commerce actuel avec leur commerce en 1871 montre les progrès énormes réalisés par l'Allemagne et surtout par les États-Unis. Les Iles Britanniques et la France qui, en 1871, avaient déjà un développement très avancé, ont progressé également, mais d'une manière bien moins sensible.

alimenter les industries lointaines : ces pays sont peu industriels, mais ils ont une importance déjà grande comme pays commerçants; 3° enfin, certains autres pays sont de grands pays industriels et commerçants; ils reçoivent du dehors surtout des matières brutes et exportent des produits manufacturés qu'ils fabriquent en bien plus grandes quantités qu'ils n'ont besoin. Ce sont ces derniers pays qui sont à la tête du commerce et de l'industrie du monde, c'est-à-dire à la tête de la civilisation.

Parmi les pays de la seconde catégorie, on peut placer aujourd'hui : en Amérique, le *Canada*, le *Mexique*, le *Brésil*, la *République Argentine* et le *Chili*; en Asie, l'*Inde* et la *Chine*; en Océanie, l'*Australie* et les *Indes Néerlandaises*; en Afrique, l'*Égypte*, l'*Algérie-Tunisie* et l'*Afrique australe*. Certes, ces pays ne manquent pas d'industries; en quelques-uns d'entre eux, l'industrie se développe même assez rapidement, par exemple en Australie, dans l'Argentine et dans l'Inde; il est probable que la Chine, qui possède d'immenses ressources de toute sorte qu'elle se contente jusqu'à présent d'exporter, deviendra un pays industriel de premier ordre dans un avenir qui n'est plus très éloigné. Mais, pour le moment, ces pays ne comptent guère dans l'économie générale du monde que comme pays d'exportation de produits naturels.

Dans la troisième catégorie, on peut ranger aujourd'hui cinq pays principaux, savoir : en Europe, l'*Angleterre*, l'*Allemagne*, la *France*; en Asie, le *Japon*; en Amérique, les *États-Unis*.

1° L'**Angleterre** vient encore à la tête des premières puissances industrielles et commerçantes du globe, bien que sa primauté soit moins incontestée que jadis et que des rivaux se dressent de plus en plus menaçants en face d'elle.

Son commerce s'élève à la somme de 30 milliards de francs (importations 17, exportations 13).

L'Angleterre est obligée d'importer d'immenses quantités de céréales, près des trois quarts de sa consommation, et en outre, des viandes, des beurres et des fromages, des œufs et autres denrées essentielles, ainsi que des vins, du thé, des légumes-primeurs, du café, et autres articles alimentaires de luxe et demi-luxe : plus du tiers de ses importations consiste en produits alimentaires.

Mais surtout, immense usine de transformation, riche en houille et en mines diverses, civilisée et instruite, elle fait venir par masse des pays les plus éloignés toutes les matières premières, coton, laine et textiles divers, peaux, bois, métaux bruts, qui s'en retournent sous forme d'objets fabriqués, cotonnades, lainages, toiles, vêtements, machines, navires : les objets fabriqués constituent les deux tiers environ du commerce d'exportation de l'Angleterre.

2° L'**Allemagne**, négligeable au point de vue économique jusque vers 1870, a fait des progrès considérables depuis son unification politique. Les progrès économiques de l'Allemagne, favorisés par cette unité et par ses succès militaires, tiennent, en outre, pour une part, à quelques-unes des qualités du génie allemand, et notamment à son esprit méthodique et tenace.

Son commerce total s'élève à 20 milliards (importations 11; exportations 9). Il présente, au reste, une assez grande analogie avec celui de l'Angleterre. Les objets d'alimentation, céréales et bétail, constituent avec les matières premières nécessaires à l'industrie, coton, laine, soie, cuivre, pétrole, la grosse partie des importations. Les exportations sont composées principalement d'objets fabriqués, produits chimiques, articles en fer, coton et soies, lainages, machines, sucre. L'Allemagne est aujourd'hui un pays industriel de premier ordre : ses produits se sont répandus dans le monde entier avec assez de succès pour inquiéter sérieusement l'Angleterre.

3° La **France** est plus stationnaire. Son commerce total progresse, mais lentement : vers 1880, il égalait environ 8 milliards, et dépassait alors d'un peu celui de l'Allemagne ; actuellement, celui de l'Allemagne étant monté à 20 milliards, celu de la France dépasse 12,7 milliards seulement (importations 6,7, exportations, 6).

Grand pays producteur de céréales et de vins, la France n'importe comme denrées que certains produits coloniaux, tels que le café, tandis qu'elle exporte pour une somme importante des vins, des beurres, des fromages. Elle importe surtout des matières nécessaires à l'industrie, houille et cuivre, laines, coton soie grège et lin ; elle exporte surtout des étoffes fabriquées, des tissus et des confections.

Au point de vue industriel, la France souffre du manque de minerais et de l'insuffisance de sa production houillère. La cherté de la main-d'œuvre est une autre cause de gêne. Mais la richesse du pays, l'ingéniosité et le goût des ouvriers français compensent en partie ces défectuosités. Inférieure à l'Angleterre, à l'Allemagne, aux États-Unis, pour la fabrication des articles communs et de consommation courante, elle les égale ou l'emporte sur eux dans les industries de luxe demandant de la délicatesse de main-d'œuvre, lainages fins, belles soieries, dentelles, articles de mode et confections, machines automobiles. La France a, vis-à-vis des autres puissances industrielles, une situation unique.

4° Le **Japon** est un pays nouveau. C'est depuis 1890 seulement que l'industrie japonaise, favorisée par l'activité d'un peuple intelligent et curieux, en même temps que par un bas prix rare de la main-d'œuvre, a commencé à se développer. Elle a pris rapidement un essor remarquable. Sans doute, le Japon ne peut se comparer encore, pour l'industrie, aux grandes puissances d'Europe ou aux Etats-Unis. L'industrie mécanique y est très peu développée et le Japon doit faire venir presque toutes ses machines du dehors. Il fabrique des **cotonnades** et des **soie-**

ries, mais ses produits, souvent insuffisamment soignés, supportent mal l'examen avec les produits similaires des pays précédemment indiqués. Le Japon n'en a pas moins conquis parmi les pays industriels du globe une situation qui s'améliorera certainement et qui est déjà importante.

5° Les **États-Unis** ont fait des progrès plus remarquables encore que le Japon et que l'Allemagne, et ils tendent à enlever à l'Angleterre la première place parmi les grandes puissances économiques du globe.

Ces progrès résultent surtout des incalculables ressources de cet immense pays : 20 pour 100 du blé récolté dans le monde, 75 pour 100 du maïs, 66 pour 100 du coton, 35 pour 100 de la houille, voilà ce que produisent les États-Unis, qui ont en outre le second rang pour la production de l'argent, le premier pour la production de l'or, du minerai de fer, du cuivre, du plomb, etc.

Un peuple entreprenant, actif jusqu'à l'audace, ne pouvait manquer de tirer parti de tant de richesses. Les industries de toute sorte se sont développées en quelques années d'une manière extraordinaire; sur plusieurs points, et notamment dans la métallurgie et la fabrication des machines, les États-Unis viennent déjà au premier rang. L'industrie cotonnière y est devenue si importante que les pays d'Europe craignent de manquer bientôt de matière première, les États-Unis gardant pour eux toute leur production, et s'ingénient à créer de nouvelles régions de cultures. L'industrie lainière n'est pas en moindre progrès. Même l'industrie de la soie, pour laquelle la France conserve le premier rang, a pris depuis une vingtaine d'années aux États Unis un remarquable essor.

Les États-Unis semblent à la veille de devenir la première puissance industrielle et économique du monde.

Importance du facteur économique dans l'histoire.
— Un des faits qui caractérisent le XIX° siècle, c'est une prodigieuse poussée d'activité humaine. Favorisé par les progrès de l'esprit scientifique et ses découvertes, le monde s'est transformé : les anciens producteurs ont décuplé, centuplé leurs productions industrielles : des contrées jusque-là sommeillantes dans la torpeur d'une barbarie prolongée ont été ouvertes à l'industrie et à l'échange. Les dernières solitudes sauvages diminuent d'étendue d'année en année, et l'on peut prévoir qu'avant longtemps les deux hémisphères ne seront plus qu'une usine

continue, brûlant nuit et jour de l'activité des travailleurs.

Les conséquences de cet énorme développement de productivité ont été nombreuses et importantes. En particulier, les grands pays producteurs ont été, tous à tour de rôle, entraînés dans une politique extérieure nouvelle dont les traits principaux sont : le développement d'un productionnisme étroit, arme de défense contre les menaces de la concurrence étrangère ; l'expansion coloniale et l'éclosion de doctrines impérialistes, résultat de la nécessité de se créer des débouchés ; la prépondérance de plus en plus marquée du facteur économique dans la vie internationale. Les intérêts dynastiques, et le principe des nationalités comptent de moins en moins parmi les facteurs déterminants de l'histoire. La plupart des faits saillants du dernier quart du XIXᵉ siècle, question d'Égypte, partage de l'Afrique, affaires du Tonkin ou de Madagascar, guerres sino-japonaise, russo-japonaise ou hispano-américaine, ont eu pour cause déterminante des intérêts économiques.

Rien ne peut faire mieux ressortir l'importance de ces questions économiques, vraiment vitales, qui ont déjà changé sur tant de points les rapports ou groupements internationaux, et qui semblent devoir déterminer peut-être, dans un avenir qui n'est pas très lointain, de nouvelles manières de penser et d'agir, ou même de nouvelles organisations dans l'humanité.

TABLE DES CARTES ET GRAVURES

TABLE DES MATIÈRES

INTRODUCTION

ÉTAT ACTUEL DES CONNAISSANCES GÉOGRAPHIQUES

PREMIÈRE PARTIE

GÉOGRAPHIE PHYSIQUE

DEUXIÈME PARTIE

GÉOGRAPHIE HUMAINE

TROISIÈME PARTIE

GRANDS TRAITS DE LA GÉOGRAPHIE ÉCONOMIQUE DU GLOBE

CONCLUSION

LE MONDE ÉCONOMIQUE ACTUEL

78872. — Imprimerie Lahure, rue de Fleurus, 9, à Paris.

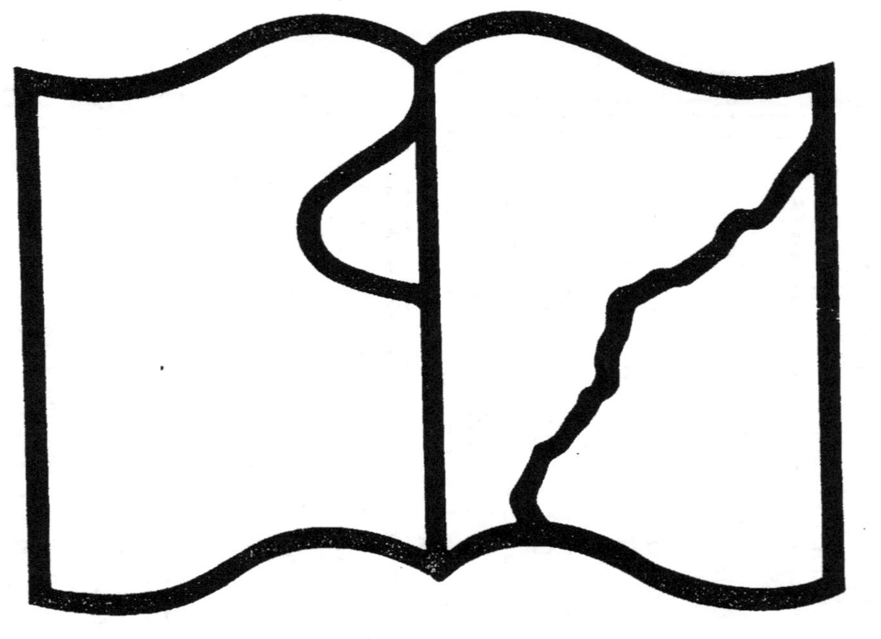

Texte détérioré — reliure défectueuse

NF Z 43-120-11

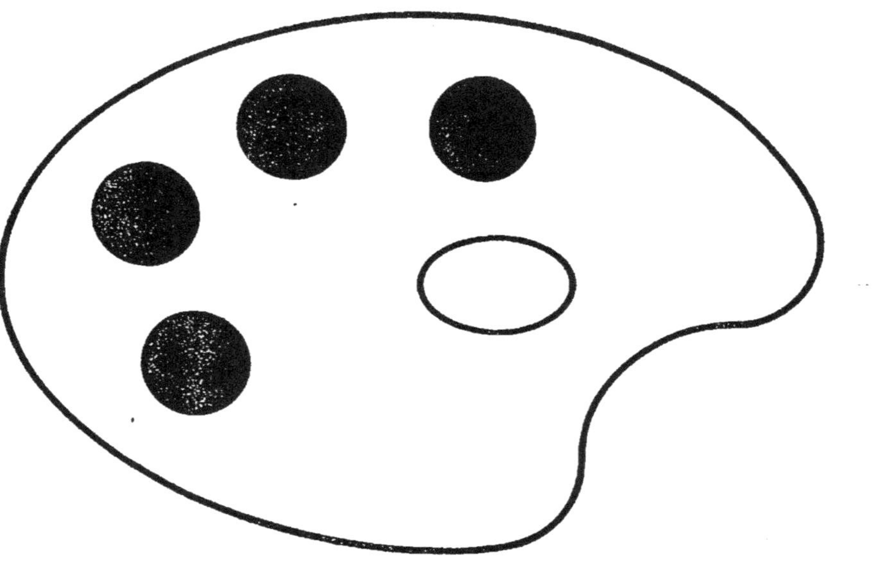

Original en couleur

NF Z 43-120-8